예문사

저자 소개 | 홍 윤 희

주요 저서

홍샘의 솔리드웍스-3D 실기
CATIA V5-3D 실기활용서
CATIA V5-3D 실기 · 실무
ATC 캐드마스터 실기출제도면집

저자 약력

대림대학교 자동차과 겸임교수
다솔유캠퍼스 ATC 강의
다솔유캠퍼스 솔리드웍스-3D 강의
다솔유캠퍼스 CATIA V5-3D·강의

대표 강좌

솔리드웍스-3D 실기
카티아-3D 실기
ATC 캐드마스터

공학도의 **올바른 첫 걸음**
엔지니어의 자세로 **도면을 보는 습관**

자격검정을 준비한다고 해서 도면을 막연히 외우거나 그림 그리듯 접근해서는 안 됩니다.
엔지니어의 자세로 차근차근 정확하게 모델링을 완성하는 습관을 들이는 것이 중요합니다.

시험에서는 어려운 서페이스 편집이 요구되는 고난이도 기법은 요구되지 않습니다.
때문에 서두르기 보다는 구조와 기능을 파악하고 반복적인 학습을 통해 정확성 위주의 연습을 해보세요.
속도는 자연스럽게 따라오게 됩니다.

이 책은 따라하기 형식의 실기 책으로
카티아의 버전에 상관 없이 학습할 수 있도록 구성되어 있습니다.
기계기사/산업기사/기능사의 작업형 과제도면 모델링을 따라하면서
카티아의 전반적인 명령 흐름에 익숙해짐으로써
모델링에 대한 자신감은 물론 수험자 스스로 문제 해결 능력을 키울 수 있도록 하였습니다.

다솔유캠퍼스 연구진들의 땀과 정성으로 만든 이 책이 누군가에게는 기회를 만들 수 있는 초석이 되었으면 하는 바람입니다

홍윤희

전 강좌 **저자직강** 동영상 강좌

해당 자격증
- 일반기계기사
- 건설기계설비기사
- 기계설계산업기사
- 건설기계설비산업기사
- 전산응용기계제도기능사

도면해독 실기이론

기계제도법 선행학습

기계제도 이론의 정석! 비전공자, 입문자라면 필수로 채워야 하는 기본기와 제도이론

카티아 솔리드웍스 인벤터

3D 모델링

장치의 기능과 부품의 형상을 이해하고, 쉽고 빠르게 모델링하는 방법 제시!

기계제도-2D

2D 부품도

합격을 좌우하는 필강! 완성도 있는 도면 작성방법과 명품 첨삭지도!

원데이클래스 & 투데이클래스

무료 오프라인 특강

평균 합격률 95%를 일궈 낸 투데이클래스! 합격의 포인트를 잡아주는 원데이클래스!

단체수강 최대 **20%** 할인 + 수강연장 **1년**

중견기업, 대기업 **취업대비까지 목표**

- **A코스** 도면해독 실기이론 + 카티아-3D + 기계제도-2D
- **B코스** 카티아-3D + 기계제도-2D

공무원, 공기업 **가산점이 목표**

- **A코스** 도면해독 실기이론 + 솔리드웍스-3D 또는 인벤터-3D + 기계제도-2D
- **B코스** 솔리드웍스-3D 또는 인벤터-3D + 기계제도-2D

2D + 3D 강좌 수강 시 **AutoCAD-2D** 강좌 + **72개 과제분석** 강좌 **무료** 제공

다솔과 함께 **한 번에 합격**하는 **5가지 방법**

01 시험 정보를 숙지한다

지피지기면 백전백승이라고 했다. 문제가 어떻게 출제되고 채점이 어떻게 진행되는지도 모르고 시작하는 사람은 그냥 바보다. 내가 응시하는 시험을 정보와 공부 방법에 대해 정확히 숙지한 후 계획을 세워야 한다.

다솔의 교육매니저에게 도움을 청하라! 시험에 대한 정확한 정보를 제공하고 합격을 목표로 어떻게 공부해야 하는지 개인별 가이드를 해줄 것이다.

02 게으름은 내다 버려라

NO 포기, NO 게으름, NO 요행! 아무리 일찍 준비를 시작해도 게으른 자에게 자격증은 먼 나라 이야기다. 직장에 다니며 육아를 하면서도 한 번에 합격한 다솔러들의 합격 후기를 꼭 읽어보자. 할 거 다하고 놀 거 다 놀면서 딸 수 있는 쉬운 자격증이 아니니 정신 똑바로 차려야 한다.

입문자라면 작업형에 대비하여 기본 3개월은 계획하고 시작하자.

03 한 강의라도 매일 꾸준히!

'왕년에 캐드 좀 다뤄봤는데 1년 쉬니 기억이 가물가물하네요'라는 말을 자주 듣는다. 오늘 한 강의 듣고 3일 뒤에 하나 듣고, 1주일 뒤에 두어 개 듣고… 이렇게 3주가 지나면? 그대로 원점이다. 당신의 아까운 시간을 무려 504시간이나! 30,240분이나 낭비한 것이다. 기억의 스냅은 계속 이어지도록 설계되어 있다. 한 강의라도 매일 들어야 기억이 연속되어 학습 효율이 높아진다.

04 첨삭지도 5회 이상

권사부의 온라인 첨삭지도는 업계 최초였고 최장기간 멈추지 않고 진행된 교육서비스다. 30년을 도면만 보고 살아온 권사부의 체계적인 첨삭지도는 기본은 채우고 실력은 향상시켜 주는 그야말로 합격의 key이다. 안 받을 이유가 없다. 나 홀로 학습만 고집하지 말고 권사부의 그룹 첨삭지도를 통해 내용적으로 의미 있는 도면을 완성해 보자. 도면은 그림이 아니다.

05 다솔 클래스 참석하기

원데이클래스는 학생들이 가장 많이 하는 실수를 잡아준다. 이 시점에 상당수의 학생들이 불필요한 시간 낭비를 하는 경우가 많다. 이때 원데이클래스에서 집중적으로 공략해야 하는 포인트가 무엇인지 제대로 알고 더 이상 고집 피우지 않게 된다. 먹여주고 재워주는 투데이클래스! 두말할 필요 없다. 합격률이 95%를 넘는다. 선착순이며, 기회는 간절한 자의 것이다.

Creative Engineering Drawing

Dasol U-Campus Book

2001

전산응용기계제도 실기
전산응용기계제도기능사 필기
기계설계산업기사 필기

1996

전산응용기계설계제도

2007

KS규격집 기계설계
전산응용기계제도 실기 출제도면집

1998

제도박사 98 개발
기계도면 실기/실습

2008

전산응용기계제도 실기/실무
AutoCAD-2D 활용서

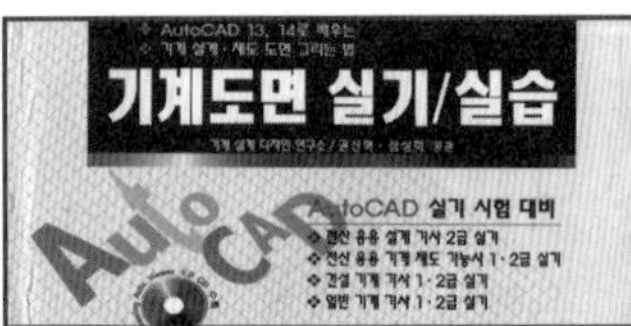

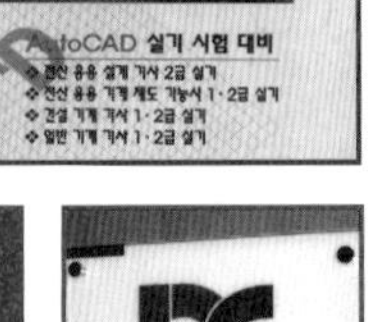

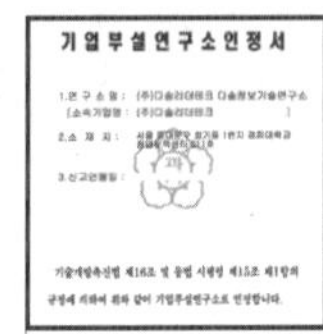

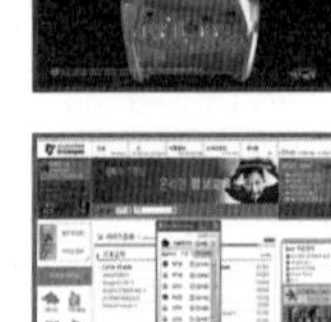

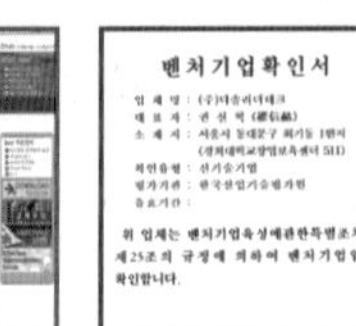

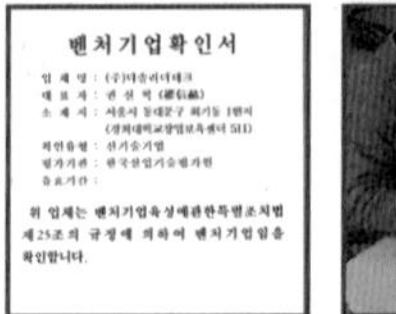

2002

(주)다솔리더테크
신기술벤처기업 승인

1996

다솔기계설계교육연구소

2008

다솔유캠퍼스 통합

2000

(주)다솔리더테크
설계교육부설연구소 설립

2010

자동차정비 분
강의 서비스 시

2001

다솔유캠퍼스 오픈
국내 최초 기계설계제도
교육 사이트

2012

홈페이지 1차

Since 1996

Dasol U-Campus

다솔유캠퍼스는 기계설계공학의 상향 평준화라는 한결같은 목표를 가지고 1996년 이래 교재 집필과 교육에 매진해 왔습니다.
앞으로도 여러분의 꿈을 실현하는 데 다솔유캠퍼스가 기회가 될 수 있도록 교육자의 사명감을 가지고 더욱 노력하는 전문교육기업이 되겠습니다.

2011

전산응용제도 실기/실무(신간)
KS규격집 기계설계
KS규격집 기계설계 실무(신간)

2012

AutoCAD-2D와 기계설계제도

2013

ATC 출제도면집

2014

NX-3D 실기활용서
인벤터-3D 실기/실무
인벤터-3D 실기활용서
솔리드웍스-3D 실기/실무
솔리드웍스-3D 실기활용서
CATIA-3D 실기/실무

2015

CATIA V5-3D 실기활용서
기능경기대회 공개과제 도면집

2017

CATIA-3D 실무 실습도면집
3D 실기활용서 시리즈(신간)

2018

기계설계 필답형 실기
권사부의 인벤터-3D 실기

2019

박성일 마스터의 기계 3역학
홍쌤의 솔리드웍스-3D 실기
홍윤희 마스터의
CATIA V5-3D 실기

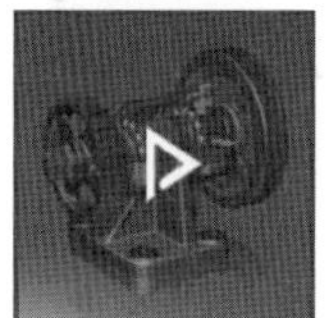

2013

홈페이지 2차 개편

2015

홈페이지 3차 개편
단체수강시스템 개발

2016

오프라인
원데이클래스

2017

오프라인
투데이클래스

2018

국내 최초 기술교육전문
동영상 자료실「채널다솔」오픈

2018 브랜드 선호도 1위

2019

박성일 마스터의
기계3역학
강좌 개강

CONTENTS

CATIA 알아보기

CATIA의 기능

3D 과제도면 부품별 따라하기

모델링에 의한 과제도면 해석

KS기계제도규격(시험용)

CHAPTER

01

홍윤희마스터의 CATIA V5-3D 실기

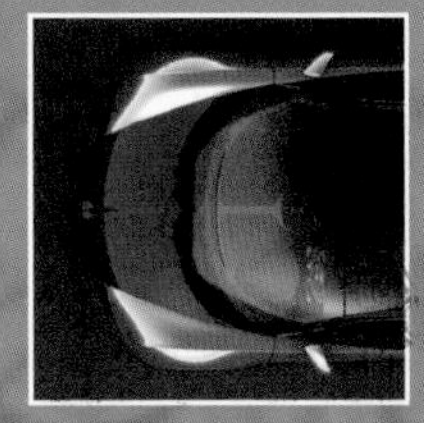

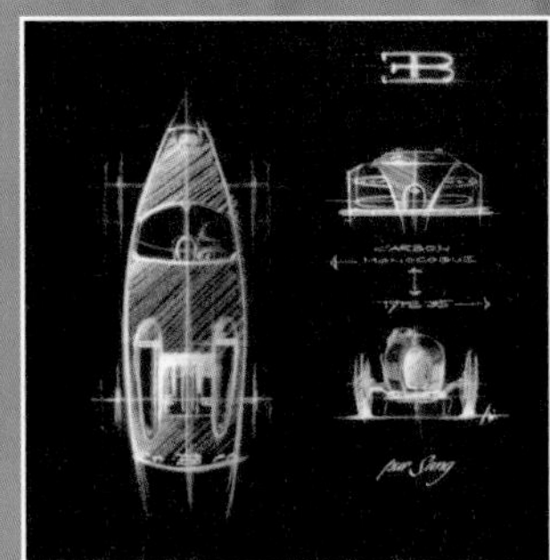

CATIA 알아보기

BRIEF SUMMARY

CATIA V5 R20 기준으로 작성된 교재이다.

각 Release별로 약간의 아이콘 차이가 있을 뿐 기본기능은 동일하다.

01 화면구성

CATIA를 실행하면 다음과 같은 화면이 나타난다.

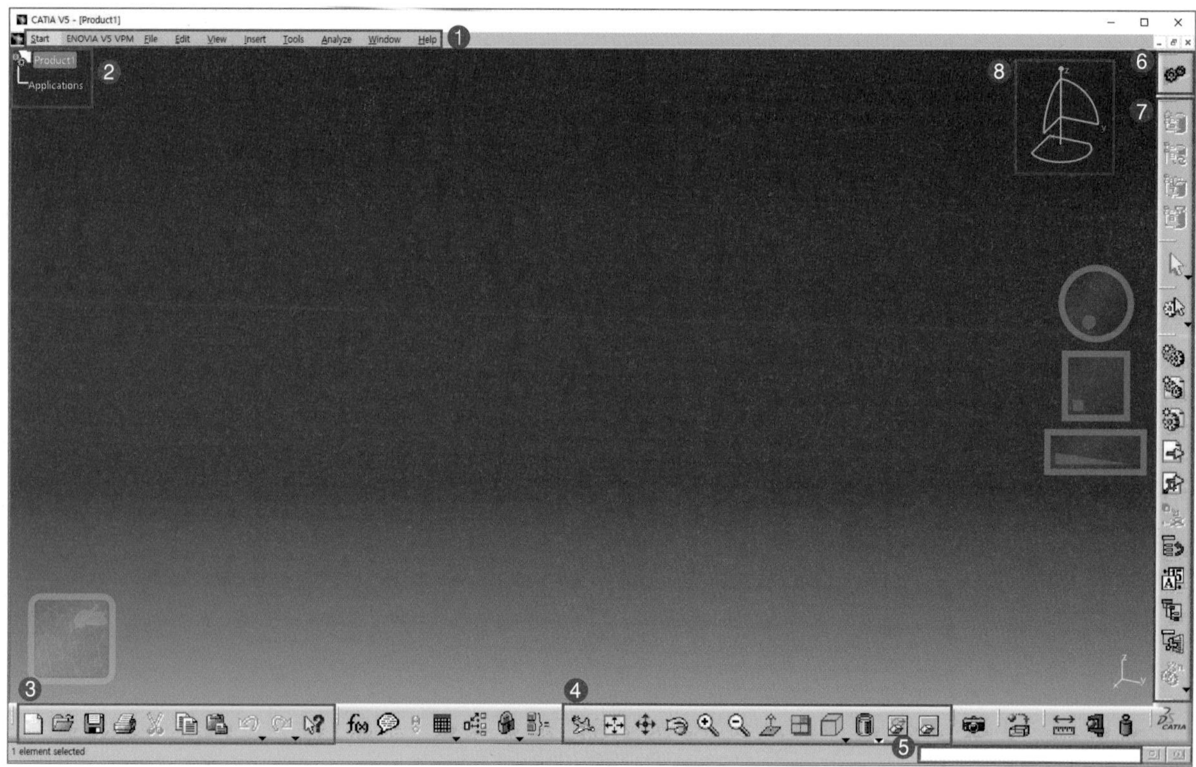

번호	명칭	설명
❶	CATIA menu bar	CATIA의 명령을 풀다운 보기 형식으로 볼 수 있다.
❷	Specification Tree	작업하면서 사용된 기능들의 History를 Tree 형식으로 보여준다.
❸	Standard Tool bar	Open / Save / Copy / Undo / Redo / Cut / Print의 기본기능을 할 수 있다.
❹	View Tool bar	화면의 확대 / 축소 / 이동 / 회전을 할 수 있고, 표시형식을 설정한다.
❺	Power Input Zone	명령어를 직접 입력하여 작업을 실행할 수 있다.
❻	Workbench	현재 실행되고 있는 Workbench를 알려준다.
❼	Workbench Tool bar	작업도구 모음으로 Workbench마다 다른 기능들이 모여 있다.
❽	Compass	작업공간상의 X,Y,Z 방향을 나타내고, 뷰포인트의 이동 / 회전 기능을 수행한다.

01 Specification Tree

작업 중인 파일의 이름과 CATIA의 기본평면이 나타나 있다.
모델링하면서 사용된 기능들의 History를 Tree 형식으로 보여준다.

Tree에 있는 정보를 직관적으로 확인할 수 있다.
경우에 따라, sketch나 feature에 입력된 변수값을 확인하고 수정할 수 있다.

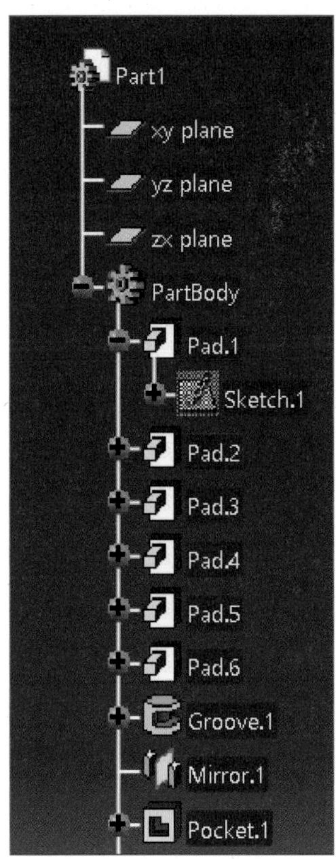

TIP 1 Ctrl 을 누른 채 마우스 가운데 버튼(휠)을 굴리면 Specification Tree를 확대/축소할 수 있다.

TIP 2 Specification Tree는 작업 중 F3 으로 숨기기/보이기를 할 수 있다.

① 작업 중 Specification Tree의 선이나 오른쪽 하단의 좌표계를 클릭하면 화면 전체가 어두워지며 명령이 실행되지 않는다. tree를 이동하거나 편집할 수 있는 tree 비활성화모드로 들어가기 때문이다.

② 다시 Specification Tree의 선이나 오른쪽 하단의 좌표계를 클릭하면 모델링 가능 상태로 돌아온다.

Specification Tree의 비활성화

Specification Tree의 활성화

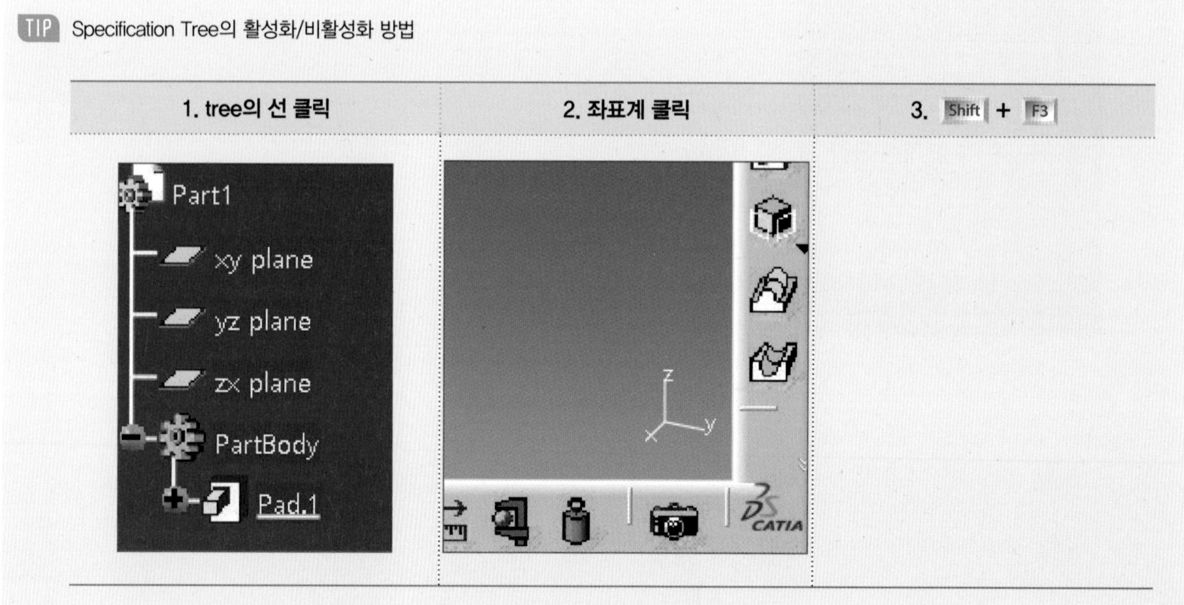

TIP Specification Tree의 활성화/비활성화 방법

1. tree의 선 클릭	2. 좌표계 클릭	3. Shift + F3

02 Compass

축이나, 호, 면을 선택해 view point를 변경할 수 있다. 화면 오른쪽 상단의 Compass에 마우스를 가져가면 마우스포인터가 손가락 모양으로 변하는데, 이때 필요에 따라 클릭해 이용한다.

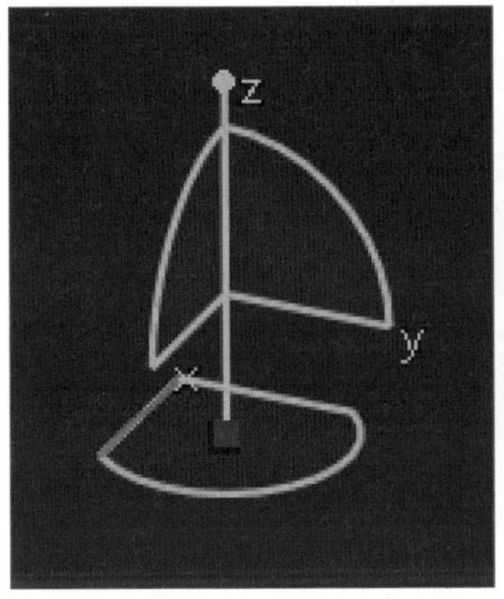

(1) 축을 선택하여 움직이면 축방향(x,y,z)으로 이동할 수 있다.

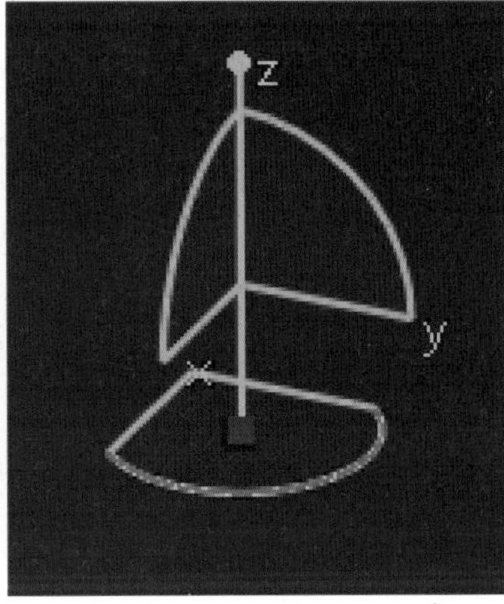

(2) 호를 선택하면 호의 중심을 축으로 회전한다.

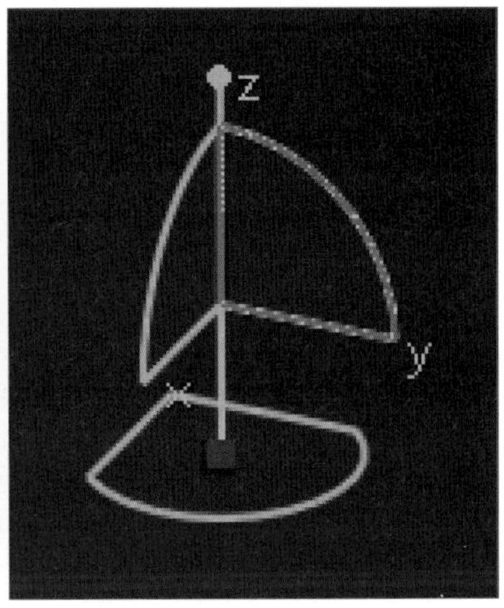

(3) 평면을 선택하면 평면방향에서 이동한다.

03 Workbench Tool bar

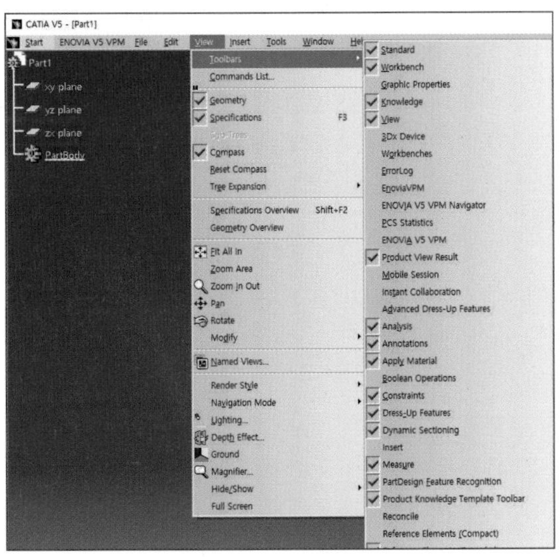

CATIA에서 Tool bar는 상하좌우 어느 위치에나 사용자가 원하는 곳에 배치할 수 있다.

각각의 워크벤치마다 구성이 다른 Tool bar가 있고, 활성화된 워크벤치의 구성은 View 〉 Tool bars 메뉴에서 확인하고 필요에 따라 꺼내어 사용할 수 있다.

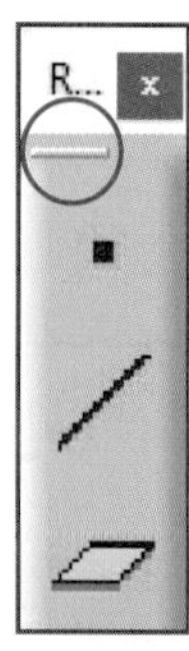

툴바의 상단에는 작게 돌출된 Bar 형상이 있는데 이를 Tool bar Handle이라 한다. Tool bar Handle을 마우스로 클릭한 채 이동하여 배치할 수 있고, Shift 를 누르고 Tool bar를 클릭&드래그하면 가로, 세로 형태로 배치할 수 있다.

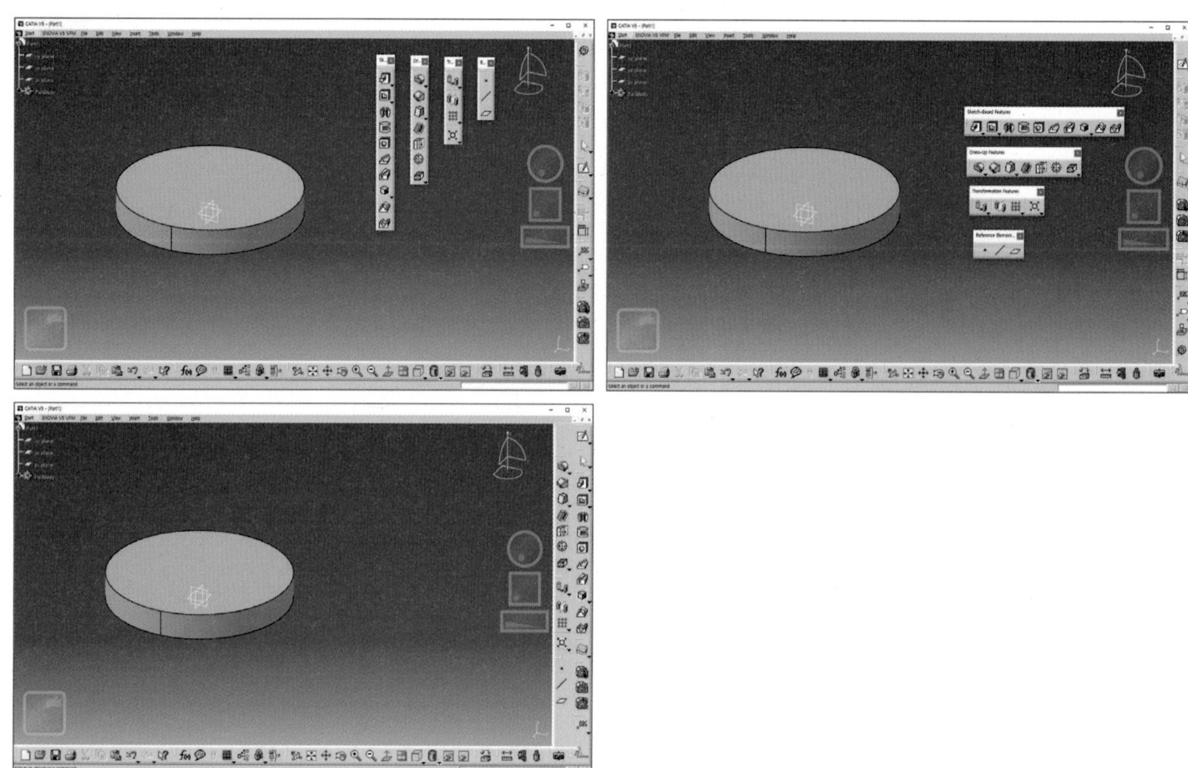

사용자가 편리하게 이용할 수 있도록 도구를 배치한다.

TIP 1 Tool bar를 고정시키기 위해서는 Tool 〉 Customize 〉 Option 탭으로 이동하여 Lock Tool bar Position 옵션을 체크한다.

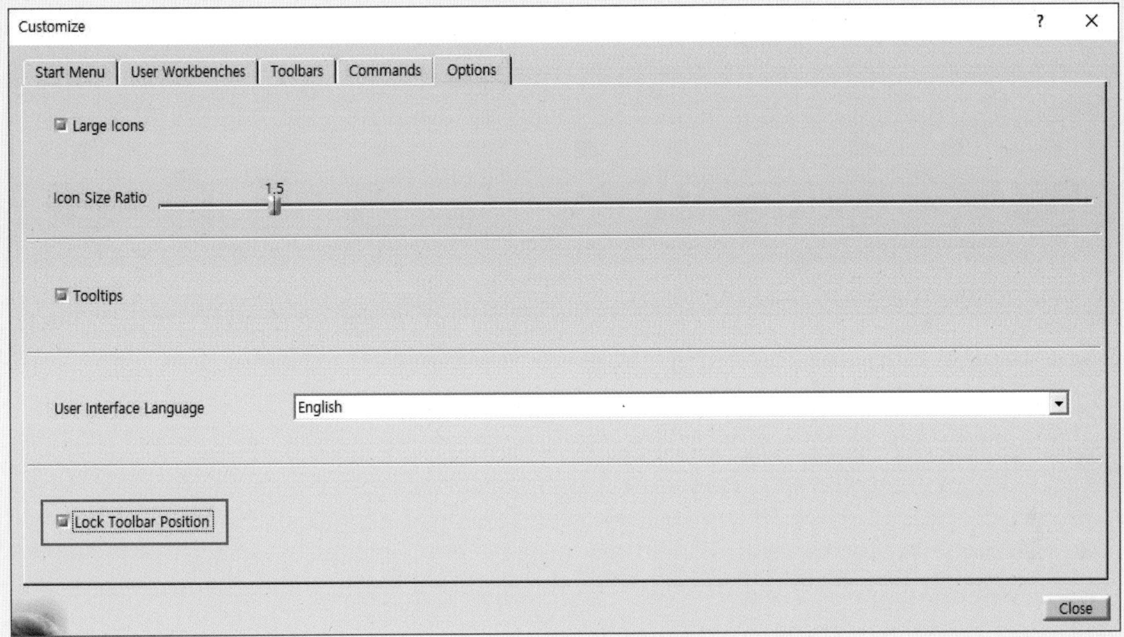

TIP 2 Tool bar를 초기화하기 위해서는 Tool 〉 Customize 〉 Tool bars 탭으로 이동하여 Restore position을 선택한다.

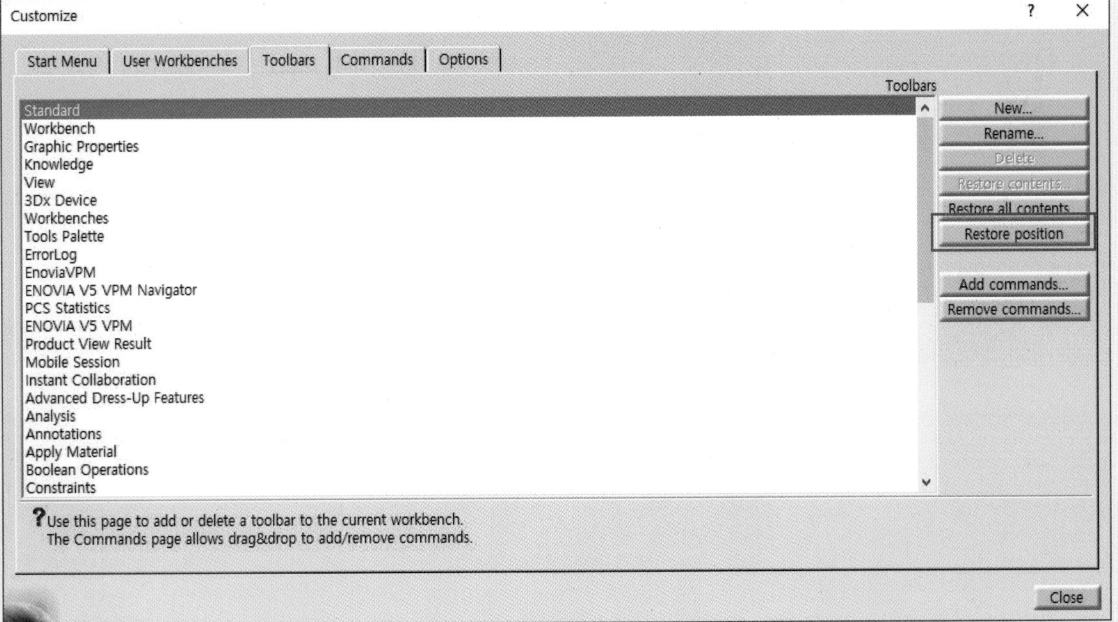

04 View Tool bar

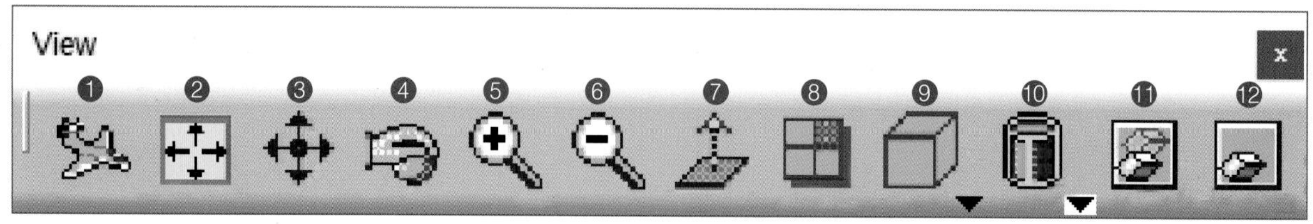

번호	명칭	설명
❶	Fly Mode	카티아 뷰 원근감 설정
❷	* Fit All in	개체를 한 화면에 나타나도록 한다.
❸	Fan	이동
❹	Rotate	회전
❺	Zoom In	확대
❻	Zoom Out	축소
❼	* Nomal View	선택한 평면 수직보기
❽	create Multi-View	네 가지의 뷰
❾	* Quick View Quick view	정면, 측면, 평면 등의 뷰를 빠르게 확인한다. 〈* Isometric view〉 〈Top view〉

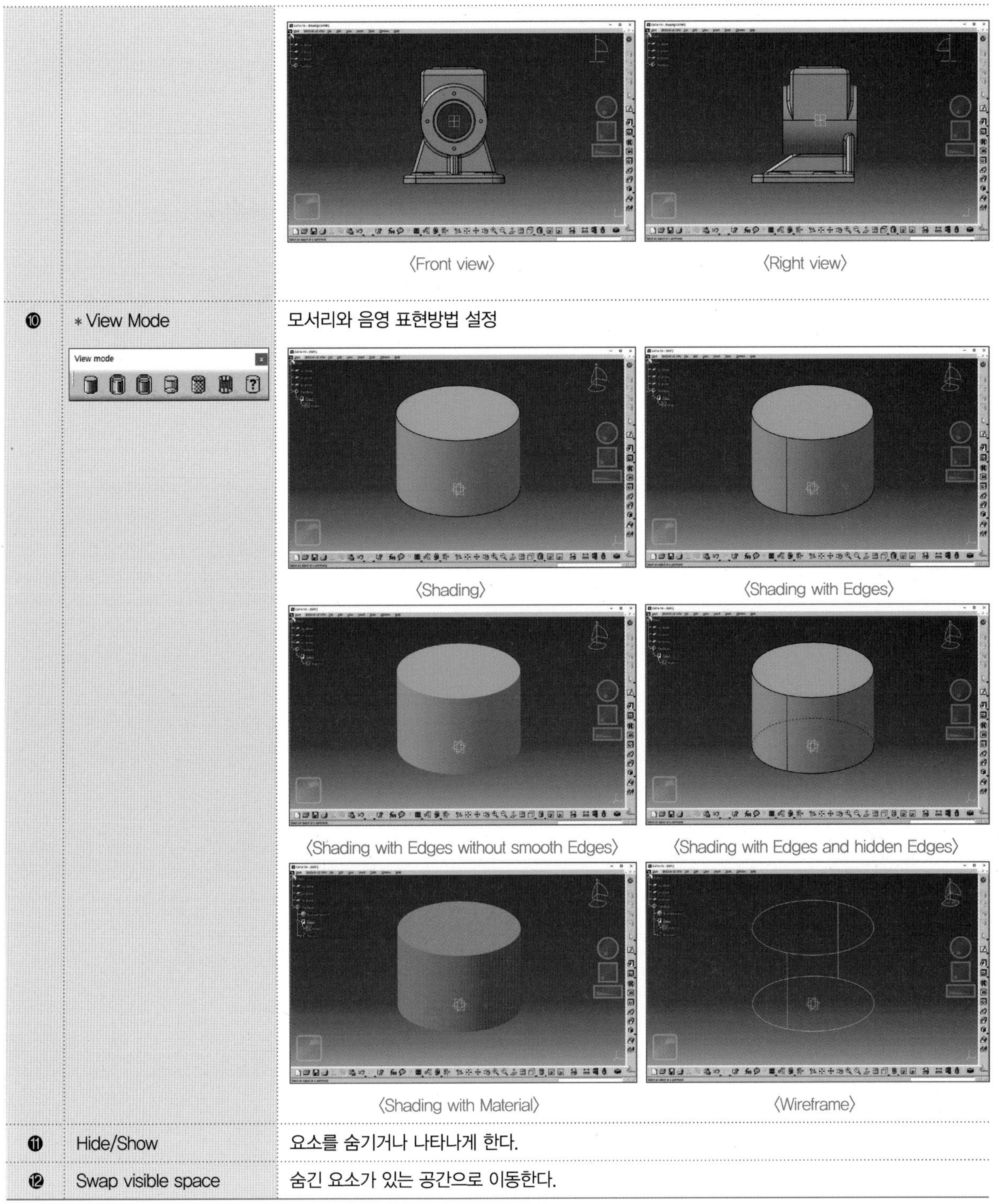

		〈Front view〉 〈Right view〉
⑩	* View Mode	모서리와 음영 표현방법 설정 〈Shading〉 〈Shading with Edges〉 〈Shading with Edges without smooth Edges〉 〈Shading with Edges and hidden Edges〉 〈Shading with Material〉 〈Wireframe〉
⑪	Hide/Show	요소를 숨기거나 나타나게 한다.
⑫	Swap visible space	숨긴 요소가 있는 공간으로 이동한다.

02 Workbench란

특정한 목적의 작업을 하기 위한 기능들이 갖추어진 CATIA의 작업공간을 말한다.

메뉴에서 start를 선택하면 각각의 모듈에 수많은 Workbench들을 확인할 수 있다.

CATIA는 목적에 따른 Workbench를 선택하여 작업을 해야 한다. 예를 들어, 단품3D 설계를 위해서는 Part Design Workbench, 부품들의 조립을 위해서는 Assembly Design Workbench, 2D 도면화를 위해서는 Drafting Workbench로 이동해야 한다.

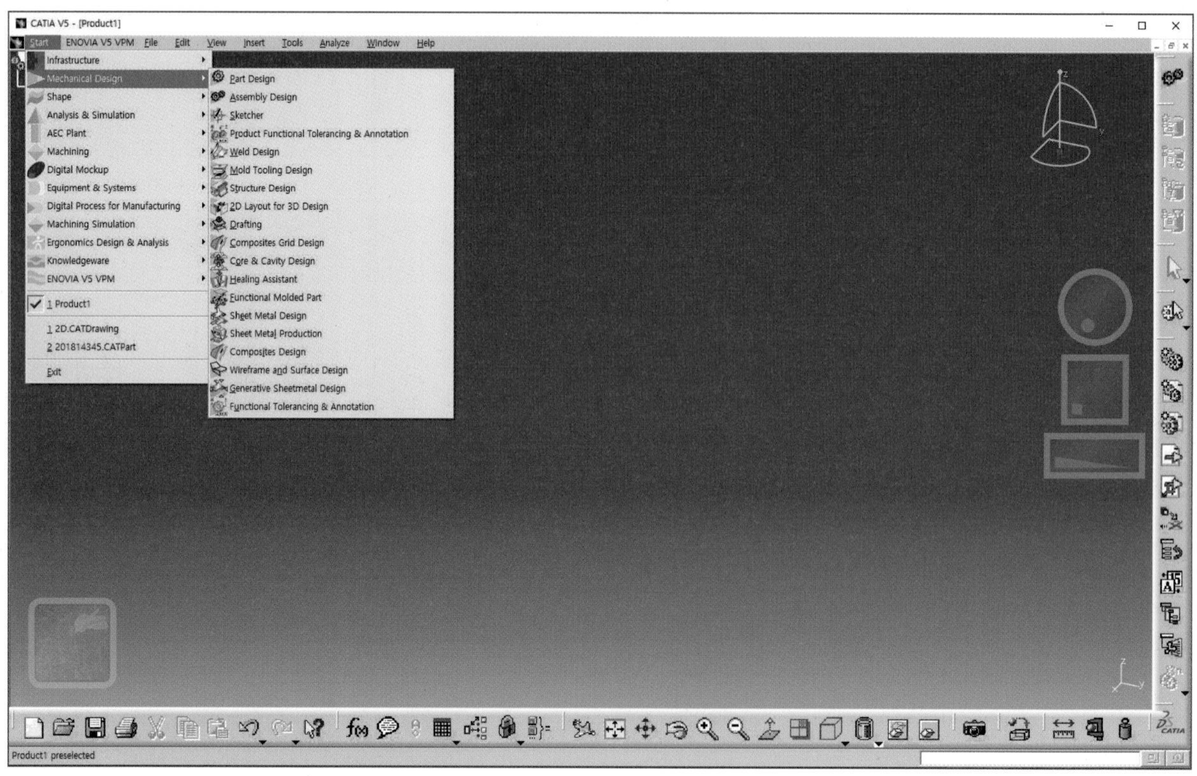

03 CATIA 시작하기

1. start 메뉴에서 Workbench를 선택한다.

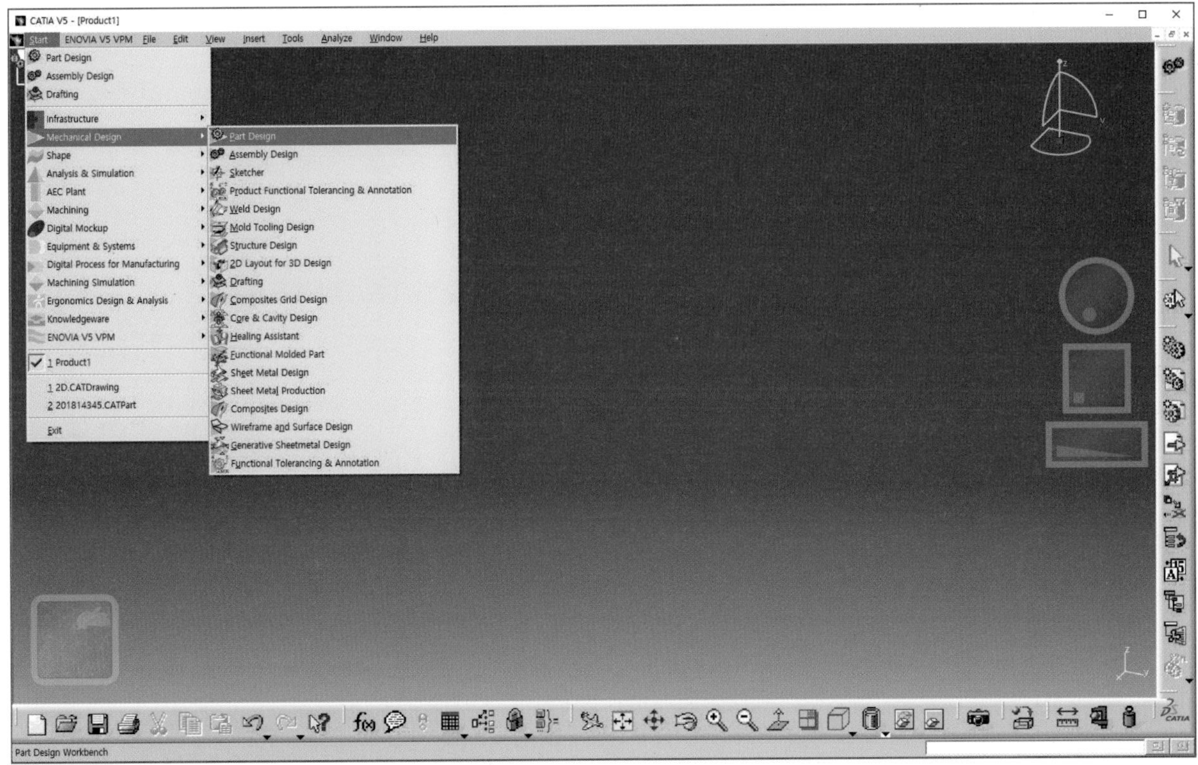

2. file 〉 new (Ctrl +N)에서 Workbench를 선택하거나 Standard Tool bar에서 New 아이콘 클릭

04 사용자 정의[tools>customize]

01 자주 사용하는 Workbench를 즐겨찾기한다.

start menu에서 자주 사용하는 Workbench를 선택해 즐겨찾기에 추가한다.

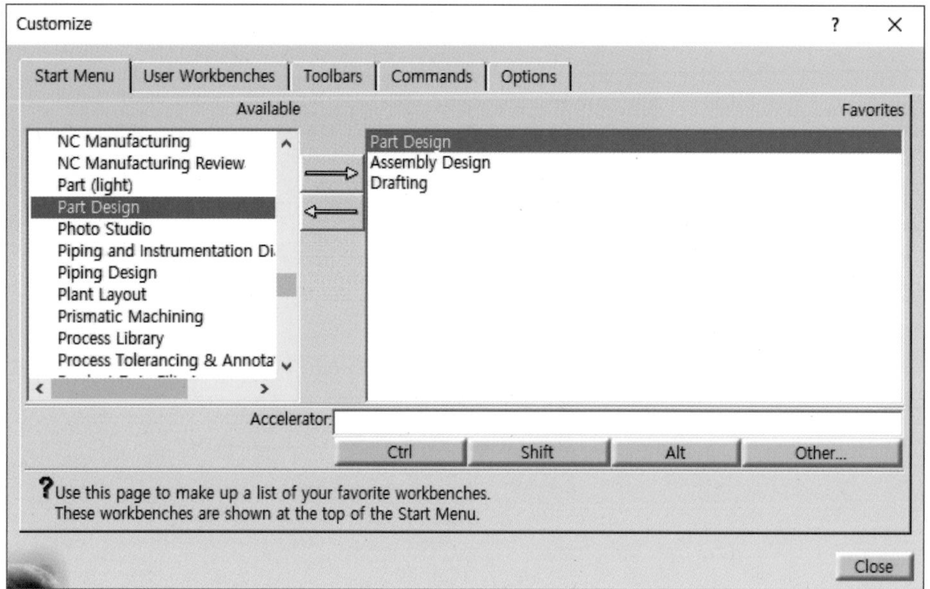

02 CATIA 언어설정

Option에서 User interface Language를 English로 설정한다.

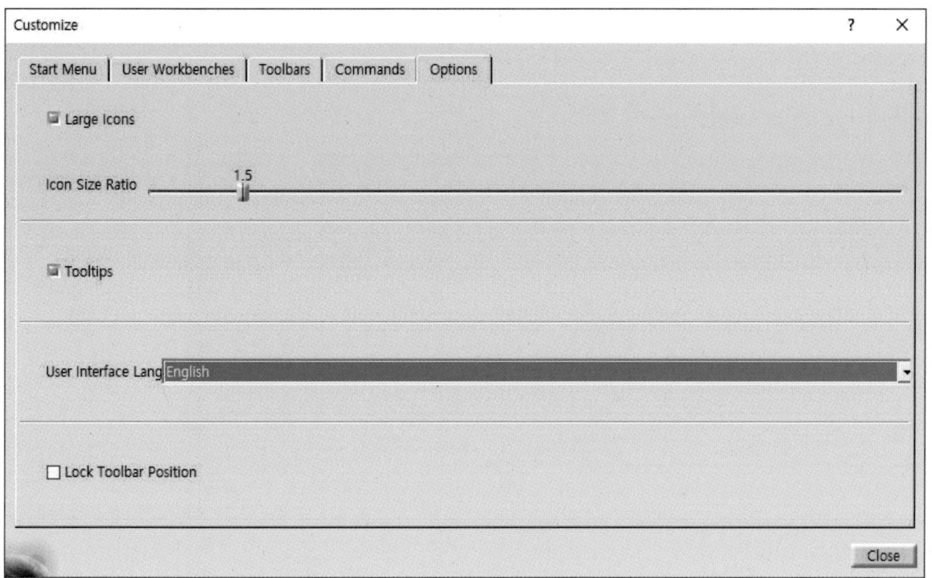

TIP 1 사용자가 편한 언어를 설정해도 되지만 실무에서 데이터 호환의 문제로 주로 영어를 사용하므로 익숙해지는 것이 좋다.

TIP 2 CATIA에서 파일명은 반드시 영문이나 숫자로만 입력한다. 한글명 파일은 열리지 않으니 주의하도록 한다.

03 아이콘 크기 설정

CATIA에 있는 Tool Bar의 아이콘 크기를 사용자에 맞게 조절한다.

Tools 〉 customize 〉 Option에서 Icone Size Ratio를 조절한다.

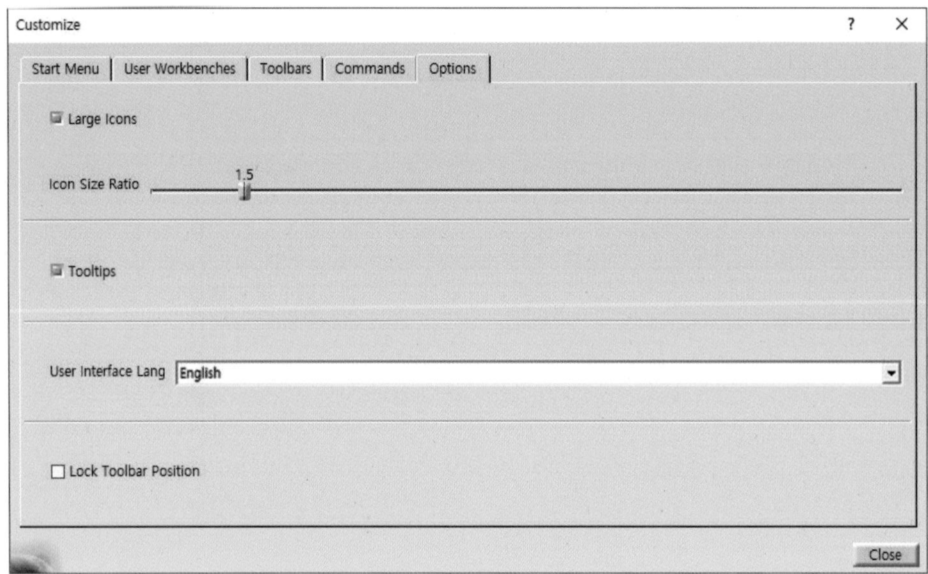

04 단축키의 설정

Command에서 All Command 카테고리를 선택한 후 단축키를 지정하고자 하는 명령을 선택한다.

show porperties 버튼을 클릭하면 창이 아래로 확장되며 Accelerator 입력란에 단축키를 설정할 수 있다.

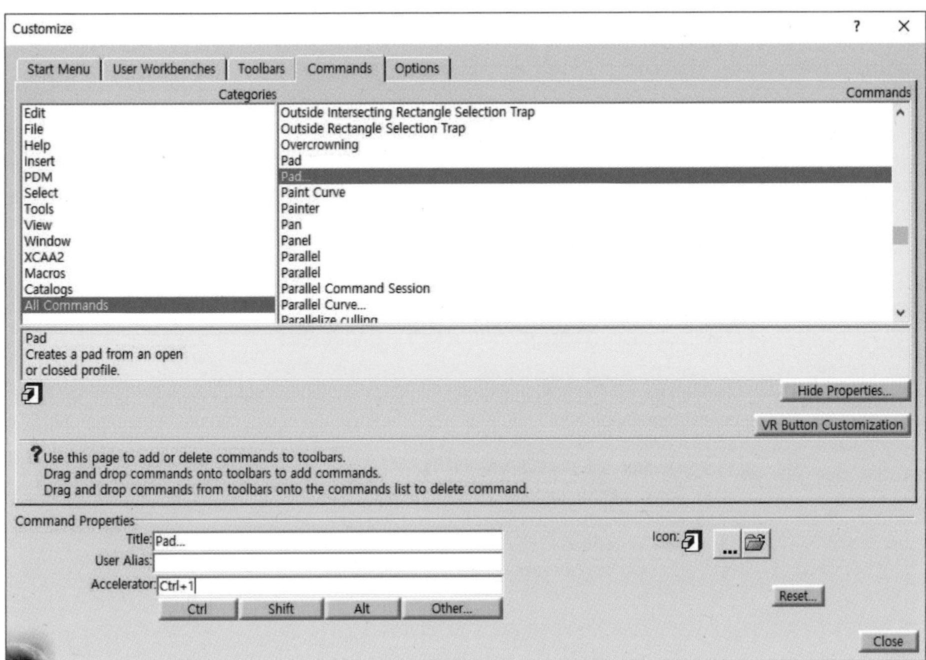

05 단위설정

tools 〉 Options 〉 General 〉 Parameter and measure에서 CATIA의 기본단위를 확인할 수 있다.

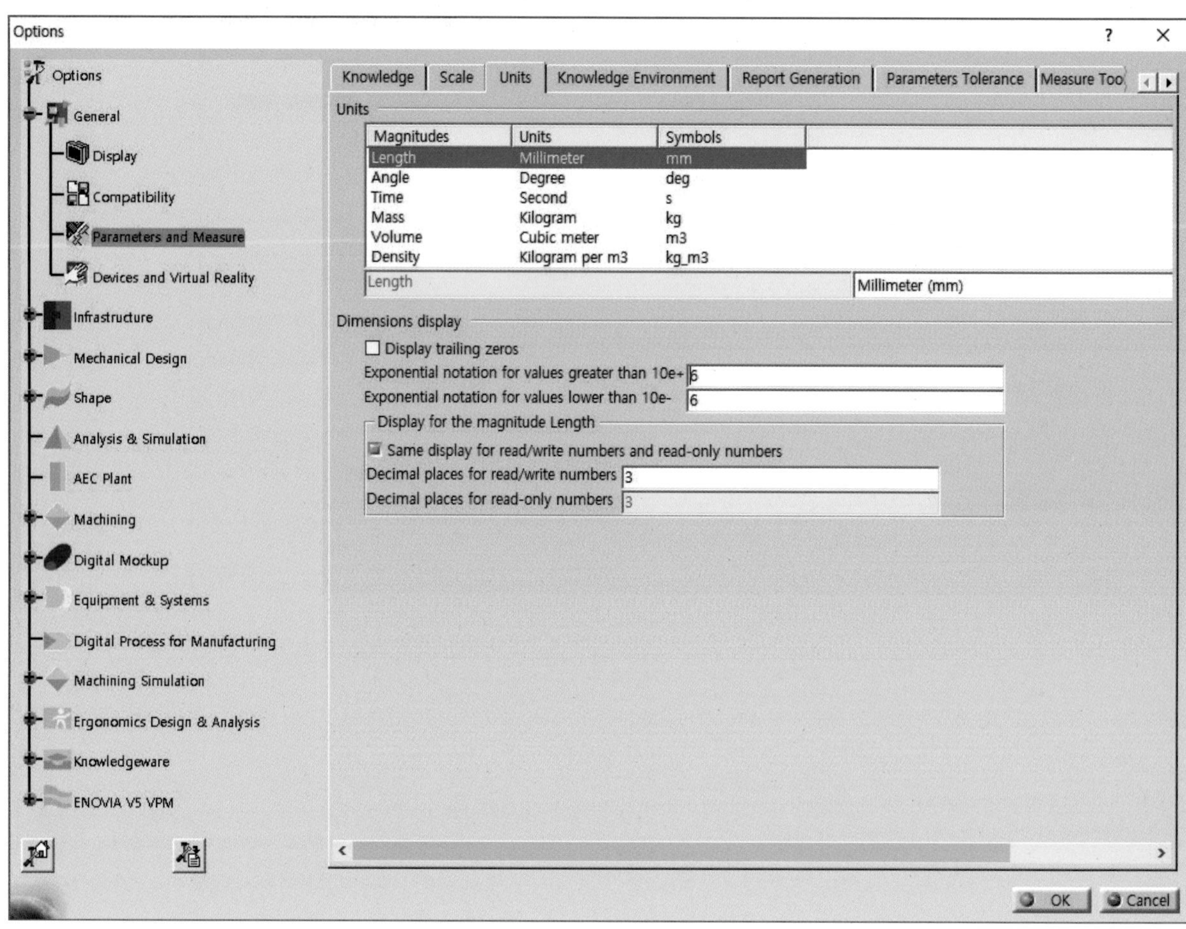

06 CATIA 저장하기

① file 〉 Save (Ctrl + S)

② Standard Tool bar에서 Save 아이콘 클릭

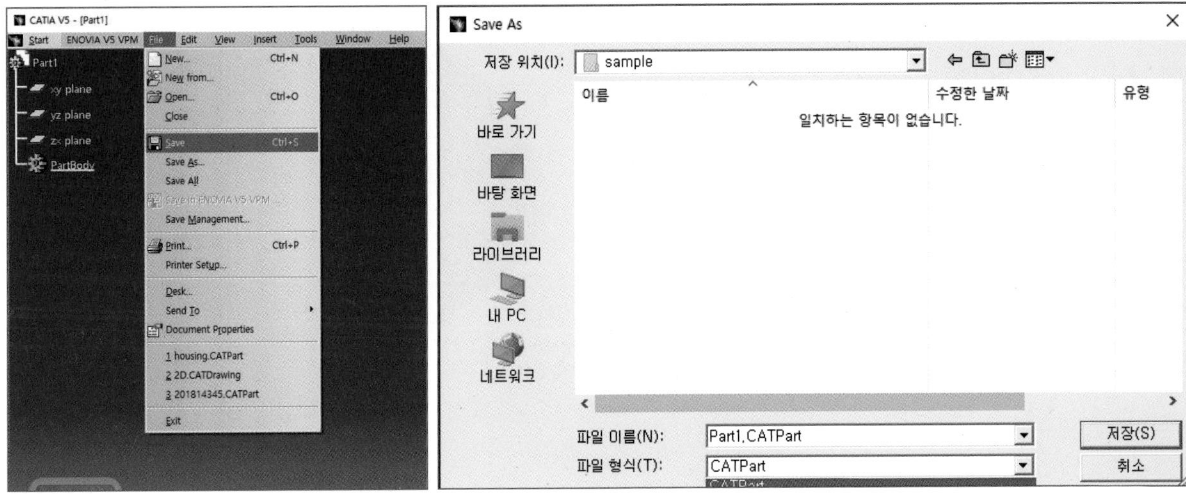

• CATIA의 확장자 : 각각의 Workbench에 맞는 확장자로 자동 저장된다.

	확장자
Part Design	***.CATPart** / *.stl / *.igs / *.stp / *.model / *.wrl
Assembly / DMU	***.CATProduct** / *.stp / *.session / *.igs / *.exe / *.txt / *.wrl
Drawing	**.CATDrawing** / *.dxf / *.dwg / *.cgm / *.tif
Analysis	***.CATAnalysis** / *.cgr
NC Manufacturing	***.CATProcess**
NC Data	***.CATNCCode** / *.cgr / *.aptsource / *.clfile

07 마우스 사용방법

01 Pan 기능(이동)

가운데 버튼(휠)을 누른 채 마우스 이동

02 Zoom 기능(확대/축소)

가운데 버튼 (휠)을 누른 채 오른쪽 버튼을 클릭했다 뗀 후 마우스를 이동

03 Rotate 기능(회전)

가운데 버튼 (휠)을 누른 채 오른쪽 버튼도 함께 클릭한 상태에서 마우스 이동

MEMO

CHAPTER 02

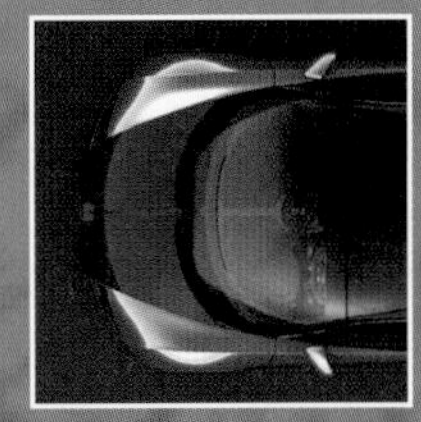

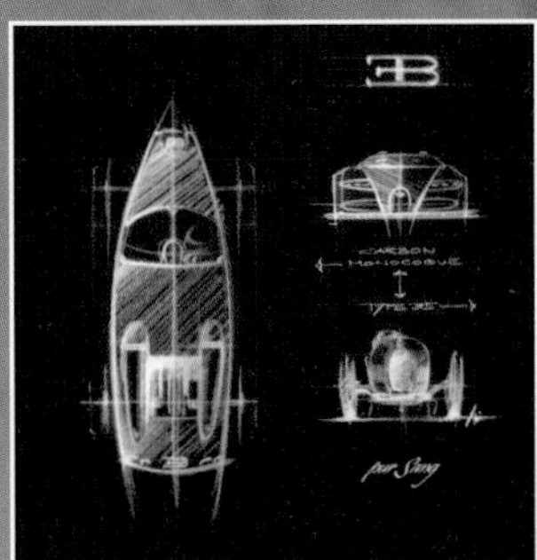

CATIA의 기능

01_ 2D Sketch
02_ 3D Feature

BRIEF SUMMARY

CATIA에서는 2D스케치를 바탕으로 3D피처를 작성한다.
효과적인 모델링을 위해서는 알맞은 스케치가 필요하기에 스케치 요소에 대한 학습을 우선으로 한다.

01 | 2D Sketch

01 CATIA의 평면

01 부품모델링을 위해 Part Design **워크벤치**로 이동한다.

02 스케치를 작성하기 위해서는 우선 스케치할 평면을 선택해야 한다.
CATIA에서는 xy plane, yz plane, zx plane을 기본적으로 제공하고 있고, 각 평면의 방향은 아래와 같다.

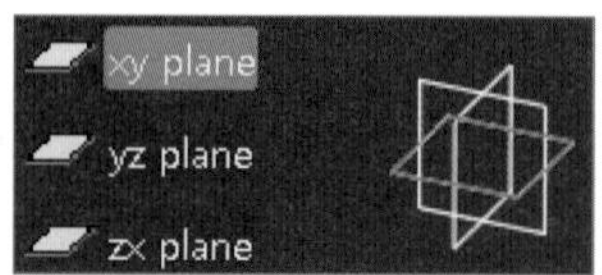

XY 평면

좌표계의 XY 평면에 스케치 평면을 생성할 수 있다.

입체의 **평면도** 형상을 스케치할 수 있다.

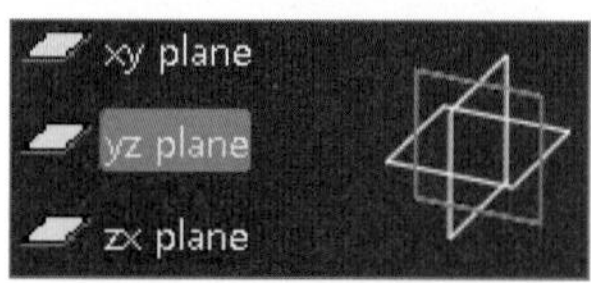

YZ 평면

좌표계의 YZ 평면에 스케치 평면을 생성할 수 있다.

입체의 **정면도** 형상을 스케치할 수 있다.

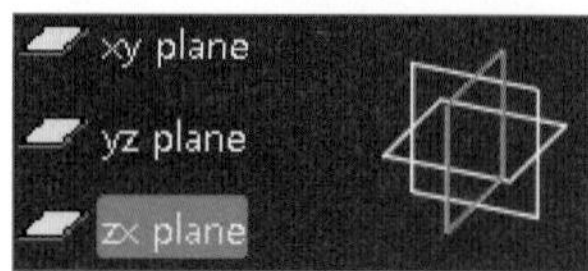

ZX 평면

좌표계의 ZX 평면에 스케치 평면을 생성할 수 있다.

입체의 **측면도** 형상을 스케치할 수 있다.

03 작업평면을 선택하는 방법

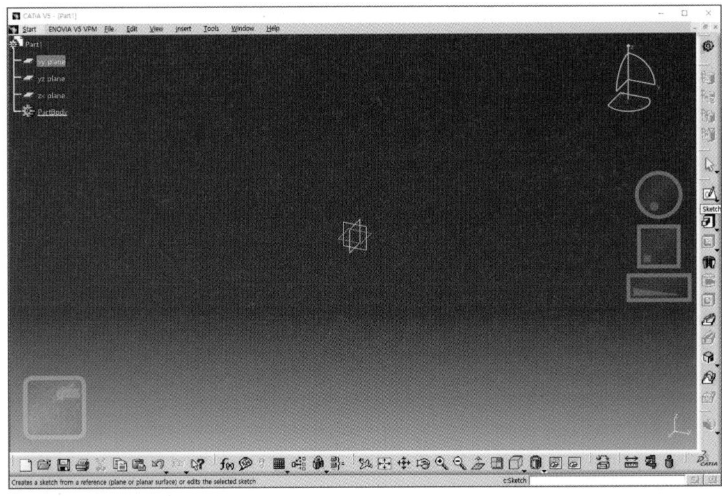

TIP 1 작업 Tree 〉 평면 선택 〉 스케치 아이콘 클릭

TIP 2 작업공간 〉 평면 선택 〉 스케치 아이콘 클릭

04 스케치 화면이 실행된다.

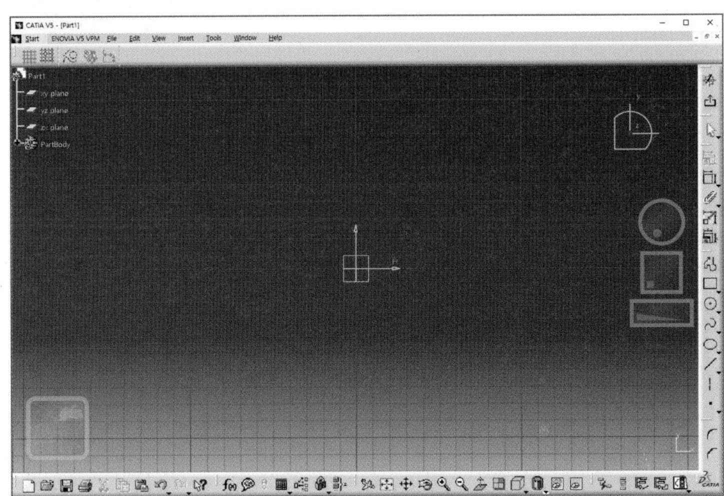

TIP 스케치 화면으로 들어오면 Sketch tools 도구모음을 상단에 배치하고 작업하도록 한다.

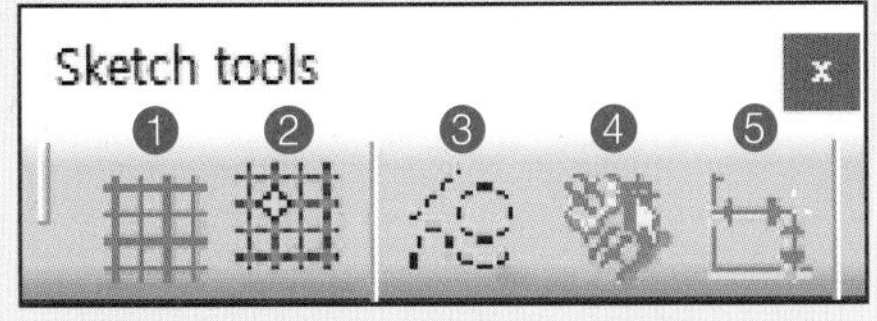

번호	명칭	설명
❶	Grid	화면에 격자 생성
❷	Snap to point	격자의 모서리로만 이동
❸	Construction / Standard Element	실선과 보조선기능
❹	Geometrical Constraints	구속조건 생성
❺	Dimensional Constraints	치수구속 생성

02 스케치 기능

프로파일(Profile)

선분과 원호를 연결하여 스케치를 작성한다.
Sketch tools의 옵션을 이용하여 Line 또는 Arc를 선택하여 연결된 Curve를 작성한다.

01 Profile 아이콘을 클릭한다.

02 원점을 클릭하고 가로 방향으로 이동해 클릭한다.
수평선을 그릴 수 있다.

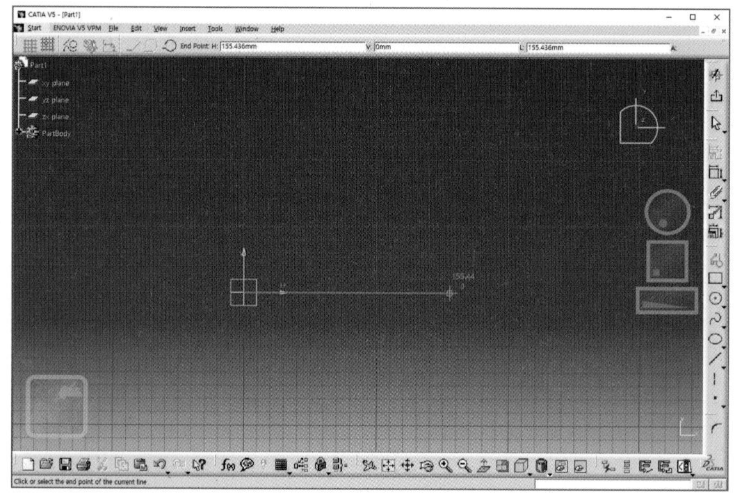

03 세로 방향으로 이동해 클릭한다.
수직선을 그릴 수 있다.

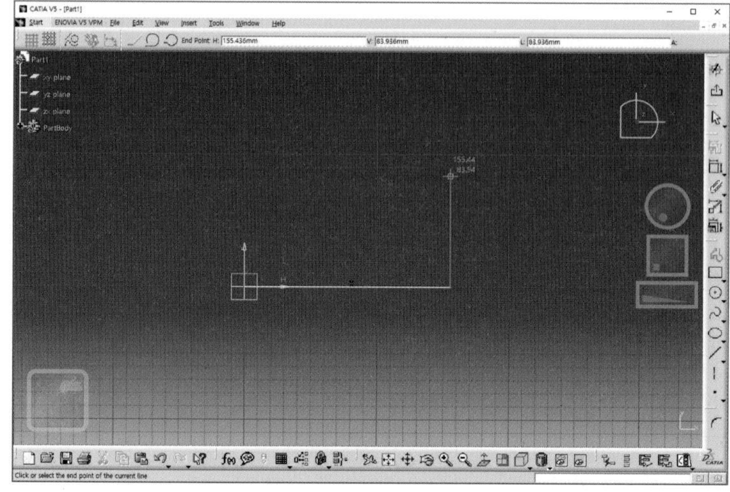

04 Sketch tools의 옵션에서 Tangent Arc를 클릭하고 반원을 스케치한다.

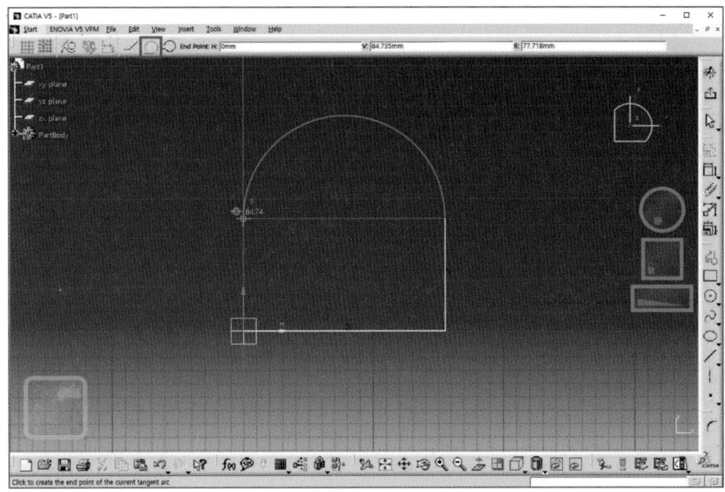

05 원점을 클릭한다.

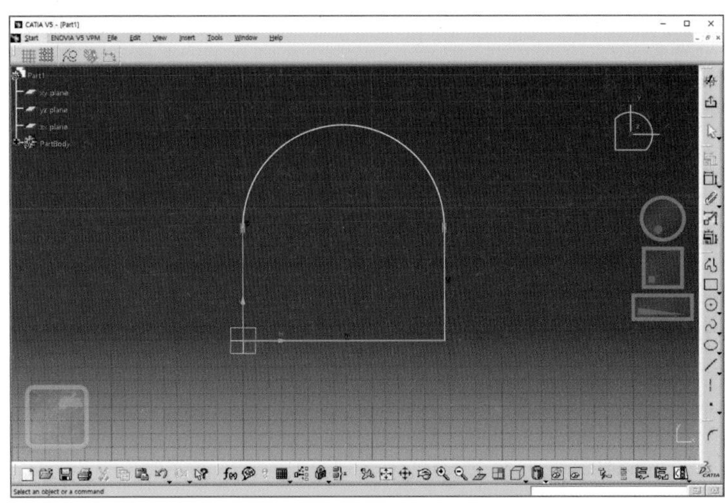

TIP 스케치 요소 삭제하기

1. 객체를 클릭해서 선택하고 Delete 한다.
여러 객체를 선택할 때는 Ctrl 키를 누른 채 한다.

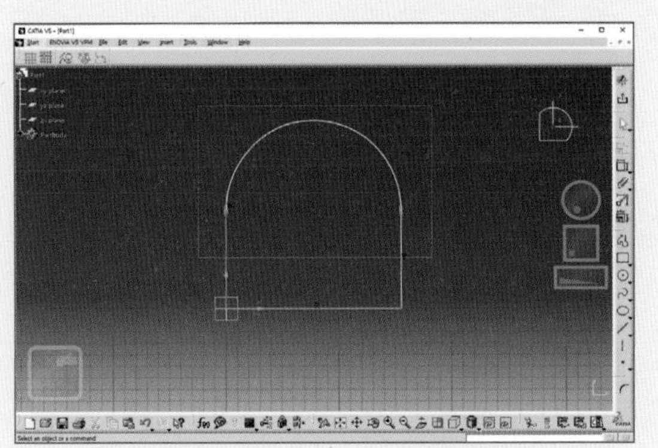

2. 마우스를 드래그해 선택하고 Delete 한다.
선택박스 안에 들어간 객체만 선택된다.

선(Line)

직선의 선분을 하나씩 스케치한다.

01 Line 아이콘을 클릭한다.

02 원점을 시작점으로 클릭하고 두 번째 점을 클릭한다.

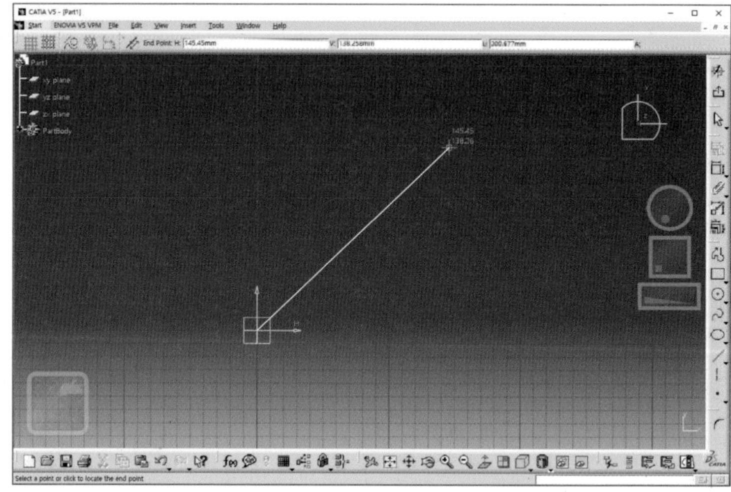

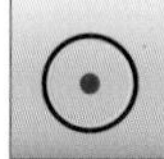

원(Circle)

원의 중심점과 반지름을 지정해 작성한다.

01 circle 아이콘을 클릭한다.

02 원의 중심으로 원점을 클릭한다.

03 원의 반지름을 지정해 클릭한다.

TIP 1 CATIA에서는 형상을 먼저 스케치한 후에 치수나 구속조건으로 정확하게 완성하기 때문에 스케치 중에 정확한 수치를 입력할 필요가 없다.

TIP 2 명령아이콘의 아래쪽 역삼각형을 누르면 추가 명령들을 꺼내어 사용할 수 있다.
menu handle을 클릭 드래그해 꺼내두고 사용할 수 있다.

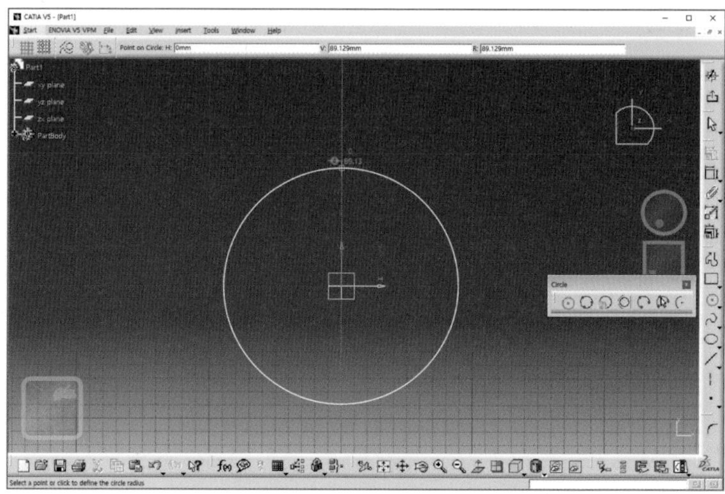

세점원(Three point circle)

원주상에 위치하는 3점을 순서대로 선택하여 원을 스케치한다.

준비 삼각형

01 Three point circle 아이콘을 클릭한다.

02 삼각형의 세 점을 클릭한다.

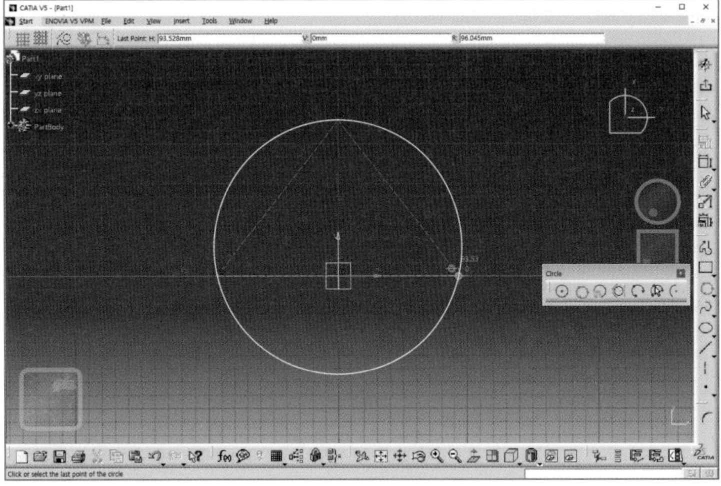

좌표원(Circle using coordinates)

원점의 좌표와 반지름 값을 미리 입력하여 원을 스케치한다.

01 Circle using coordinates 아이콘을 클릭한다.

02 원점과 반지름을 팝업창에 입력한다.

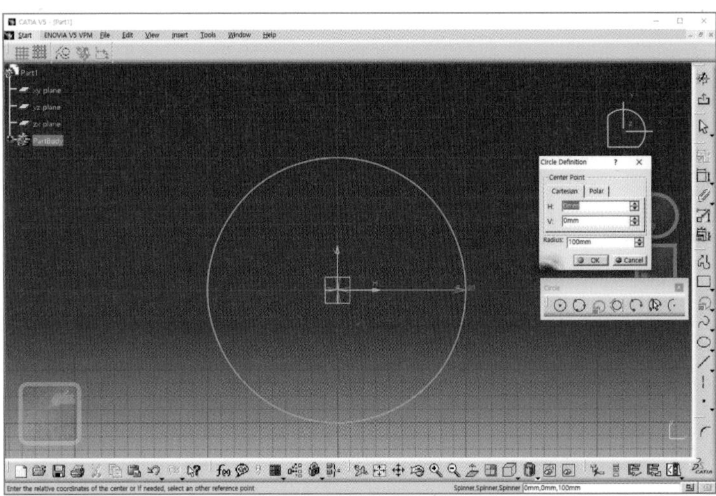

세접원(Tri-tangent circle)

세 곳의 접점을 갖는 원을 스케치한다.

준비 삼각형

01 Tri-tangent circle 아이콘을 클릭한다.

02 삼각형의 세 변을 클릭한다.

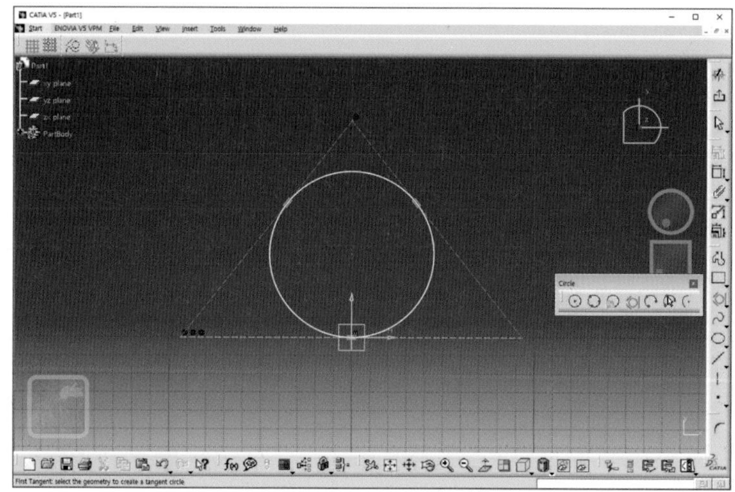

세점호(Three Point Arc)

원주상에 위치하는 3점을 순서대로 선택하여 호를 스케치한다.

준비 수직선

01 Three Point arc 아이콘을 클릭한다.

02 수직선의 끝점을 클릭한다.

03 호의 중간점을 클릭한다.

04 수직선의 다른 끝점을 클릭한다.

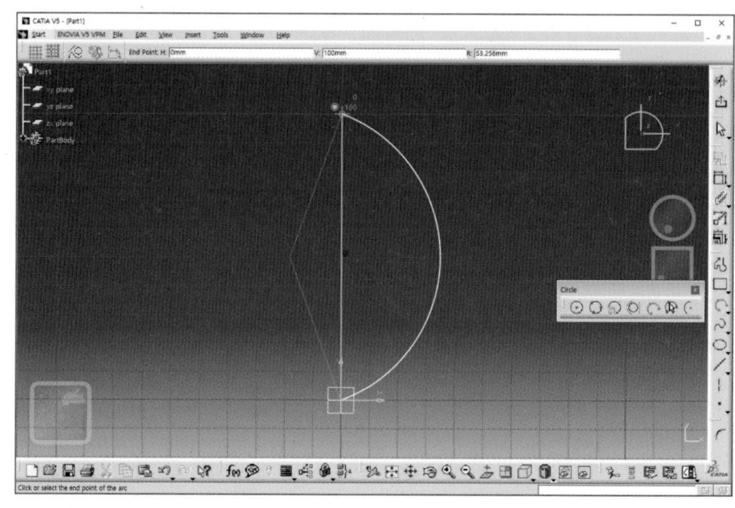

한계로 시작하는 세점호(Three Point Arc starting with limits)

원주상에 위치하는 3점을 시작점, 끝점, 중간점 순서로 선택하여 스케치한다.

준비 수직선

01 Three Point arc starting with limits 아이콘을 클릭한다.

02 수직선의 끝점을 클릭한다.

03 수직선의 다른 끝점을 클릭한다.

04 호의 중간점을 클릭한다.

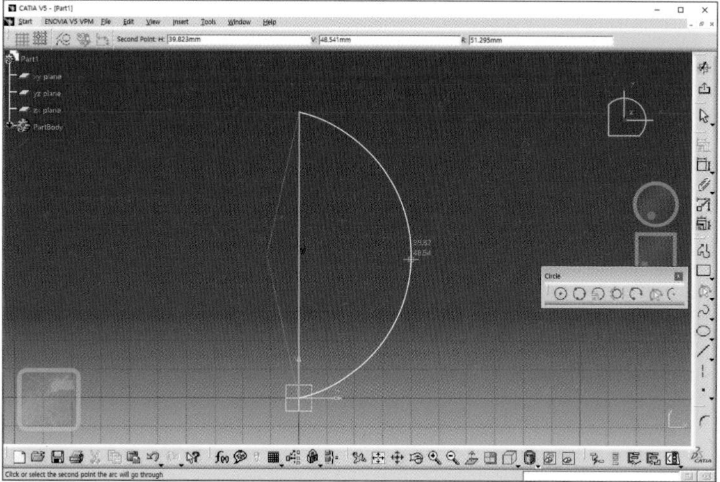

원호(Arc)

연결되는 원호를 작성할 수 있으며 세 점을 **클릭**하여 호를 생성하는 방법이 가장 많이 사용된다.

01 Arc 아이콘을 클릭한다.

02 호의 중심점을 클릭한다.

03 호의 반지름만큼 커서를 이동해 시작점을 클릭한다.

04 호의 끝점을 클릭한다.

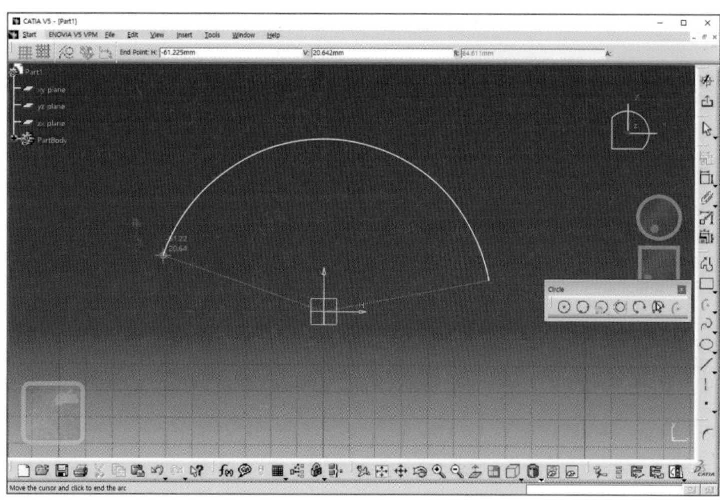

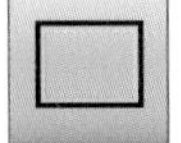

직사각형(Rectangle)

두 점을 대각선 방향으로 선택하여 사각형을 스케치한다.

01 Rectangle 아이콘을 클릭한다.

02 원점을 클릭하고, 드래그하여 대각선 방향의 한 점을 클릭하여 스케치한다.

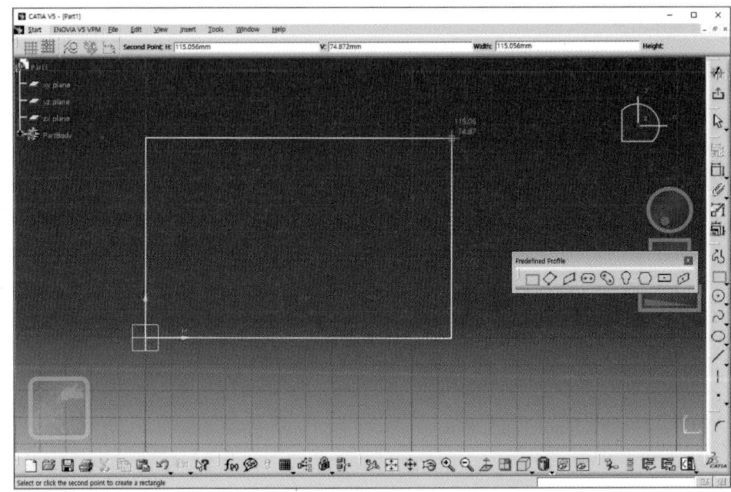

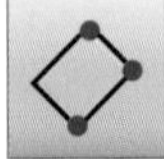

오리엔티드 직사각형(Oriented Rectangle)

세 개의 모서리 점을 정의하여 사각형을 스케치한다.

01 Oriented Rectangle 아이콘을 클릭한다.

02 원점을 클릭하고, 드래그하여 사각형 한 방향 모서리점을 클릭한다.

03 사각형의 다른 방향 모서리점을 클릭하여 스케치한다.

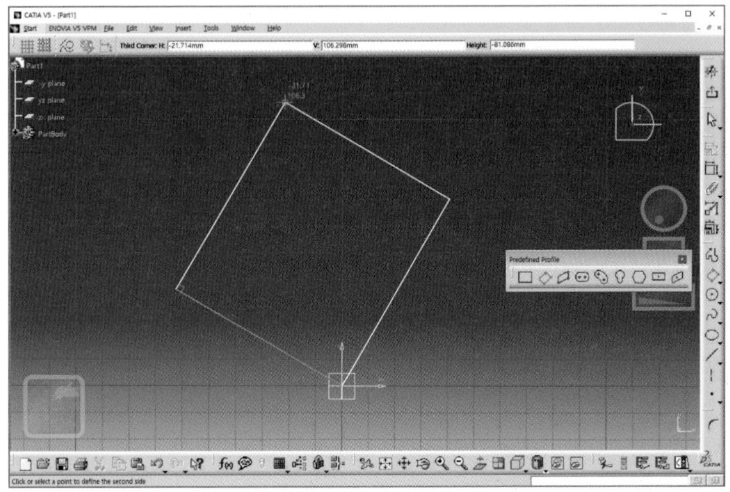

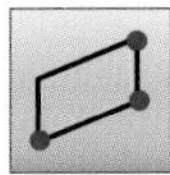

평행사변형(Parallelogram)

세 개의 모서리 점을 정의하여 평행사변형을 스케치한다.

01 Parallelogram 아이콘을 클릭한다.

02 원점을 클릭하고, 드래그하여 수직방향 모서리 점을 클릭한다.

03 다른 방향 모서리점을 클릭하여 평행사변형을 스케치한다.

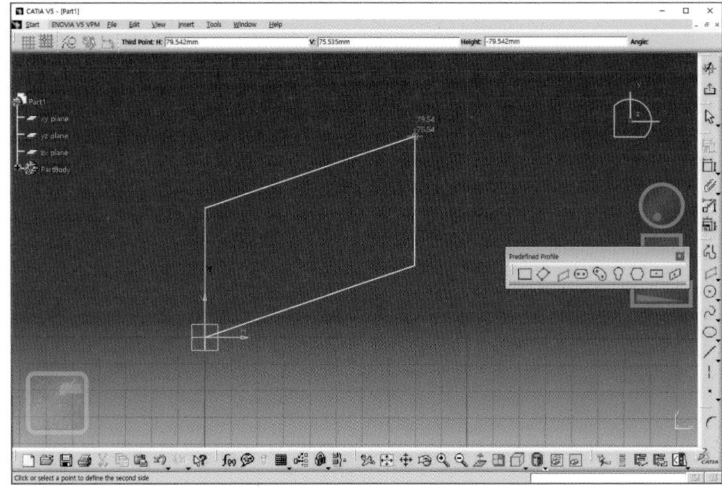

연장된 홀(Elongated Hole)

장공을 스케치한다.

01 Elongated Hole 아이콘을 클릭한다.

02 홀의 중심 시작점을 원점으로 클릭한다.

03 홀의 다른 중심점을 수평방향으로 클릭한다.

04 홀의 반지름을 드래그하여 클릭해 스케치한다.

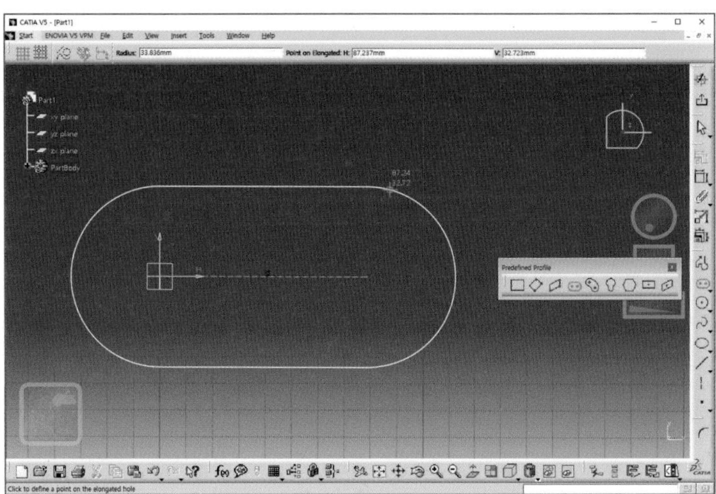

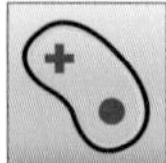

원주 연장된 홀(Cylindrical Elongated Hole)

원주 형태의 장공을 스케치한다.

01 Cylindrical Elongated Hole 아이콘을 클릭한다.

02 원주 중심을 원점으로 클릭한다.

03 홀의 중심 시작점을 클릭한다.

04 홀의 다른 중심점을 클릭한다.

05 홀의 반지름을 드래그하여 클릭해 스케치한다.

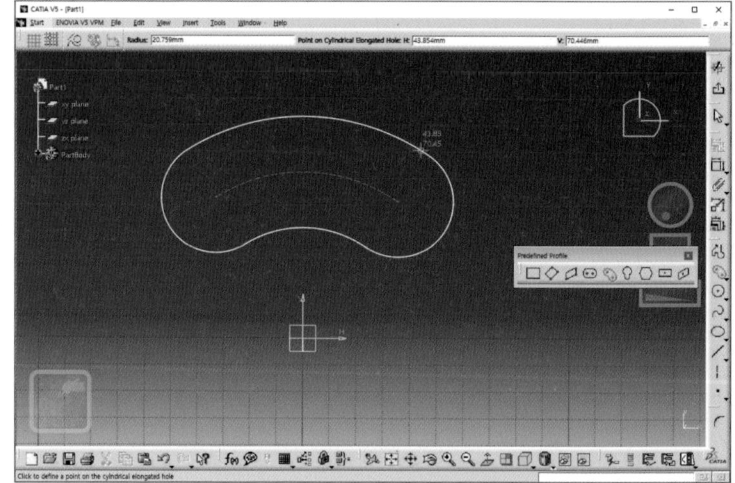

키홀(Keyhole profile)

반지름이 다른 두 원이 연결된 키홀 모양을 스케치한다.

01 Keyhole profile 아이콘을 클릭한다.

02 원점을 클릭하고, 드래그하여 대각선 방향의 한 점을 클릭하여 스케치한다.

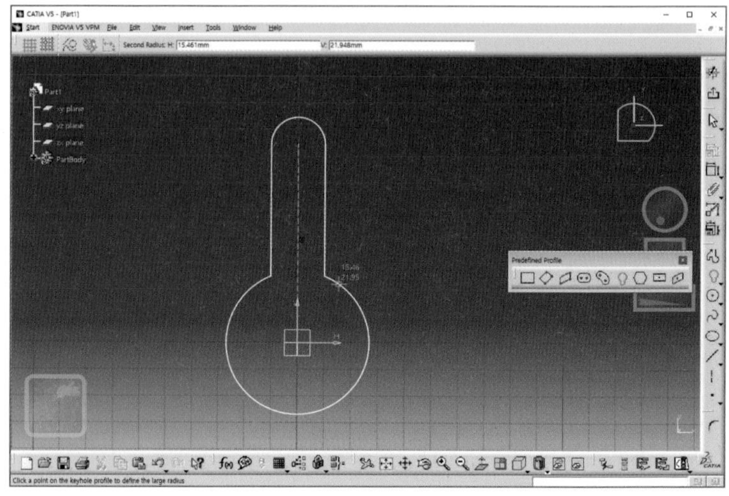

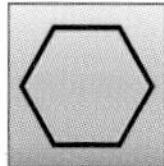

육각형(Hexagon)

원에 외접/내접하는 육각형을 스케치한다.

01 Hexagon 아이콘을 클릭한다.

02 원점을 클릭하고, 드래그하여 육각형의 꼭짓점을 클릭해 스케치한다.

TIP 기준원을 먼저 그린 후 중심을 같게 하면 외접/내접 육각형을 쉽게 스케치할 수 있다.

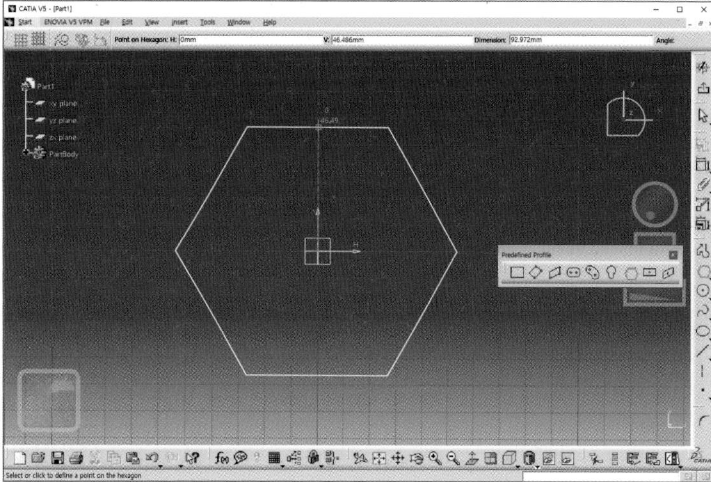

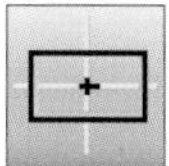

중심사각형(Centered Rectangle)

중심을 먼저 지정하여 사각형을 스케치한다.

01 Centered Rectangle 아이콘을 클릭한다.

02 원점을 클릭하고, 드래그하여 대각선 방향의 한 점을 클릭하여 스케치한다.

TIP 기계부품은 주로 사각형상이고, 상하좌우가 대칭인 형상이 많기에 모델링할 때 유리한 기능이다.

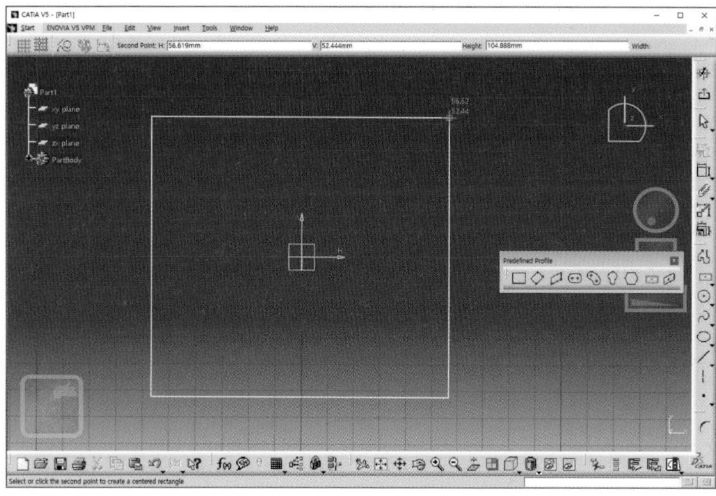

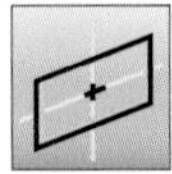

중심 평행사변형(Centered Parallelogram)

중심을 먼저 지정해 평행사변형을 스케치한다.

준비 두 개의 직선

01 Centered Parallelogram 아이콘을 클릭한다.

02 원점을 클릭하고, 두 개의 기준선을 클릭하여 스케치한다.

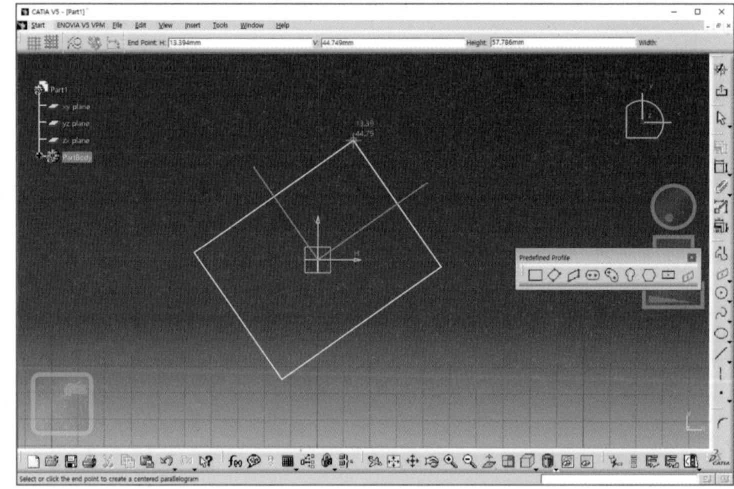

축(Axis)

대칭형상이나 회전체의 회전 중심을 표현하기 위해 선의 양 끝점을 클릭하여 축을 스케치한다.

01 Axis 아이콘을 클릭한다.

02 원점과 수직방향의 두 점을 클릭하여 축을 스케치한다.

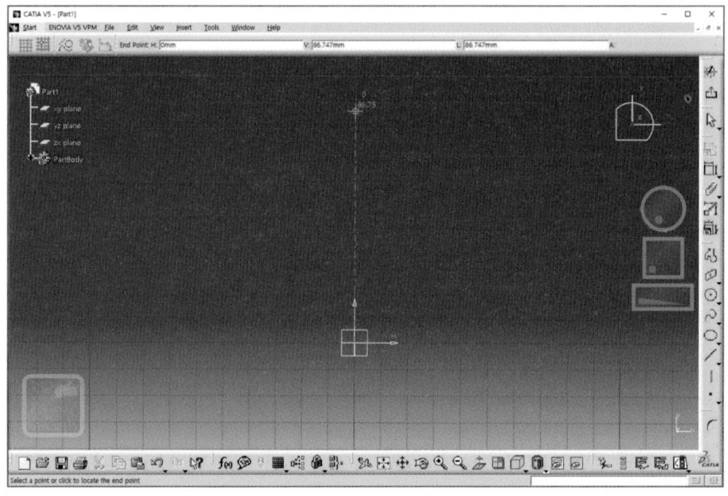

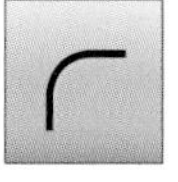

코너(Corner)

2개의 모서리를 클릭하여 라운딩(Fillet)을 생성한다.

준비 직사각형

01 Corner 기능을 클릭한다.

02 두 모서리선을 선택한다.

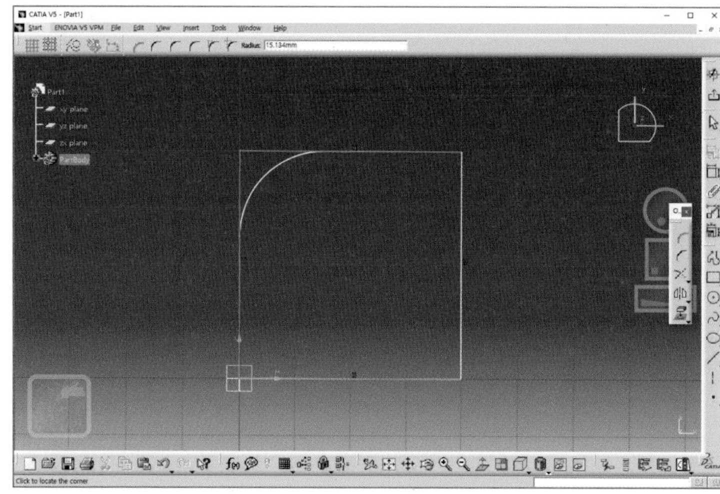

03 반지름 값을 더블클릭하여 수정한다.

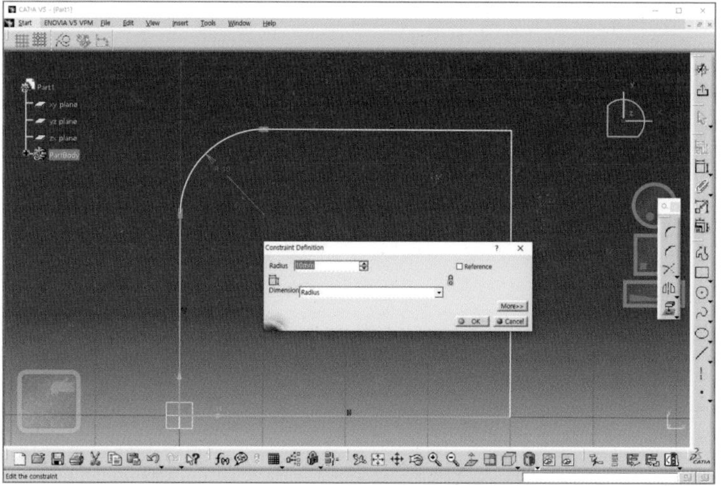

TIP 코너 옵션을 No Trim으로 선택하면 모서리를 유지할 수 있다.

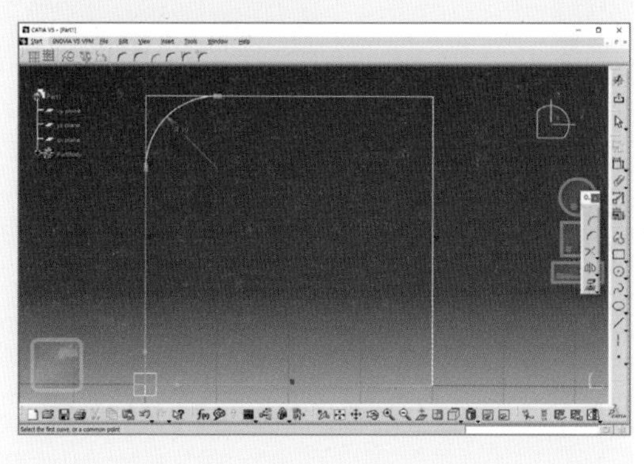

챔퍼(Chamfer)

2개의 모서리를 클릭하여 모따기를 생성한다.

준비 직사각형

01 Chamfer 기능을 클릭한다.

02 모따기가 생성될 두 모서리를 클릭한다.

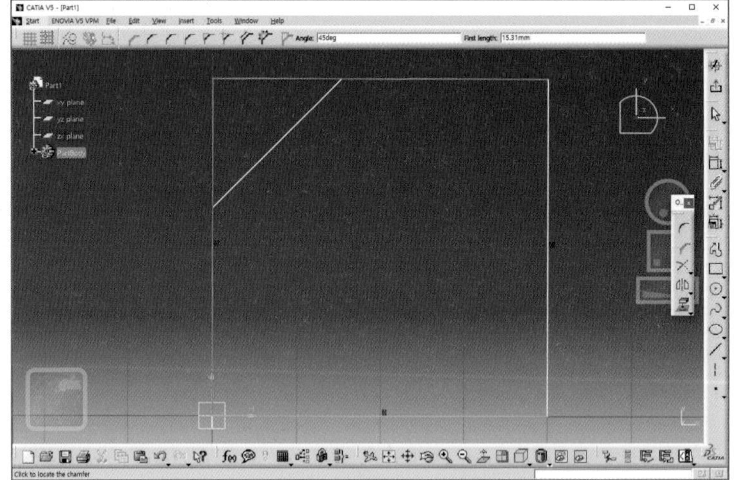

03 거리 값을 더블클릭하여 수정한다.

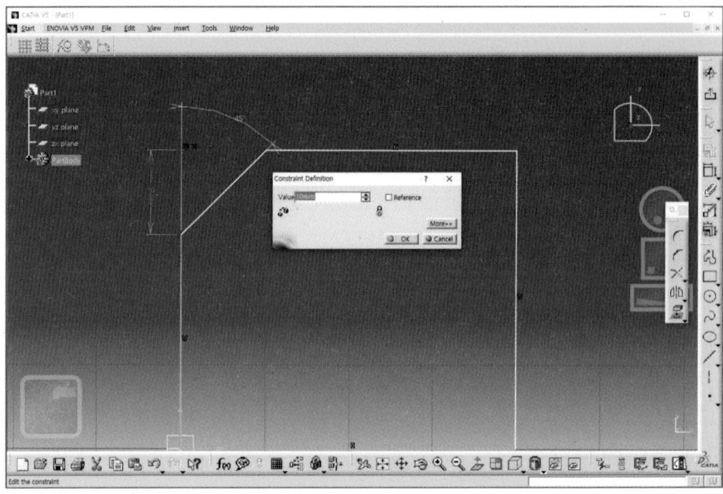

트림(Trim)

선택된 두 객체를 연결해 정리한다.

준비 떨어져 있는 두 직선

01 Trim 아이콘을 클릭한다.

02 두 직선을 클릭한다.

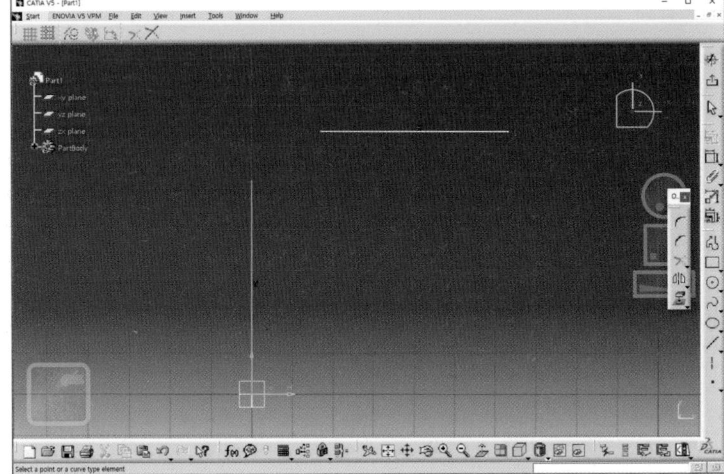

03 두 직선이 연장되며 한 점에서 정리된다.

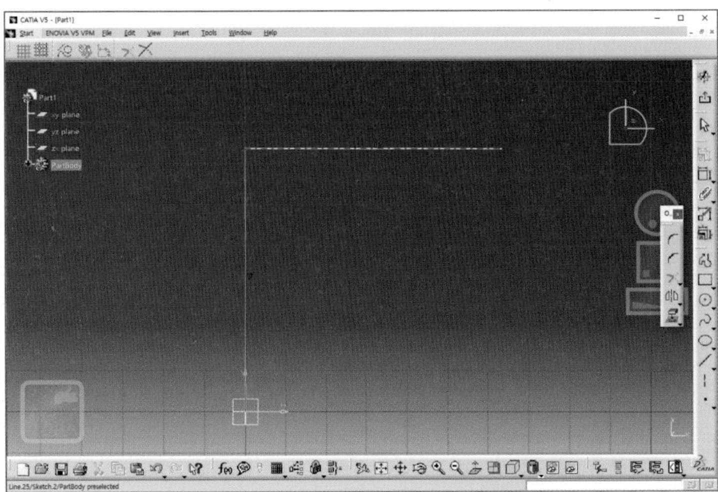

즉시 자르기(Quik Trim)

객체를 교차점에서 자르거나 삭제한다.

준비 선과 원이 교차하는 스케치

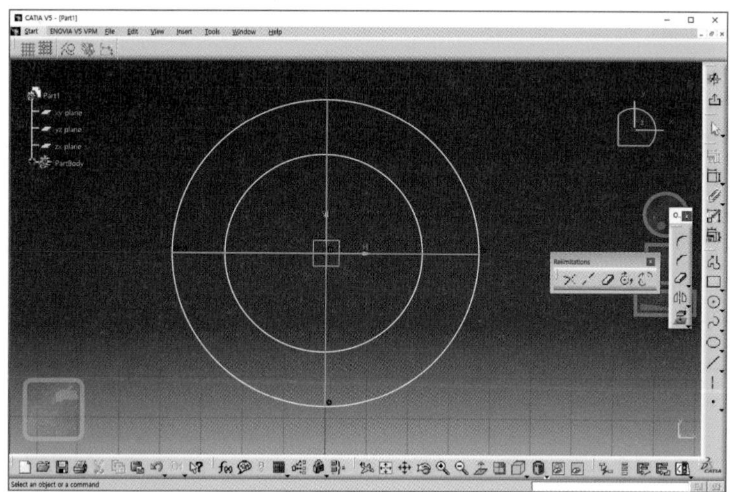

01 Quik Trim 아이콘을 클릭한다.

> **TIP** 명령을 반복해서 사용할 때는 아이콘을 더블클릭한다.
> 주로 line이나 Quick Trim 명령이 반복 사용된다.

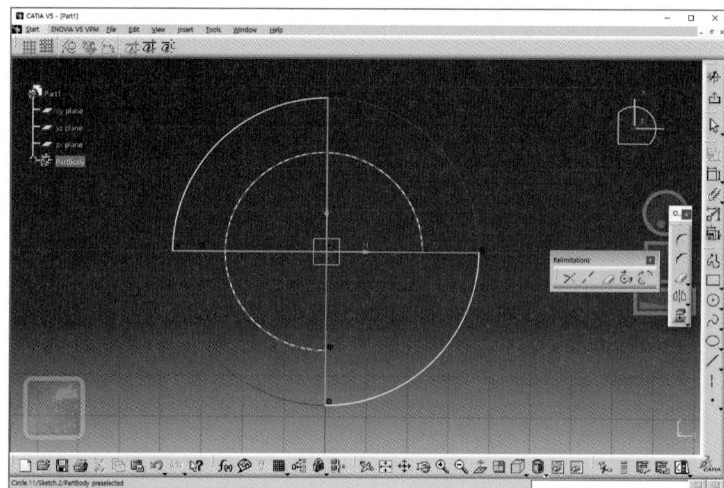

02 잘라내고자 하는 부분을 클릭한다.

대칭(Mirro)

객체를 기준선으로 대칭복사한다.

준비 원

01 Mirror 아이콘을 클릭한다.

02 스케치된 원을 클릭한다.

03 대칭시킬 기준선으로 V축을 클릭한다.

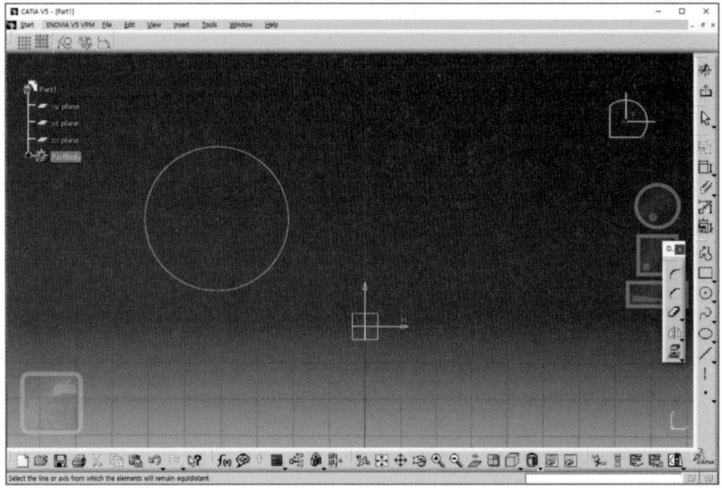

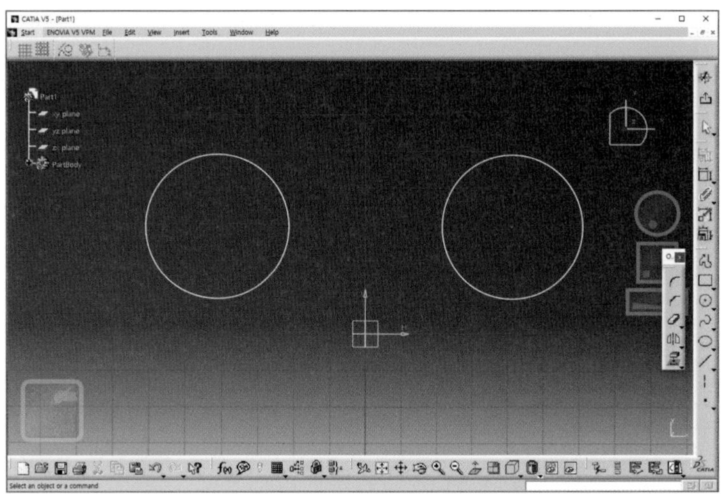

03 치수

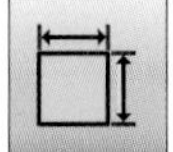

치수기입(Constraint)

길이나 지름, 각도 등의 값을 기입해 형상구속한다.

준비 그림과 같이 스케치한다.

TIP 치수를 입력하는 과정에서 있을 변형을 최소화하기 위해 스케치는 최대한 원하는 형상에 가깝게 한다.

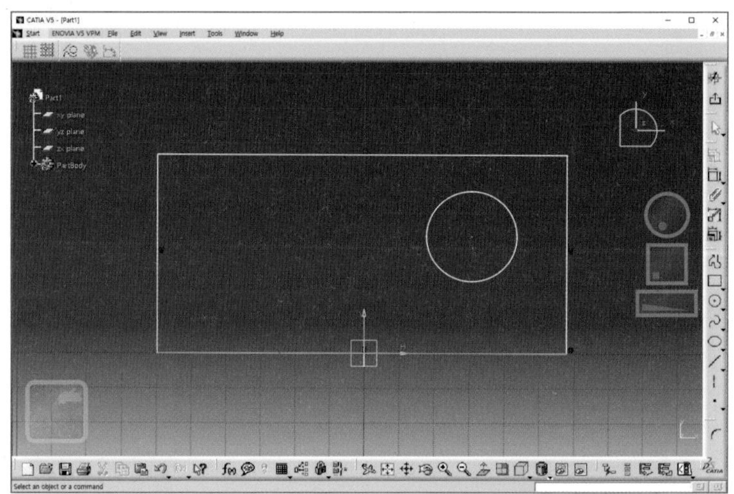

01 Constraint 아이콘을 더블클릭한다.

02 길이치수

: 치수를 주고자 하는 변을 클릭하고 치수문자의 위치를 선정해 클릭한다.

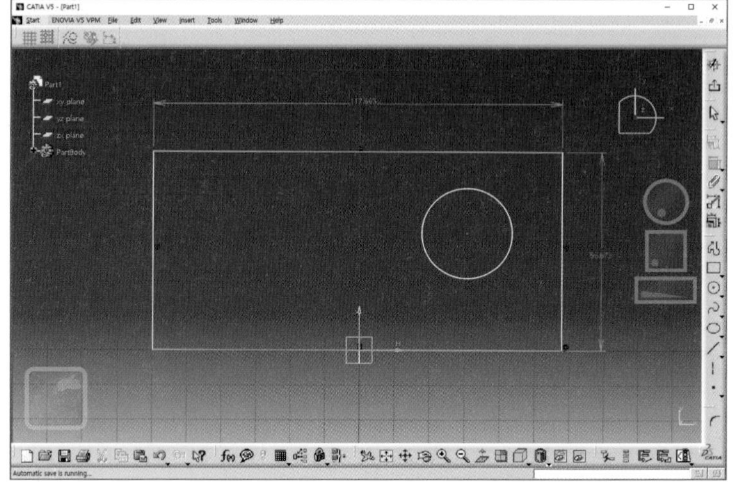

03 치수 수정

: 치수문자를 더블클릭해서 수정한다.

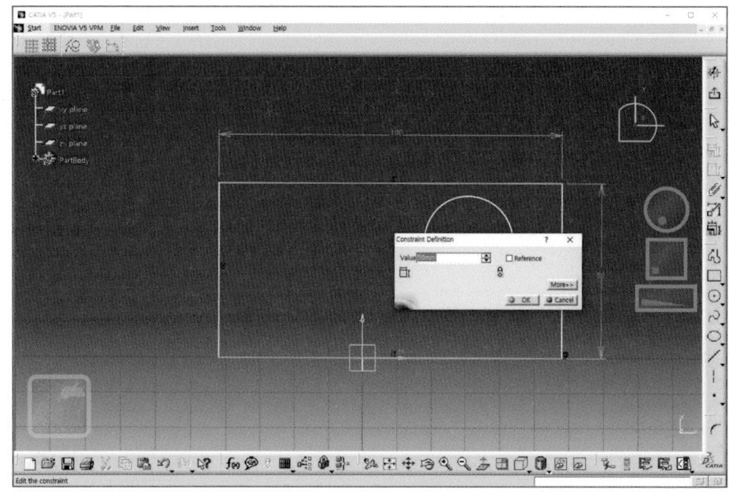

04 거리치수

: 왼쪽의 수직선을 클릭하고 원점을 클릭하면 원점과 변 사이의 거리치수를 입력할 수 있다. 치수문자를 더블클릭해서 수정한다.

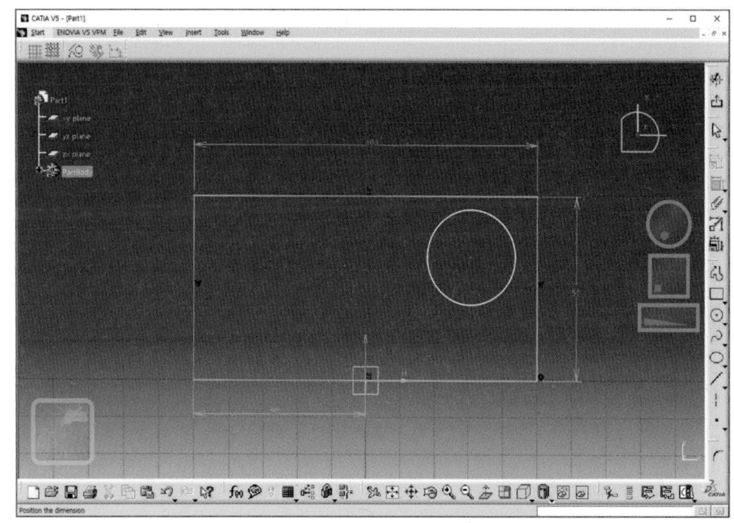

: 아래의 변과 원의 중심점 사이의 거리치수를 입력하고, 치수문자를 더블클릭해서 수정한다.

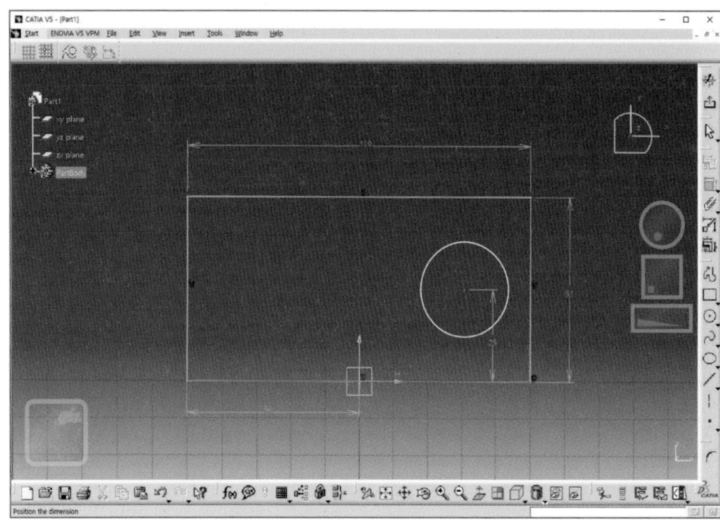

: 오른쪽 변과 원의 중심점 사이의 거리치수를 입력하고, 치수문자를 더블클릭해서 수정한다.

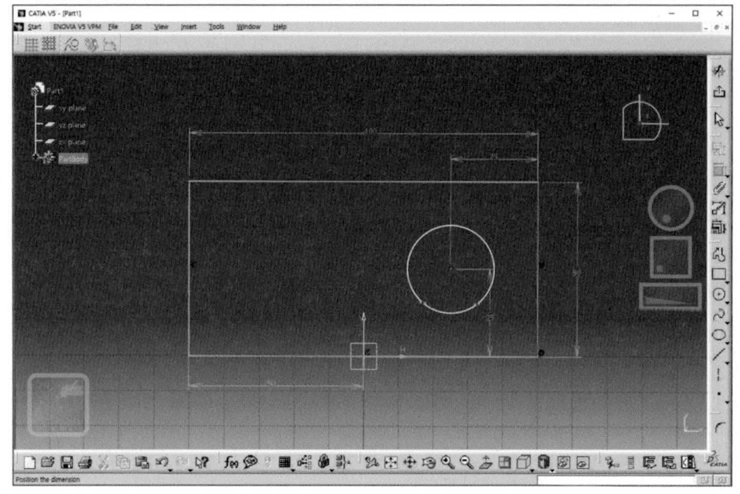

05 원의 지름치수

: 원을 클릭하면 지름치수가 생성된다.

TIP 원호와 같이 잘려진 원은 자동으로 반지름 치수로 기입된다.

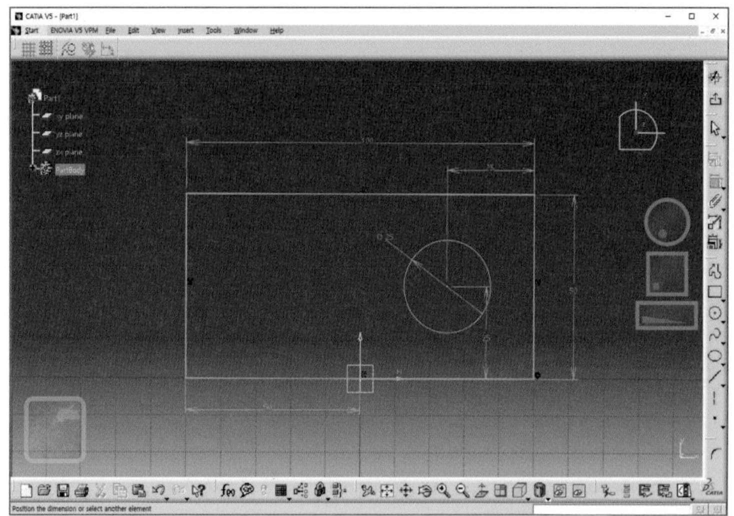

TIP 스케치의 상태를 색상으로 알려준다. 모든 스케치 요소가 초록색으로 정의되는 것이 좋다.

[초록색 : 완전정의 상태]

치수나 형상구속이 완벽하게 들어가 있는 상태

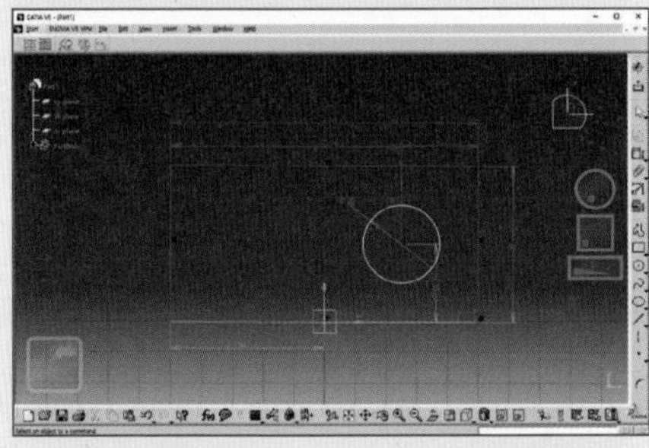

[보라색 : 초과정의 상태]

스케치나 형상구속이 초과된 상태

3D피처작업에 어려움이 따른다.

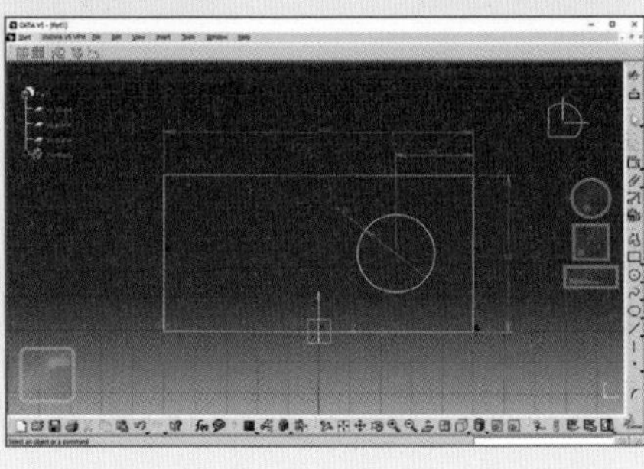

[흰색 : 불완전정의 상태]

스케치나 형상구속이 부족한 상태

■ 사선의 치수

준비 원점을 시작점으로 하는 사선

01 Constraint 아이콘을 클릭한다.

02 사선을 클릭한다.

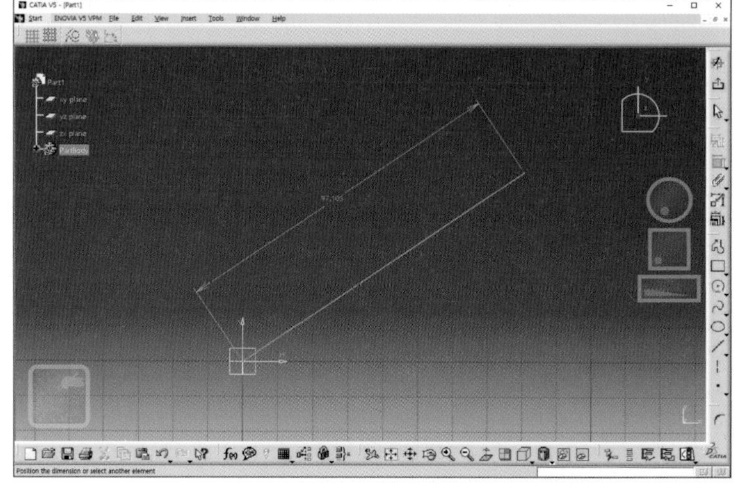

03 마우스를 우클릭하고 Horizontal Measure Direction을 클릭하면 수평방향의 치수를 입력할 수 있다.

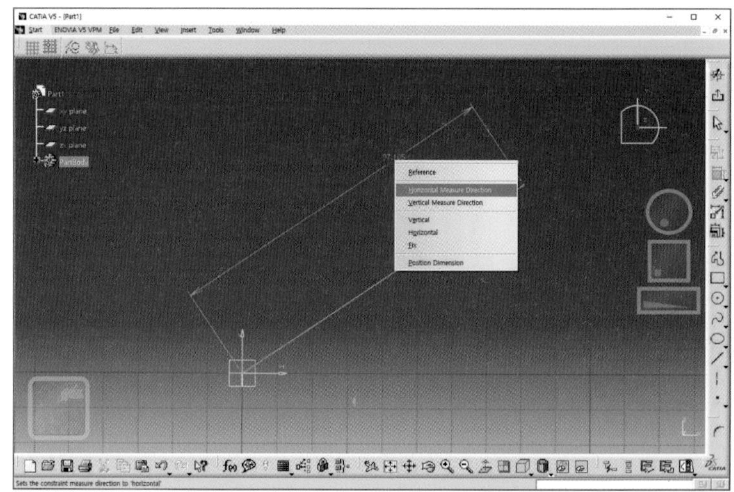

TIP Vertical Measure Direction을 클릭하면 수직방향의 치수를 입력할 수 있다.

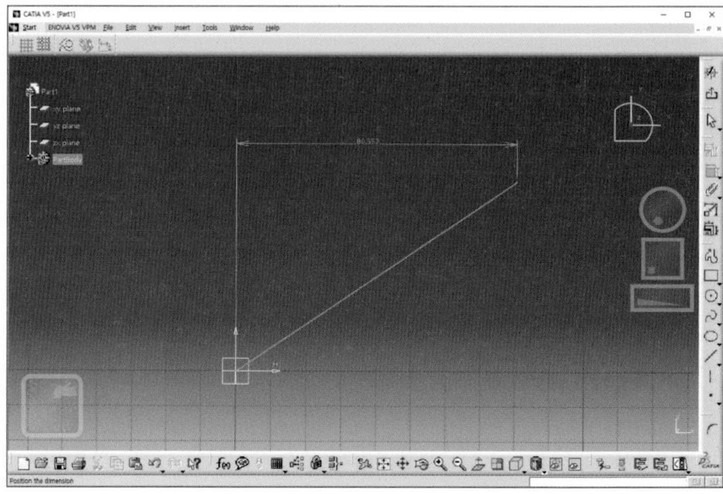

■ 각도치수

준비 원점을 시작점으로 하는 사선

01 Constraint 아이콘을 클릭한다.

02 사선과 H축을 클릭한다.

03 각도치수문자의 위치에 클릭해 각도치수를 입력한다.

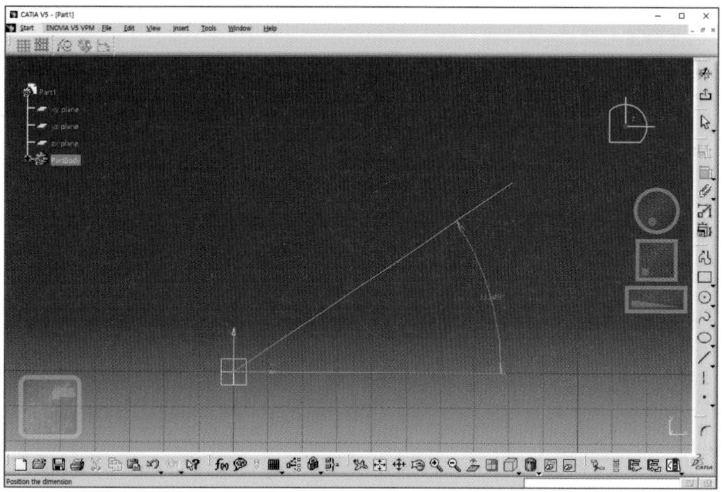

MEMO

04 구속조건

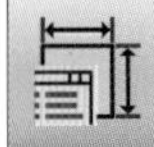

구속조건(Constraints Defined in Dialoge Box)

작성한 스케치 곡선에 대하여 형상 구속조건을 입력한다. 치수 구속과 필요에 따라 병행하여 사용한다.
구속할 객체를 선택하면 선택한 객체에 구속 적용할 수 있는 조건만 활성화되므로, 객체의 구속관계를 잘 생각해야 한다.

기호	명칭	설명
	대칭 (Symmetry)	선택한 객체가 서로 대칭이 되도록 구속한다.
	고정, 수정 (Fix)	선택한 객체의 위치를 고정한다.
	부합, 일치 (Coincidence)	선택한 객체가 서로 일치하도록 구속한다.
	등심성 (Concentricity)	선택한 두 원이나 호의 중심이 일치하도록 구속한다(동심원, 동심호).
	접점 (Tangency)	선택한 두 객체가 서로 접하도록 구속한다.
	평행 (Parallelism)	선택한 두 객체가 서로 평행하도록 구속한다.
	수직, 직교 (Perpendicular)	선택한 두 객체가 서로 수직하도록 구속한다.
	수평 (Horizontal)	선택한 객체가 수평하도록 구속한다.
	수직 (Vertical)	선택한 객체가 수직하도록 구속한다.

고정(Fix)

선택한 객체의 위치를 고정한다.

준비 **원**

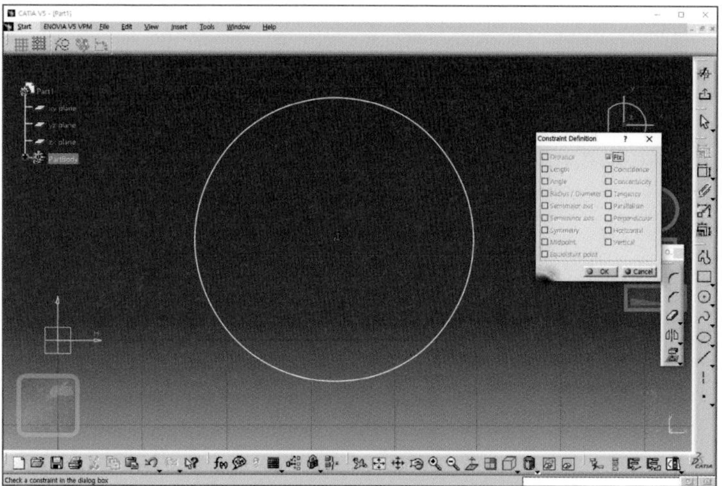

01 원의 중심을 선택하고 Constraints Defined 아이콘을 클릭한다.

02 활성화되어 있는 조건 중 FIX를 선택하고 확인한다.

TIP 적용된 구속조건을 삭제할 때는 구속조건 기호를 클릭하고 Delete 한다.

부합, 일치(Coincidence)

선택한 객체가 서로 일치하도록 구속한다.

준비 원

01 원의 중심과 원점을 Ctrl 을 눌러 함께 선택하고 Constraints Defined 아이콘을 클릭한다.

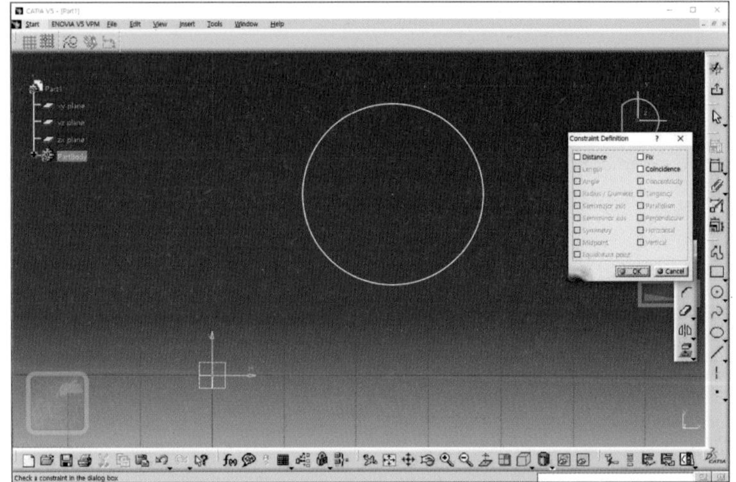

02 Coincidence 체크박스를 클릭하면 원이 원점에 일치되는 것을 확인할 수 있다.

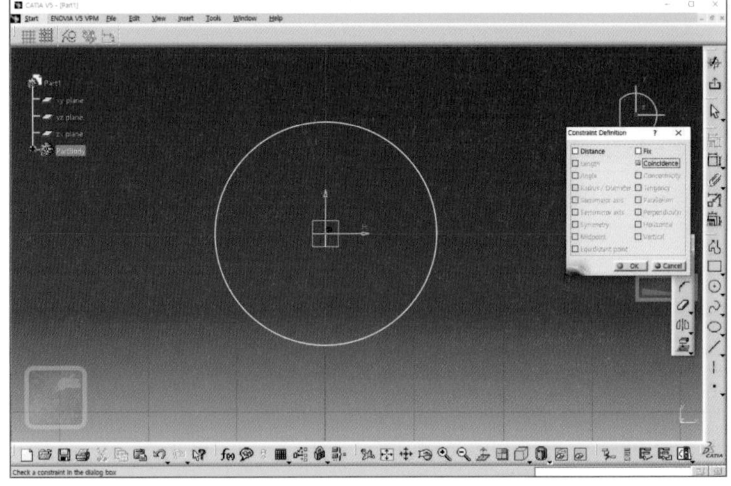

등심성(Concentricity)

선택한 두 원이나 호의 중심이 일치하도록 구속한다.(동심원, 동심호)

준비 원점이 중심인 원과 다른 원

01 두 원을 Ctrl 을 눌러 함께 선택하고 Constraints Defined 아이콘을 클릭한다.

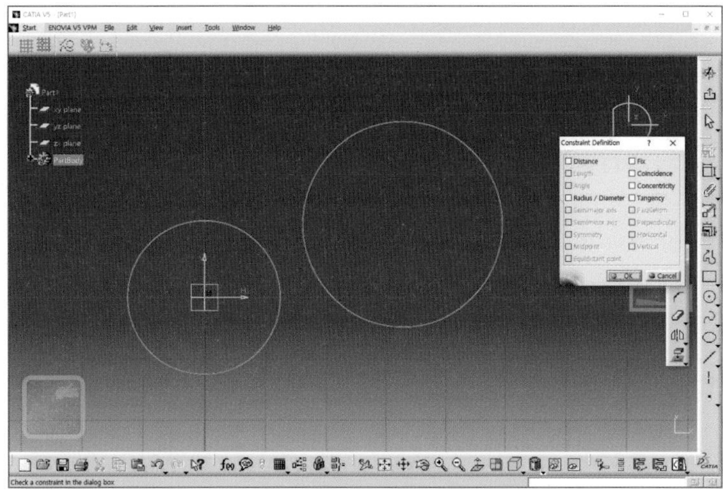

02 Concentricity 체크박스를 클릭하면 두 원의 중심이 같아짐을 확인할 수 있다.

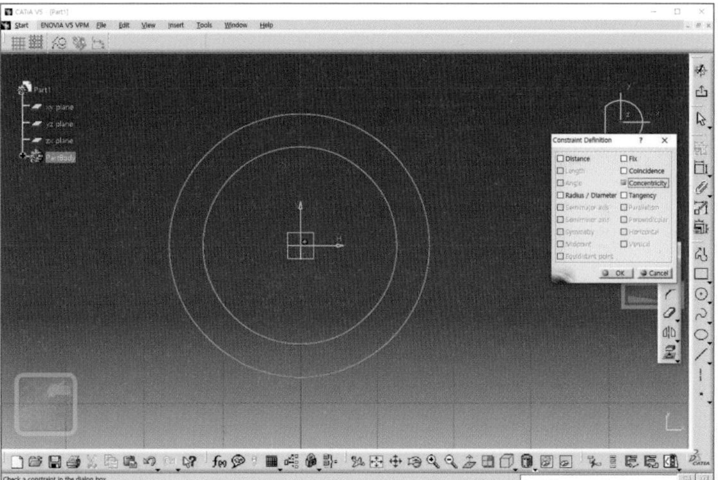

접점(Tangency)

선택한 두 객체가 서로 접하도록 구속한다.

준비 원점이 중심인 원과 다른 원

01 두 원을 Ctrl 을 눌러 함께 선택하고 Constraints Defined 아이콘을 클릭한다.

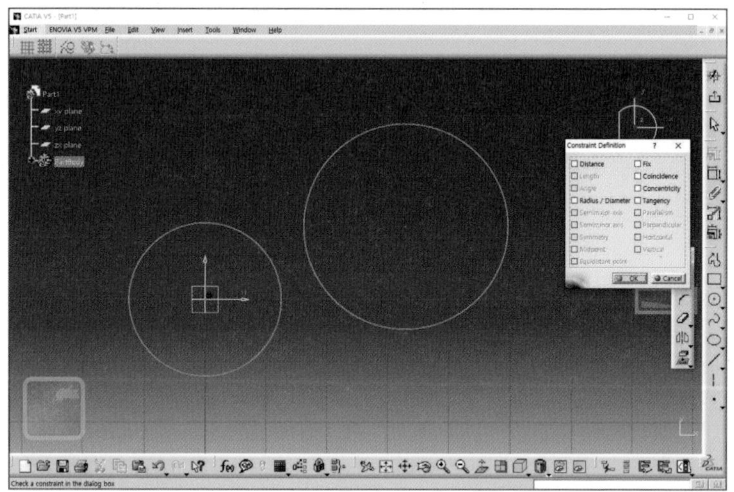

02 Tangency 아이콘을 클릭하면, 두 원이 접점에서 붙는 것을 확인할 수 있다.

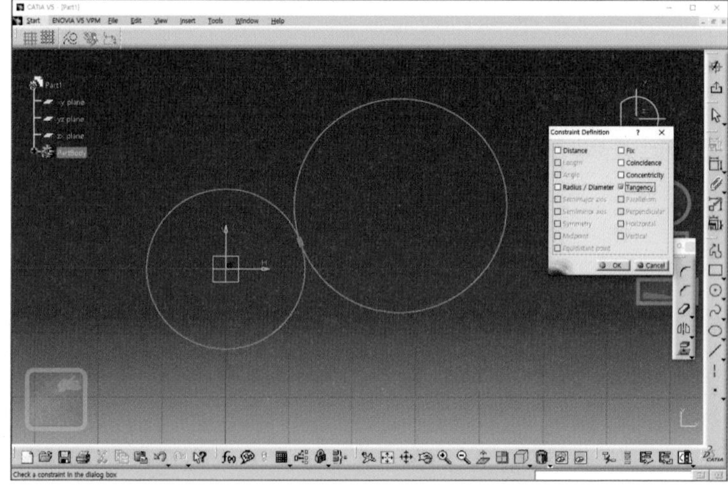

평행(Parallelism)

선택한 두 객체가 서로 평행하도록 구속한다.

준비 두 직선

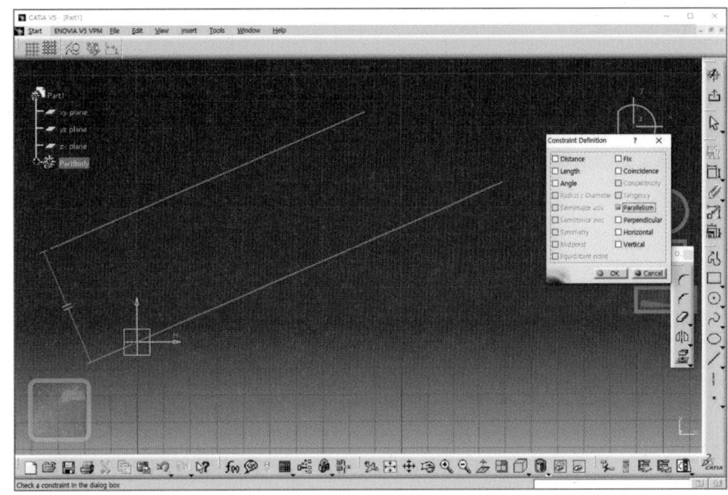

01 두 직선을 Ctrl 을 눌러 함께 선택하고 Constraints Defined 아이콘을 클릭한다.

02 Parallelism 체크박스를 클릭하면 두 직선이 평행하게 구속된다.

대칭(Symmetry)

선택한 객체가 서로 대칭이 되도록 구속한다.

준비 프로파일 기능을 이용해 그림과 같이 스케치한다.

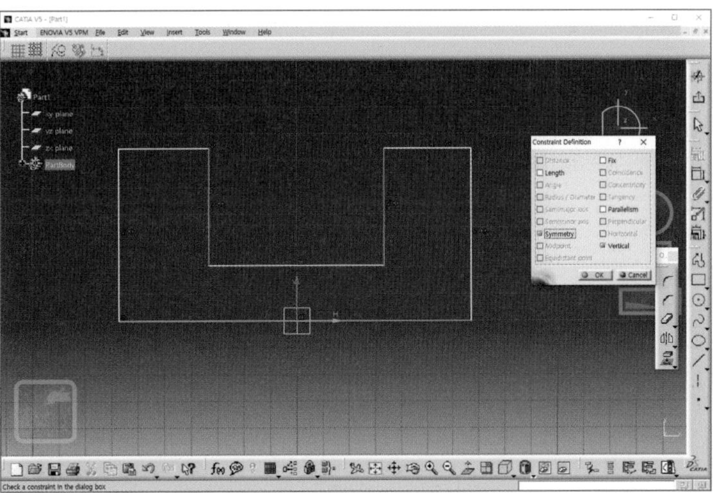

01 대칭조건을 줄 두 직선을 Ctrl 을 눌러 함께 선택하고 마지막으로 대칭기준인 V축을 선택한다.

02 Constraints Defined 아이콘을 클릭한다.

03 Symmetry 체크박스를 클릭하면 선택한 두 객체가 V축을 기준으로 대칭형상이 된다.

TIP 대칭구속할 때는 대칭 기준이 될 축을 마지막에 선택한다.

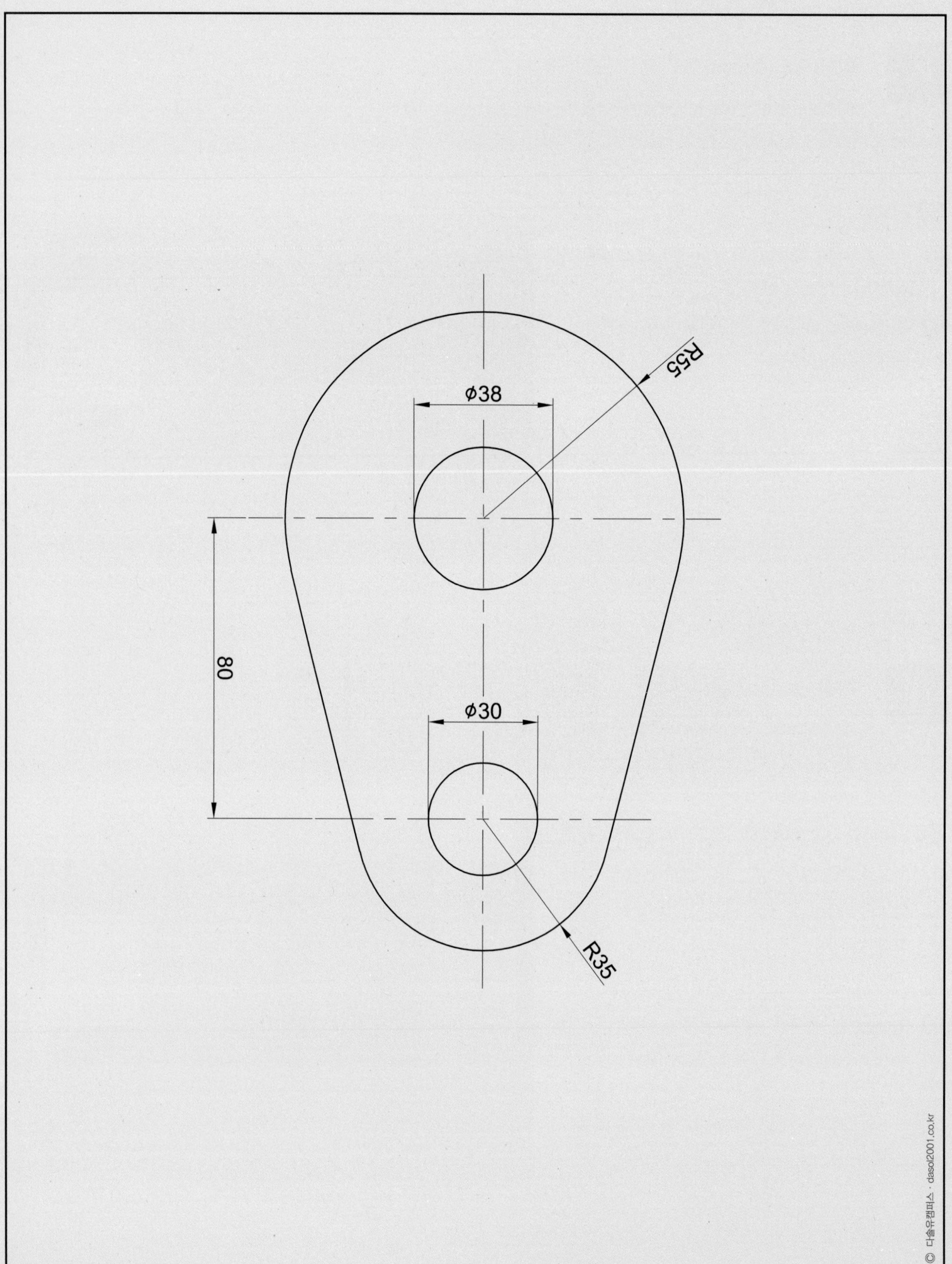

R55
ϕ38
80
ϕ30
R35

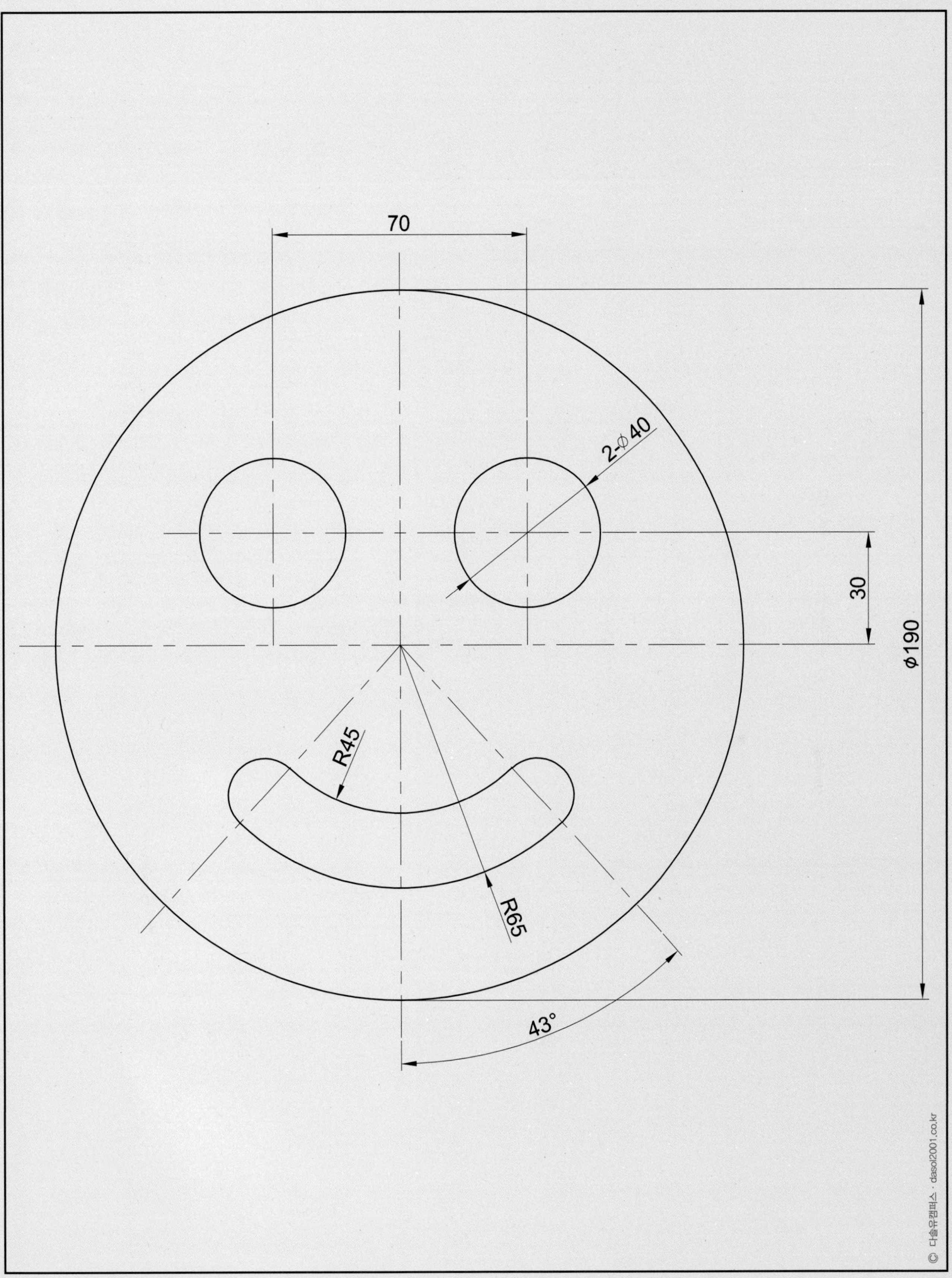
70
2-ϕ40
30
ϕ190
R45
R65
43°
© 다솔유캠퍼스 · dasol2001.co.kr

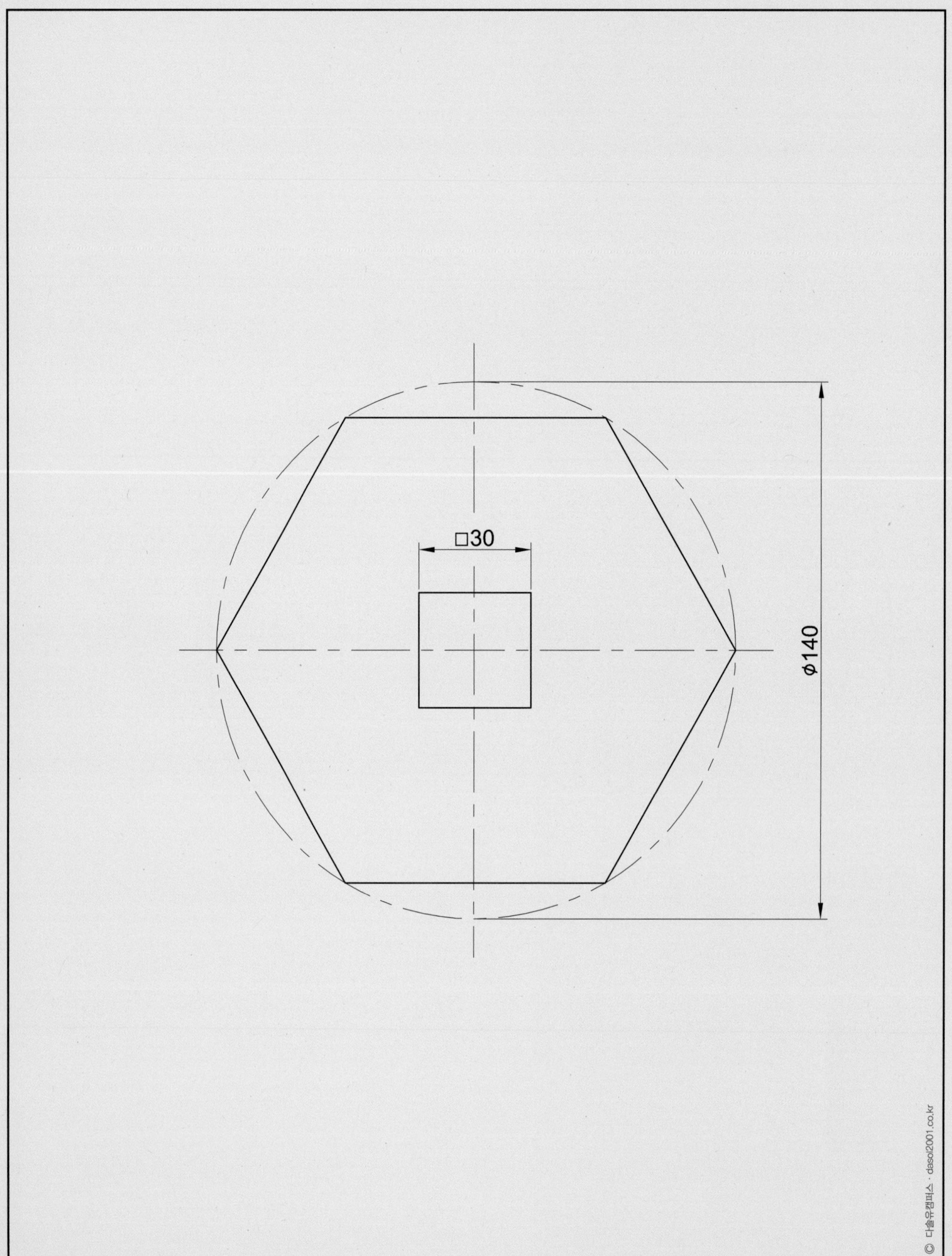
□30
ϕ140

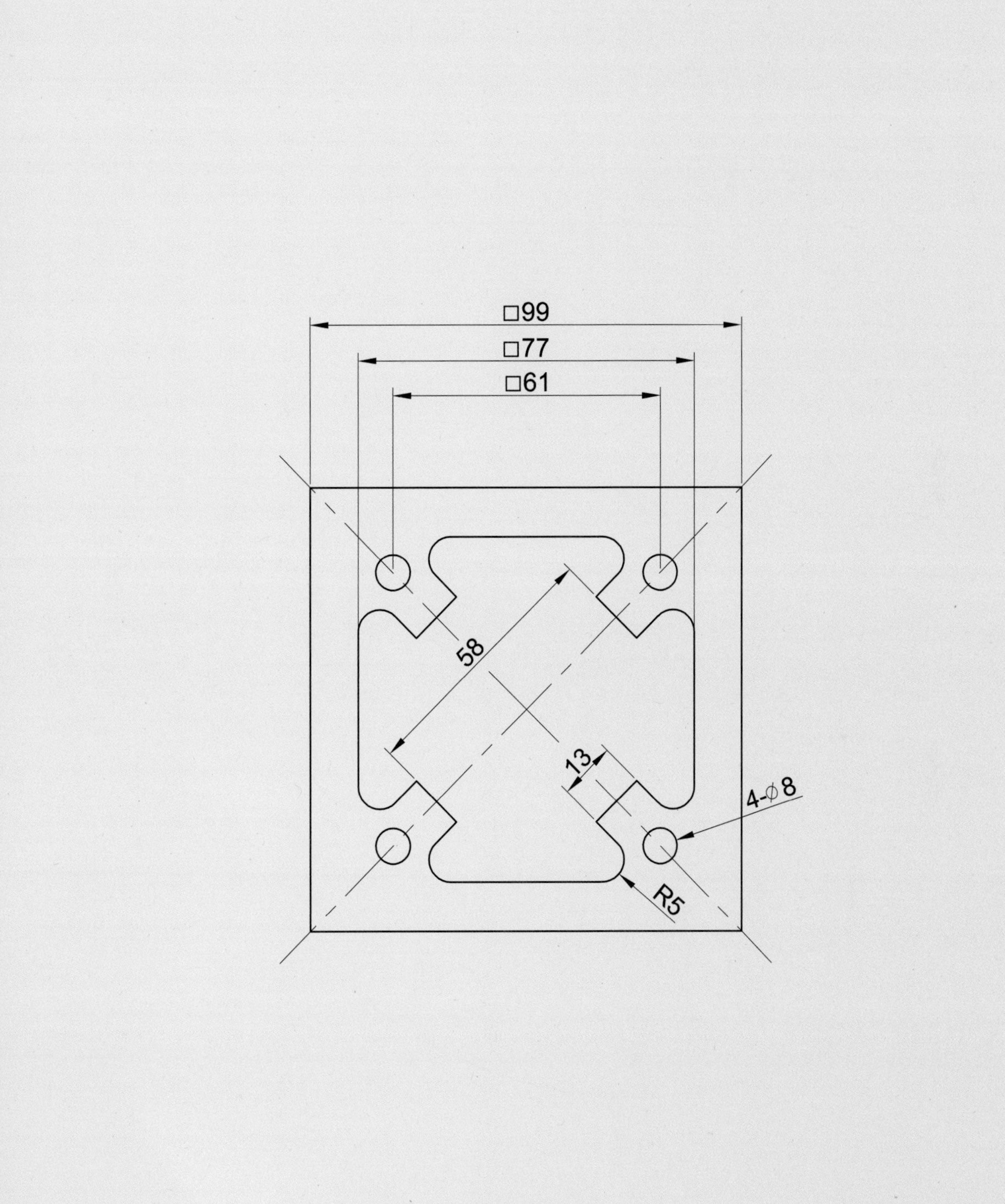
□99
□77
□61
58
13
4-ϕ8
R5

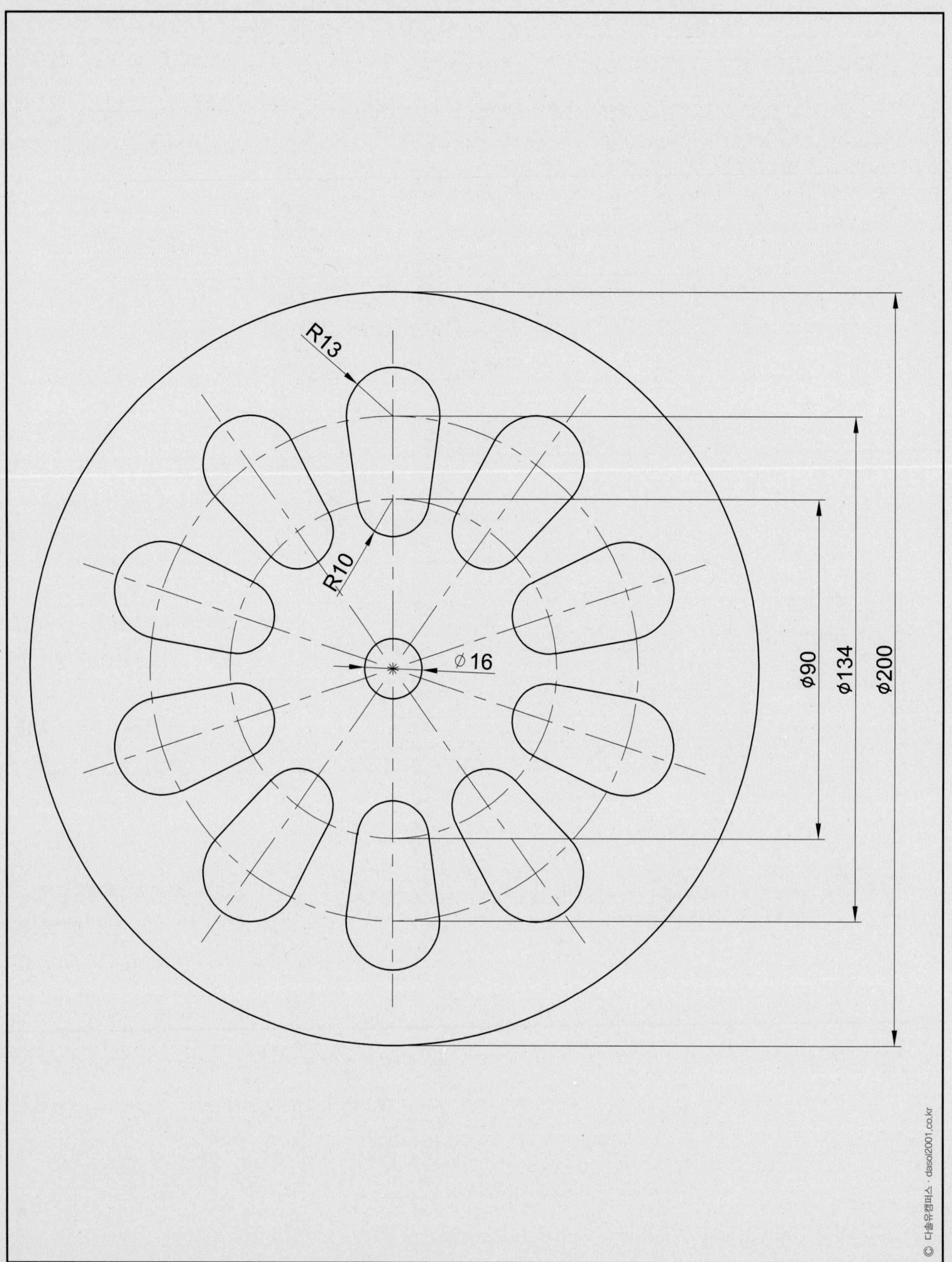

R13
R10
∅16
ϕ90
ϕ134
ϕ200

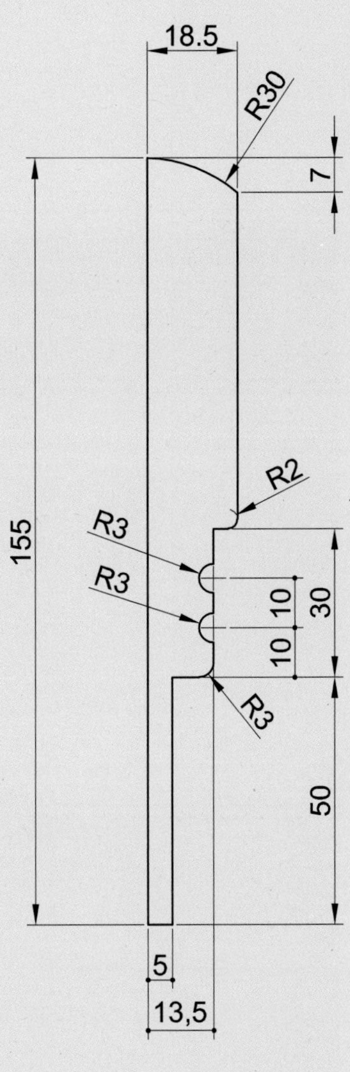
18.5
R30
7
R2
R3
R3
155
10
10
30
R3
50
5
13,5

02 3D Feature(Solid modeling)

돌출(Pad)

작성한 스케치를 돌출하는 기능으로 돌출방향과 거리를 정의하여 작성한다.

01 Part design Workbench를 실행하고, xy plane을 선택한다.

02 sketch 아이콘을 클릭하여 스케처로 들어간다.

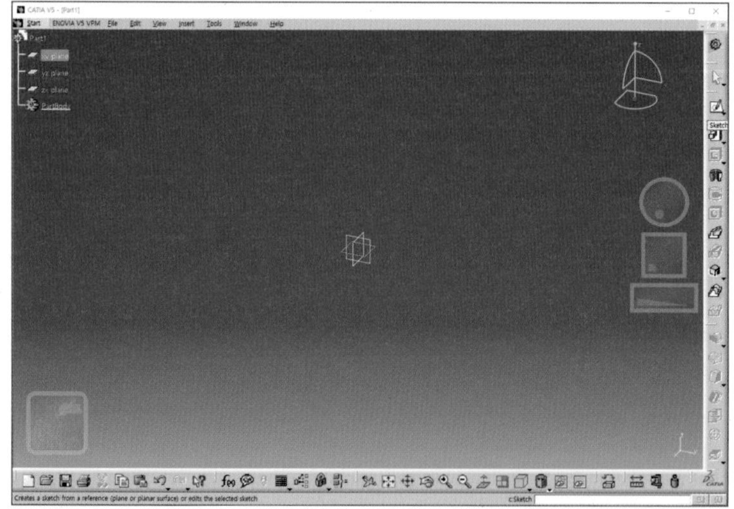

03 중심사각형(Cntered rectangle) 아이콘을 클릭한다.

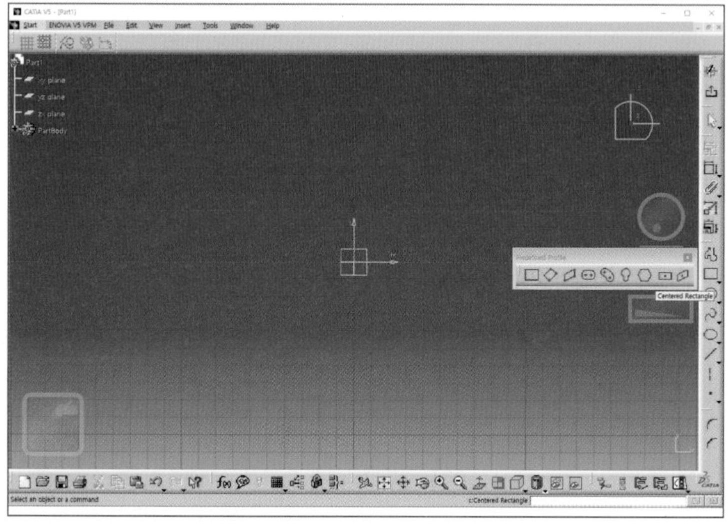

04 원점을 사각형의 중심으로 클릭하고 임의로 사각형의 꼭짓점을 클릭한다.

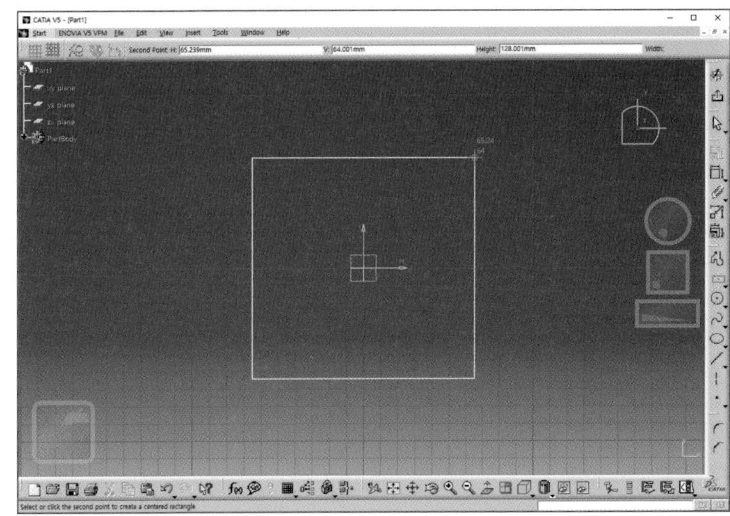

TIP 원점을 잘 활용하면 스케치에서 구속하기에 편리하다. 여기서는 원점에 고정된 가로세로가 대칭인 사각형이 그려졌다.

05 **치수(Constraint)** 아이콘을 더블클릭한다.

06 사각형의 가로, 세로 치수를 생성한다.

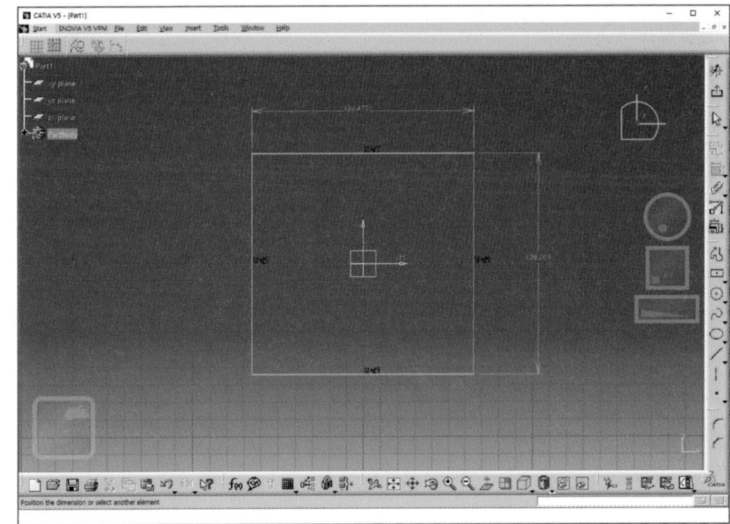

07 치수 값을 더블클릭하여 길이를 각각 100mm로 수정한다.

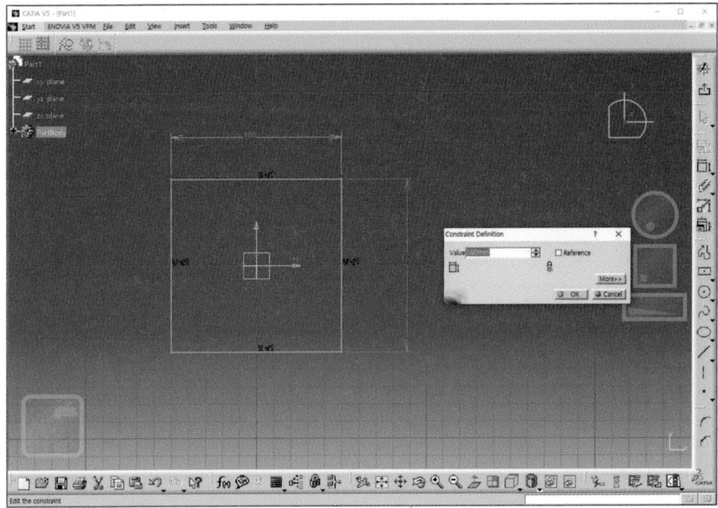

TIP 치수를 수정할 때는 가급적 작은 치수를 먼저 수정해 치수에 따른 형상 변화에 대비하도록 한다.

08 Exit Workbench 아이콘을 눌러 스케치에서 나간다. 스케처에서 빠져나오면 스케치가 주황색으로 자동으로 선택되어 있다. 빈 작업공간을 클릭하면 선택 해제(흰색)되지만, 3D Feature 작업을 위해서는 스케치가 선택되어 있어야 한다.

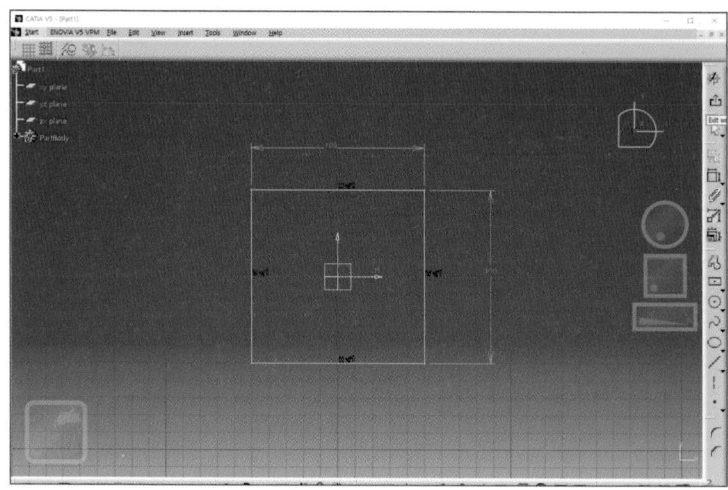

TIP 1 스케치의 수정

트리의 스케치를 더블클릭하거나 화면의 스케치를 더블클릭하면 된다.

TIP 2 스케치의 삭제

트리의 스케치나 화면의 스케치를 클릭한 후 Delete 하거나 마우스 오른쪽 버튼을 눌러 Delete 옵션을 선택한다.

09 돌출(Pad) 기능을 선택하고 Length 50mm를 입력하고 OK 버튼을 누른다.

10 위로 높이 50mm인 육면체가 생성된다.

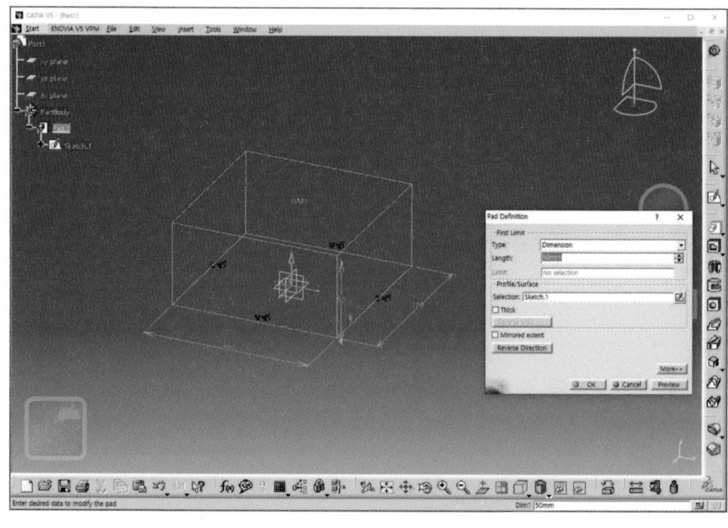

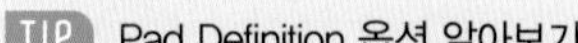

TIP Pad Definition 옵션 알아보기

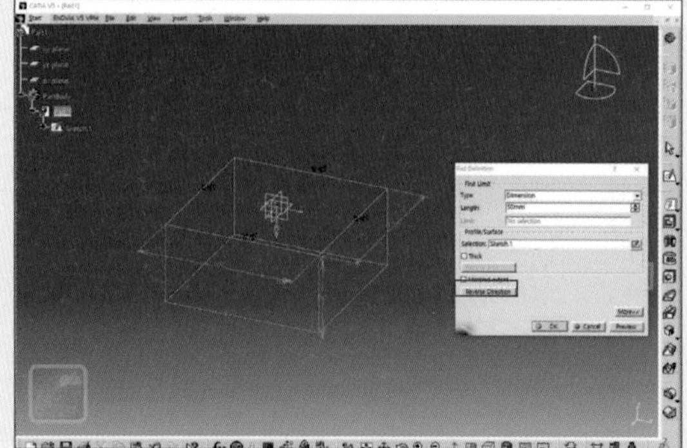

Reverse Direction : 돌출방향을 뒤집는다.

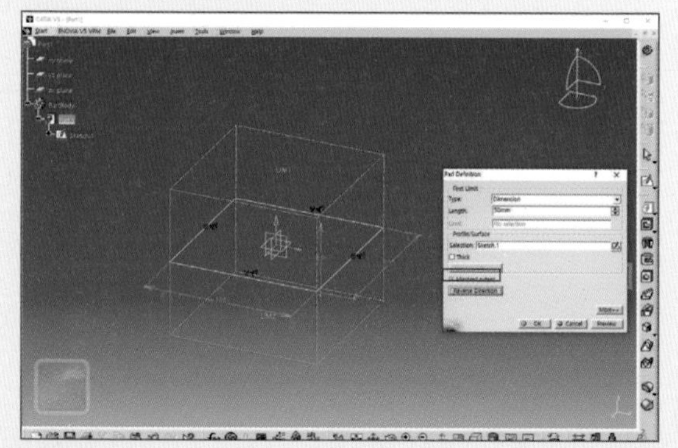

Mirrored extent : 스케치를 기준으로 대칭인 Feature를 생성한다.

11 육면체의 윗면을 선택하고 스케처 아이콘을 클릭한다.

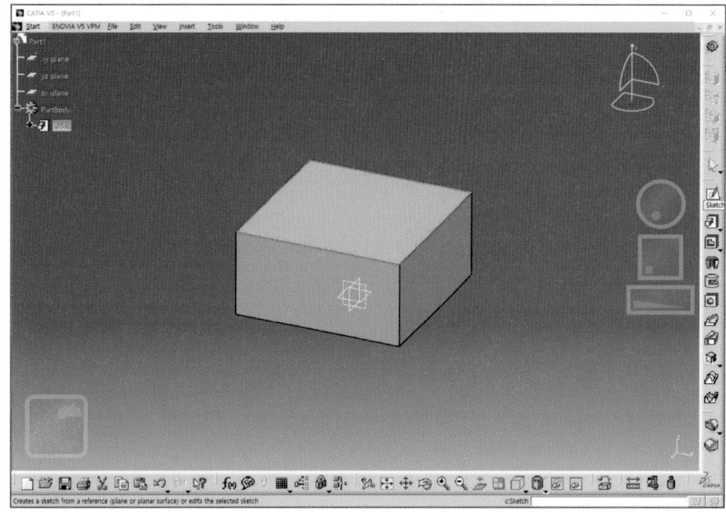

12 **원(circle)** 아이콘을 클릭한다.

13 원점에 원의 중심을 클릭하고 반지름을 지정해 원을 스케치한다.

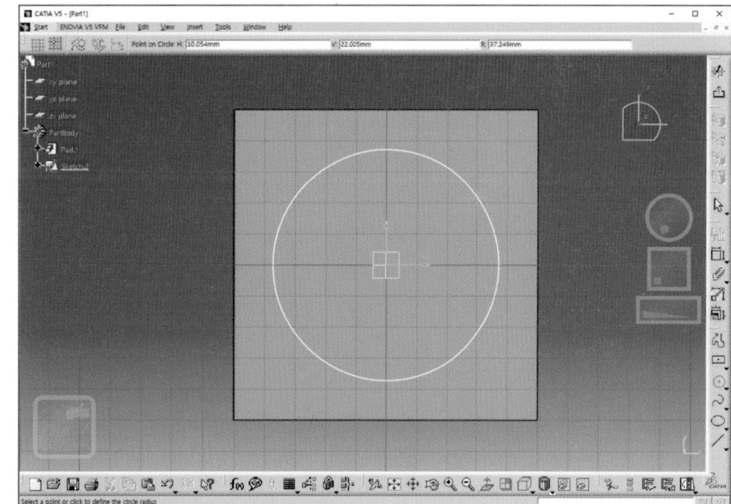

14 **치수(Constraint)** 아이콘을 클릭한다.

15 원의 호 부분을 클릭해 지름 치수를 생성한다.

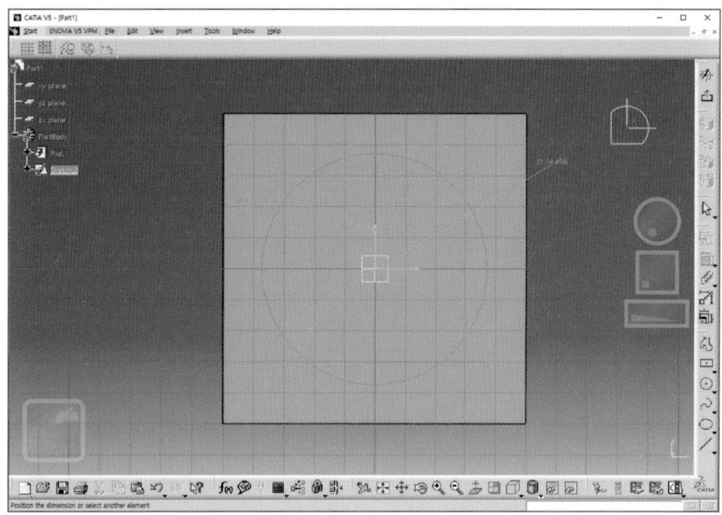

16 치수문자를 더블클릭해 지름을 50mm로 설정한다.

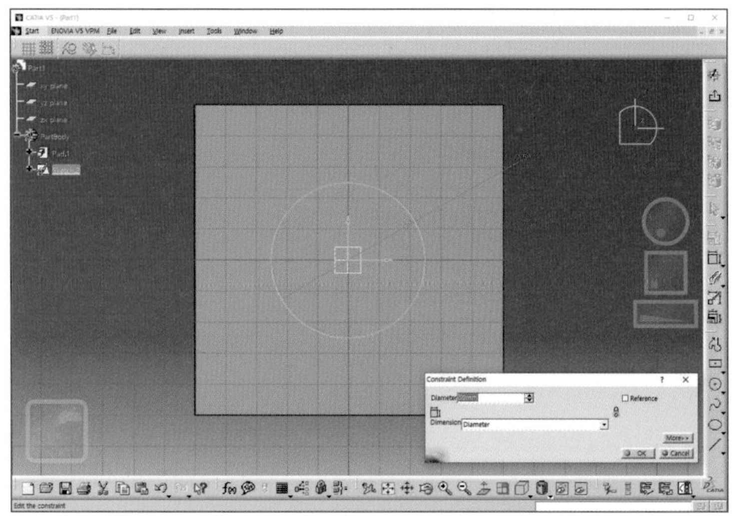

17 Exit Workbench 아이콘을 눌러 스케처에서 나간다.

스케처에서 빠져나오면 스케치가 주황색으로 자동으로 선택되어 있고 작업트리에 sketch.2가 생성되어 있음을 확인할 수 있다.

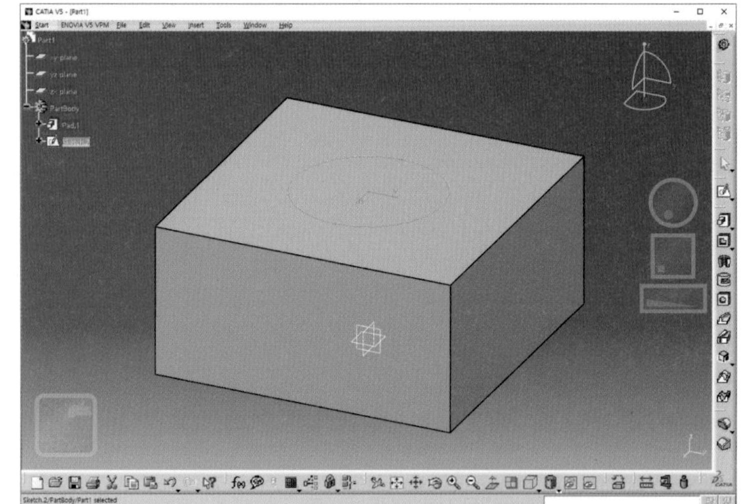

18 돌출(Pad) 아이콘을 클릭한다.

19 Length 50mm를 입력한다.

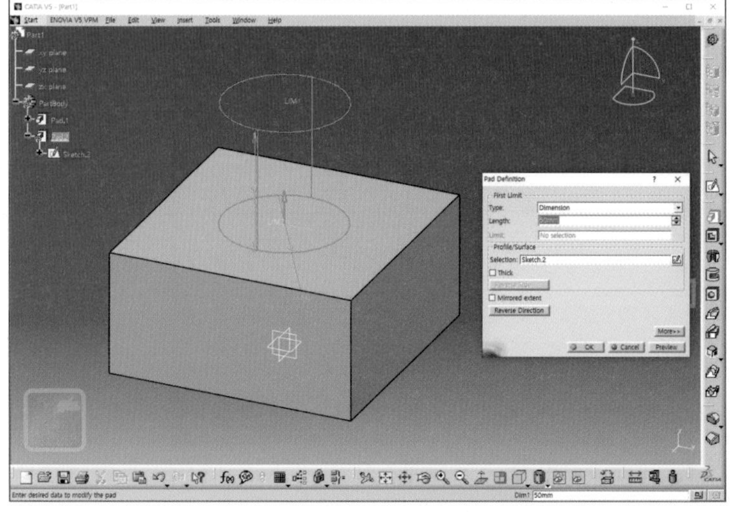

20 높이 50mm인 원기둥이 생성된다.

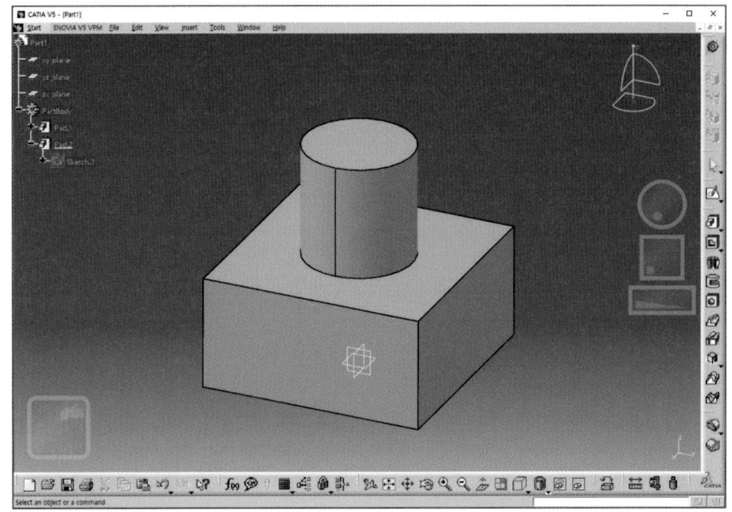

TIP 1 3D feature의 수정

트리의 Pad를 더블클릭하거나 작업화면을 더블클릭하면 Pad Definition 창이 나타난다.

TIP 2 3D feature의 삭제

트리나 화면에서 해당 Feature를 선택해 Delete 하거나 마우스 오른쪽 버튼을 눌러 Delete 옵션을 선택한다.

TIP PAD Type 알아보기

Type	설명	결과
Dimension	입력한 치수만큼 돌출한다.	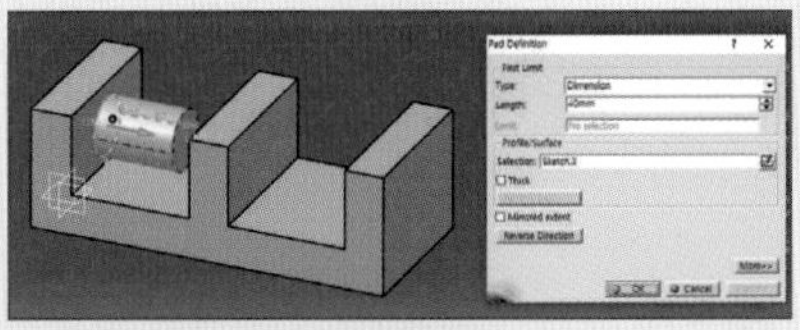
Up to next	다음까지 돌출한다.	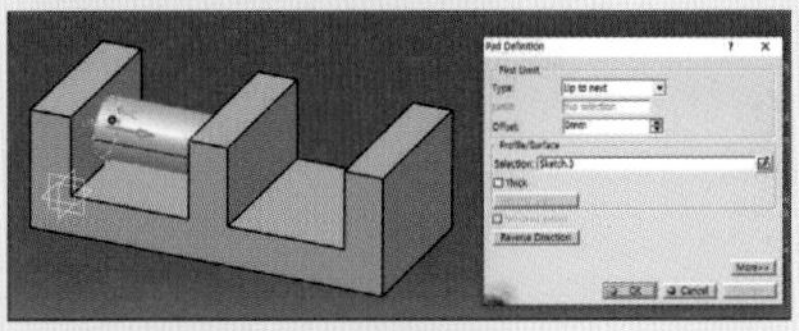
Up to last	형성되어 있는 Feature의 끝까지 돌출한다.	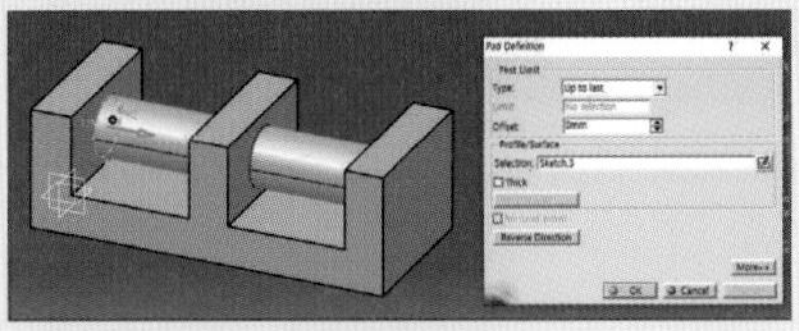
Up to plane	선택한 평면까지 돌출한다.	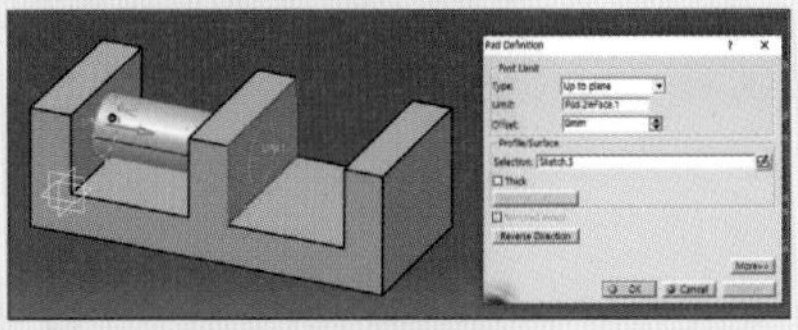
Up to surface	선택한 면까지 돌출한다.	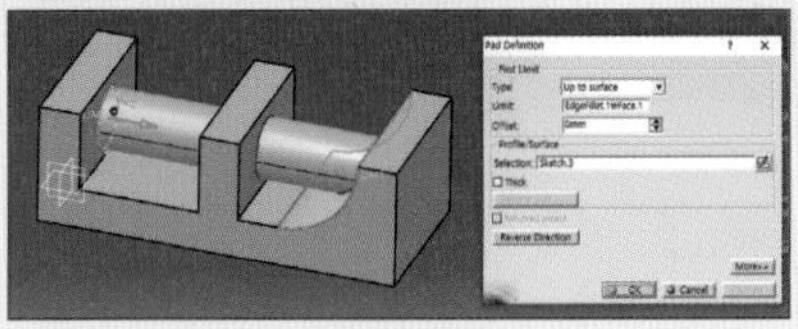

제거(Pocket)

작성한 스케치를 제거하는 기능으로 돌출 방향과 거리를 정의하여 제거한다.

준비 중심이 원점인 가로 100mm, 세로 100mm, 높이 50mm인 육면체

01 육면체의 윗면을 스케치면으로 선택하고 sketch 아이콘을 클릭한다.

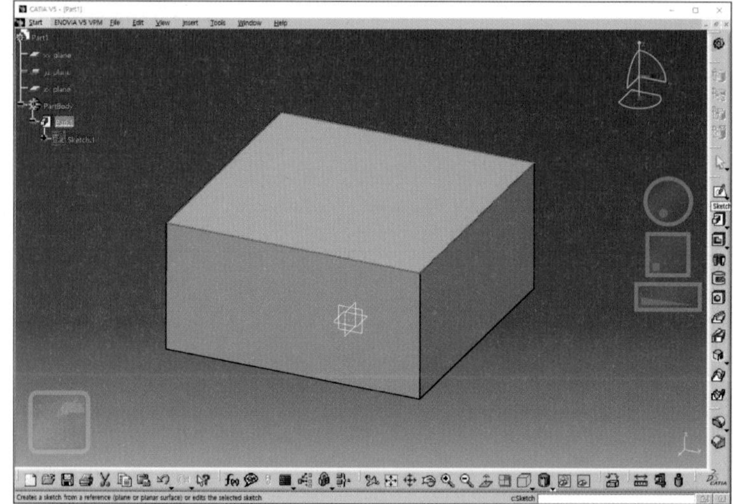

02 중심이 원점에 일치하는 지름 50mm의 원을 스케치한다.

03 스케처에서 빠져나온다.

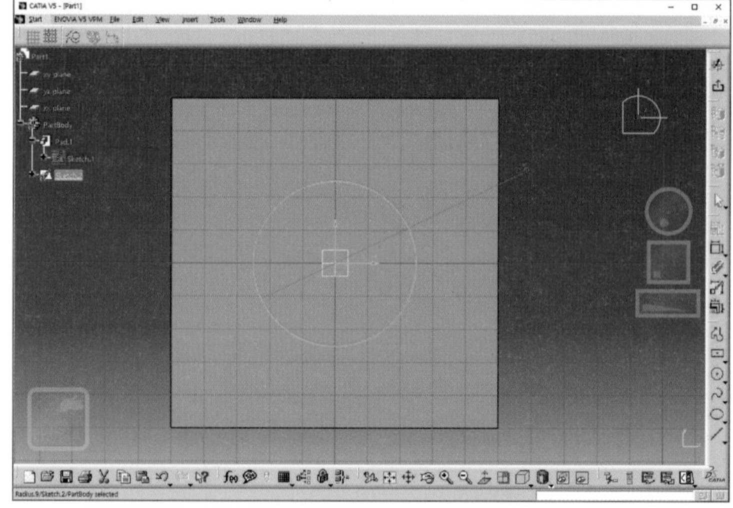

04 스케처에서 빠져나오면 원이 선택되어 있다.

05 **제거(Pocket)** 아이콘을 클릭하여 Length 50mm를 입력한다.

> **TIP** Type을 Up to last로 설정하면 길이를 주지 않아도 된다. Pocket type은 PAD type과 동일하다.

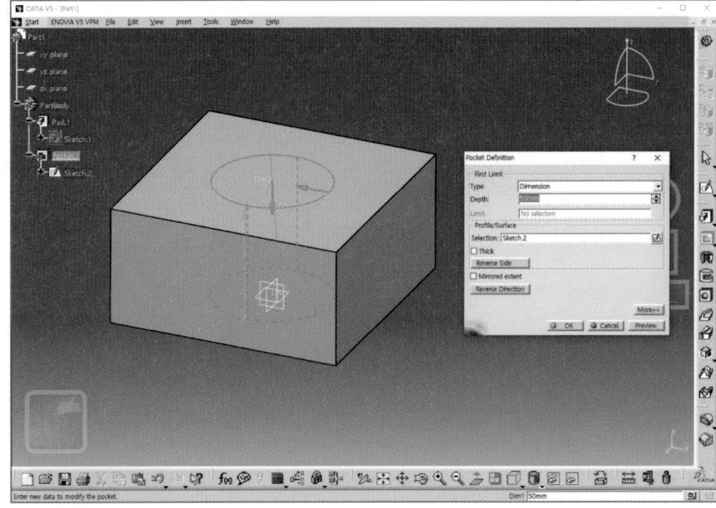

06 육면체에 구멍이 뚫린 형상이 완성되었다.

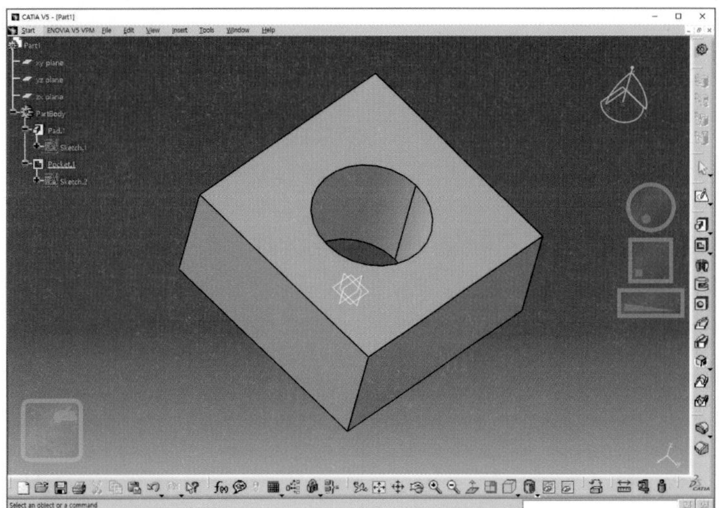

회전(Shaft)

중심이 되는 축이나 선 모서리를 기준으로 스케치 단면을 입력한 각도만큼 회전시켜 형상을 생성한다.

01 yz plane을 선택하고 sketch 아이콘을 클릭한다.

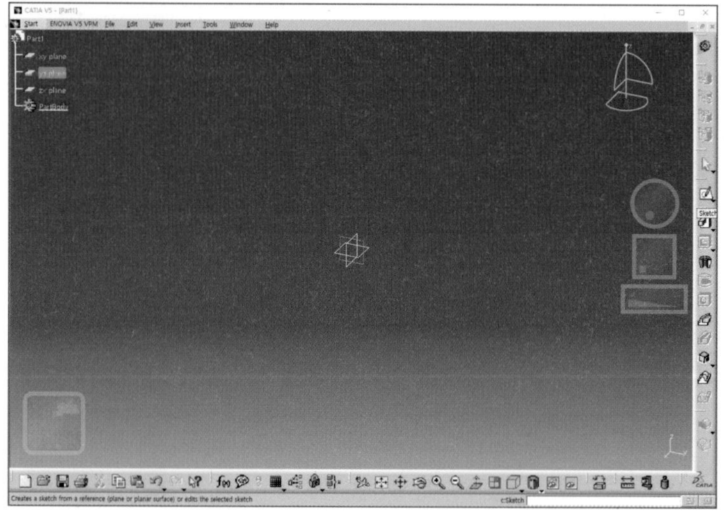

02 Profile 기능을 선택하여 단면을 스케치하고 치수를 입력한다.

> **TIP** CATIA에서 3D feature를 생성하려면 하나의 닫힌 스케치가 필요하다.(※스케치를 깔끔하게 다듬는 습관을 들이는 것이 좋다.)

03 **축(Axis)** 기능을 선택하여 원점부터 H축 방향으로 수평하게 스케치한다.

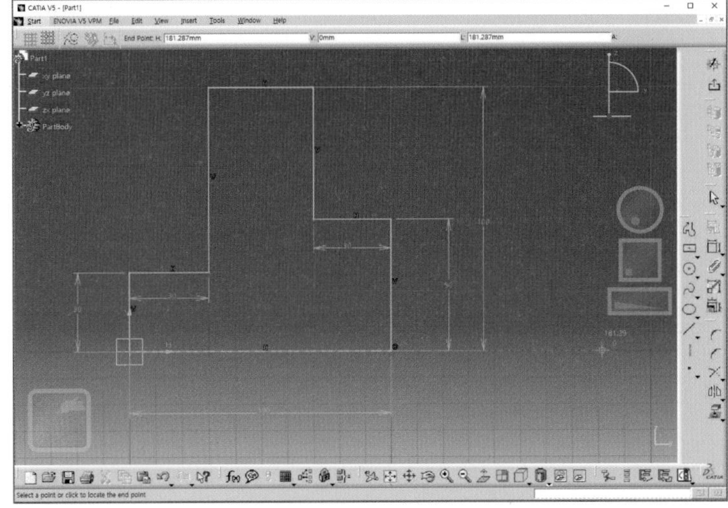

> **TIP** 축(Axis)은 회전체의 회전축으로 사용되고 무한한 길이로 인식되므로 치수는 기입하지 않아도 된다.

04 스케처에서 빠져나간다.

05 회전 단면 형상이 선택되어 있다.

> **TIP** 축(Axis)은 스케처에서만 보이고 회전(shaft) 명령 실행 시 자동으로 회전축으로 지정된다.

06 **회전(shaft)** 아이콘을 클릭한다.

07 first angle에 360˚를 입력한다.

08 OK 버튼을 누른다.

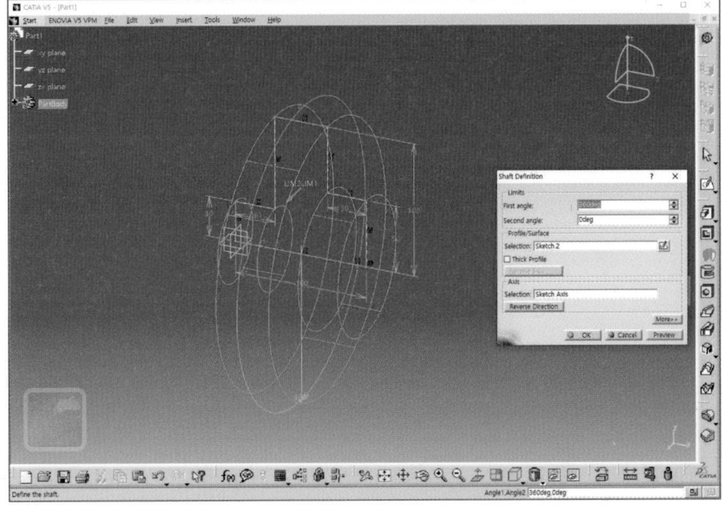

09 회전 형상이 완성됨을 알 수 있다.

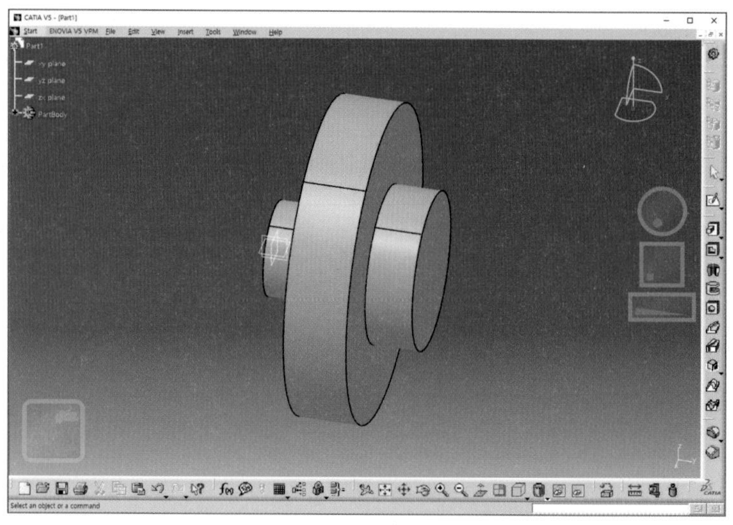

TIP 회전(shaft)은 커버, V-벨트, 축과 같은 회전축을 갖고 있는 형상에 사용하고, 회전단면을 스케치한다.

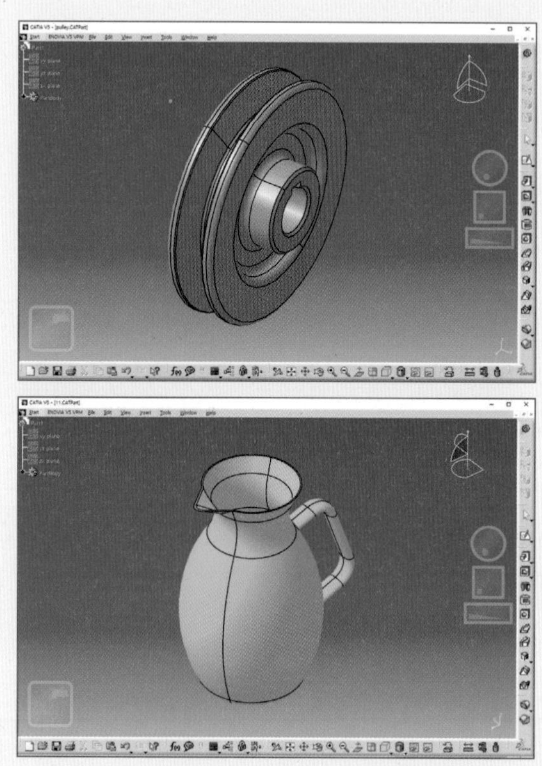

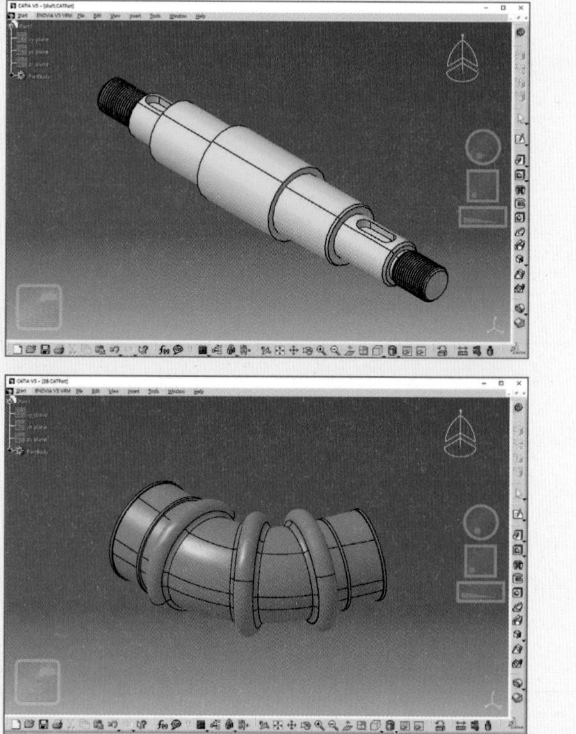

그루브(Groove)

중심이 되는 축이나 선 모서리를 기준으로 스케치 단면을 입력한 각도만큼 회전시켜 형상을 제거한다.

01 zx plane을 스케치 면으로 선택하고 지름 50mm 인 원을 원점을 중심으로 스케치한다.

02 돌출(Pad) 기능을 실행하고 length에 25mm를 입력하고, Mirror extent를 체크해 양쪽으로 돌출시킨다.

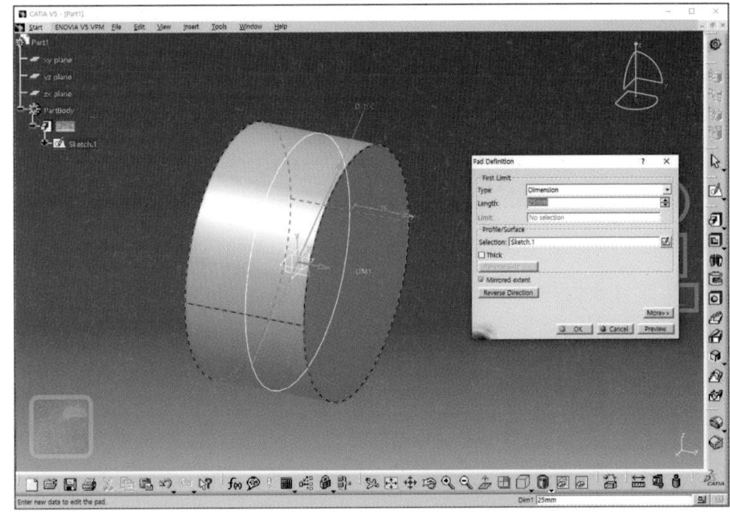

03 yz plane을 스케치 면으로 선택하고 profile을 이용해 그림과 같이 스케치한다.

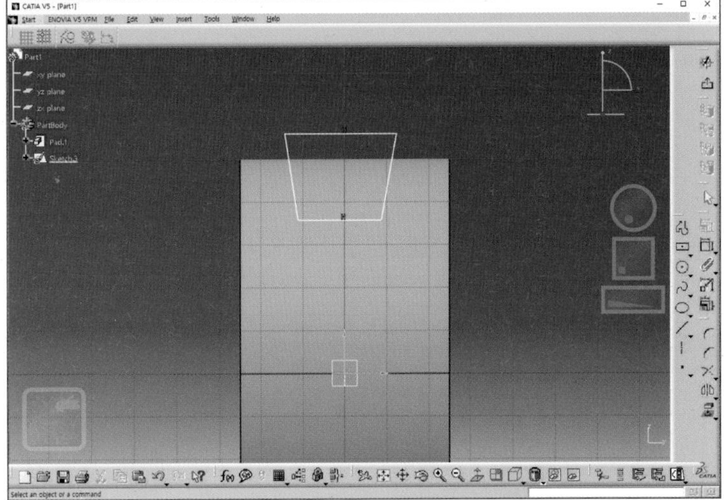

04 Shift 를 누른 채 양쪽 각도선을 선택하고 마지막으로 v축을 클릭한다.

05 Constraint Definition을 클릭하고 **대칭구속(Symmetry)**한다.

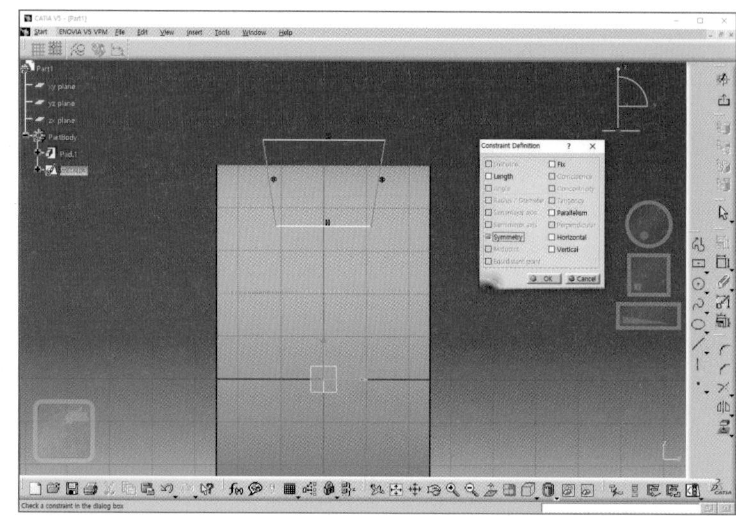

06 치수를 입력한다.

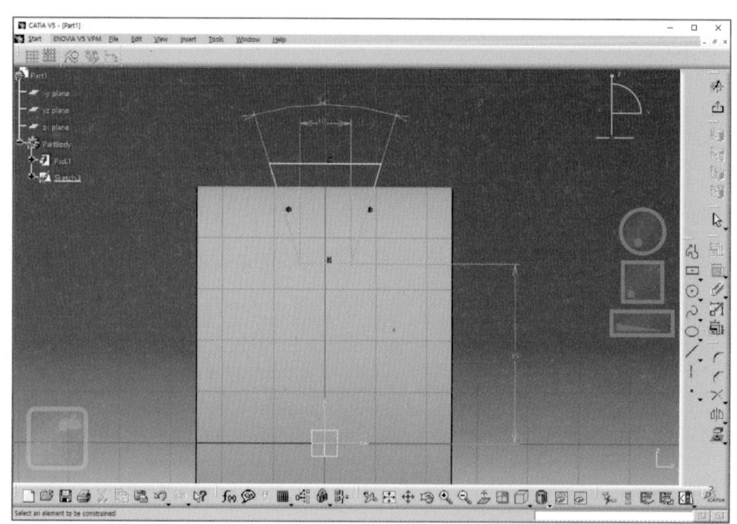

07 **축(Axis)** 아이콘을 클릭하고 H축에 일치하는 축을 스케치한다.

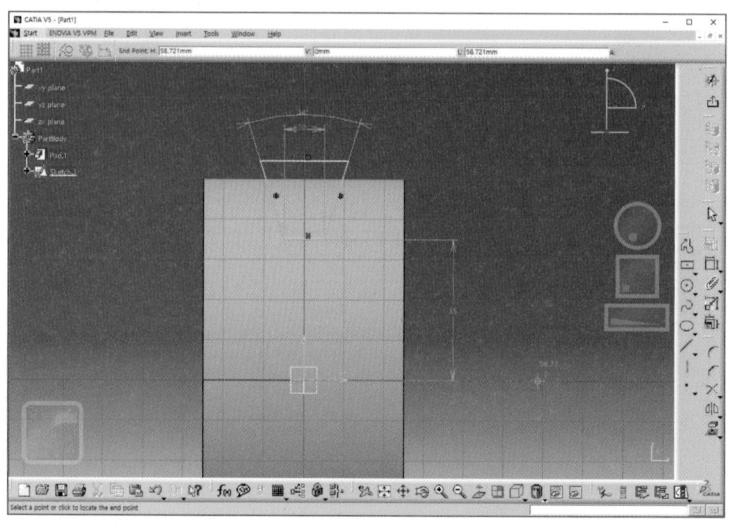

08 스케처에서 빠져나온다.

09 회전 단면 형상이 선택되어 있다.

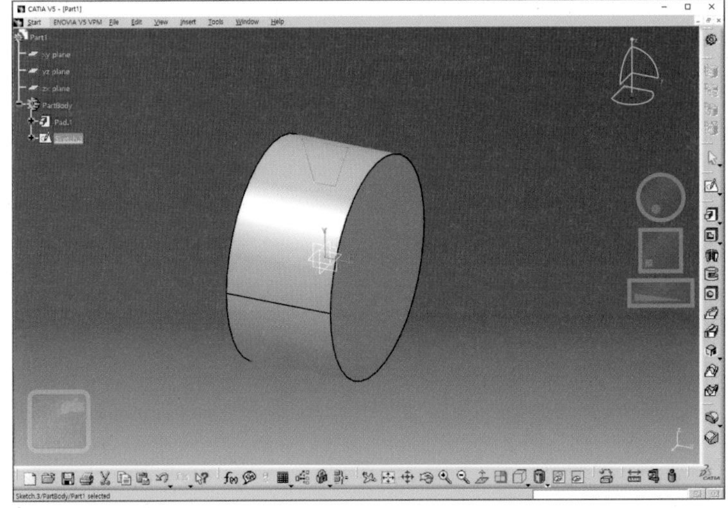

10 **그루브(Groove)** 아이콘을 클릭, 회전각도 360°를 입력한다.

11 OK 버튼을 누른다.

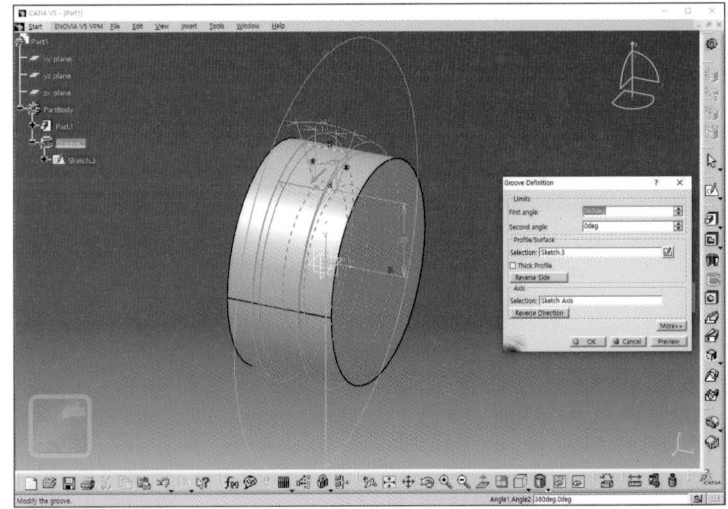

12 V 모양의 홈이 생성됨을 확인할 수 있다.

TIP 원기둥과 회전축이 같다면 별도로 축(Axis)을 스케치하지 않고 그루브 정의창에 axis로 원기둥의 옆면을 선택하면 된다.

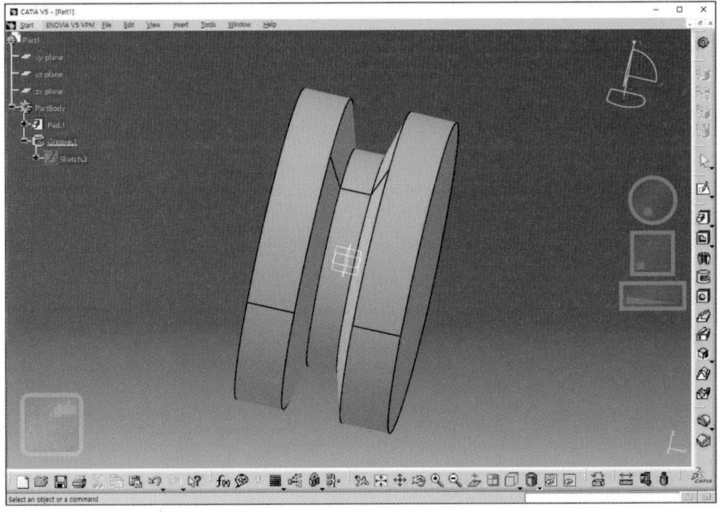

데이텀 평면(Plane)

기본평면 이외에 사용자가 여러 가지 방법으로 새 평면을 만들어 사용할 수 있다.

01 zx 평면에 지름 20mm인 원을 스케치하고 두께 20mm만큼 **돌출(pad)**한다.

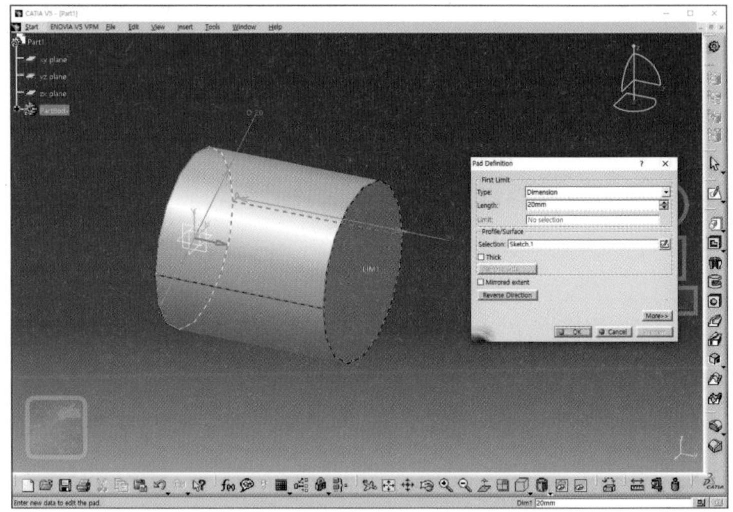

02 **Plane** 아이콘을 클릭한다.

03 기준면(Reference)으로 **xy plane**을 클릭한다.

TIP 트리나 작업공간에서 선택한다.

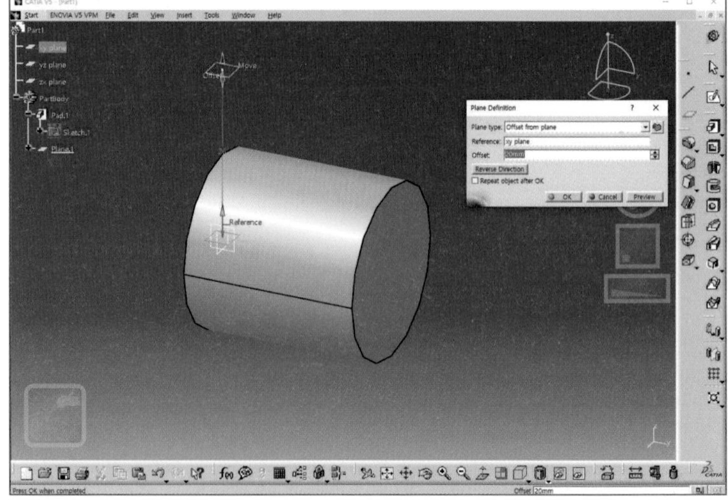

04 Offset에 간격 10mm를 입력한다.

05 OK 버튼을 누른다.

> **TIP** 평면은 무한하므로 화면에 표시되는 크기는 의미가 없다.

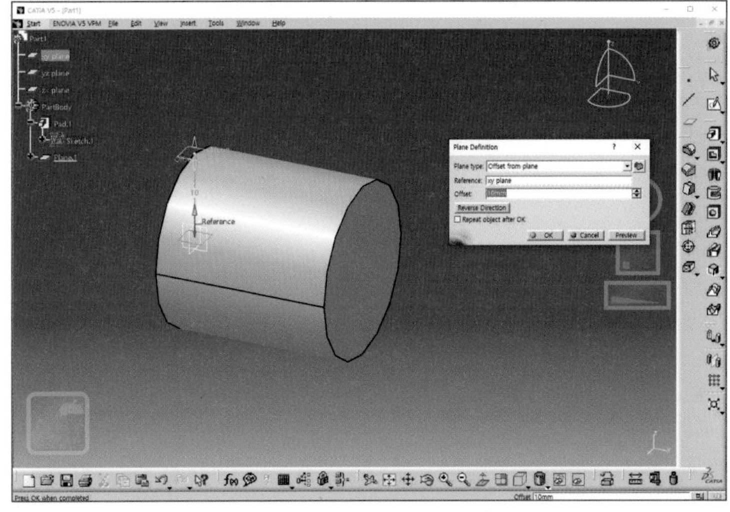

06 생성된 평면을 선택하고 스케처로 들어간다.

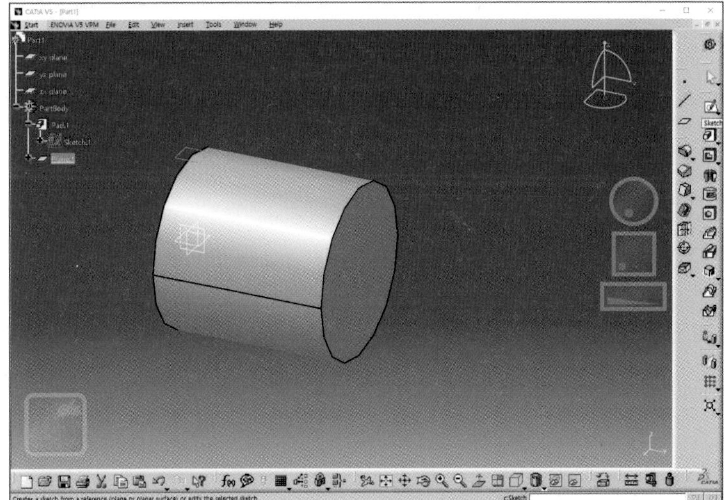

07 **연장된 홀(Elongated Hole)** 기능을 클릭한다.

08 V축에 일치하는 두 점을 클릭하고 반지름만큼 세 번째 점을 클릭한다.

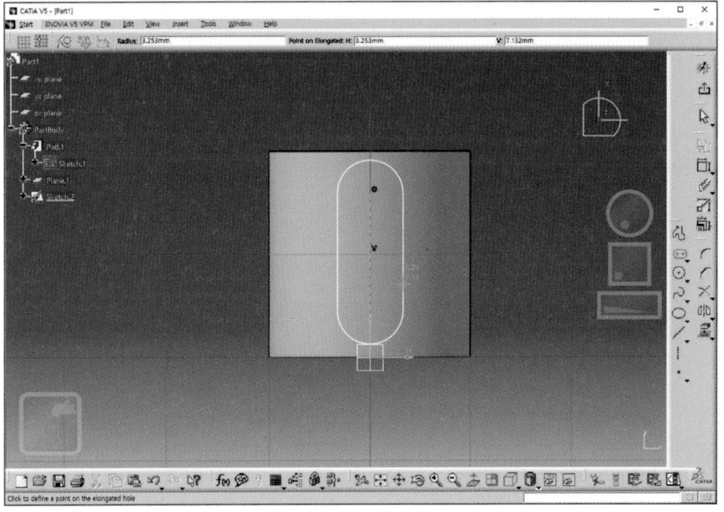

09 **치수** 기능을 더블클릭하여 치수를 기입한다.

10 스케처에서 빠져나간다.

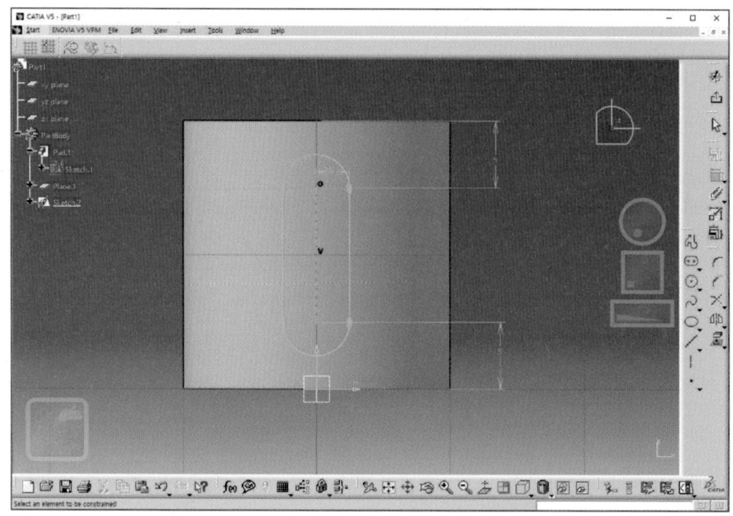

11 Pocket 아이콘을 클릭하고 깊이 2mm를 입력한다.

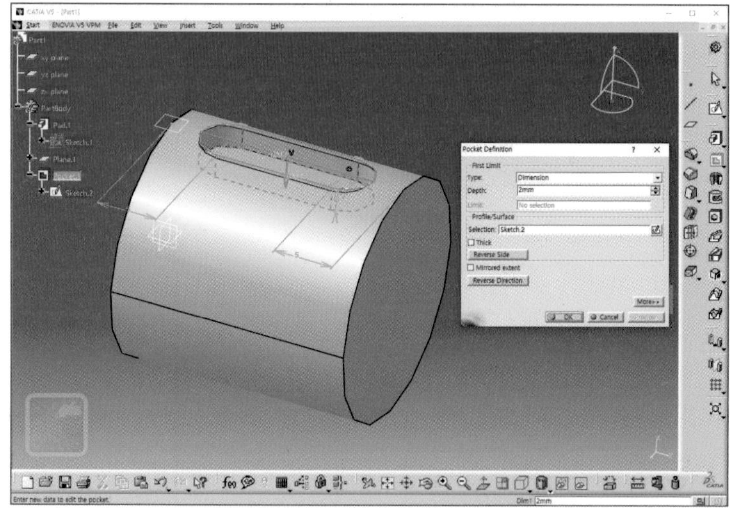

12 키홈이 완성됨을 알 수 있다.

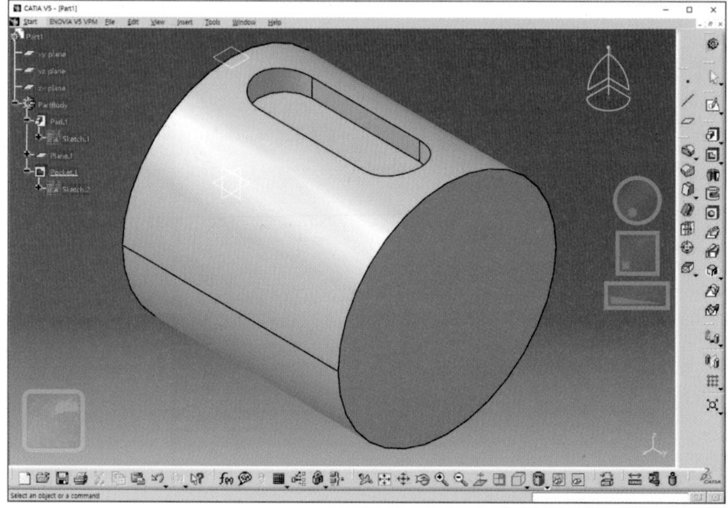

13 Plane 아이콘을 클릭한다.

14 기준면(Reference)으로 yz plane을 클릭한다.

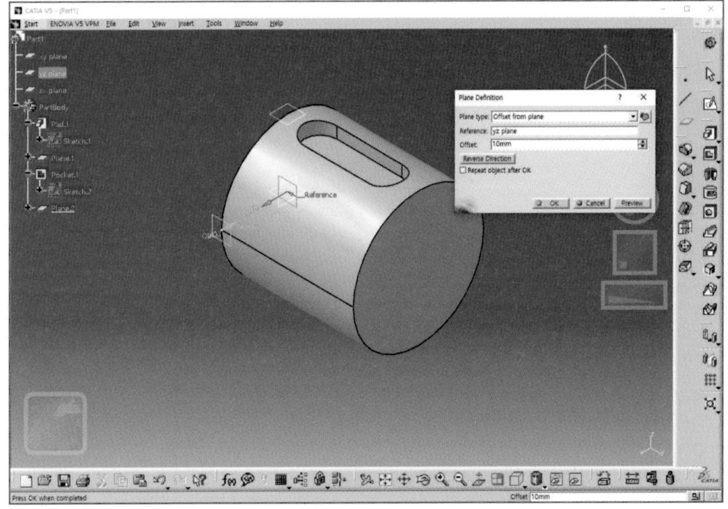

15 Reverse Direction 버튼을 눌러 방향을 전환하고 Offset에 20mm를 입력한다.

16 OK 버튼을 누른다.

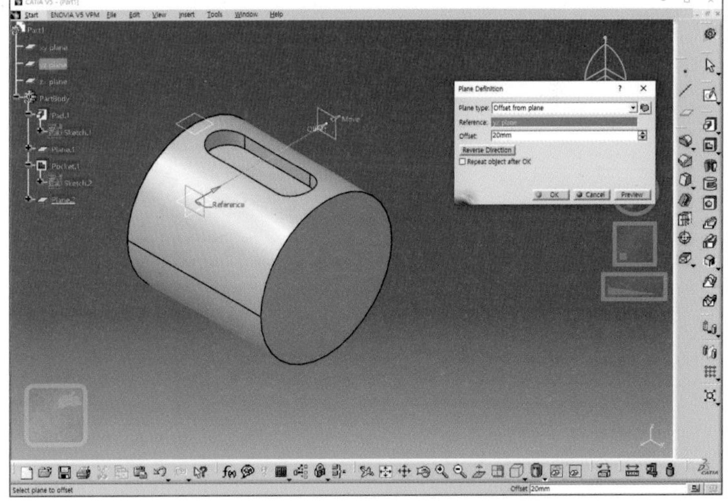

17 평면(plane.2)이 완성됨을 알 수 있다.

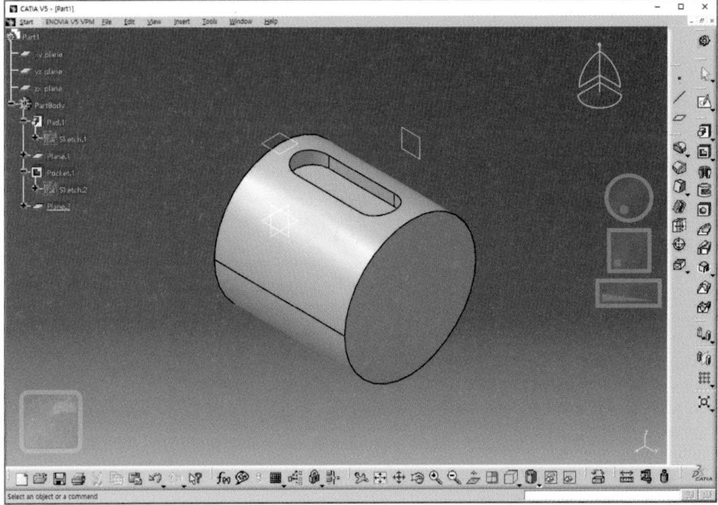

18 Mirror 아이콘을 클릭한다.

19 생성된 평면(plane.2)을 대칭면으로 선택한다.

20 OK 버튼을 누른다.

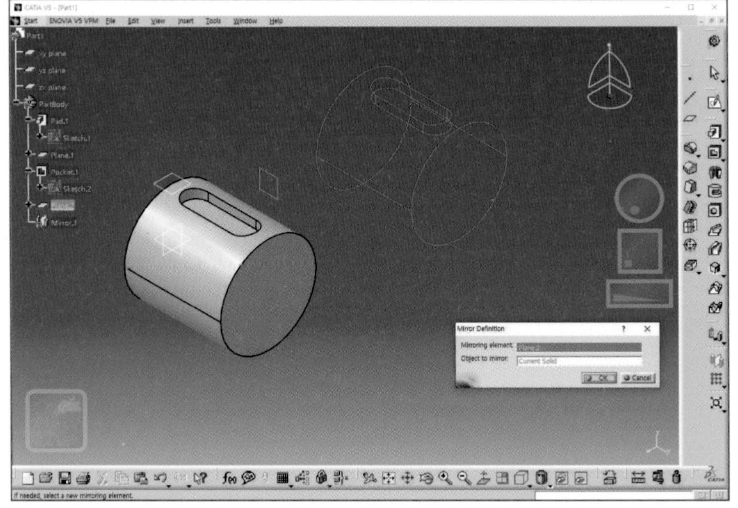

21 offset from plane 기능을 이용해 형상을 대칭복사한다.

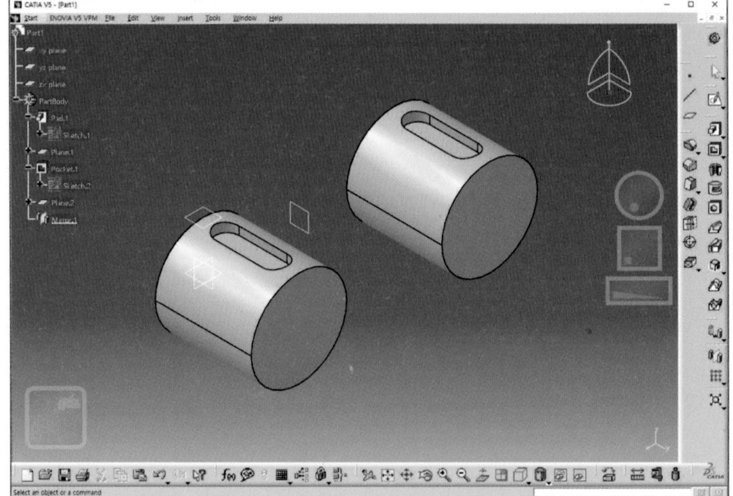

TIP Plane Type 알아보기

Type	설명	결과
Through three point	세 개의 지정한 점을 지나는 평면	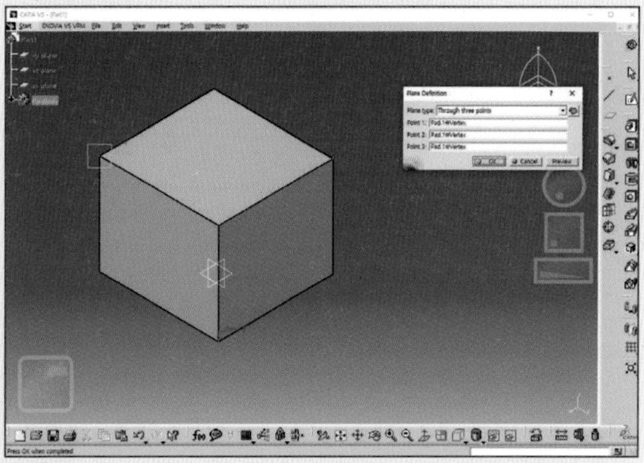
Angle/Normal to plane	기준면과 선에서 지정한 각도를 갖는 평면	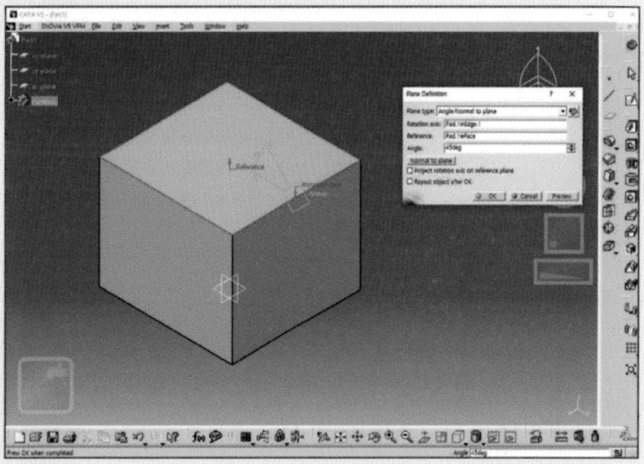
Normal to curve	곡선에 수직하고 지정한 점을 지나는 평면	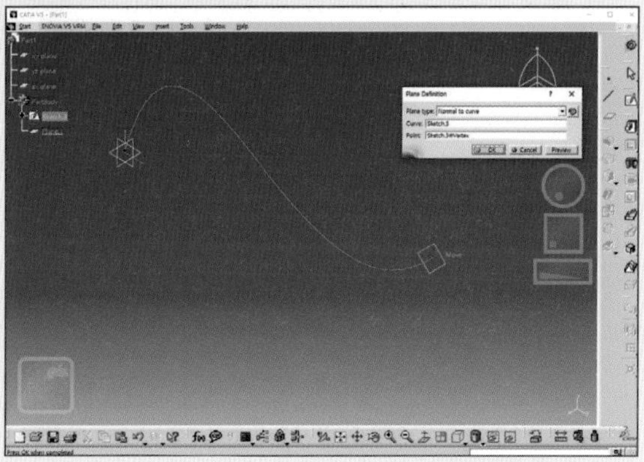

필렛(Edge Fillet)

두 개의 면이 만나는 모서리에 Rounding을 생성한다.

준비 가로×세로×높이(10mm×10mm×10mm)인 정육면체

01 **필렛** 아이콘을 클릭한다.

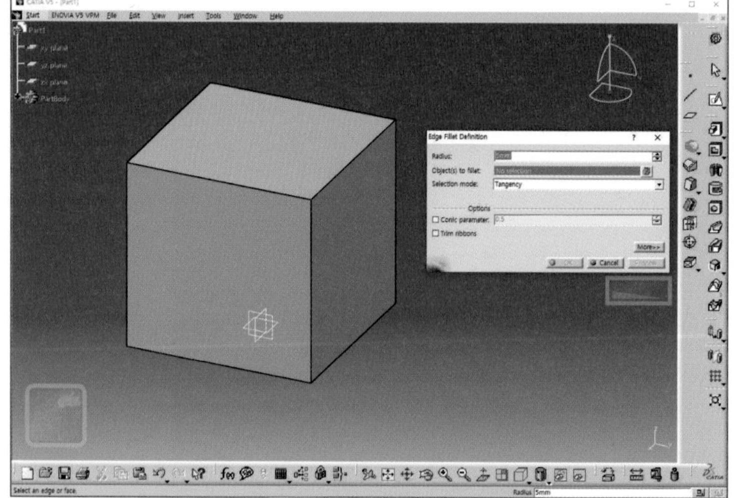

02 Radius에 1mm를 입력한다.

03 모서리를 선택한다.

TIP fillet되며 없어질 모서리를 선택한다.

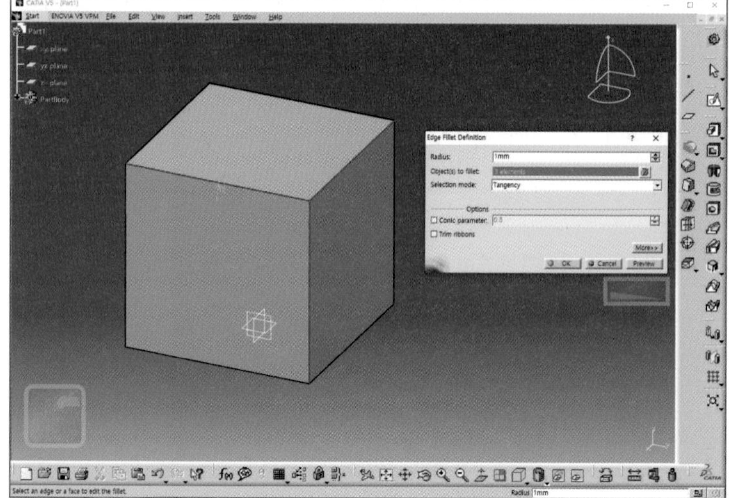

04 OK 버튼을 누른다.

05 선택한 모서리에 Rounding이 생성된 것을 확인할 수 있다.

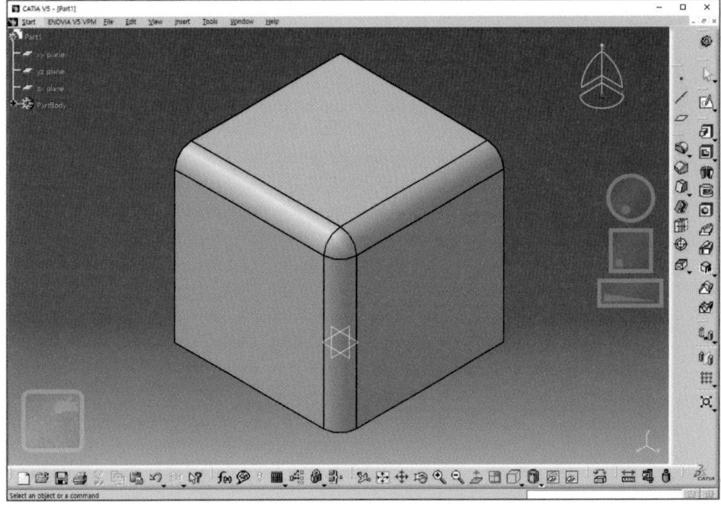

TIP 기사/산업기사/기능사 주서 참조.
–도시되고 지시 없는 모따기 C1, 필렛 R3

모따기(Chamfer)

두 개의 면이 만나는 모서리에 모따기를 생성한다.

준비 가로×세로×높이(10mm×10mm×10mm)인 정육면체

01 **모따기** 아이콘을 클릭한다.

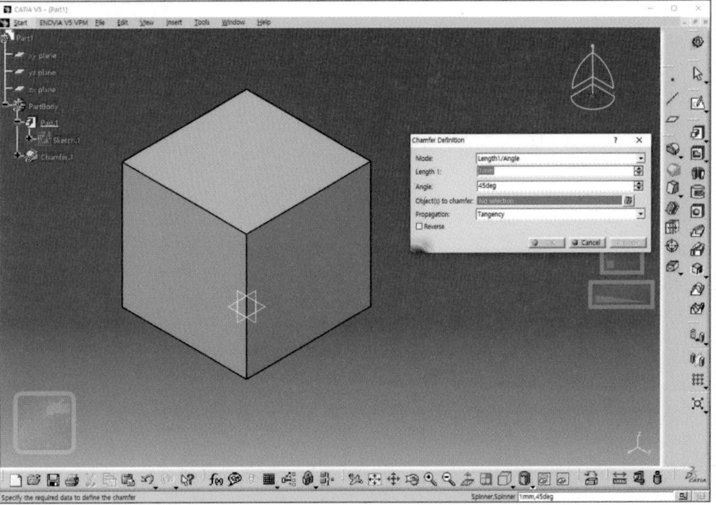

02 Length에 1mm를 입력하고 Angle은 45도로 한다.

03 모따기 할 모서리를 선택한다.

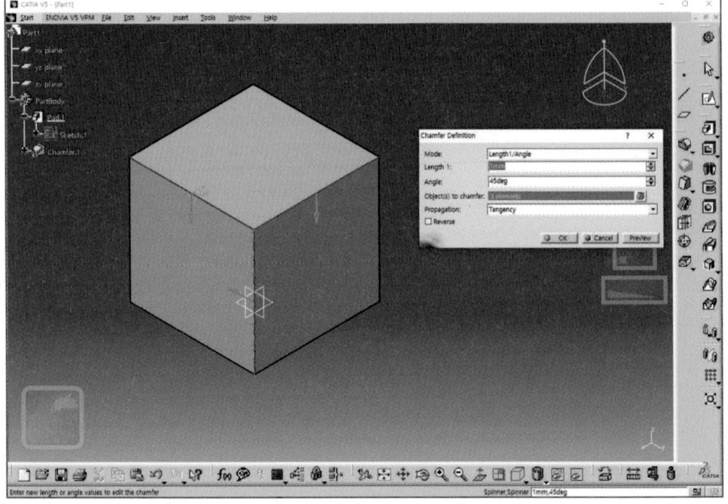

04 OK 버튼을 누른다.

05 선택한 모서리에 모따기 형상이 생성된 것을 확인할 수 있다.

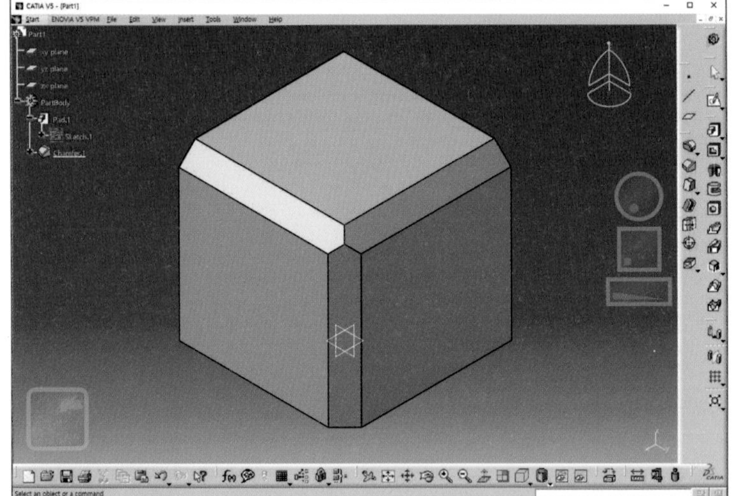

구멍(Hole)

솔리드 바디에 드릴, 탭, 카운터보어 등의 구멍을 생성한다.

준비 가로×세로×높이(100mm×50mm×20mm)인 육면체

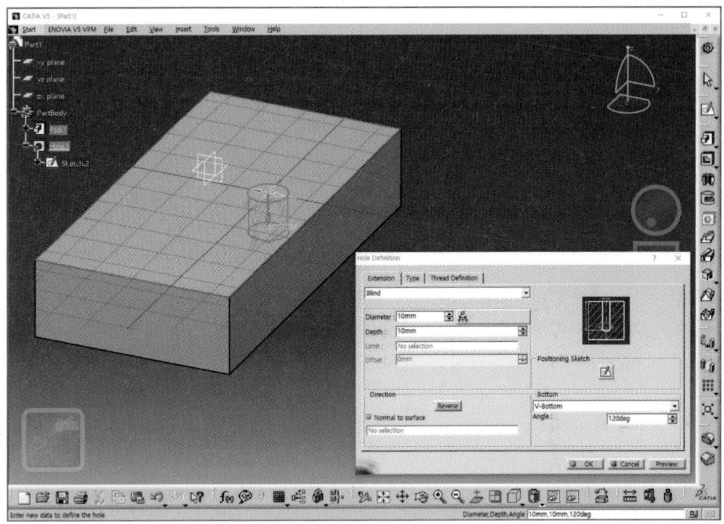

01 육면체의 윗면을 클릭하고, **구멍(Hole)** 아이콘을 클릭한다.

02 Extension **탭**에 지름(Diameter) 10mm, 깊이(Depth) 10mm를 입력한다.

03 구멍의 바닥(Bottom)은 V-Bottom으로 설정한다.

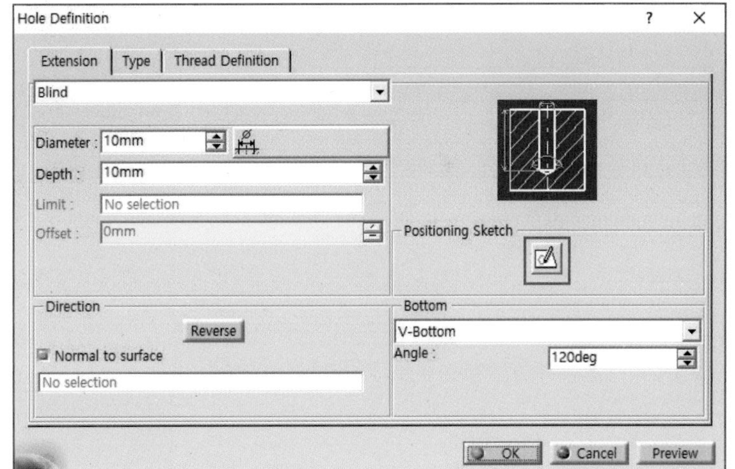

04 구멍 위치를 입력하기 위하여 Positioning Sketch 아이콘을 클릭한다.

05 **치수(Constraint)** 아이콘을 더블클릭하여 점의 위치에 대한 치수를 생성한다.

TIP 여기서 점은 구멍의 중심을 나타낸다.

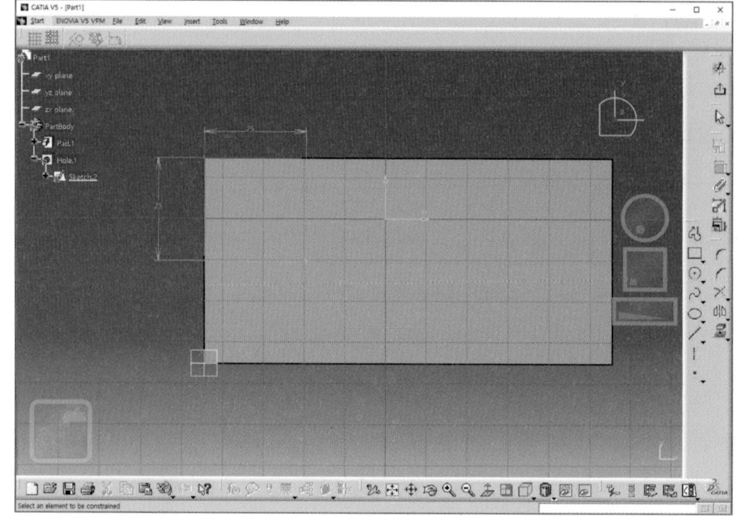

06 스케처에서 빠져나간다.

07 OK 버튼을 누르면 육면체에 **드릴 구멍**이 생성된 것을 확인할 수 있다.

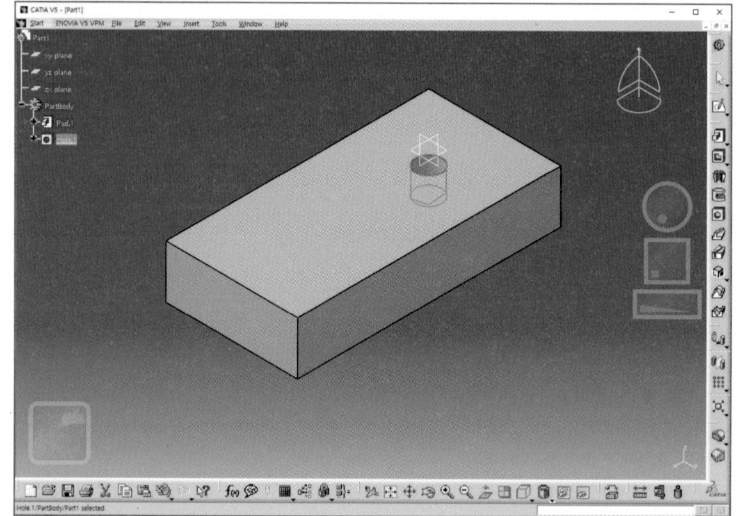

08 다시 육면체의 윗면을 선택하고 **구멍(Hole)** 아이콘을 클릭한다.

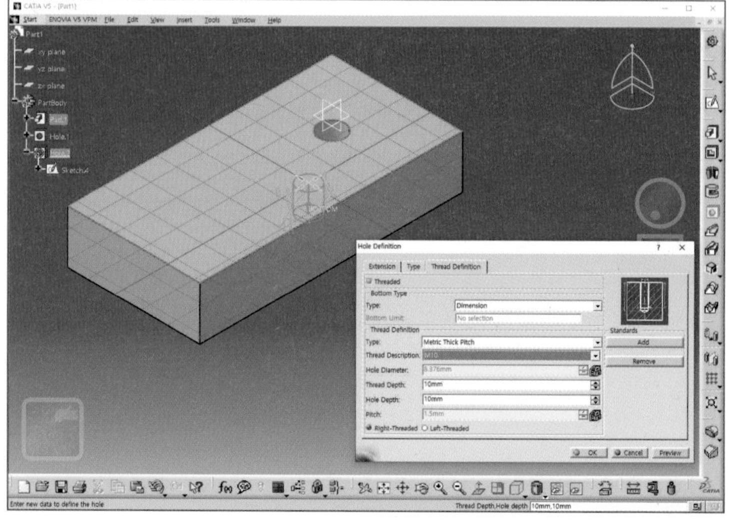

09 Thread Definition 탭을 선택하고 Threaded를 클릭한다.

10 Thread Definition의 Type을 Metric Thick Pitch로 설정한다.

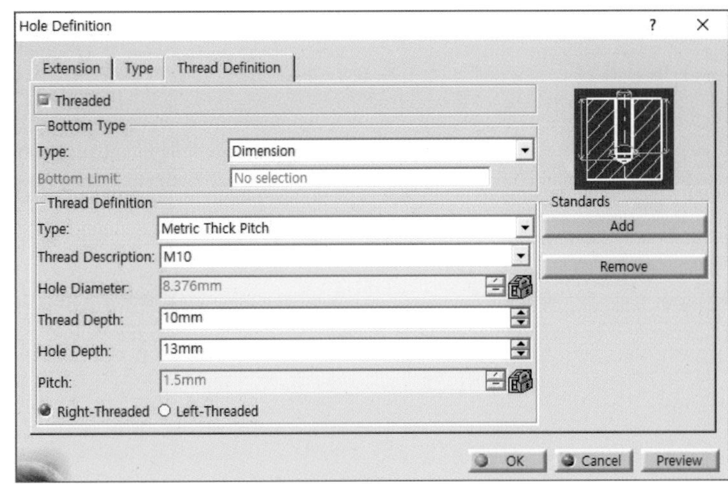

> **TIP** 미터 가는 나사 Metric Thin Pitch
> 미터 보통 나사 Metric Thick Pitch
> 그 이외에는 No Standard로 설정하여 치수를 직접 입력한다.

11 Thread Description을 M10으로 선택한다.

12 Thread Depth는 10mm, Hole Depth는 13mm로 입력한다.

13 Extension 탭을 누르고, Positioning Sketch 아이콘을 클릭한다.

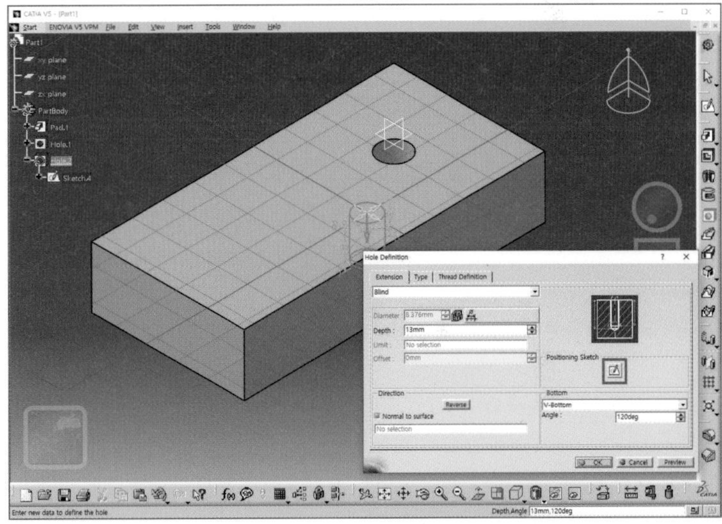

14 치수(Constraint) 아이콘을 더블클릭하여 점의 위치에 대한 치수를 생성한다.

15 스케처에서 빠져나간다.

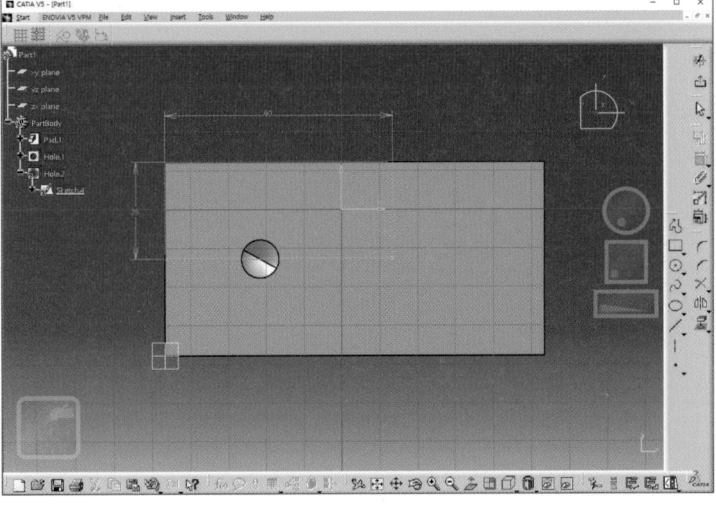

16 OK 버튼을 누른다.

육면체에 탭 구멍이 생성된 것을 확인할 수 있다.

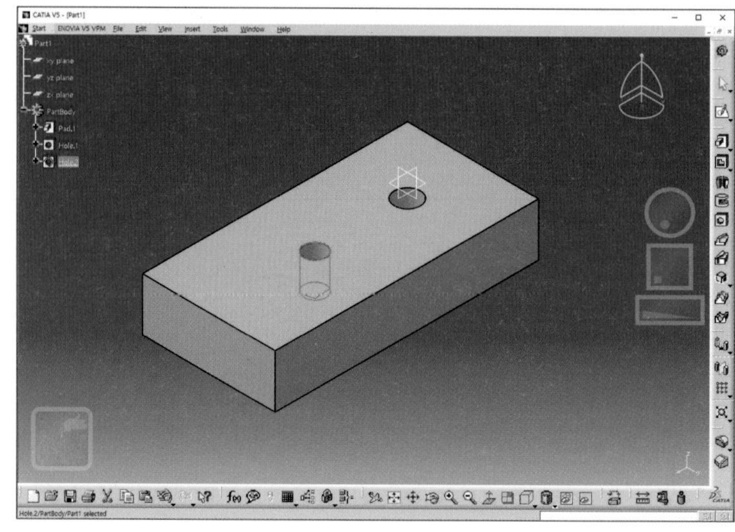

> **TIP** Thread 기능이나 Hole 기능 내의 Thread로 생성된 나사 모양은 3차원 상에서는 나타나지 않는다.
> 도면 생성(Drafting) 시 2D 상에 나사탭 기호가 자동으로 생성된다.
> 3차원 상에 나사 모양을 나타내려면 따로 그려주어야 한다.

17 다시 육면체의 윗면을 선택하고 **구멍(Hole)** 아이콘을 클릭하고, Thread Definition 탭의 Threaded를 체크 해지한다.

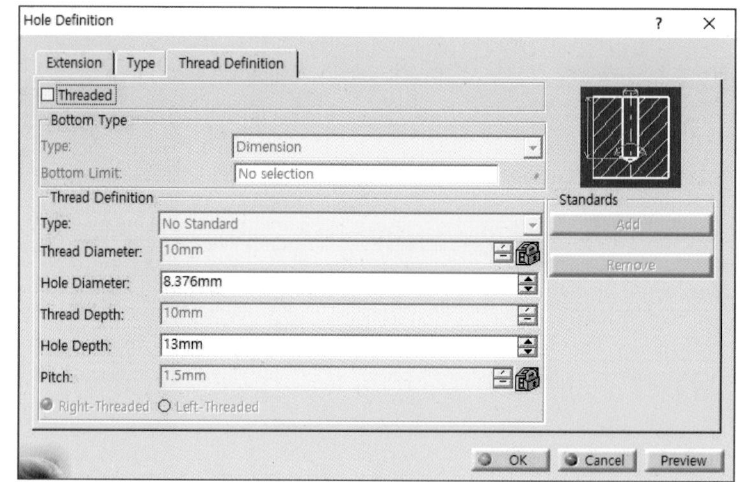

18 Type 탭에서 counterbored로 선택하고 지름(Diameter) 15mm, 깊이(Depth) 5mm로 입력한다.

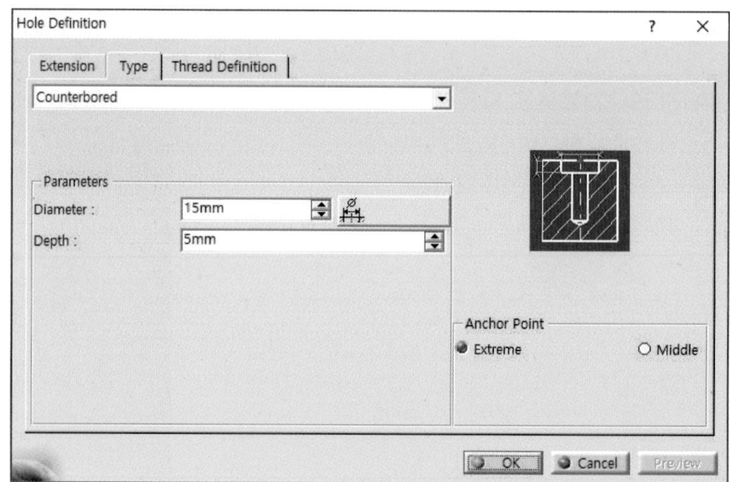

19 Extension 탭에서 up to last, **지름(Diameter)**을 9mm로 입력하고, Positioning Sketch 아이콘을 클릭한다.

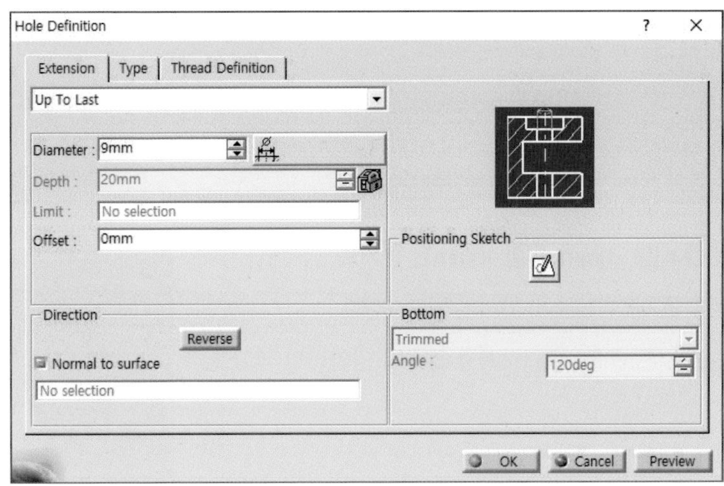

20 **치수(Constraint)** 아이콘을 더블클릭하여 점의 위치에 대한 치수를 생성한다.

21 스케처에서 빠져나간다.

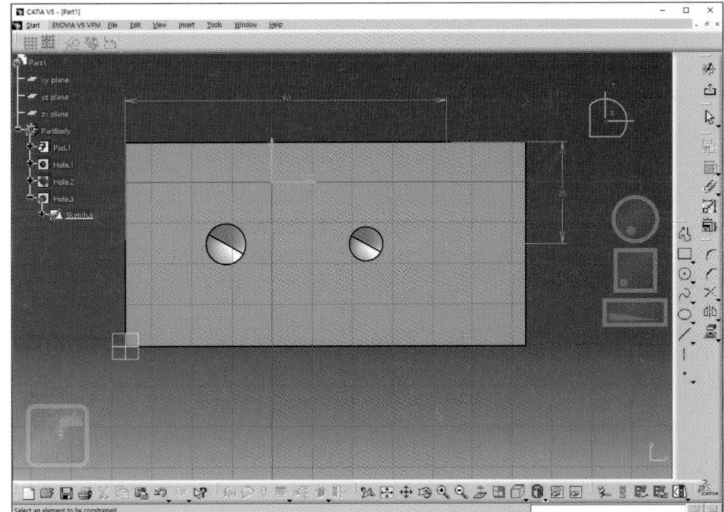

22 OK 버튼을 누른다.

육면체에 **카운터보어 구멍**이 생성된 것을 확인할 수 있다.

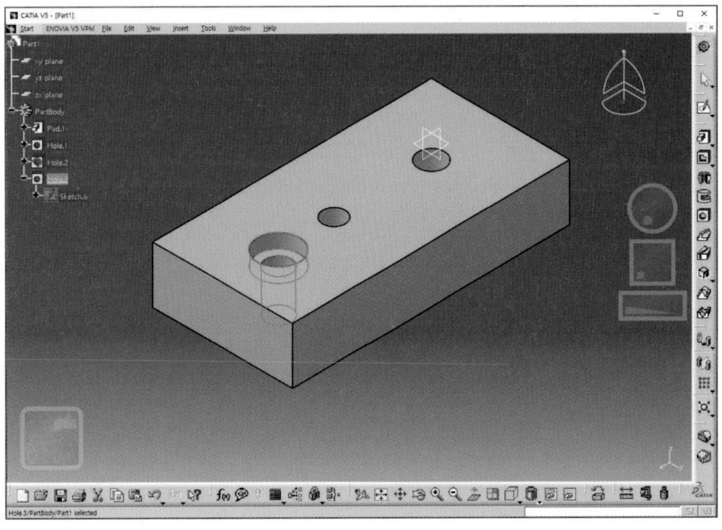

스레드(Thread)

솔리드 바디 원통형의 면 또는 구멍에 나사를 생성한다.

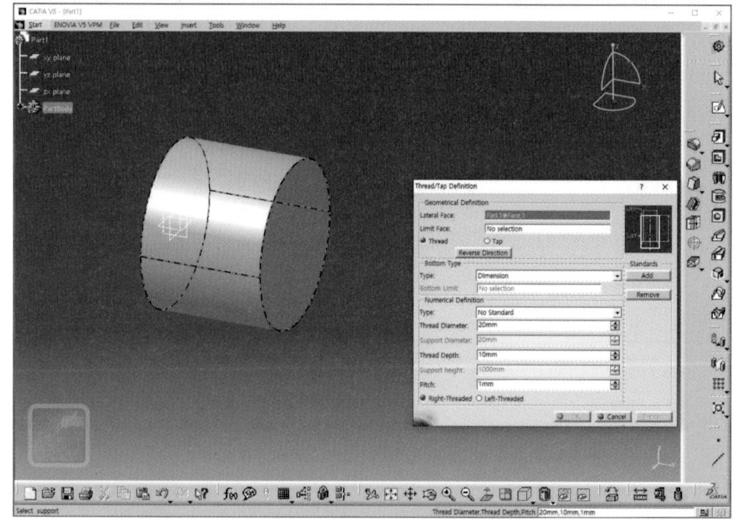

준비 지름 20mm, 길이 15mm인 원기둥

01 스레드(Thread) 아이콘을 클릭한다.

02 Lateral Face로 나사가 생성될 원기둥의 옆면을 클릭한다.

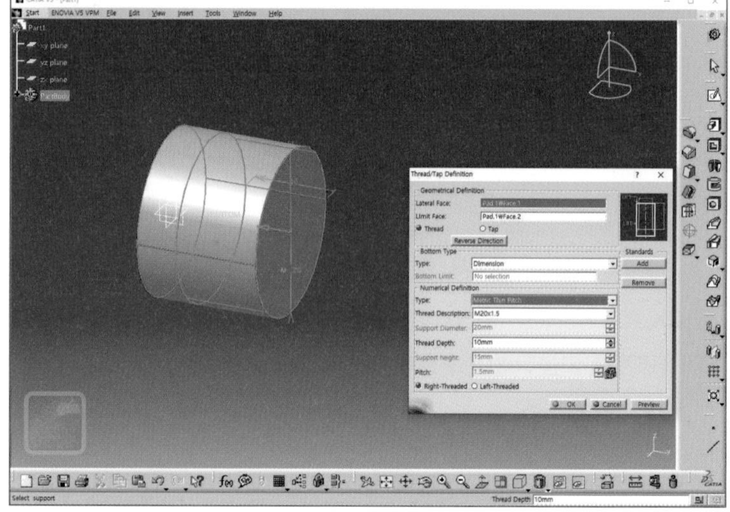

03 Limit Face로 나사가 시작될 원통의 평면을 클릭한다.

04 미터 가는 나사를 적용하려면 Metric Thin Pitch로 설정한다.

05 스레드를 M20×1.5로 설정하고 OK한다.

06 스레드 기능에 의해 완성된 형상이다.

> **TIP** Thread 기능으로 생성된 나사 모양은 3차원 상에서는 나타나지 않는다.

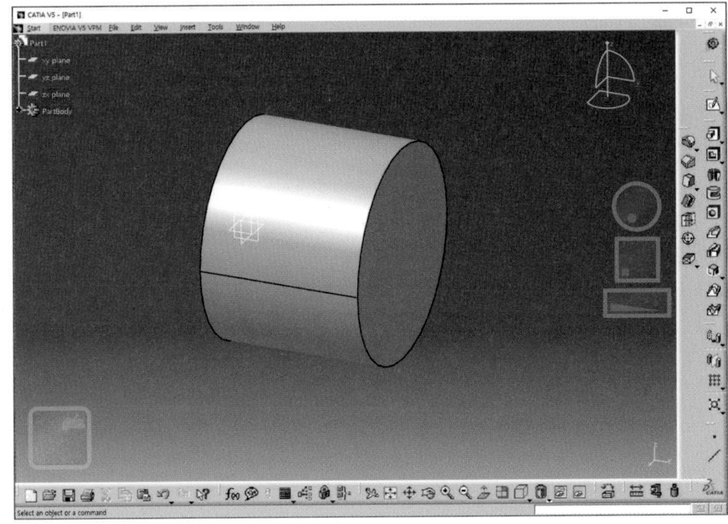

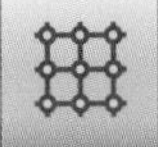

선형 패턴(Rectangular Pattern)

feature를 선방향으로 패턴 복사한다.

준비 가로×세로×높이(100mm×100mm×20mm)인 육면체

01 윗면을 선택하고 스케처로 들어간다.

02 그림과 같이 스케치하고 치수를 입력한다. 지름 20mm, 모서리와 중심과의 거리 각각 25mm씩 생성한다.

03 스케처에서 나간다.

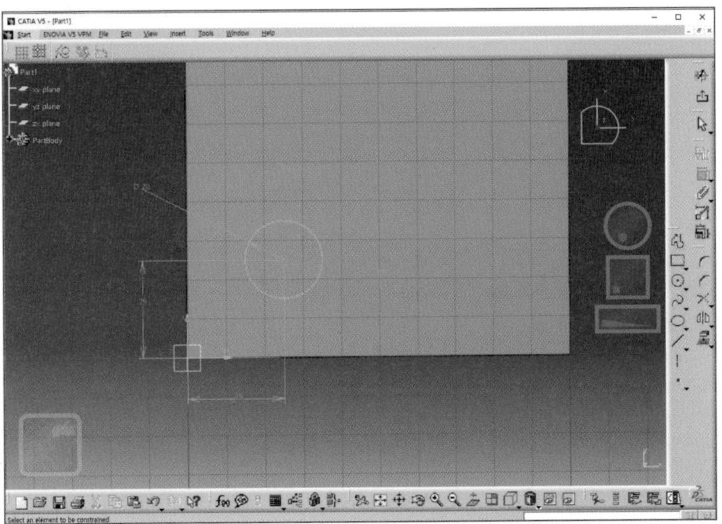

04 Pad 기능을 선택한다.

05 높이 20mm를 입력한다.

06 OK 버튼을 누른다.

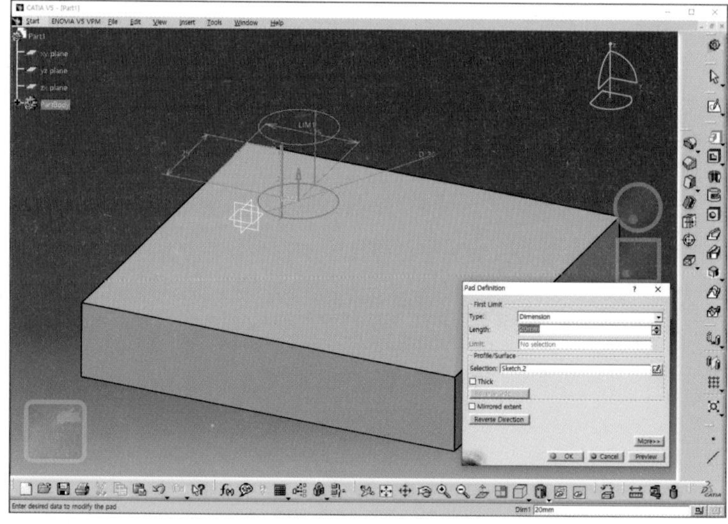

07 원기둥을 선택하고 **선형 패턴**(Rectangular Pattern) 아이콘을 클릭한다.

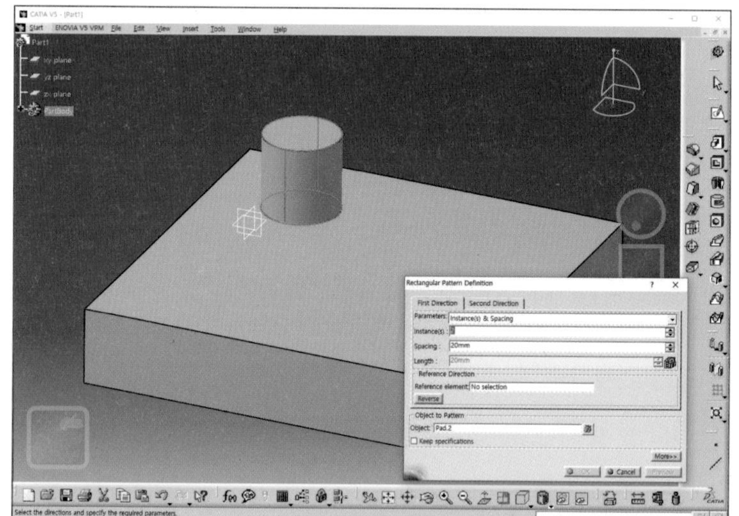

08 Reference Element의 No Selection을 클릭한다.

09 윗면을 클릭한다.

10 배열할 객체에 화살표 1, 2가 나타나며 First Direction, Second Direction을 의미한다.

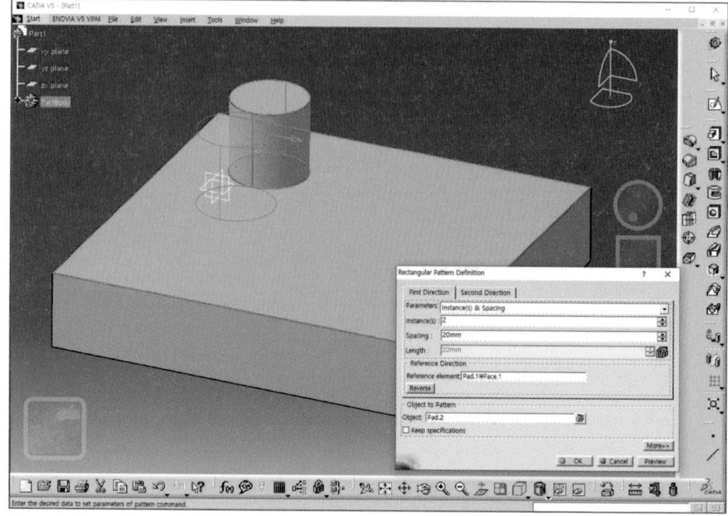

11 First Direction의 Instance에 3을 입력한다.

12 Spacing에 두 원기둥의 중심간 거리 25mm를 입력한다.

생성 방향을 바꾸려면 Reverse 버튼을 누른다.

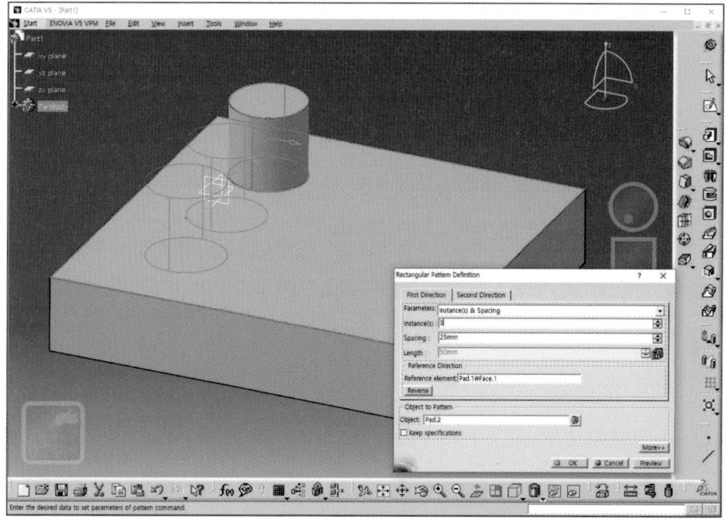

13 Second Direction 탭을 누른다.

14 Second Direction의 Instance에 3을 입력한다.

15 Spacing에 두 원기둥의 중심 간 거리 25mm를 입력한다.

생성 방향을 바꾸려면 Reverse 버튼을 누른다.

16 OK 버튼을 누른다.

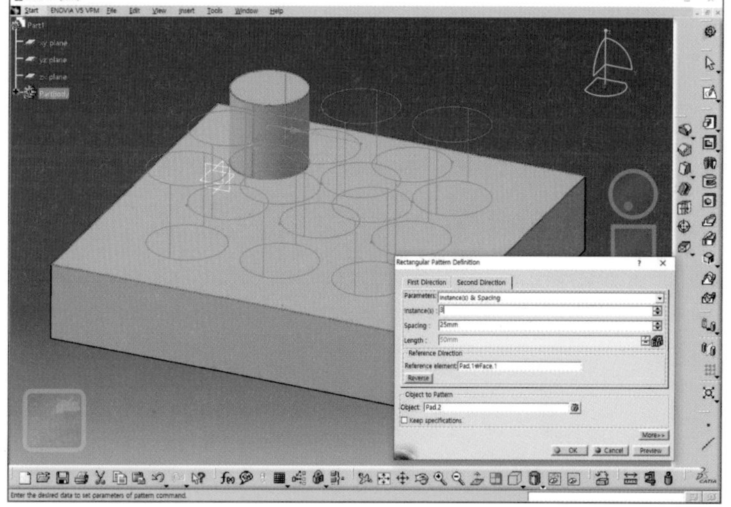

17 9개의 원기둥이 선형 패턴으로 생성됨을 확인할 수 있다.

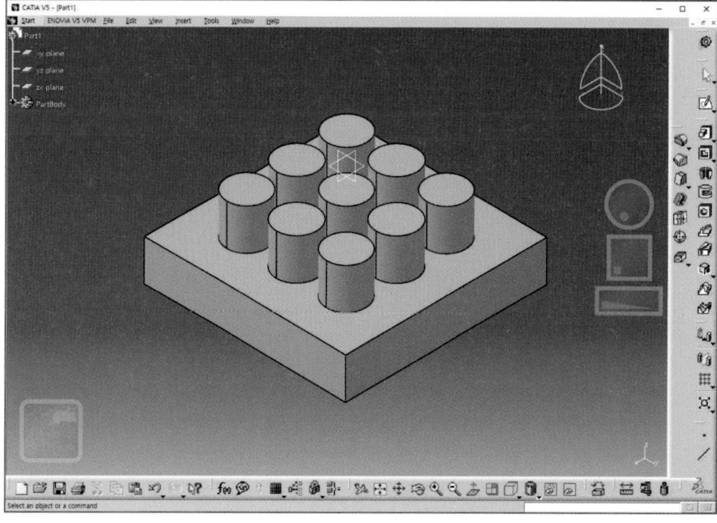

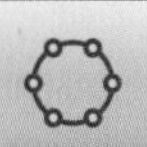

원형 패턴(Circular Pattern)

feature를 원형 방향으로 패턴 복사한다.

준비 지름 100mm, 길이 20mm인 원기둥

01 원기둥의 평면을 선택하고 스케치로 들어간다.

02 지름 10mm인 원을 스케치하고 원점과 중심 간 거리 35mm를 입력한다.

03 스케처에서 빠져나간다.

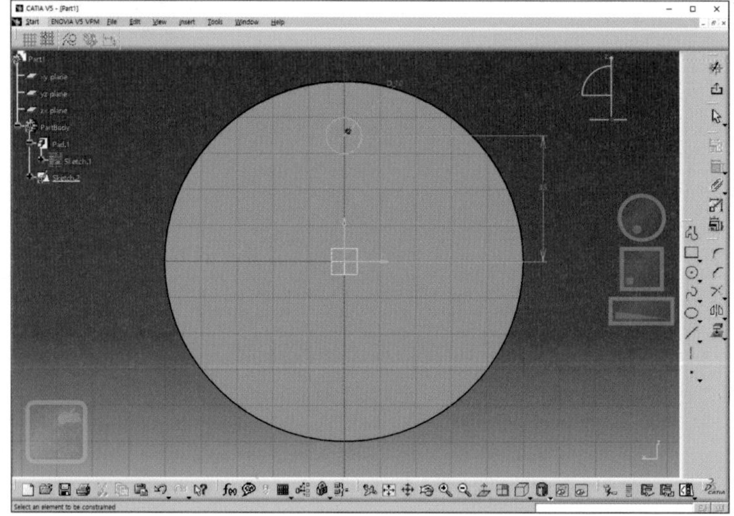

04 Pocket > Up to last로 설정한다.

05 OK 버튼을 누른다.

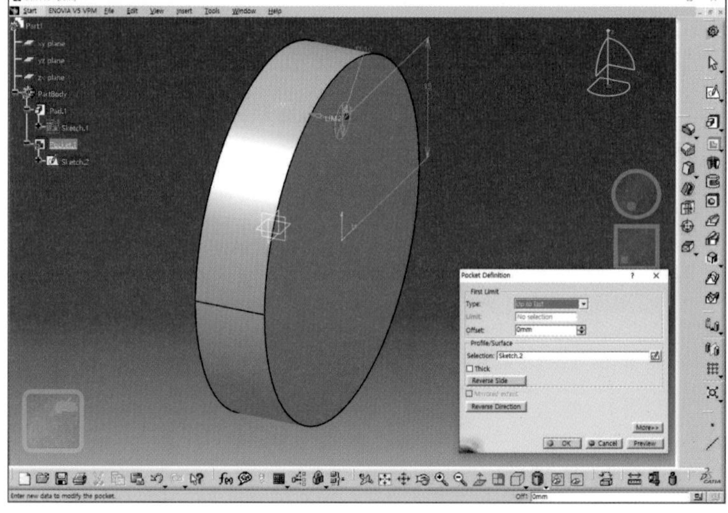

06 구멍을 선택하고 **원형 패턴(Circular Pattern)** 아이콘을 클릭한다.

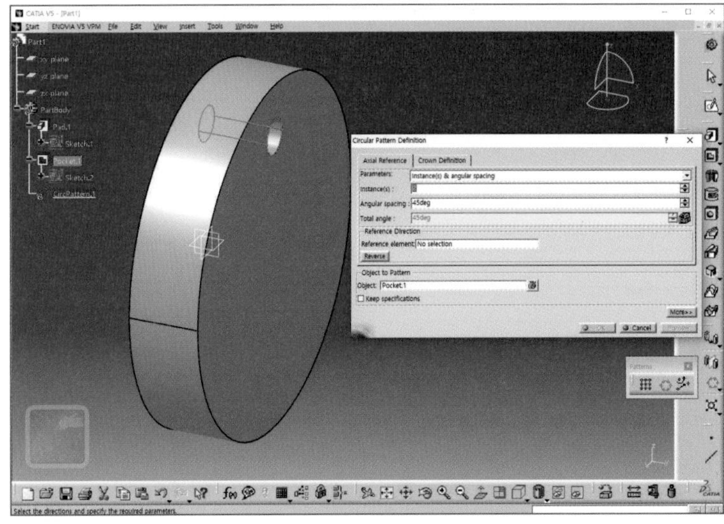

07 Reference Element의 No Selection을 클릭한다.

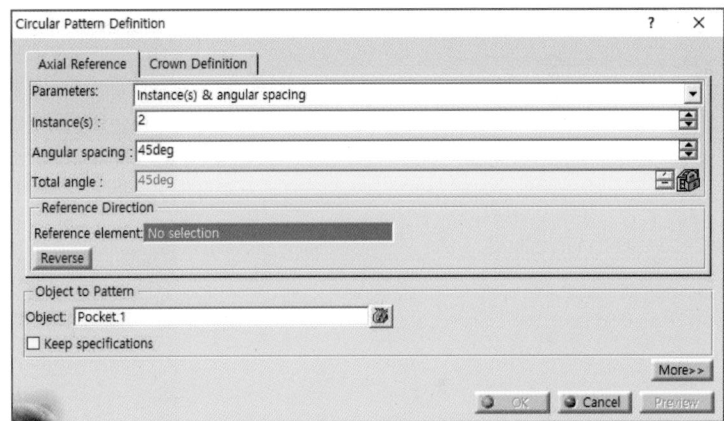

08 평면부분이나 곡면을 클릭하면 원기둥의 회전축을 중심으로 원형 배열된다.

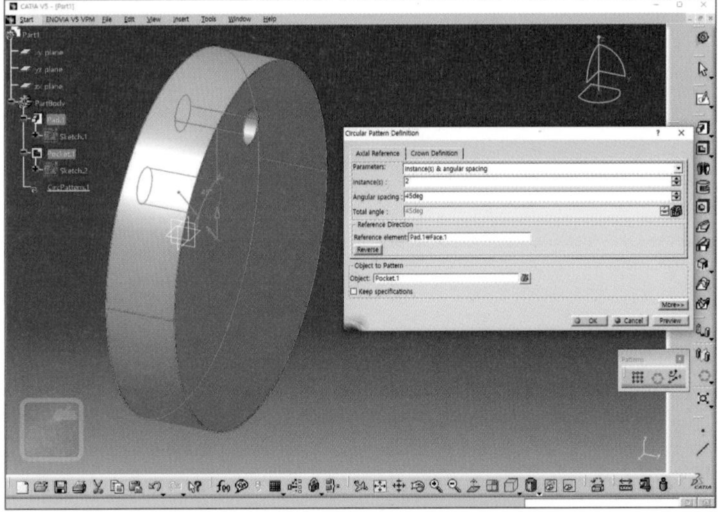

09 Parameters를 complete crown을 선택하고 Instance에 전체 개수 6을 입력한다.

10 OK 버튼을 누른다.

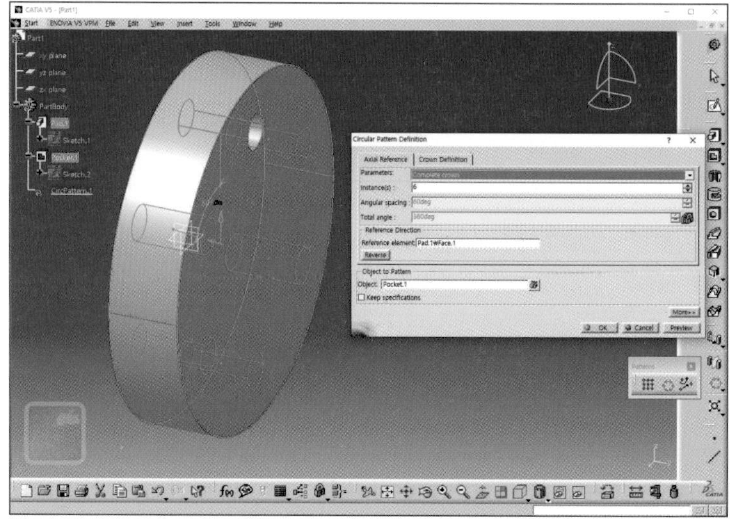

11 8개의 구멍이 원판에 원형 배열됨을 확인할 수 있다.

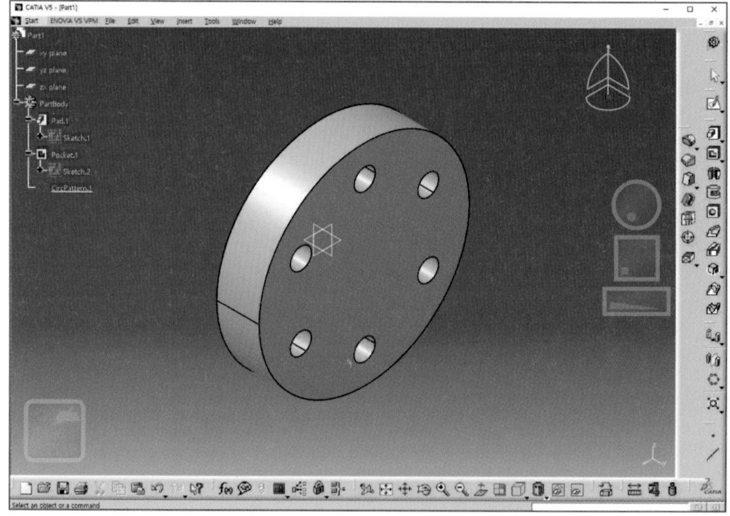

대칭 복사(Mirror)

특정 형상을 대칭면을 기준으로 대칭복사한다.

01 zx plane에 지름 50mm의 원을 원점을 중심으로 스케치하고 20mm Pad한다.

이때, mirror extent를 체크해 스케치 평면을 중심으로 pad되도록 한다.

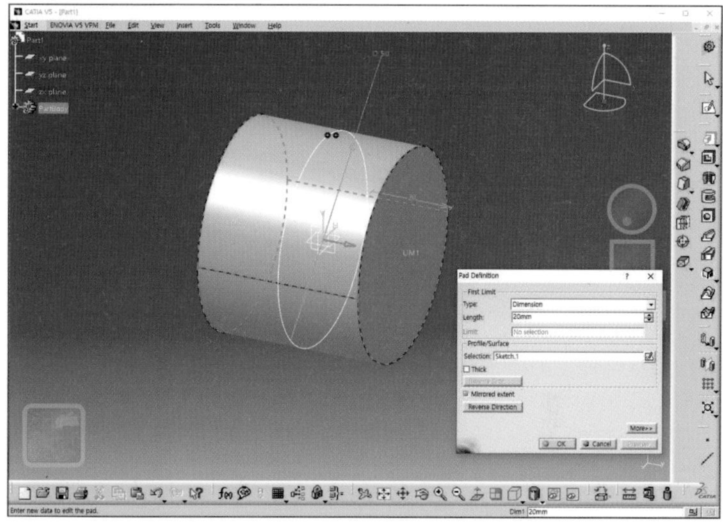

02 원기둥의 오른쪽 평면에 지름 30mm의 원을 스케치하고 20mm만큼 Pad한다.

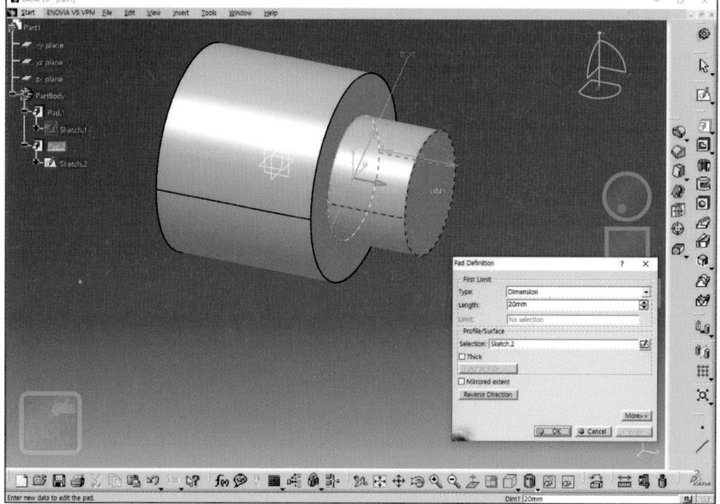

03 트리나 작업공간에서 대칭할 feature를 선택한다.

04 **대칭 복사(Mirror)** 아이콘을 클릭한다.

05 mirroring element로 zx plane을 선택한다.

06 OK 버튼을 누른다.

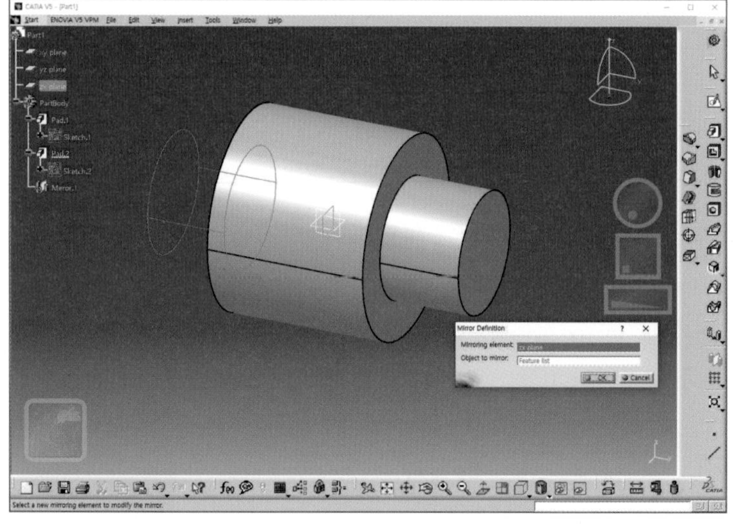

07 형상이 대칭복사되었다.

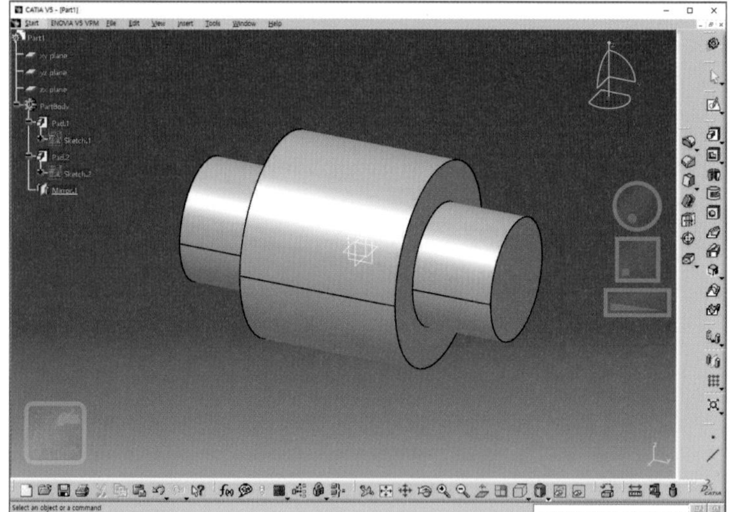

TIP 모델링을 시작하기 전에 형상에 대한 작업계획을 세우는 것이 중요하다.
상하나 좌우로 대칭인 형상을 미리 파악하고 CATIA의 기본평면을 활용하면 간결하고 쉬운 모델링이 가능하다.

쉘(Shell)

형상에 임의의 일정한 두께를 가지도록 하면서 내부를 제거한다.

01 zx plane을 선택하고 다음과 같이 스케치한다.

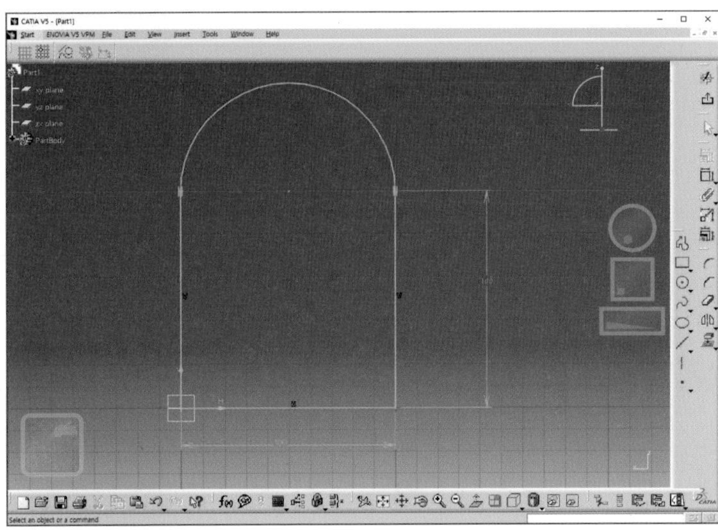

02 100mm만큼 Pad한다.

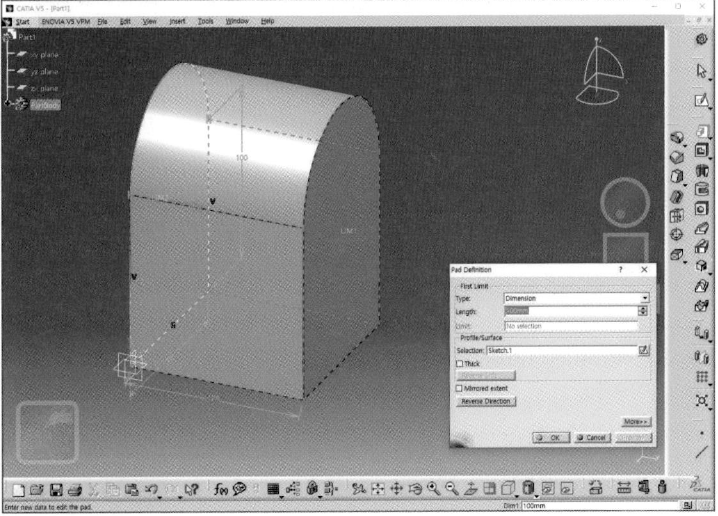

03 양쪽 두 모서리를 20mm로 Edge fillet한다.

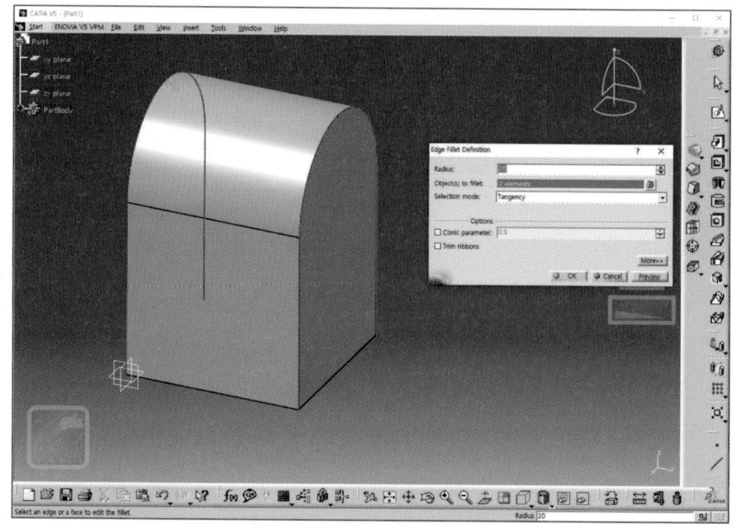

04 쉘(Shell) 아이콘을 클릭하고 Default inside thickness에 7mm를 입력한다.

05 제거할 면(Face to remove)으로는 바닥면을 클릭한다.

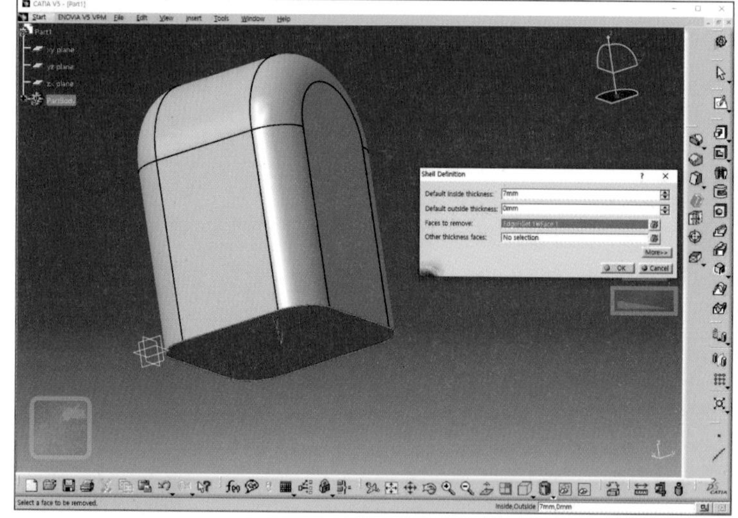

06 바닥면이 제거되면서 나머지 부분은 두께 7mm를 남기고 파낸 형상이 완성된다.

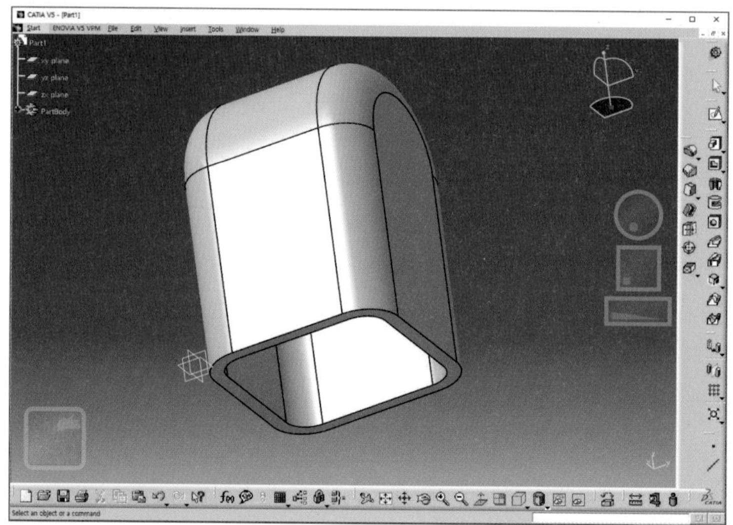

MEMO

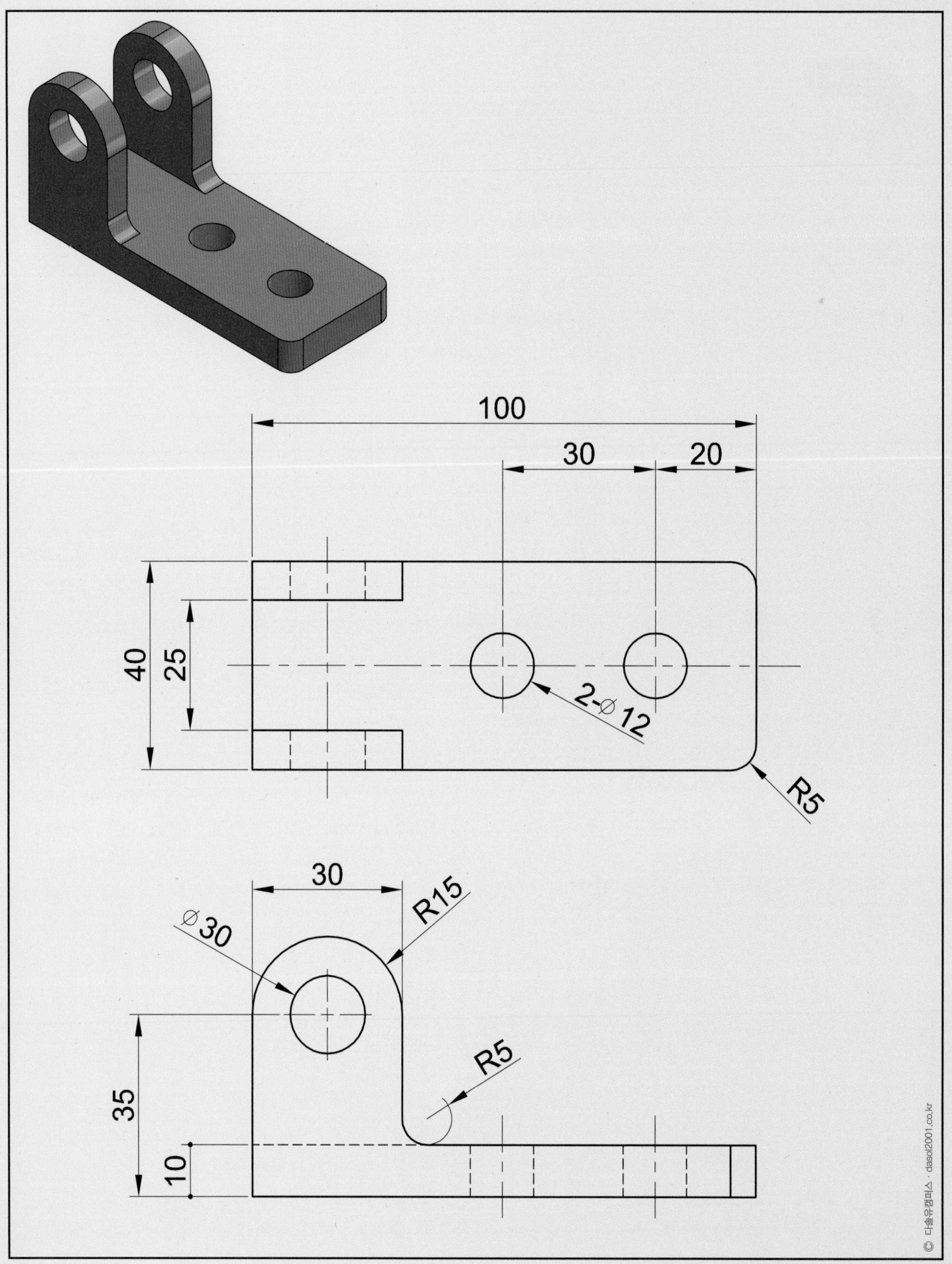
100
30
20
40
25
2-∅12
R5
30
R15
∅30
R5
35
10
© 다솔유캠퍼스 · dasol2001.co.kr

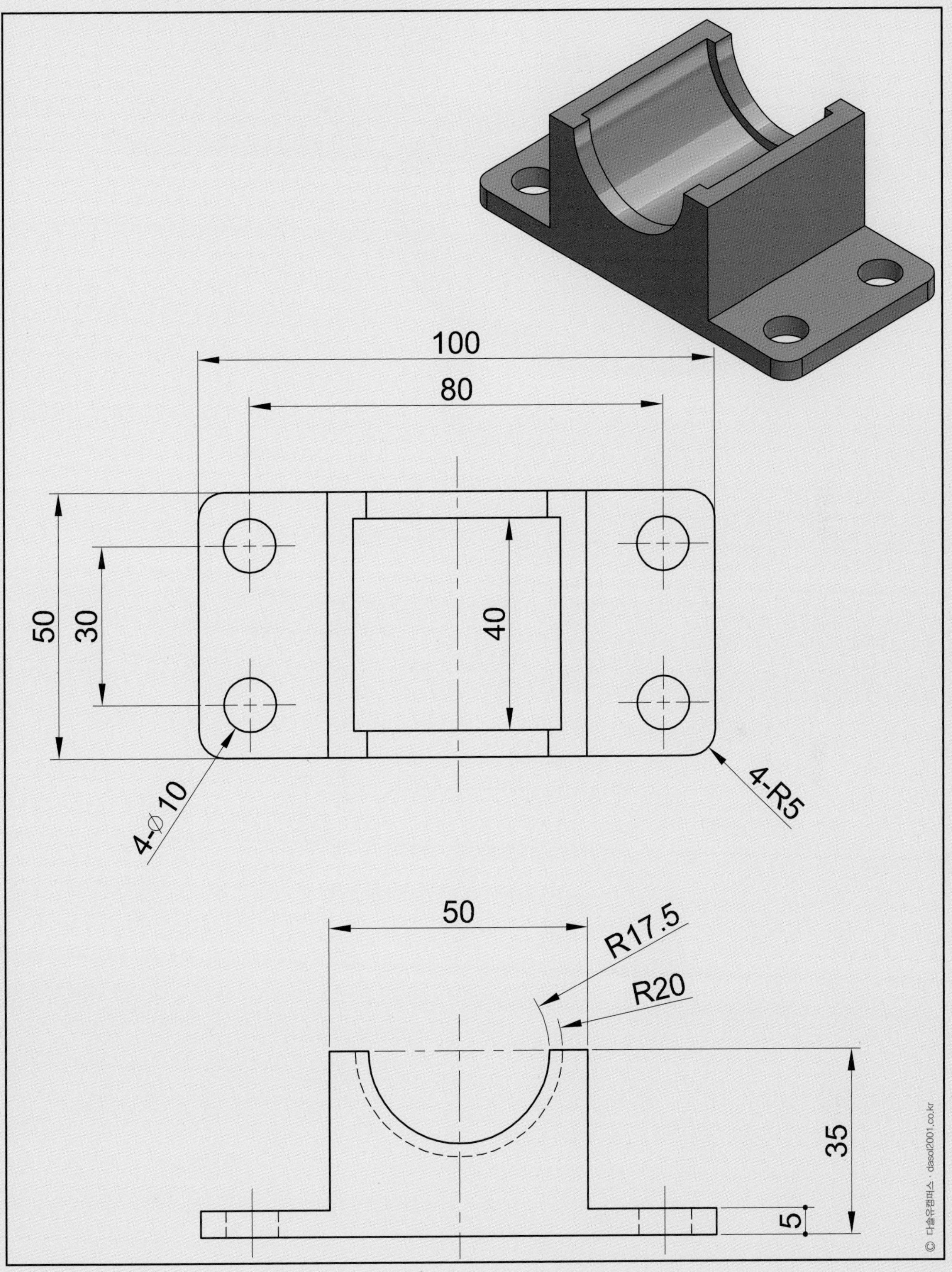
100
80
50
30
40
4-∅10
4-R5
50
R17.5
R20
35
5
© 다솔유캠퍼스 · dasol2001.co.kr

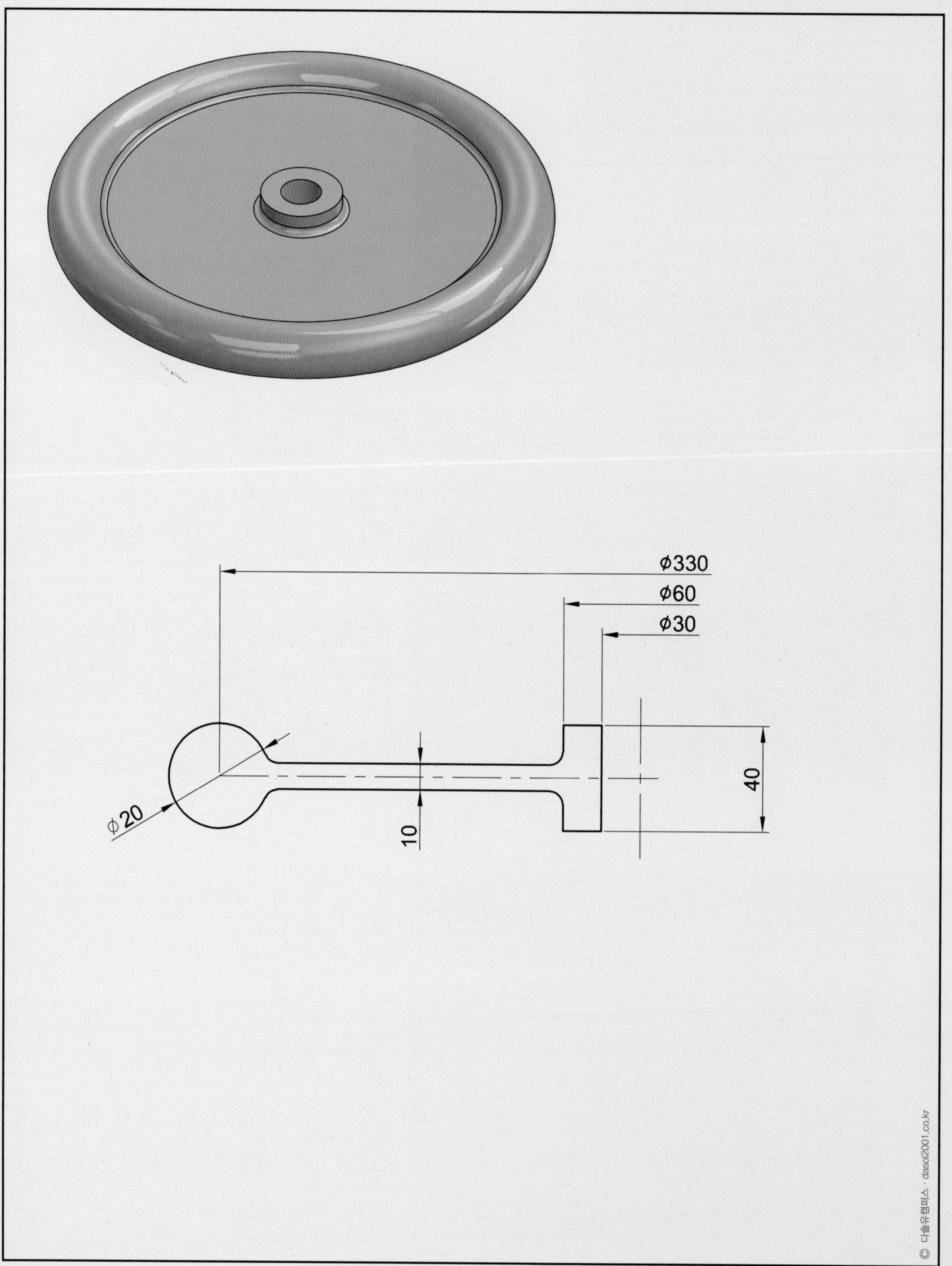
ϕ330
ϕ60
ϕ30
40
ϕ20
10

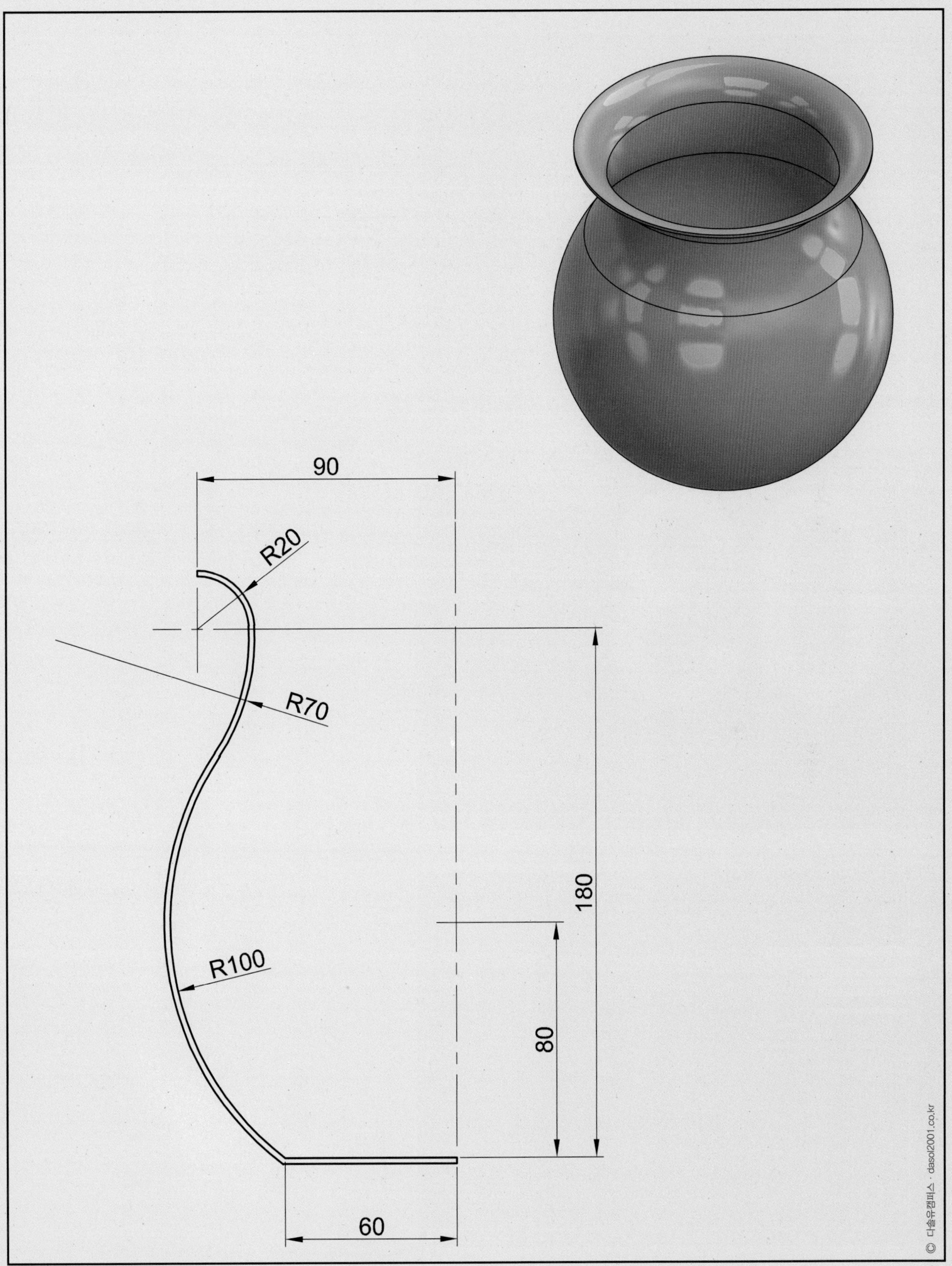
90
R20
R70
R100
180
80
60

CHAPTER

03

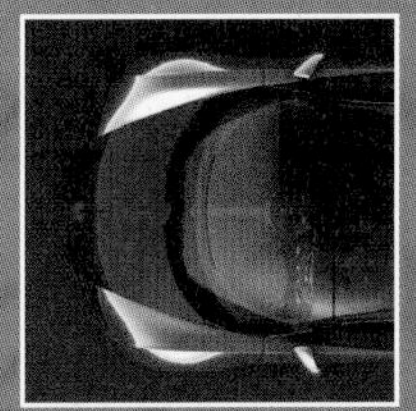

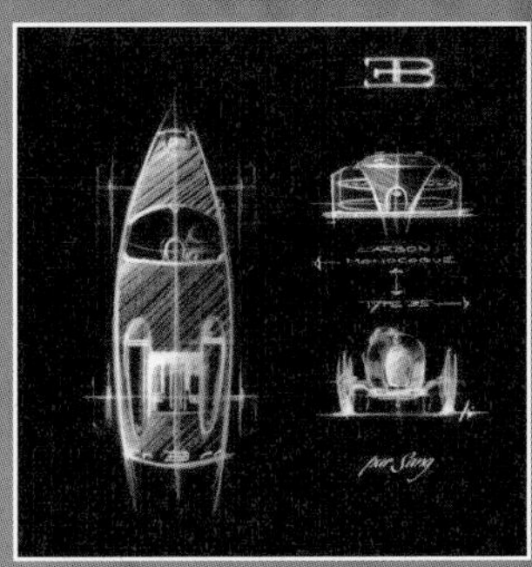

3D 과제도면 부품별 따라하기

01_ 본체(Housing)
02_ 축(Shaft)
03_ 커버(Cover)
04_ V-벨트풀리(V-Belt Pulley)
05_ 기어(Gear)
06_ 3D 도면화
07_ 2D 도면화
08_ 질량 측정하기 [산업기사]
09_ 설계변경 적용하기 [산업기사]

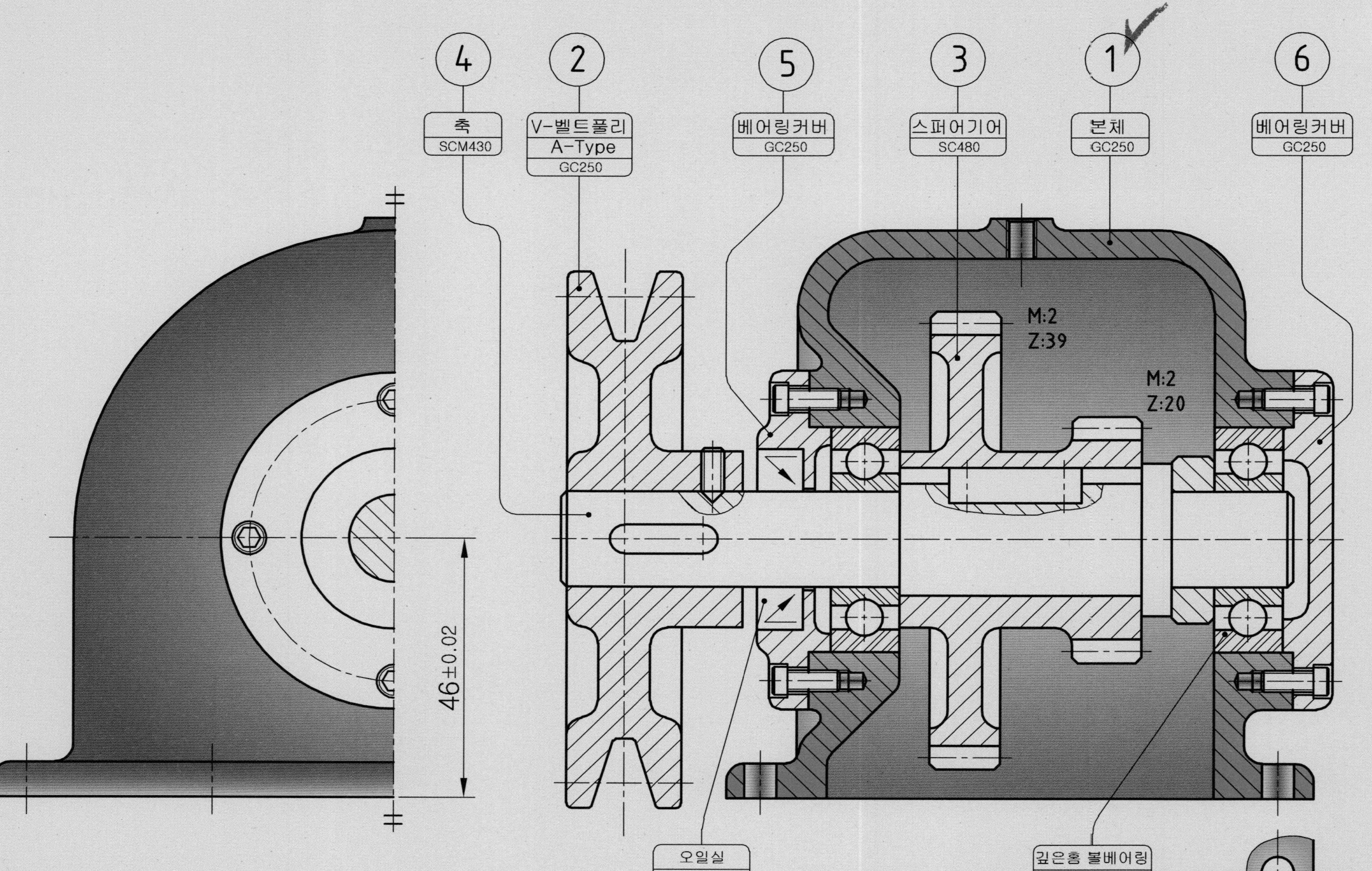

4
축
SCM430
2
V-벨트풀리
A-Type
GC250
5
베어링커버
GC250
3
스퍼어기어
SC480
1
본체
GC250
6
베어링커버
GC250
M:2
Z:39
M:2
Z:20
46±0.02
오일실
KS B 2804
깊은홈 볼베어링
2-6203

01 본체(Housing)

따 · 라 · 하 · 기

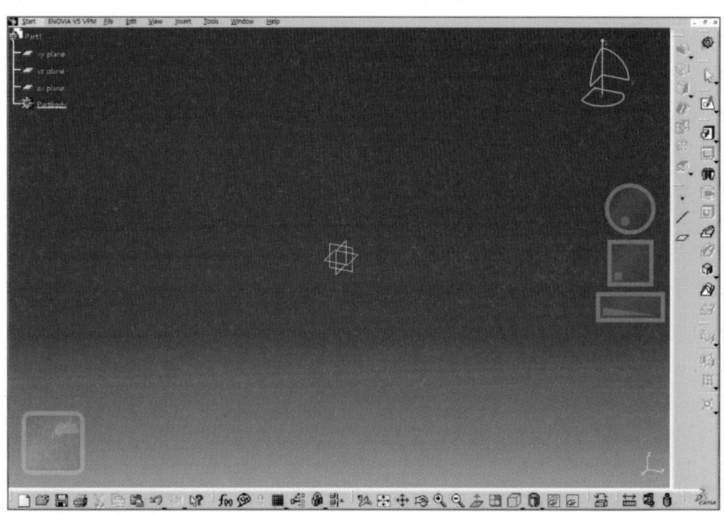

01 Part design Workbench를 실행한다.

02 파일명을 Housing으로 저장한다.

TIP 일반기계기사/기계설계산업기사/전산응용기계제도기능사에서는 과제도면을 자로 측정할 때 2초 이상 걸리면 시간 내에 도면을 끝낼 수 없다. 소수점을 제외하고 빠르게 정수로 읽는 훈련이 필요하다. 제도에서는 기능 및 구조상 문제가 되지 않는 부분은 형상 및 치수의 오차가 있어도 상관없다.

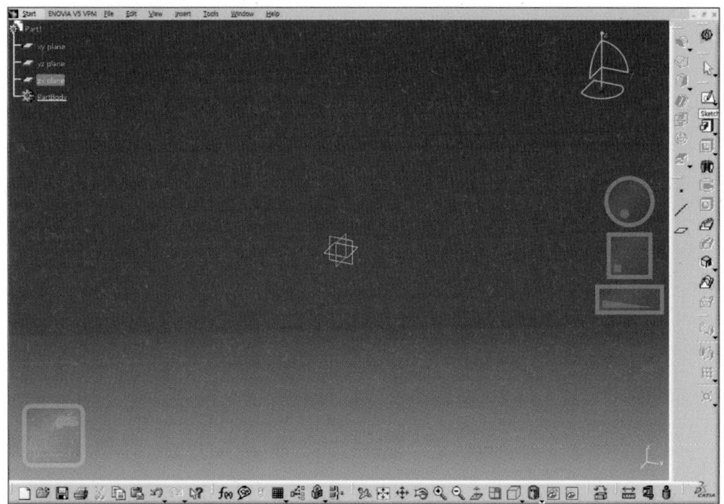

03 zx plane을 선택한다.

04 sketch 아이콘을 클릭하여 스케처로 들어간다.

TIP 기준을 우측 면으로 하는 이유는 형상을 도면과 같이 보이기 위함이며 렌더링 작업 시 방향을 쉽게 설정하기 위함이다.

측정 치수 R55mm, 높이 46mm

05 원점을 중심으로 R55mm인 원과 높이 46mm인 사각형을 스케치하고 그림과 같이 정리하여 스케치한다.

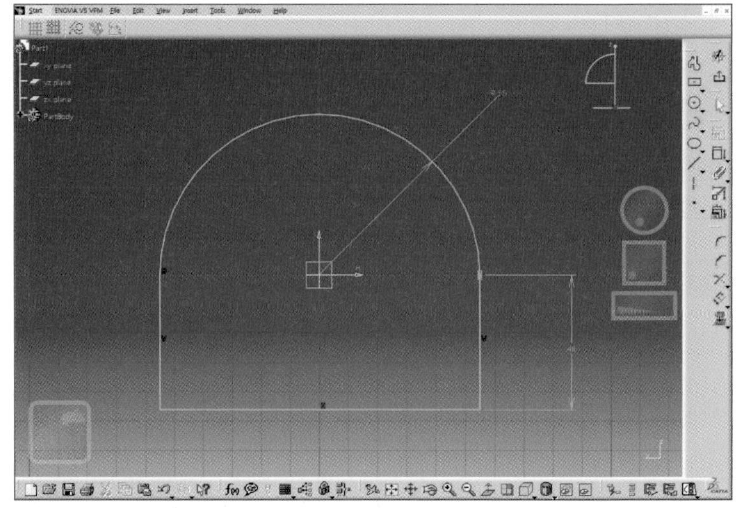

측정 치수 두께 78mm

06 Pad

Mirrored extent를 체크하고 양쪽으로 동일하게 39mm만큼 돌출한다.

> TIP 수치입력을 78/2로 하면 자동으로 2로 나누어져 실행된다.

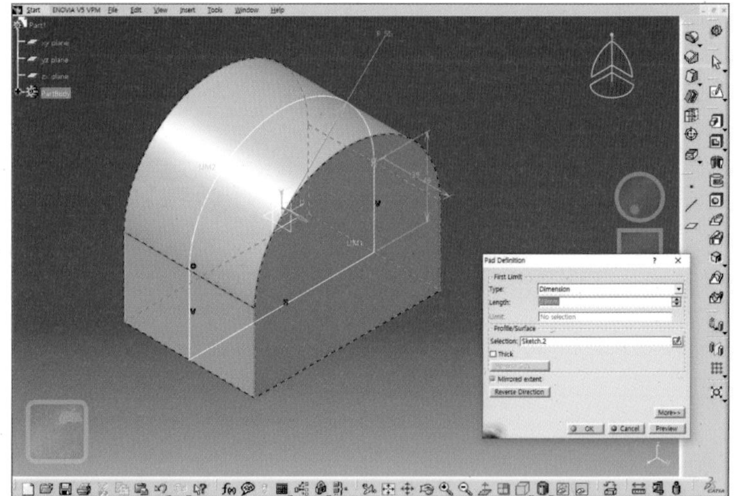

측정 치수 R15mm

07 Edge fillet

양쪽 모서리를 R15mm로 적용한다.

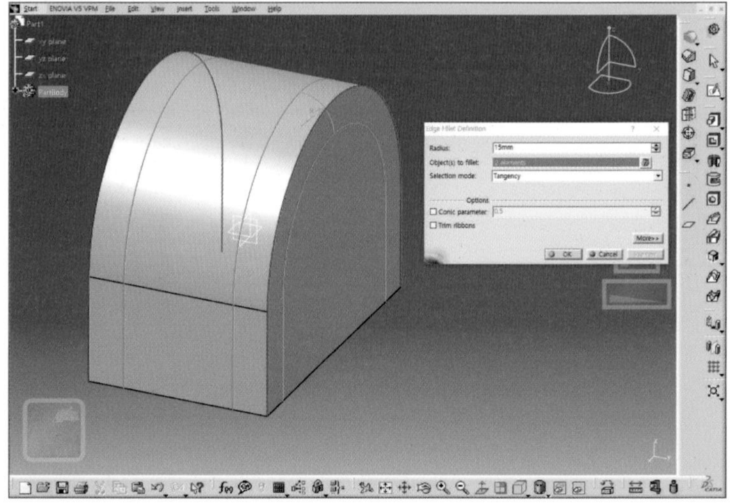

측정 치수 본체 벽 두께 5mm

08 Shell

5mm의 일정한 두께를 남기고 안쪽을 제거한다.

바닥면을 없어질 면으로 선택한다.

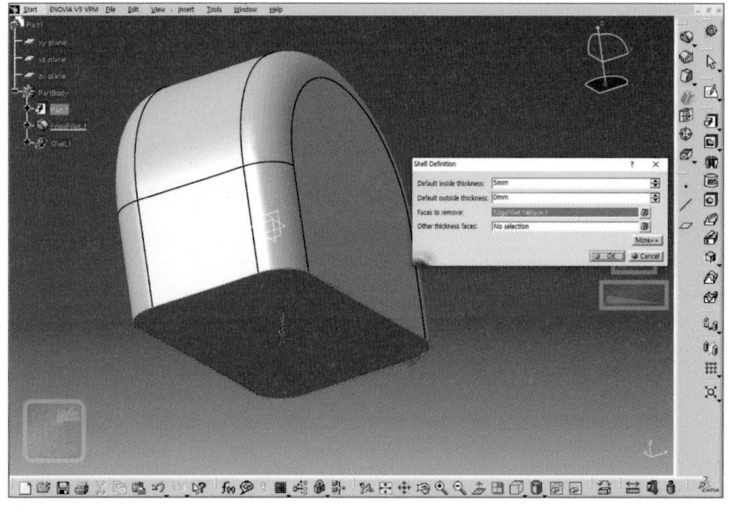

09 바닥면을 스케치 면으로 선택한다.

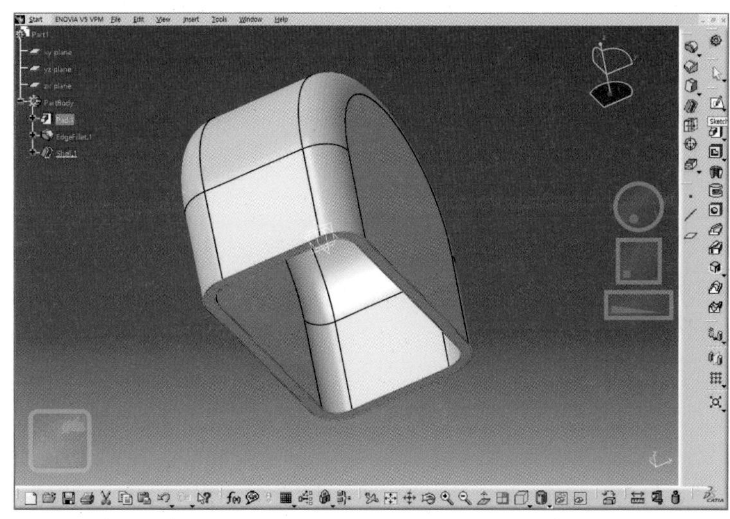

측정 치수 바닥판 102mm×140mm

10 중심사각형(centered rectangle)

원점을 중심으로 102mm×140mm인 사각형을 스케치한다.

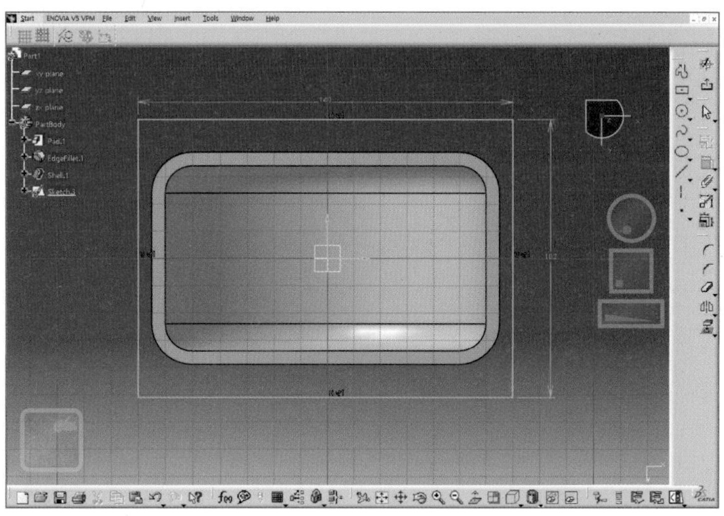

11 요소변환(Project 3D Elements)

아이콘을 더블클릭으로 실행하고 그림과 같이 안쪽 모서리를 모두 스케치 요소로 변환해 가져온다.

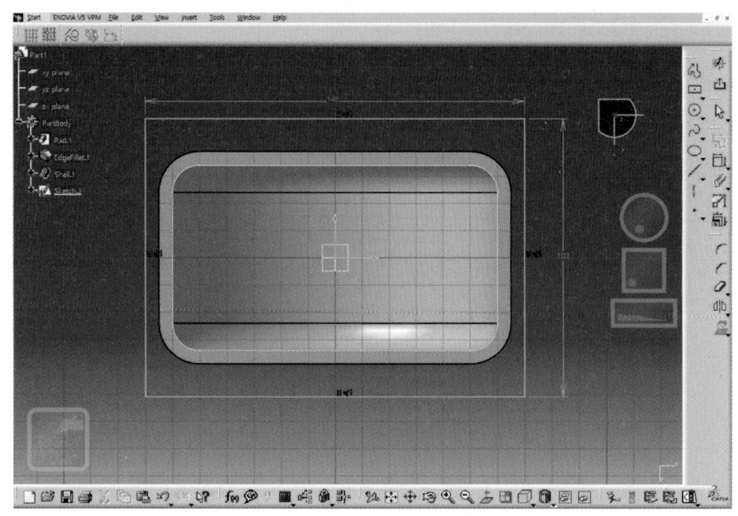

TIP 3D Geometry 도구 설명

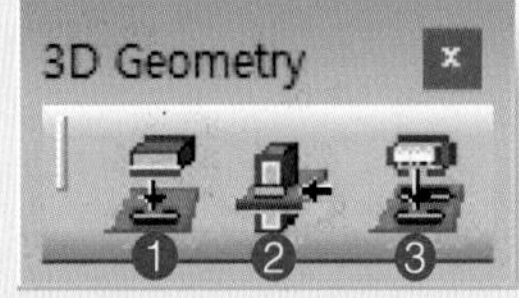

번호	명칭	설명
❶	Project 3D Elements	모서리선을 스케치 요소로 변환
❷	Intersect 3D Elements	스케치 평면과 선택요소의 교차선이나 점을 스케치 요소로 변환
❸	Project 3D silhouette Edge)	곡면의 모서리선을 스케치 요소로 변환

측정 치수 바닥판 높이 6mm

12 Pad

위쪽 방향으로 6mm만큼 돌출시킨다.

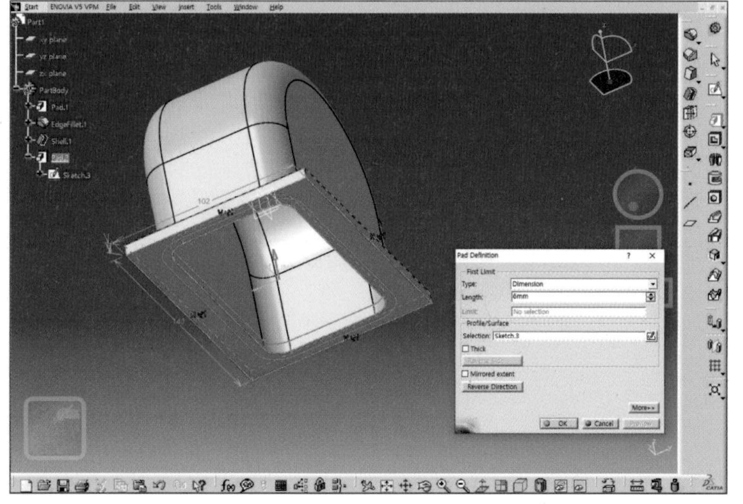

측정 치수 바닥 모서리 라운딩 R6mm

13 Edge fillet

바닥판의 네 모서리를 선택하고 R6mm으로 적용한다.

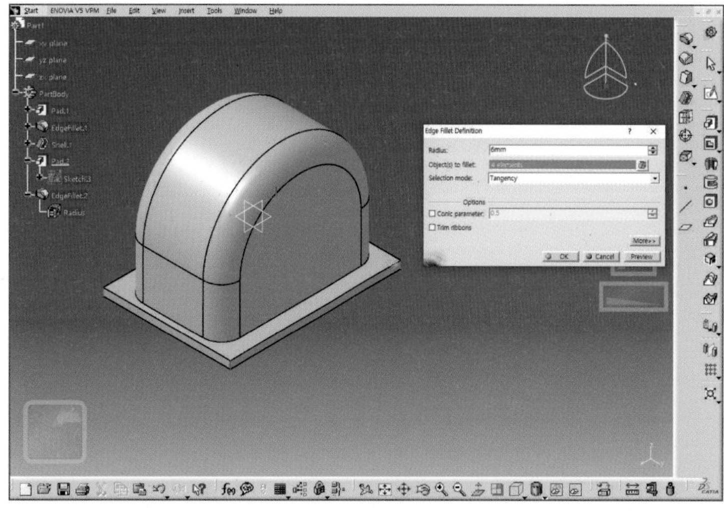

14 그림과 같이 스케치 평면을 선택한다.

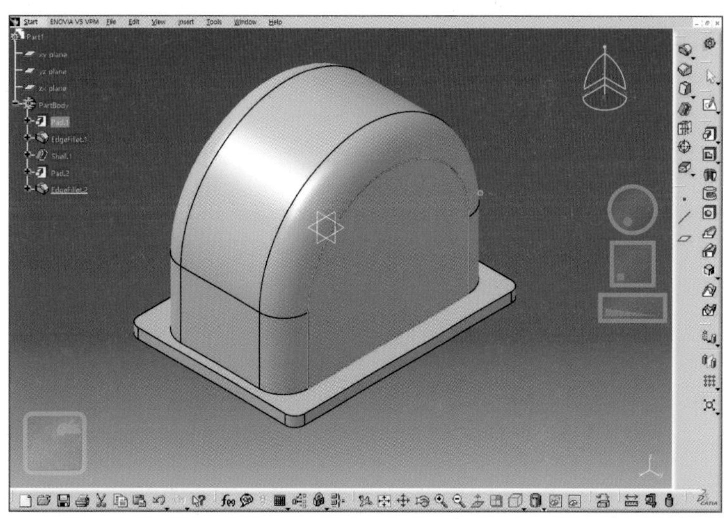

측정 치수 Φ61mm, 9mm

15 원점을 중심으로 Φ61mm의 원을 스케치하고 9mm만큼 돌출한다.

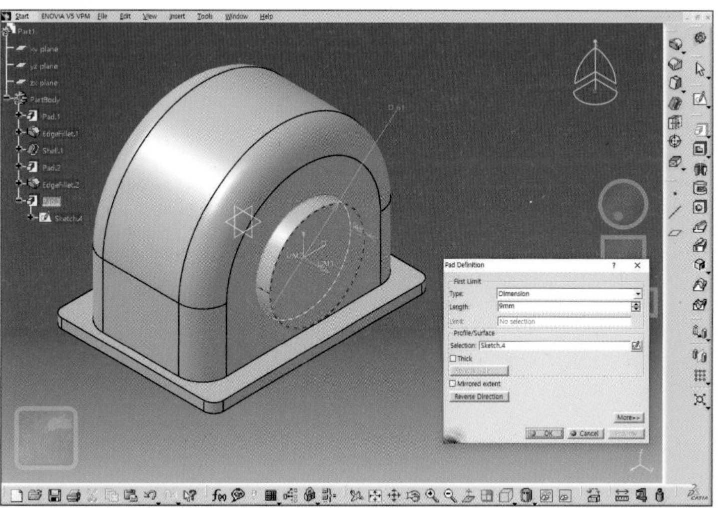

16 그림과 같이 형상 안쪽을 스케치 평면으로 선택한다.

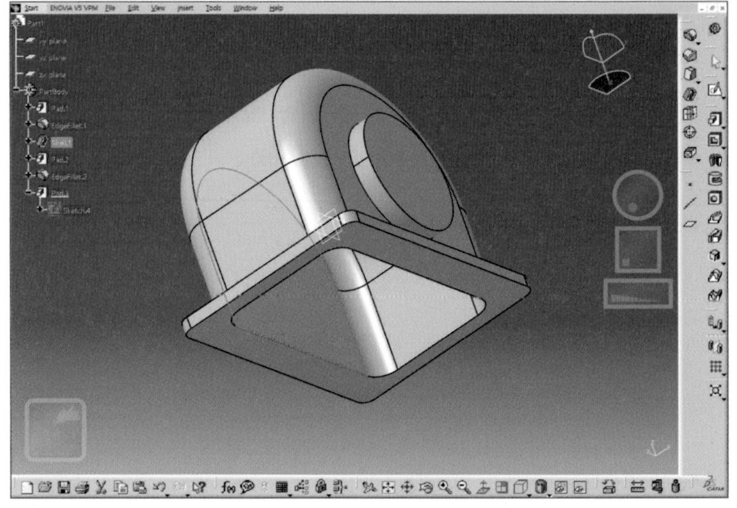

측정 치수 Φ52mm

17 원점을 중심으로 Φ52mm의 원을 스케치한다.

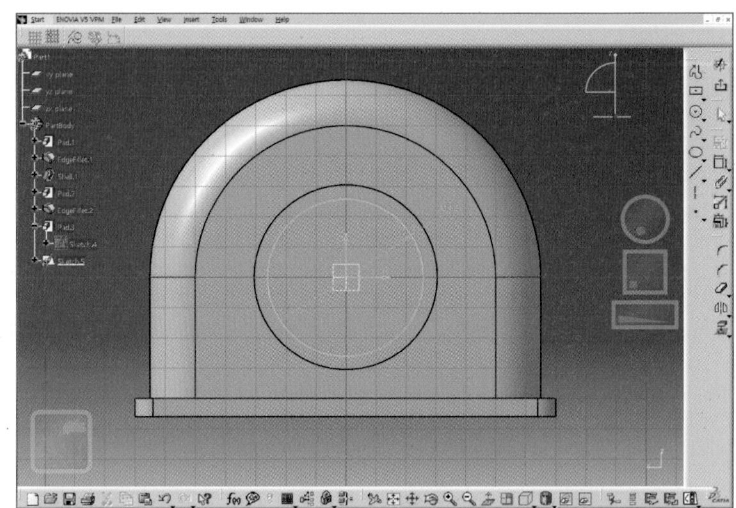

측정 치수 12mm

18 Pad

12mm만큼 돌출한다.

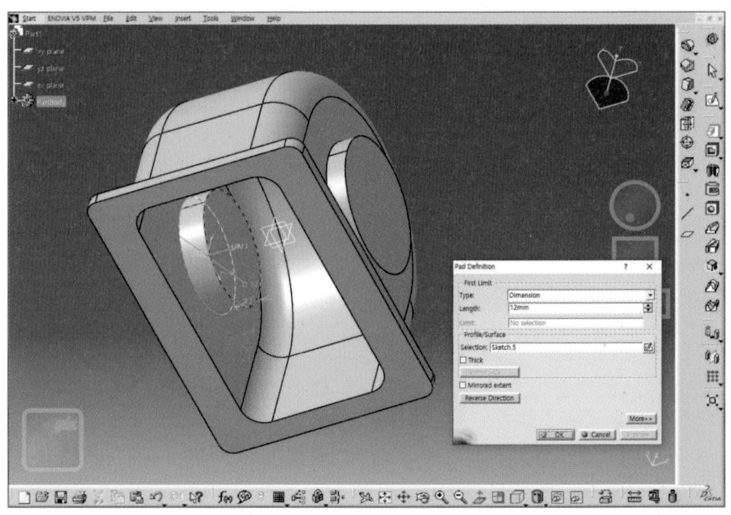

측정 치수 45˚

19 Chamfer

모서리선에 거리 12mm, 각도 45˚로 모따기한다.

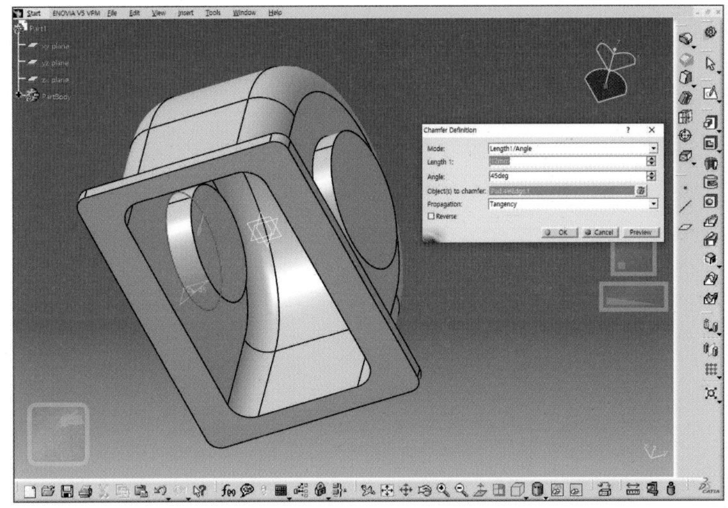

> **TIP** (18~19)번 작업을 통해 간단히 회전체 형상을 생성할 수 있었다. 같은 형상을 얻을 수 있는 방법은 많지만, 3D모델링에서는 스케치를 최소화하는 방법을 선택하기로 한다.
> 다만, 다음에 이어질 작업과 같이 스케치가 필요할 경우가 간헐적으로 나타나기도 하므로, 여러 작업방식을 스스로 연구해 볼 필요가 있다.

20 yz plane을 스케치면으로 하고, **곡면요소변환** (Project 3D silhouette Edge) 기능을 선택한다.

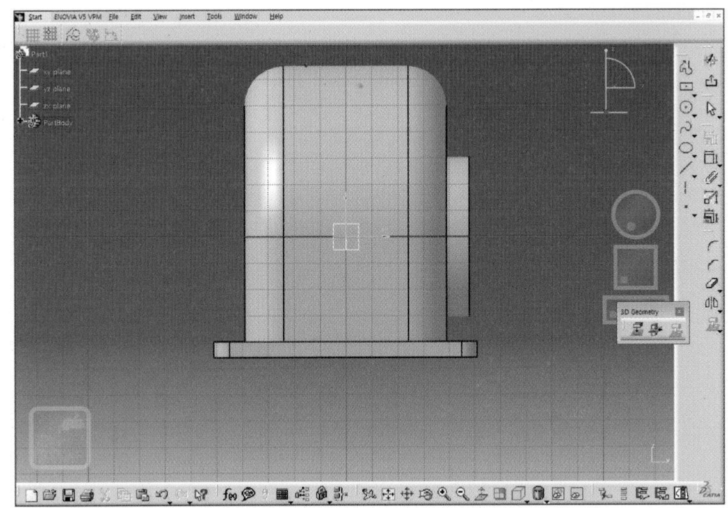

21 모따기로 생성된 각도면을 선택한다.

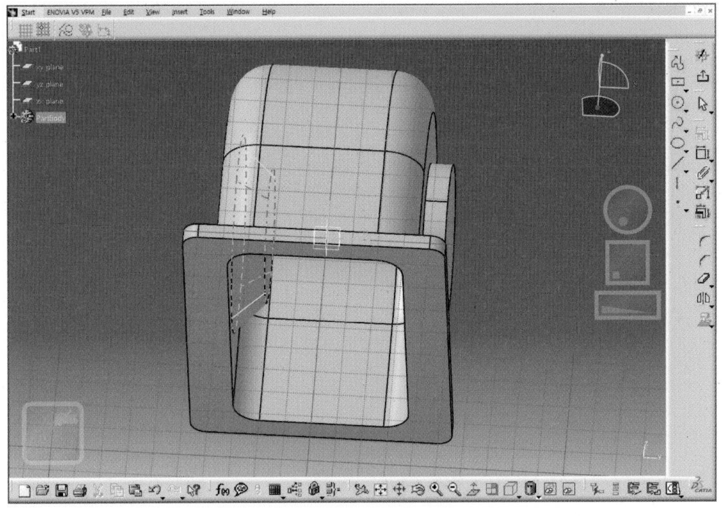

22 아래쪽 선은 삭제하고 위쪽 선은 Sketch tool에서 **보조선(Construction)**으로 변환한다.

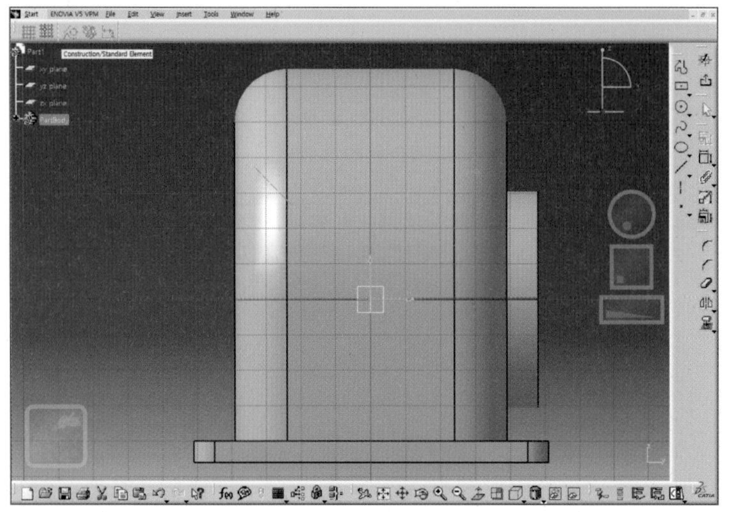

23 교차선과 평행하게 profile을 이용해 그림과 같이 스케치한다.

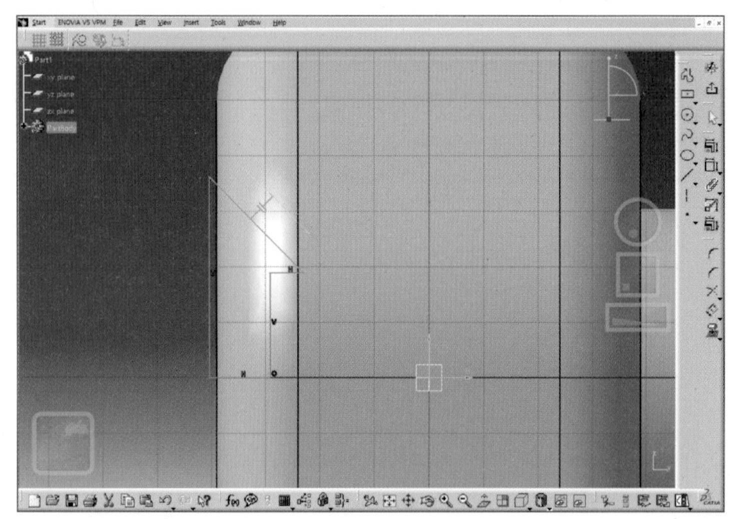

측정 치수 두께 5mm, R31mm, 2mm

24 세부치수를 적용한다.

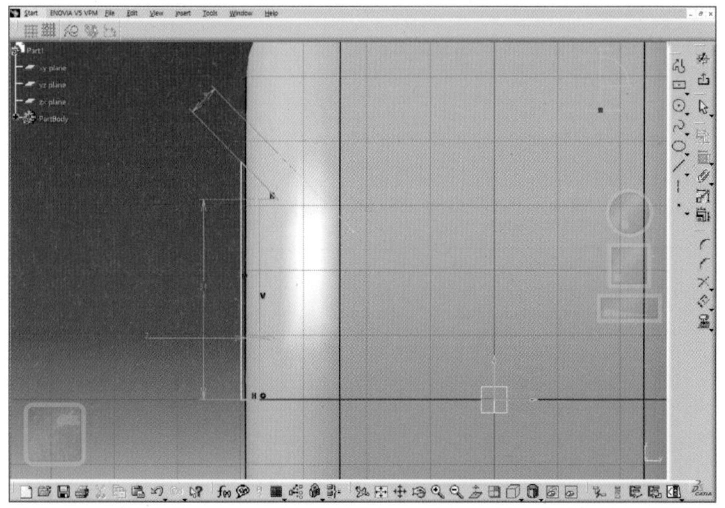

25 Groove

원점과 동일선상의 선을 회전축으로 360° 회전 컷한다.

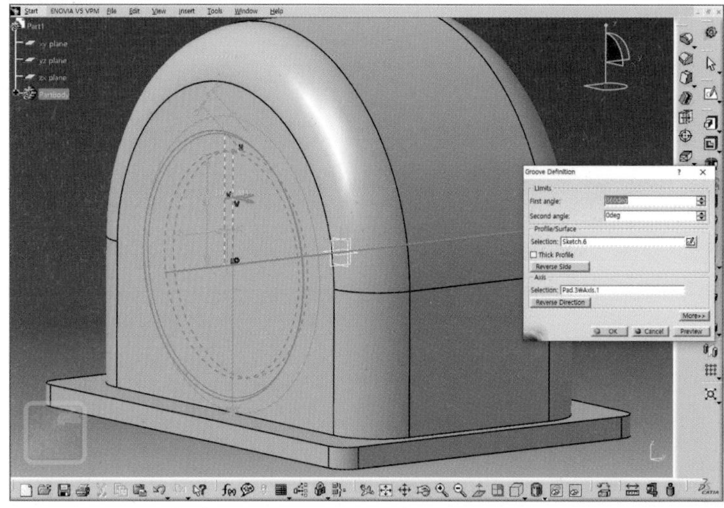

측정 치수 Φ40mm

26 Pocket 〉 Up to last

그림과 같이 스케치면을 선택하고 원점을 중심으로 한 Φ40mm의 원을 생성하고 돌출컷한다.

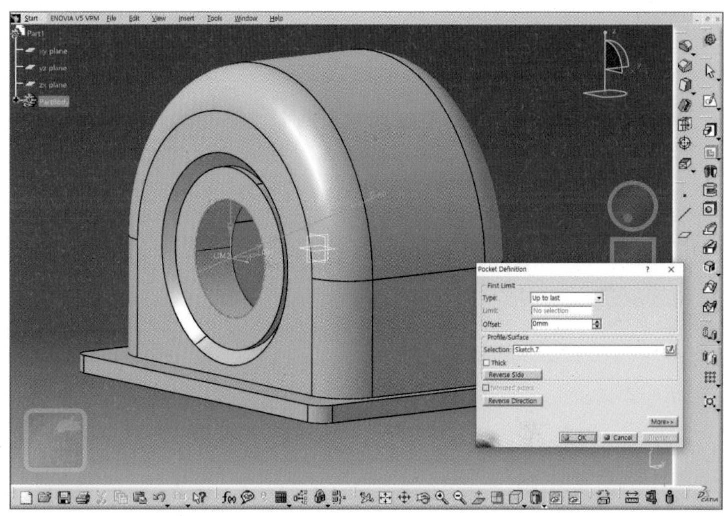

27 Plane

바닥면을 기준으로 새 평면을 작성한다.

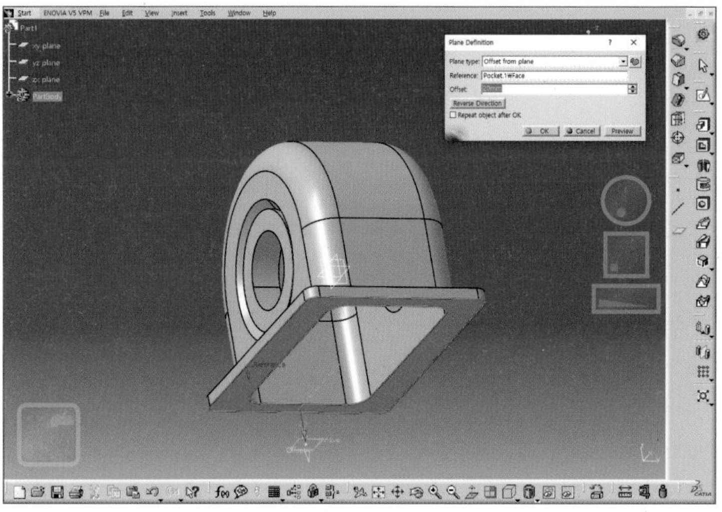

측정 치수 전체높이 103mm

28 바닥으로부터 103mm 떨어진 평면을 생성한다.

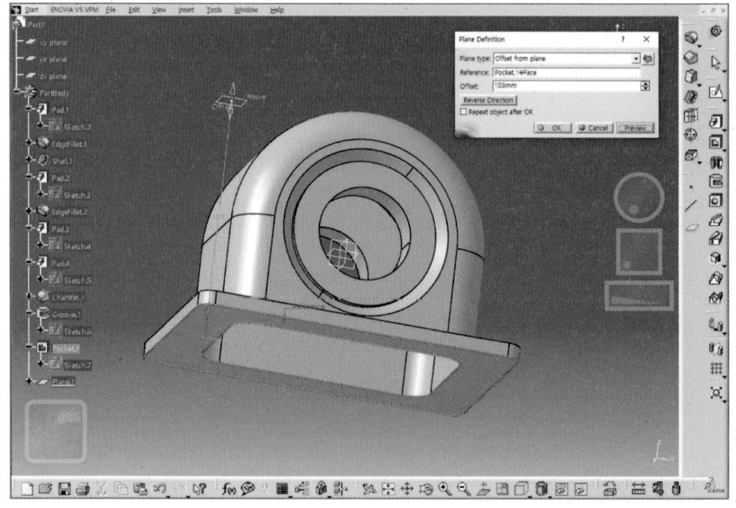

측정 치수 Φ10mm

29 생성된 평면에 원점을 중심으로 한 Φ10mm의 원을 스케치한다.

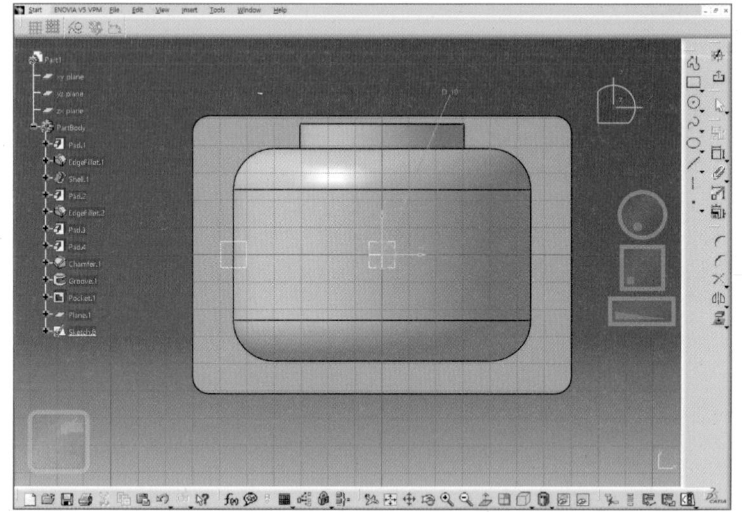

30 Pad

방향을 확인하고 Type을 Up to next로 돌출한다.

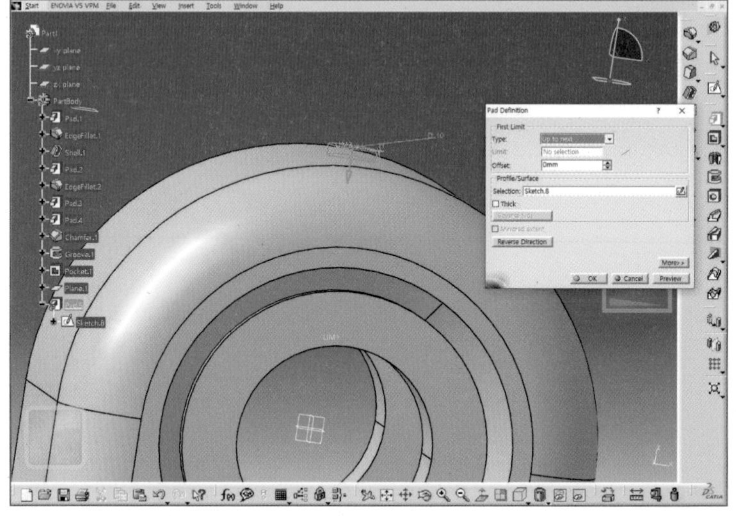

31 윗면을 선택하고 Hole 기능을 실행한다.

측정 치수 M5

32 다음과 같이 설정한다.

- Threaded
- Metric Thick Pitch
- M5
- 위치 : 원점에 일치

Hole Definition ? ×

Extension | Type | Thread Definition

Threaded

Bottom Type

Type: Dimension

Bottom Limit: No selection

Thread Definition

Type: Metric Thick Pitch

Thread Description: M5

Hole Diameter: 4.134mm

Thread Depth: 10mm

Hole Depth: 10mm

Pitch: 0.8mm

Right-Threaded Left-Threaded

Standards

Add

Remove

OK Cancel Preview

측정 치수 M4, 깊이 7mm

33 옆면을 선택하고 Hole 기능을 실행한다. 다음과 같이 설정한다.

- Threaded
- Metric Thick Pitch
- M4
- Thread Depth : 7mm

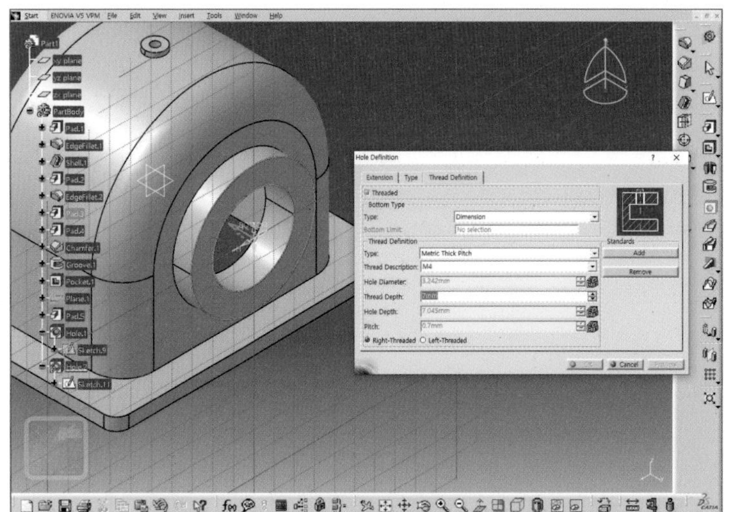

측정 치수 피치원지름 Φ50mm

34 Extension 탭의 Positioning Sktetch로 들어가 홀의 위치를 정한다. 원점과 수직하게 구속하고, 높이 25mm 치수를 입력한다.

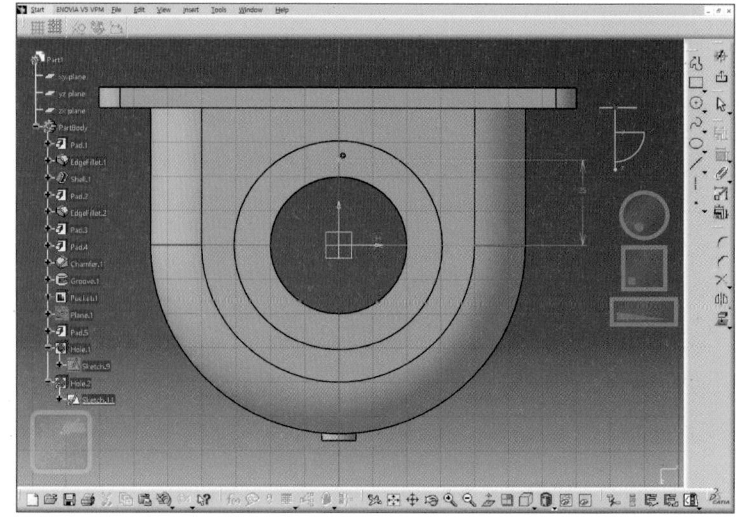

35 Circular Pattern

Parameter를 Complete crown으로 바꿔 360° 안에서 동등간격으로 4개를 패턴한다.

회전축(Reference Elements)으로 원통면을 선택한다.

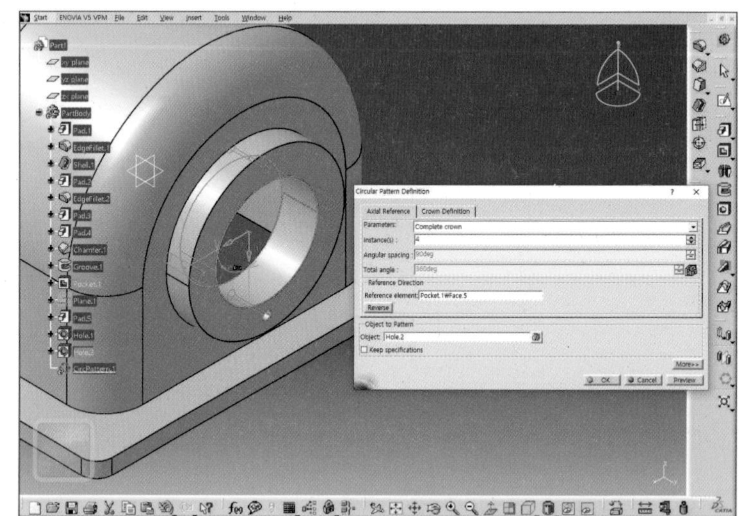

측정 치수 M4, 깊이 7mm

36 반대쪽 면도 Hole 기능을 실행한다.

다음과 같이 설정한다.

· Threaded

· Metric Thick Pitch

· M4

· Thread Depth : 7mm

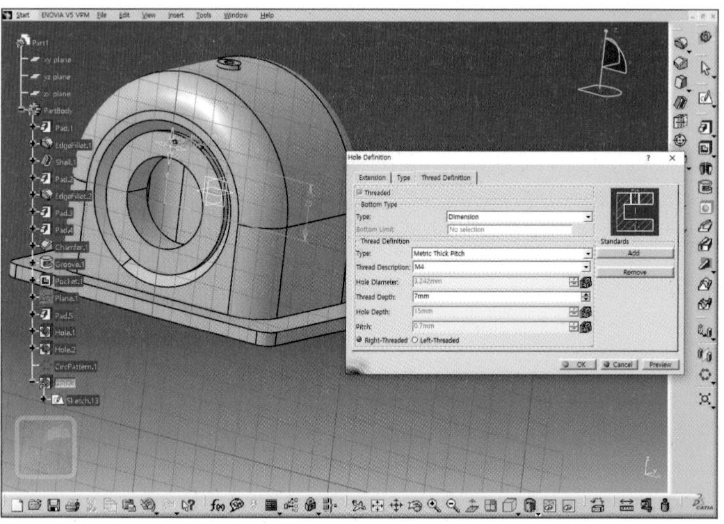

37 Circular Pattern

Parameter를 Complete crown으로 바꿔 360° 안에서 동등간격으로 4개를 패턴한다.

회전축(Reference Elements)으로 원통면을 선택한다.

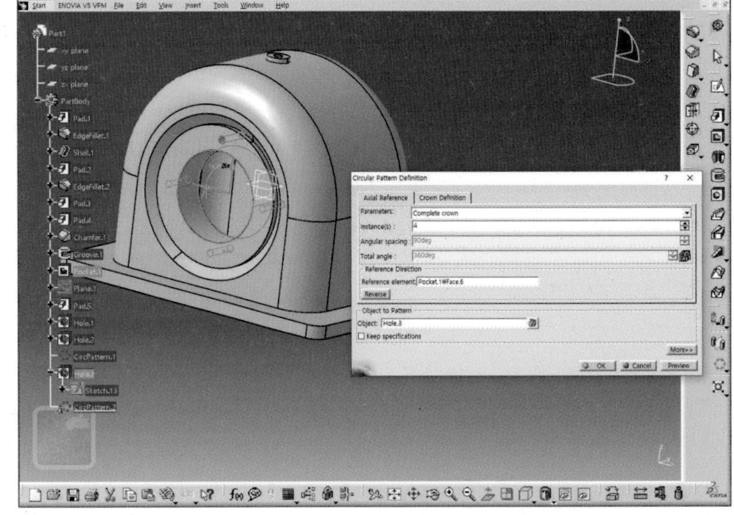

38 바닥판의 윗면을 선택하고 Φ6.6mm의 원을 스케치하고 필렛면과 동심(Concentricity) 구속한다.

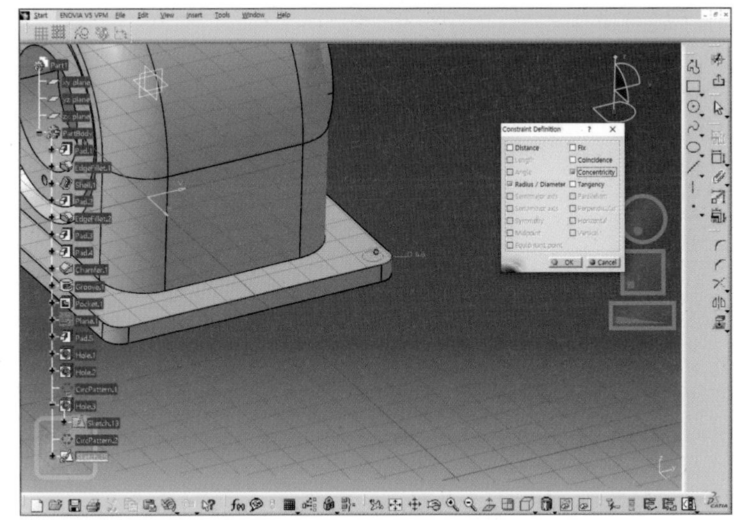

39 Pocket > Up to Last

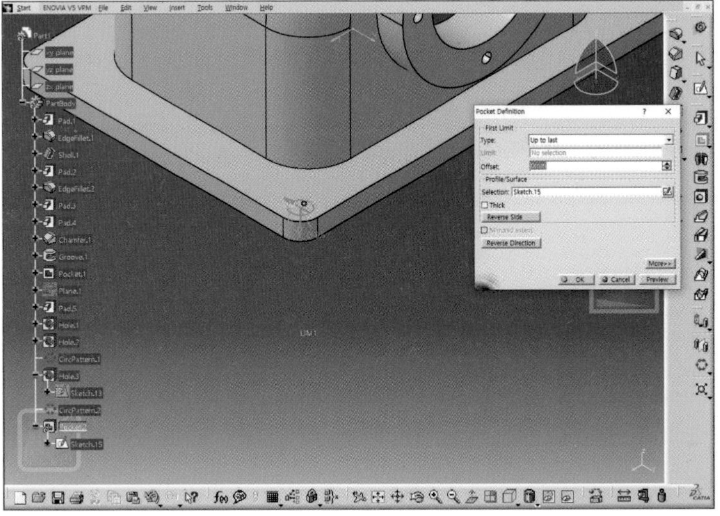

40 Rectangle pattern

3개 45 간격으로 패턴한다.

이때, 방향은 바닥의 짧은 모서리선으로 지정한다.

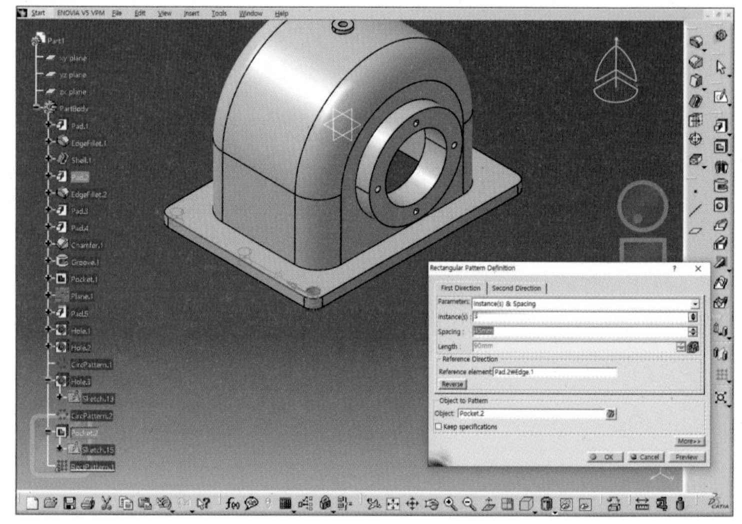

41 Rectangle pattern

5개 32 간격으로 패턴한다.

이때, 방향은 바닥의 긴 모서리선으로 지정한다.

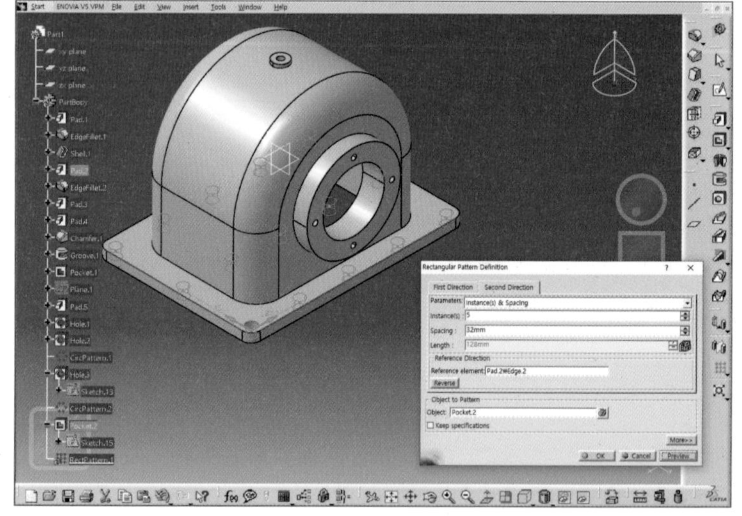

42 Edge Fillet

문제도면을 참조하여 필렛으로 마무리한다. R2~R3으로 적용한다.

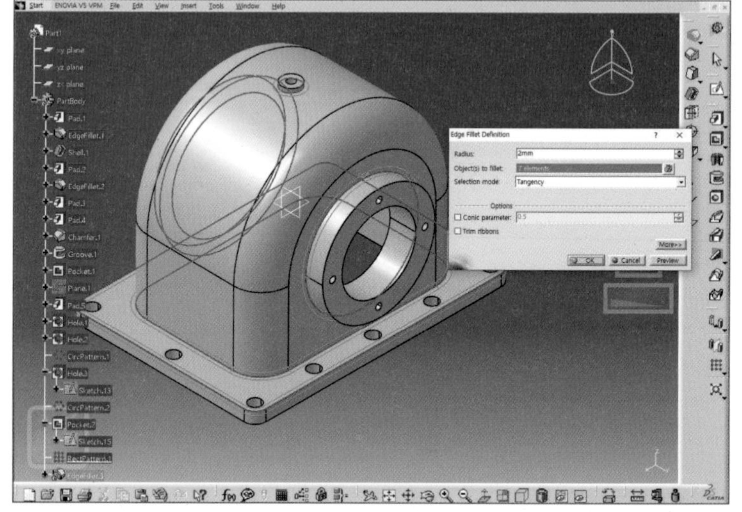

43 Chamfer

조립모따기 C1을 양쪽 구멍모서리에 한다.

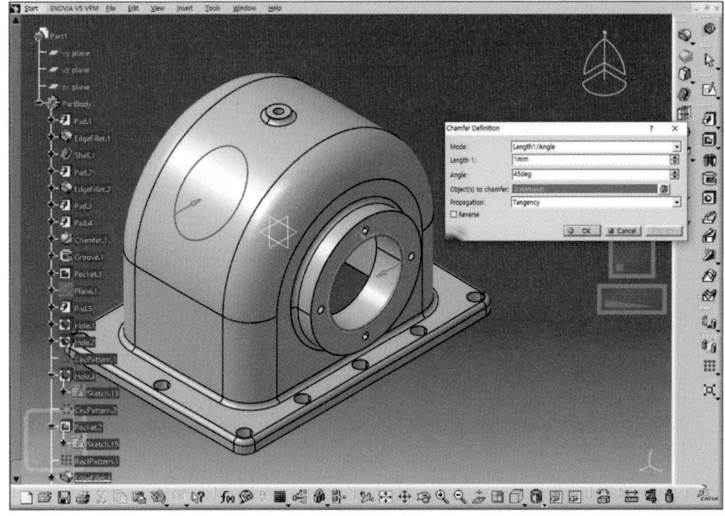

44 완성

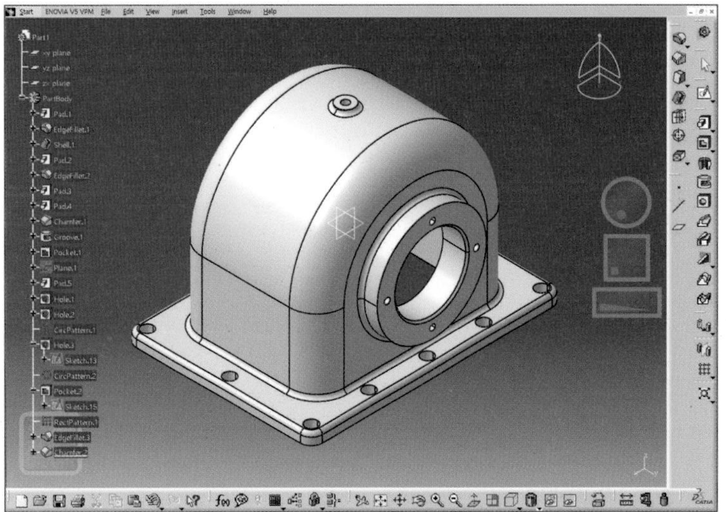

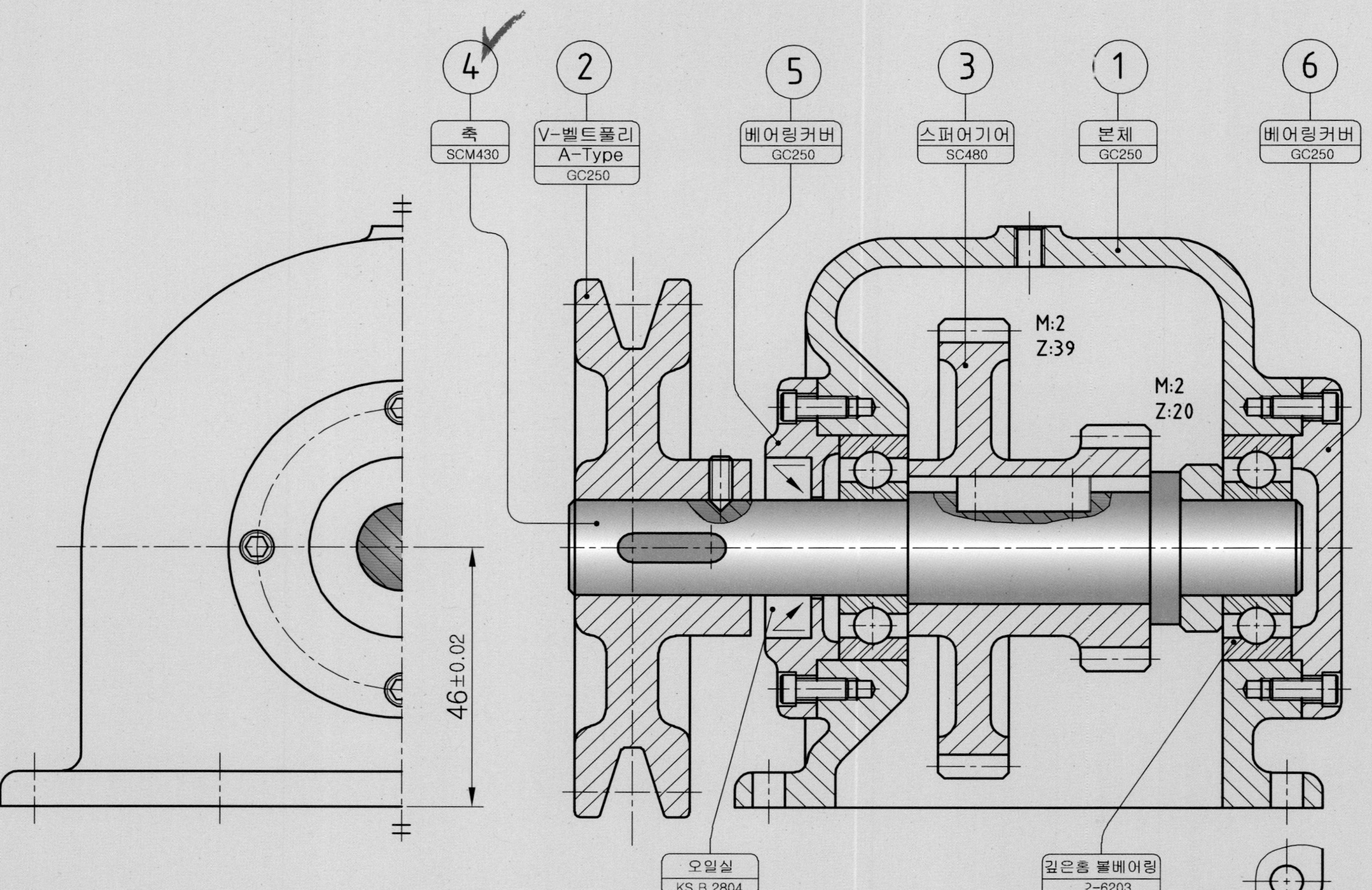

4
축
SCM430
2
V-벨트풀리
A-Type
GC250
5
베어링커버
GC250
3
스퍼어기어
SC480
1
본체
GC250
6
베어링커버
GC250
M:2
Z:39
M:2
Z:20
46±0.02
오일실
KS B 2804
깊은홈 볼베어링
2-6203

02 축(Shaft)

따 · 라 · 하 · 기

01 Part design Workbench를 실행한다.

02 파일명을 Shaft로 저장한다.

03 zx plane을 선택하고, sketch 아이콘을 클릭하여 스케처로 들어간다.

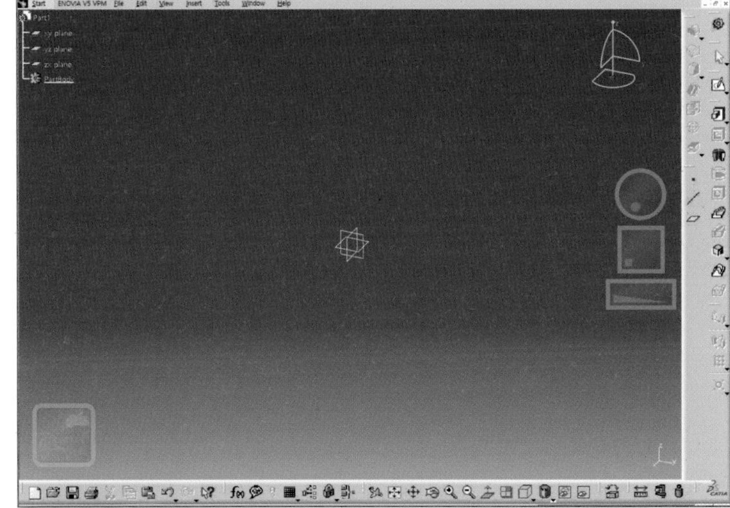

측정 치수 Φ17mm, 길이 127mm

04 Pad

원점을 중심으로 Φ17mm의 원을 그리고 127mm 돌출한다.

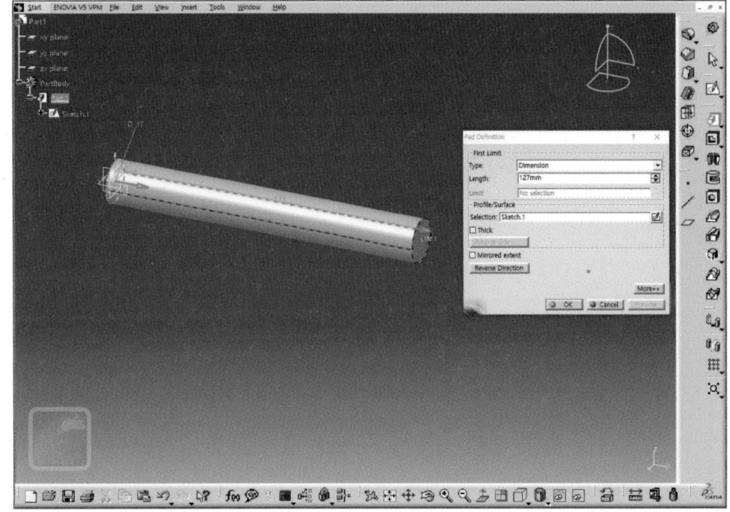

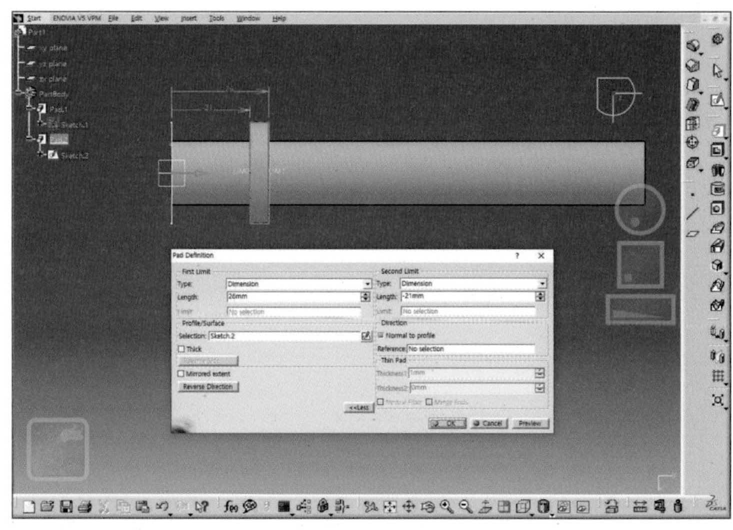

측정 치수 Φ27mm, 간격 21mm, 두께 5mm

05 zx plane에 원점을 중심으로 Φ27mm의 원을 그리고 Pad한다.

First limits 길이를 26mm를 입력한다.

Second limits를 -21mm 입력하면 5mm만큼 돌출된 형상을 얻을 수 있다.

> TIP Second limits를 이용하면 새로윤 plane을 만들지 않고 CATIA의 기본평면을 이용해 작업할 수 있다.

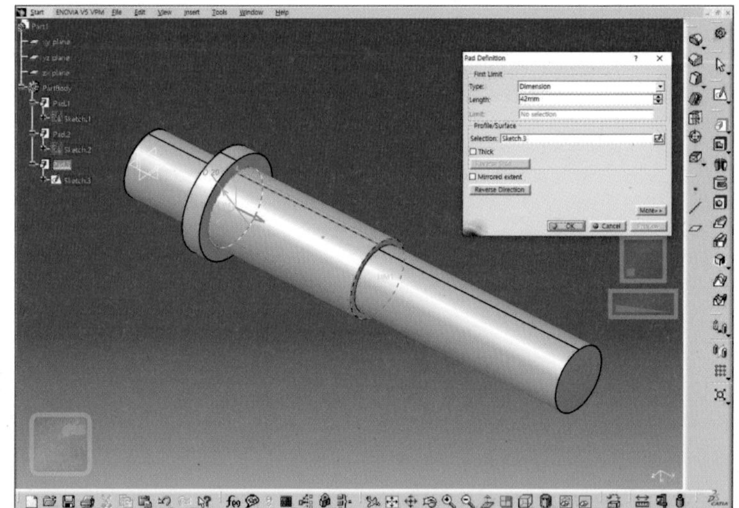

측정 치수 Φ20mm, 42mm

06 옆면에 동심으로 Φ20mm 원을 스케치하고 42mm 돌출한다.

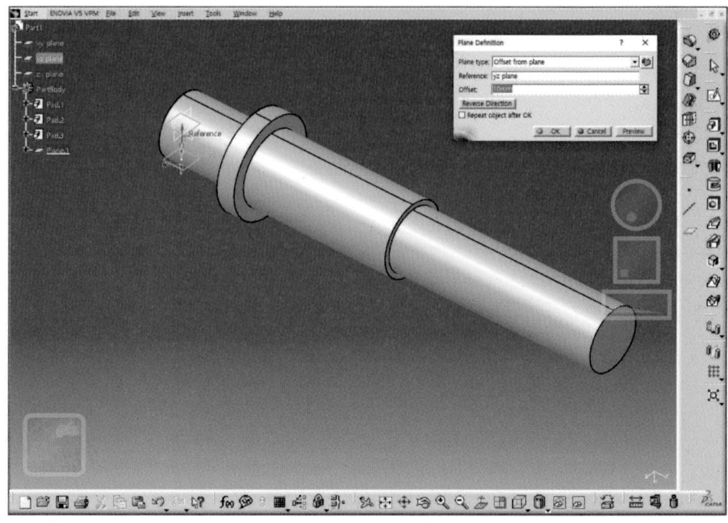

07 yz plane에서 10mm 오프셋된 새로운 plane을 생성한다.

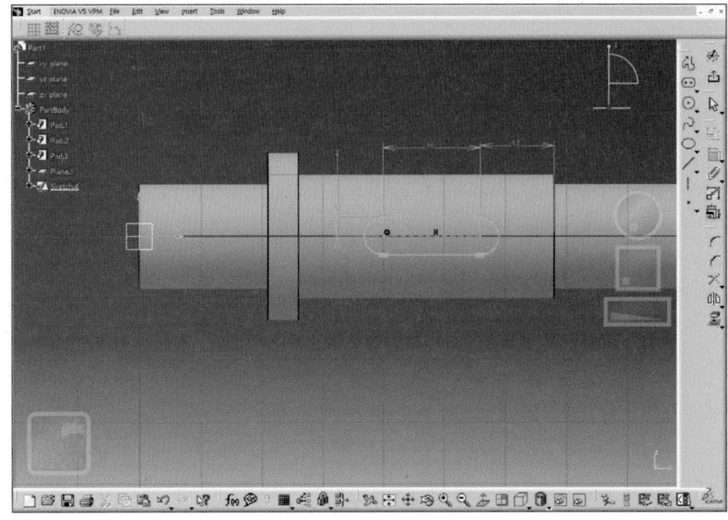

측정 치수 12mm,16m

규격 치수 $t_1 = 6$

08 Plane.1에 축지름을 기준으로 평행키 규격을 참조해 그림과 같이 스케치한다.

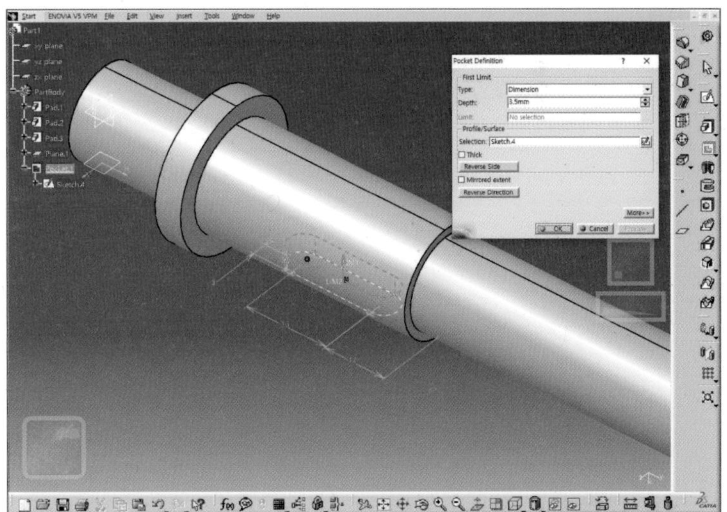

규격 치수 $b_1 = 3.5mm$

09 Pocket

3.5mm 돌출컷한다.

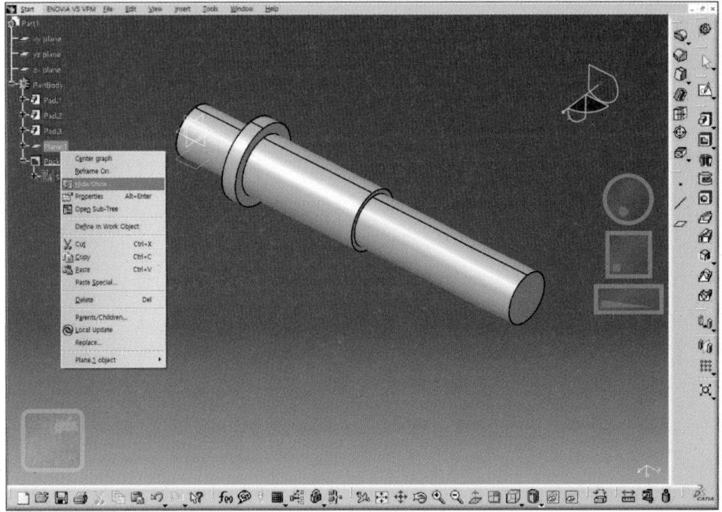

10 생성한 plane.1은 마우스 오른쪽 버튼을 눌러 Hide로 숨기기한다.

11 xy plane에서 8.5mm 떨어진 기준면을 생성한다.

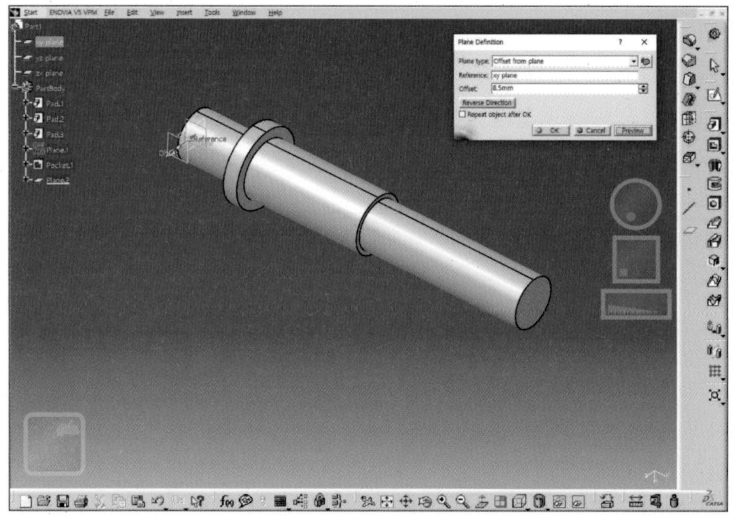

측정 치수 10.5mm,14m

규격 치수 $t_1 = 5$

12 생성된 plane.2에 축지름을 기준으로 평행키 규격을 참조해 그림과 같이 키홈을 스케치한다.

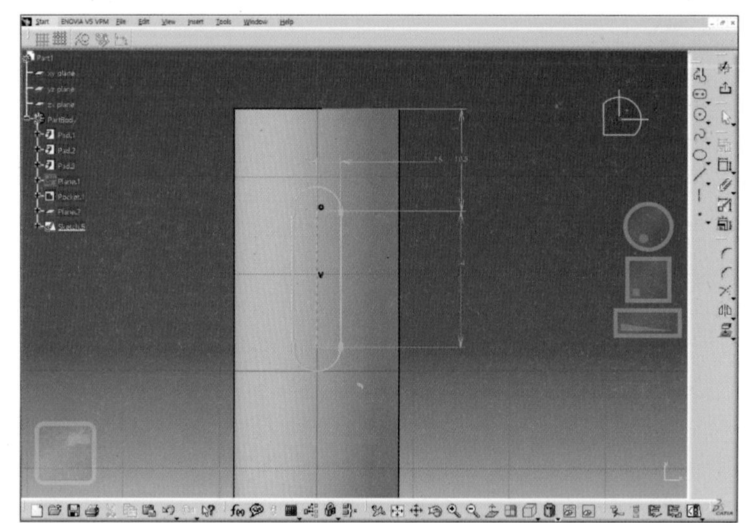

규격 치수 $b_1 = 3mm$

13 Pocket

3mm 돌출컷한다.

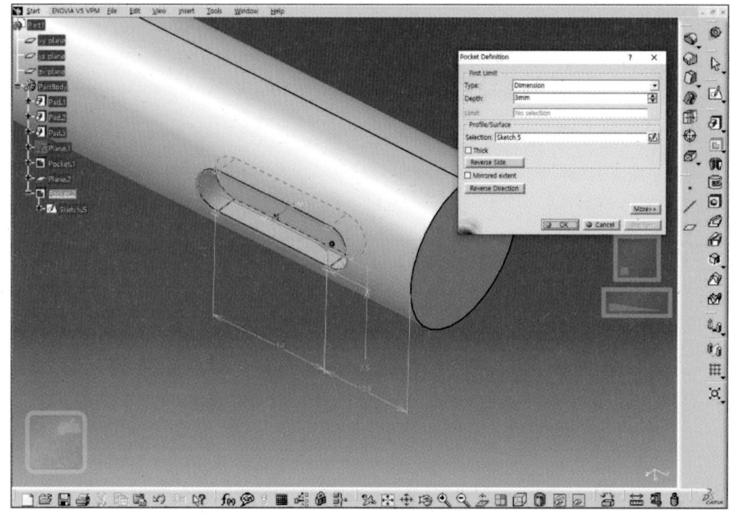

측정 치수 26mm, 2mm, 2mm

14 xy plane에 그림과 같이 삼각형과 축(Axis)을 스케치한다.

곡면을 project해 보조선으로 변환해 두면 치수 입력하기에 좋다.

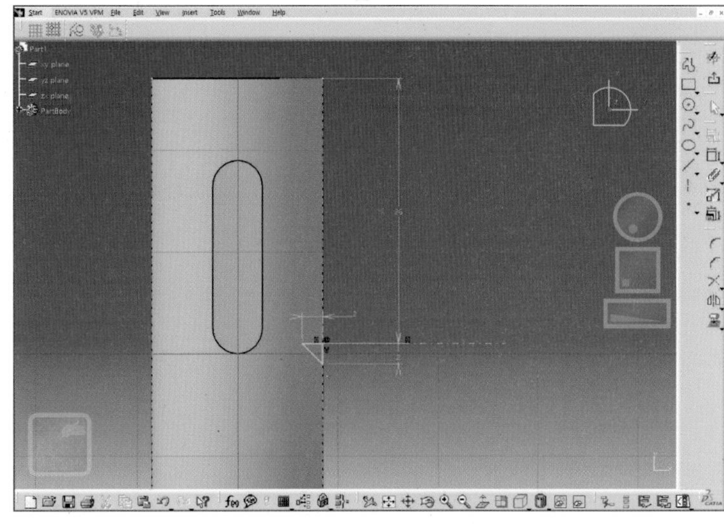

15 Groove

360° 회전컷한다.

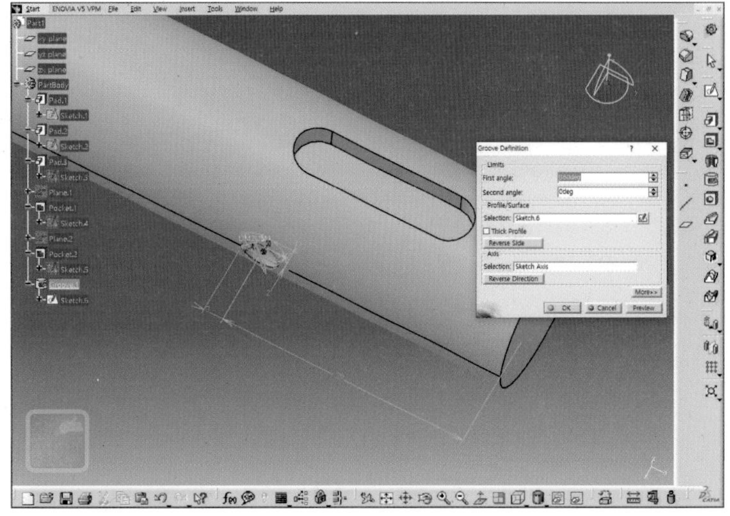

16 마무리 모따기 C1한다.

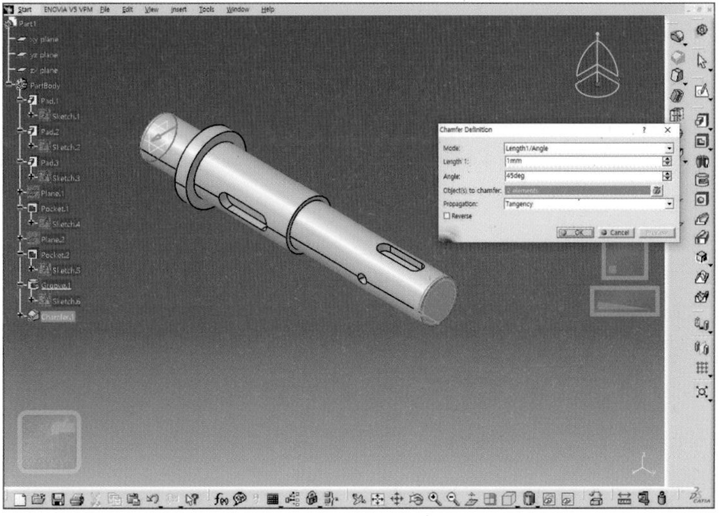

18 완성

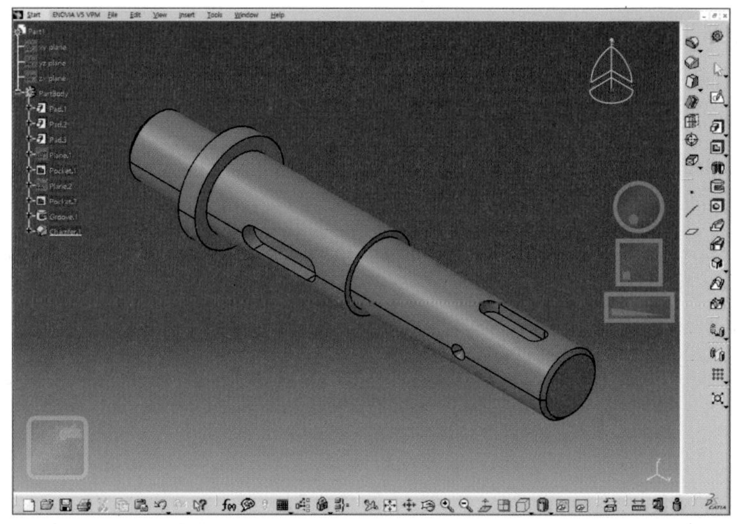

나사축 생성하기

■ 나사산 이용하기

01 zx plane에 Φ20mm의 원을 그리고 50mm Pad 해 나사산이 들어갈 축을 준비한다.

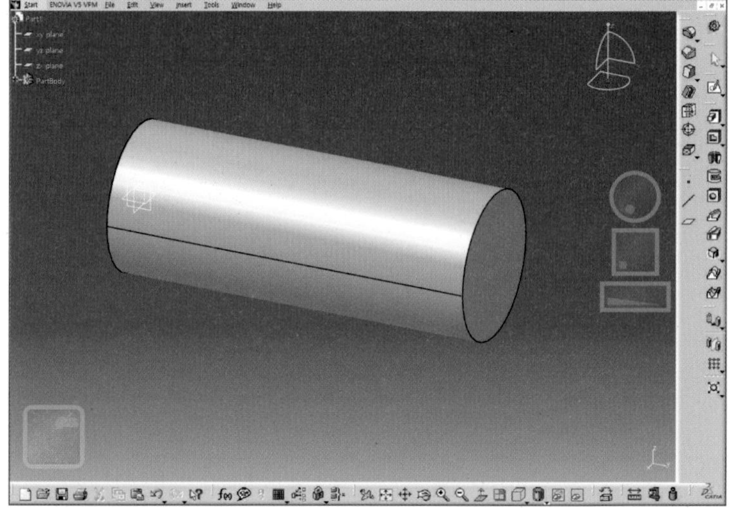

02 xy plane에 원점을 지나는 직선을 스케치한다.

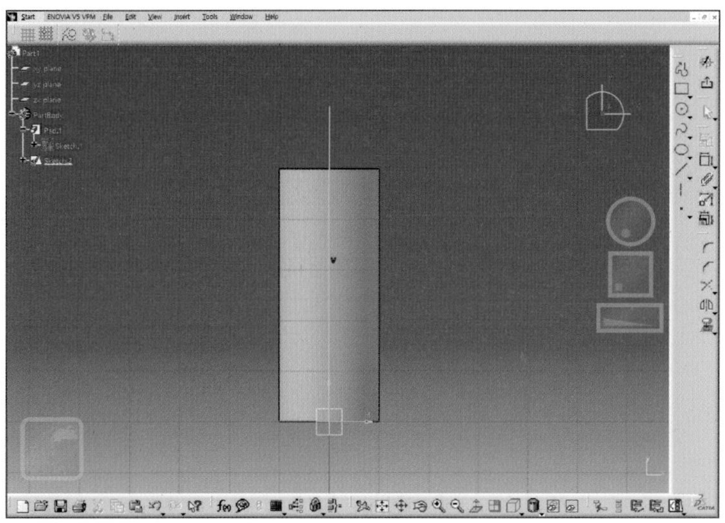

03 zx plane에 원점부터 10mm 거리에 점(point)을 스케치한다.

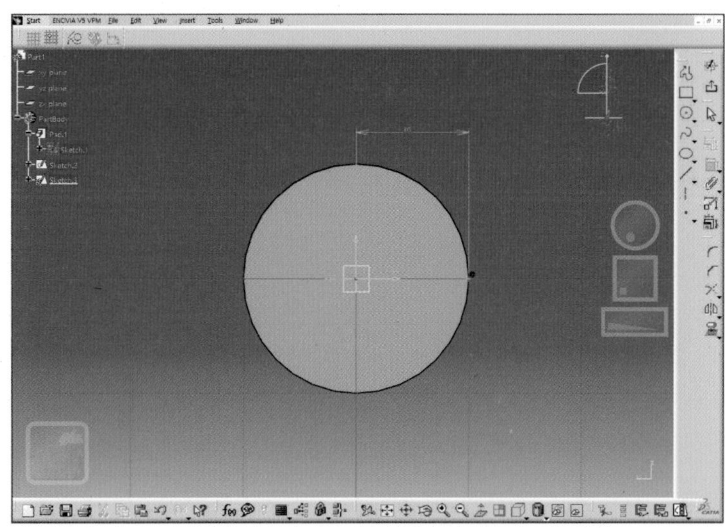

04 start 〉 Mechanical design 〉 Wire frame and surface design workbench로 이동한다.

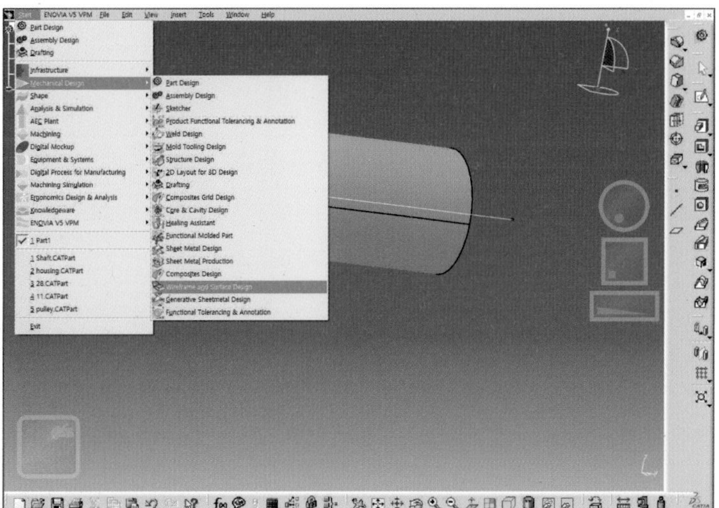

05 Tools 〉 customize

commands 탭에서 원하는 명령의 아이콘을 꺼내 사용할 수 있다.

Categories를 All commands로 하고, Commands에서 Helix를 찾아 클릭 〉 드래그해서 Tool bar에 끌어다 놓는다.

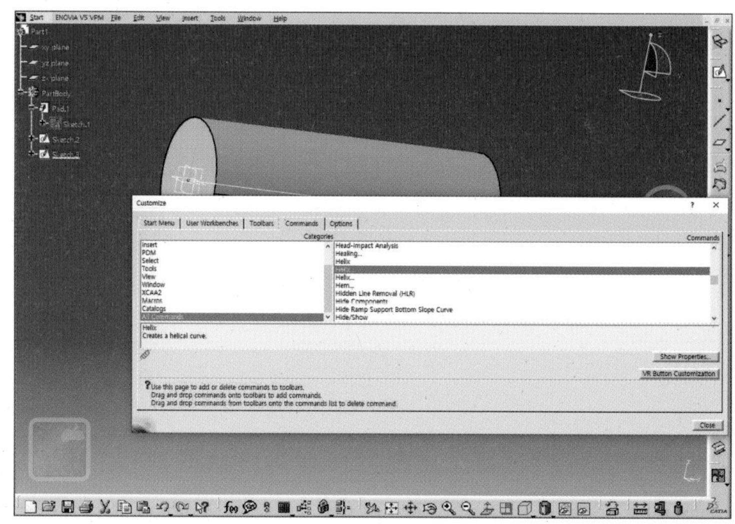

06 Helix

Stating point로 스케치3의 점을 선택하고 Axis로 스케치2의 선을 선택한다.

피치와 높이는 사용자가 지정하도록 한다.

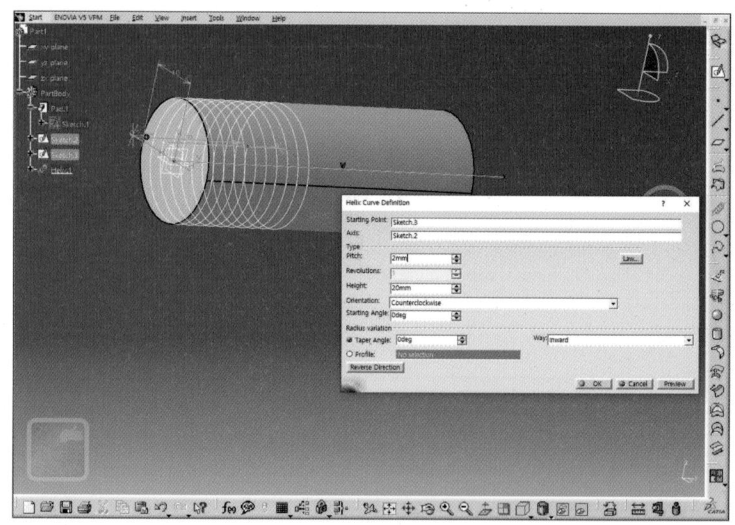

07 start 〉 Mechanical design 〉 Part design work bench로 이동한다.

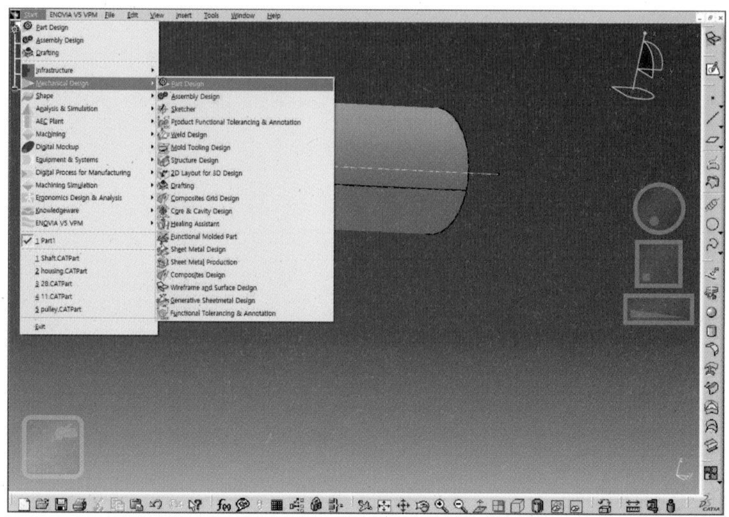

08 Helix와 점을 이용해 새평면을 생성한다.

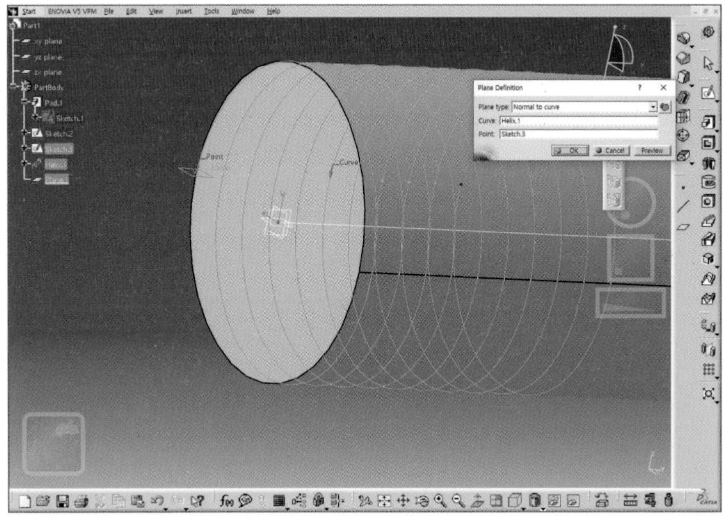

09 생성된 평면에 삼각나사 단면을 스케치한다. 이때 삼각형의 수직 중심이 시작점과 일치되도록 구속한다.

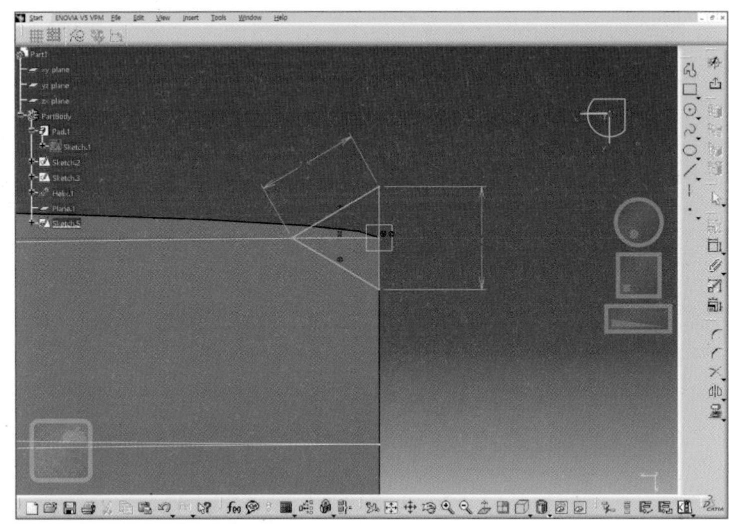

10 Slot

slot 기능을 클릭하고, Profile은 삼각단면, center curve는 Helix를 선택한다.

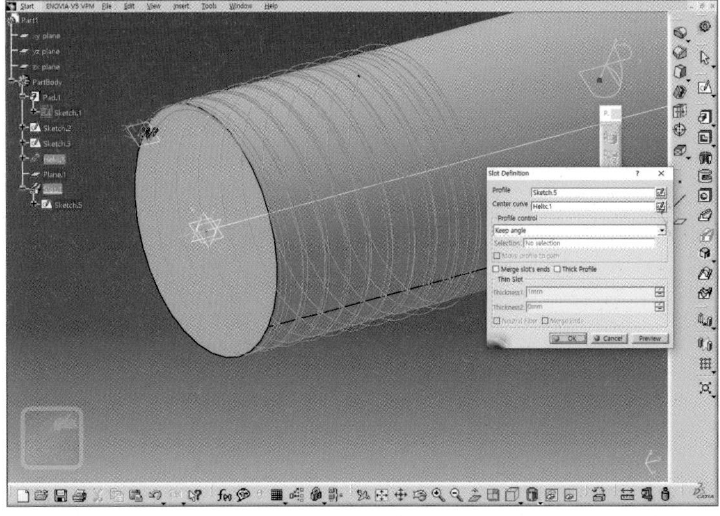

11 Pulling Direction을 선택하고 원통을 클릭해 축 방향을 지정한다.

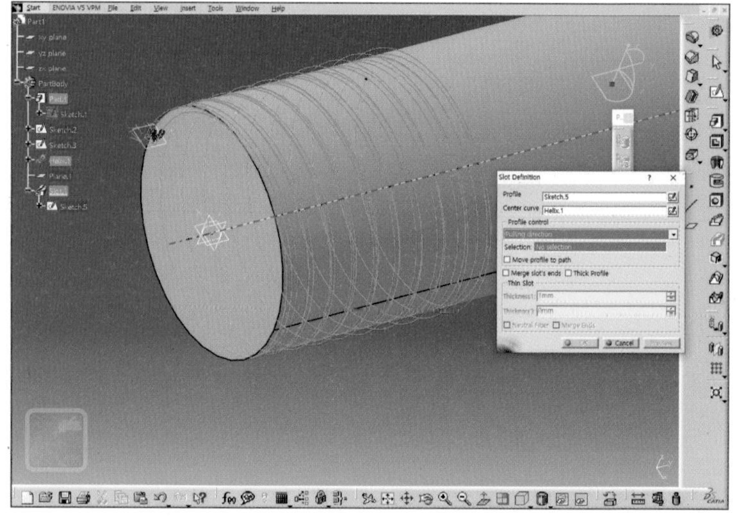

12 slot이 끝나는 지점을 스케치 면으로 선택한다.

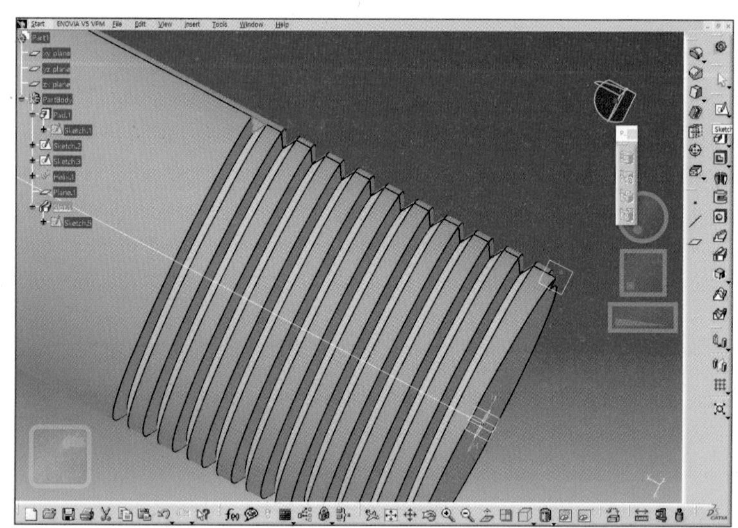

13 삼각형 단면을 Project 3D Elements 기능으로 스케치로 변환한다.

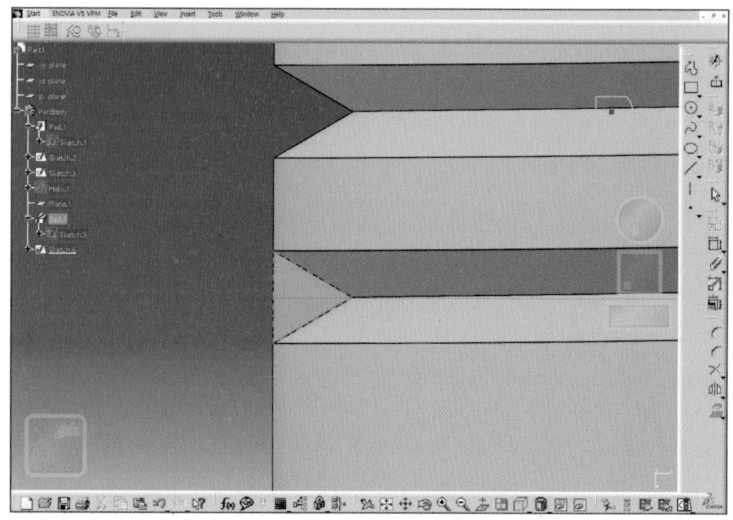

14 Pocket 〉 Up to Last

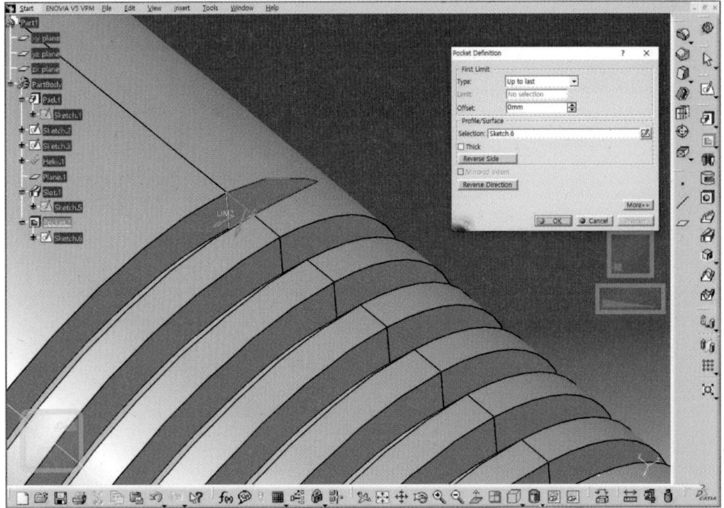

15 불필요한 요소들은 숨기고 마무리 모따기를 해 완성한다.

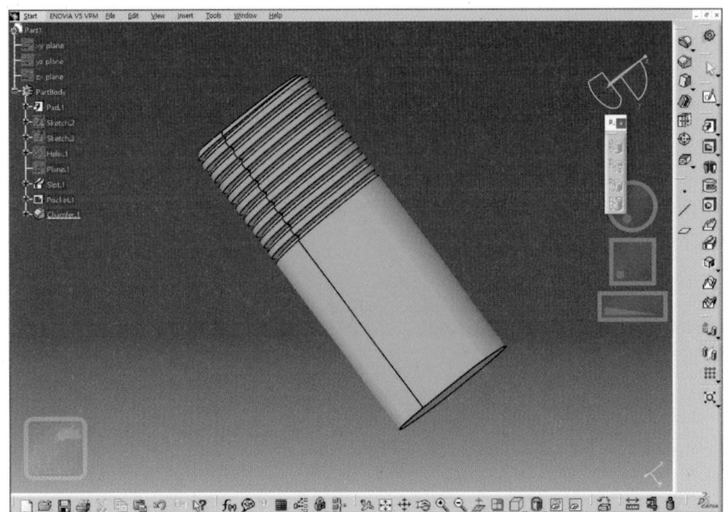

■ 패턴이용하기

01 zx plane에 Φ20mm의 원을 그리고 50mm Pad 해 나사산이 들어갈 축을 준비한다.

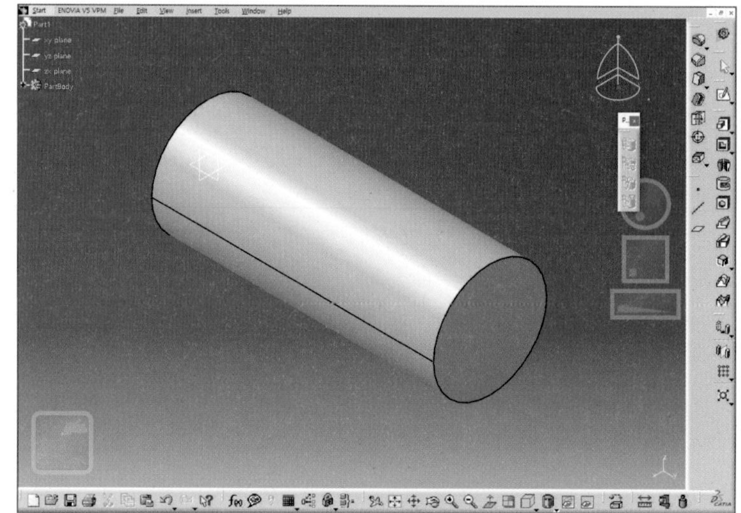

02 xy plane에 그림과 같이 삼각단면을 스케치 한다.

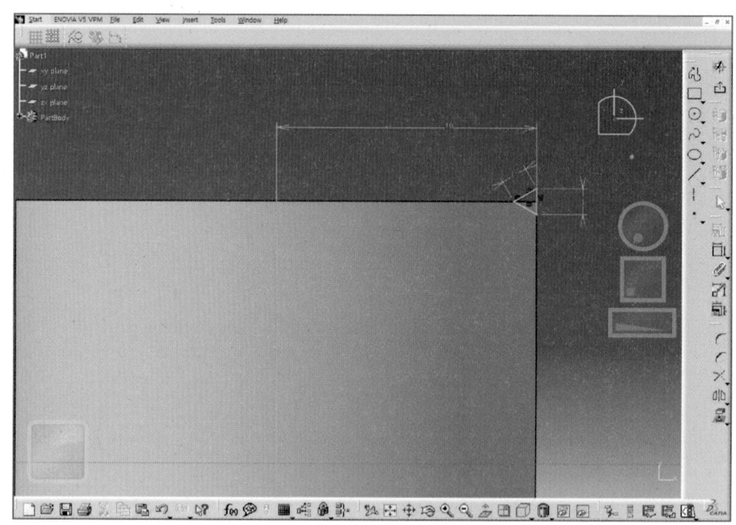

03 Groove

원기둥을 축으로 360° 회전컷한다.

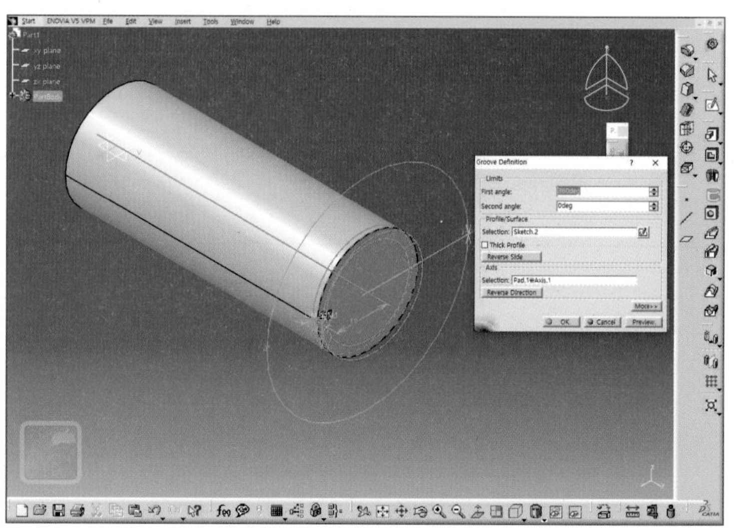

04 Rectangular Pattern

개수 10개, 간격 2mm, 기준방향은 축방향으로 패턴한다.

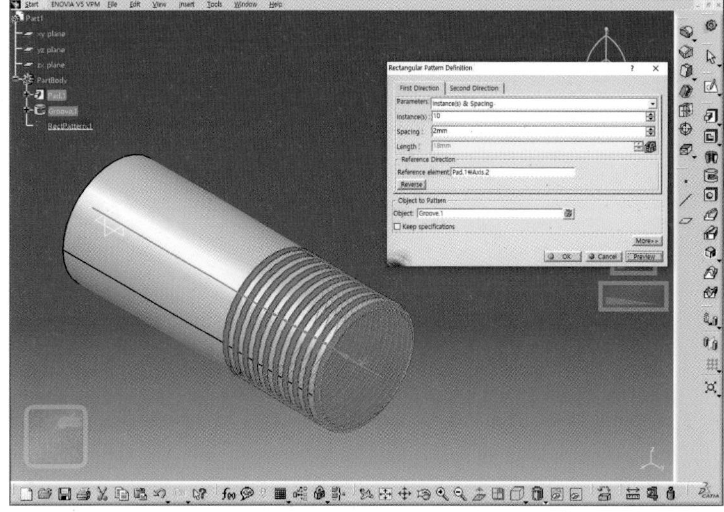

05 완성

TIP 자격시험에서는 나선모양만 표현하면 되므로 패턴방식을 사용해 시간을 절약할 수 있다.

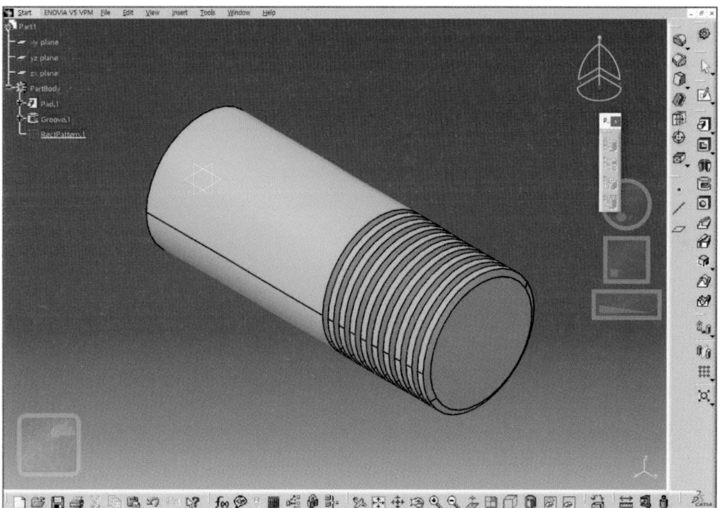

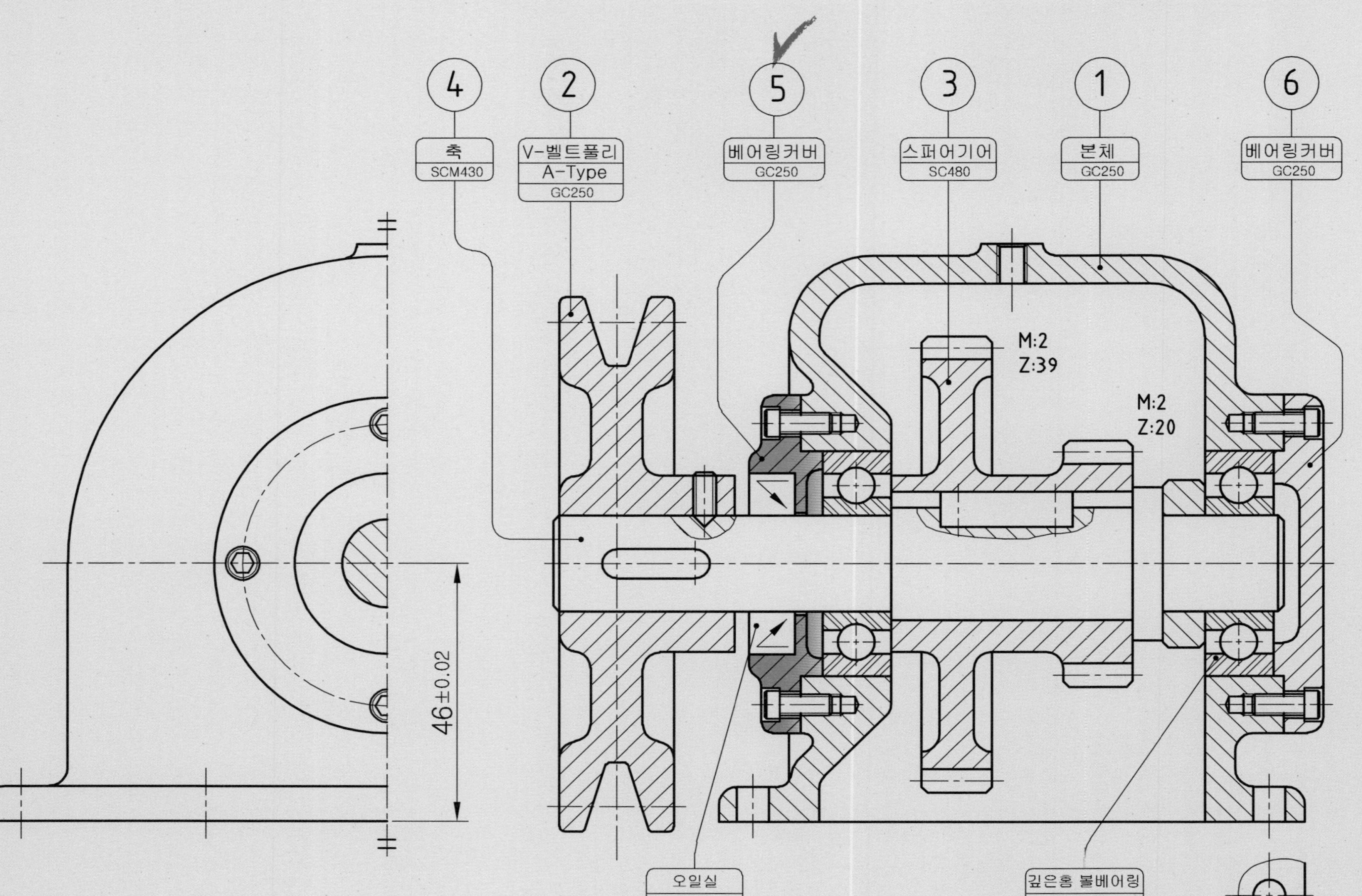
4
축
SCM430
2
V-벨트풀리
A-Type
GC250
5
베어링커버
GC250
3
스퍼어기어
SC480
1
본체
GC250
6
베어링커버
GC250
M:2
Z:39
M:2
Z:20
46±0.02
오일실
KS B 2804
깊은홈 볼베어링
2-6203

03 | 커버(Cover)

따 · 라 · 하 · 기

01 Part design Workbench를 실행한다.

02 파일명을 Cover로 저장한다.

03 zx plane을 선택하고, sketch 아이콘을 클릭하여 스케처로 들어간다.

측정 치수 Φ40mm, 길이 13mm

04 Pad

원점을 중심으로 Φ40mm의 원을 그리고 13mm 돌출한다.

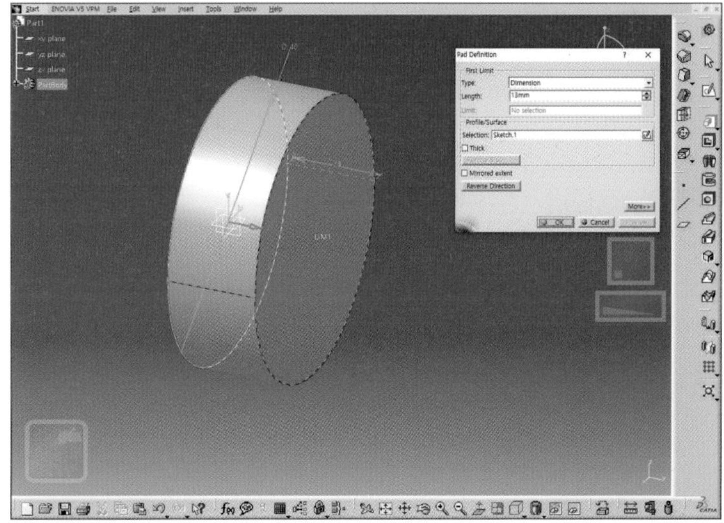

측정 치수 Φ61mm, 간격 2mm, 두께 7mm

05 zx plane에 원점을 중심으로 Φ61mm의 원을 그리고 Pad한다.

First limits 길이를 9mm로 입력한다.

Second limits로 −2mm를 입력하면 7mm만큼 돌출된 형상을 얻을 수 있다.

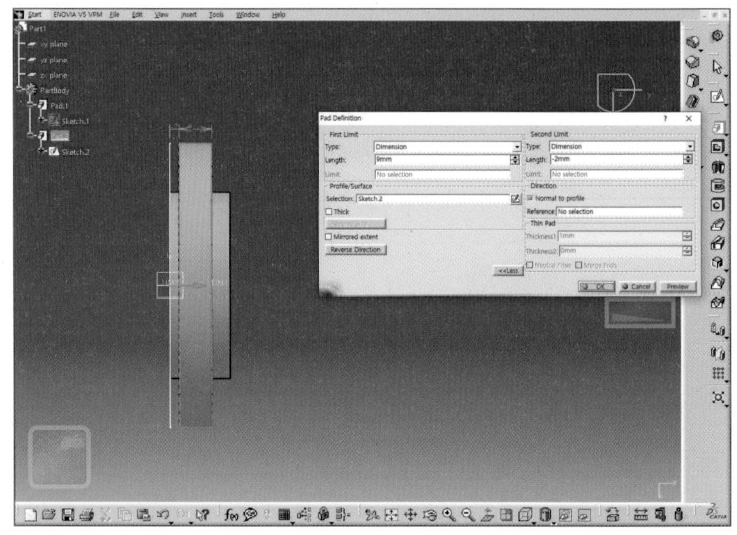

측정 치수 Φ19mm

06 옆면을 스케치 면으로 한 Φ19mm 원을 Pocket 〉Up to last 한다.

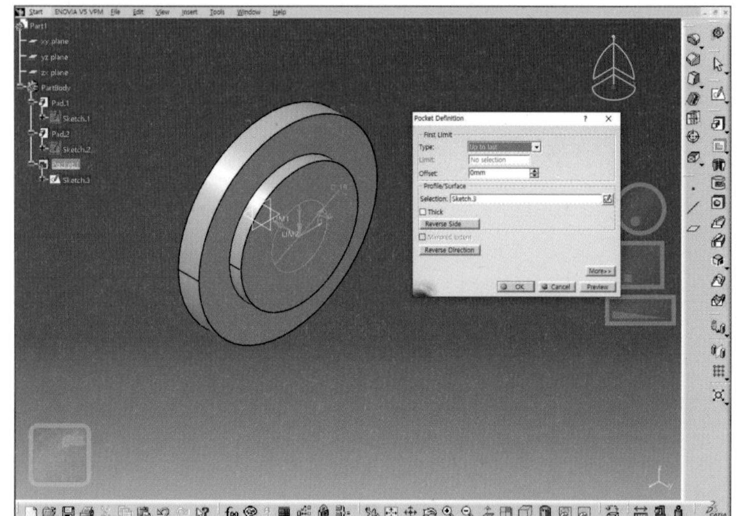

측정 치수 Φ34mm

07 옆면을 스케치 면으로 한 Φ34mm 원을 Pocket 3mm 돌출컷한다.

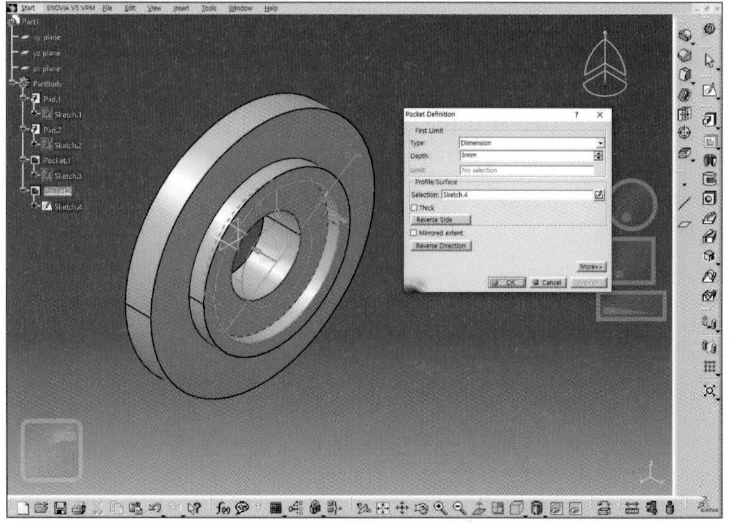

08 반대편에 동심으로 Φ32mm 원을 스케치하고 Pocket 8.3mm 돌출컷한다.

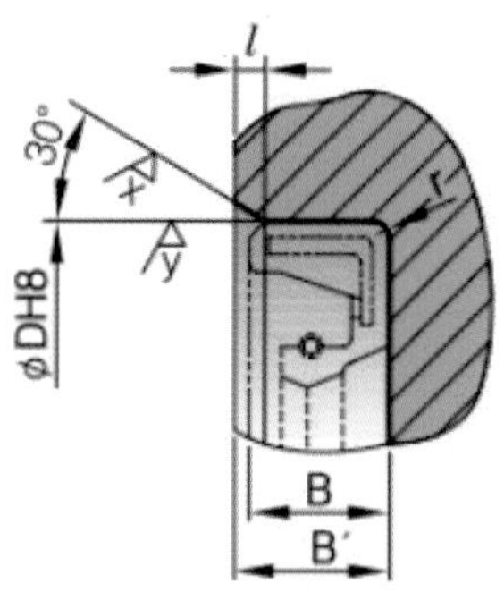

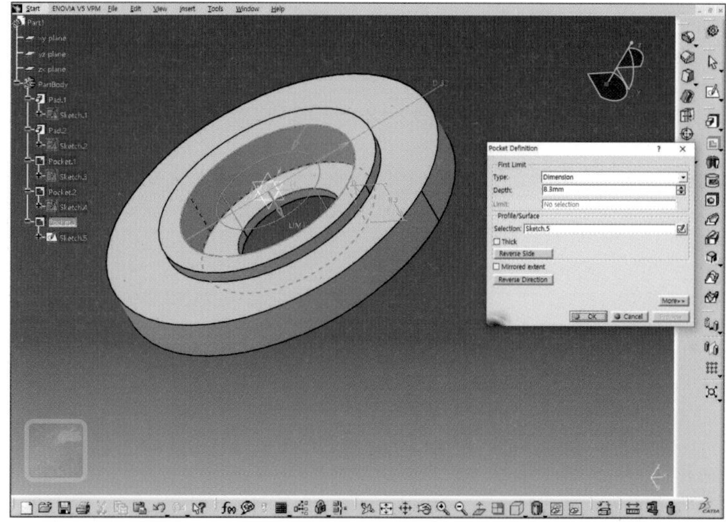

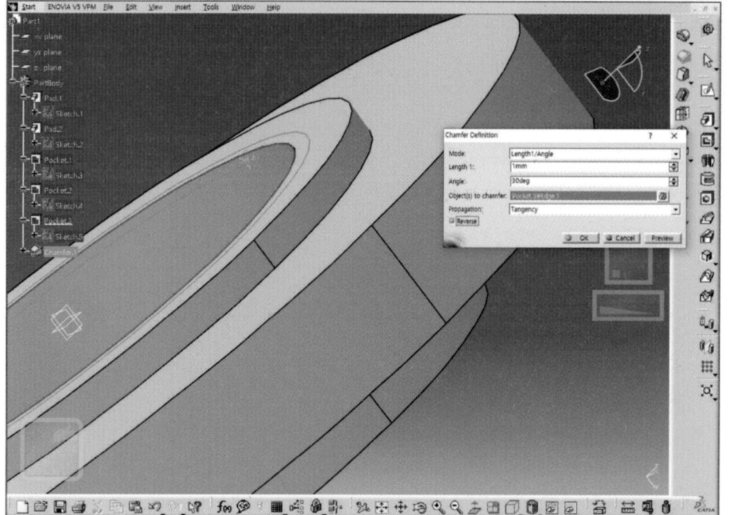

규격 치수

- ΦD = 32
- B' = 8.3
- r = 0.5
- l = 0.8~1.2

09 Chamfer

오일실이 조립될 구멍의 입구에 길이 1mm, 30°로 모따기한다.

10 Edge fillet

오일실이 조립될 구멍의 안쪽에 R0.5mm 필렛을 적용한다.

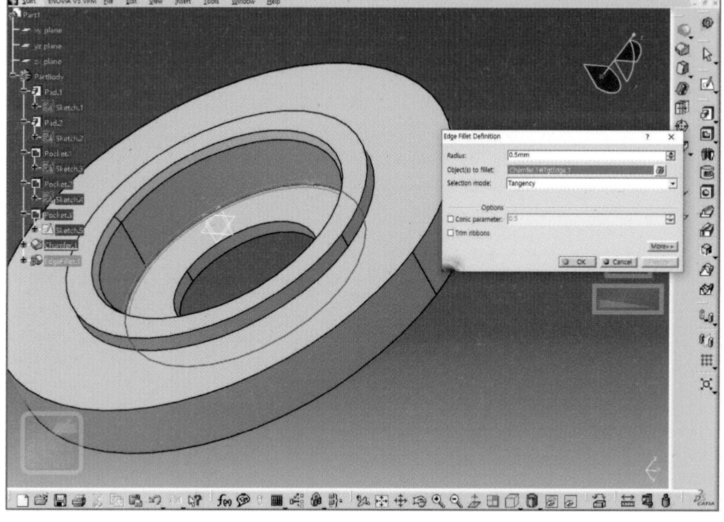

11 카운터보어를 위해 그림의 면을 선택하고 Hole 기능을 실행한다.

extension 탭에서 Up to last , Φ4.4mm로 설정한다.(M4용 카운터보어 규격 참조)

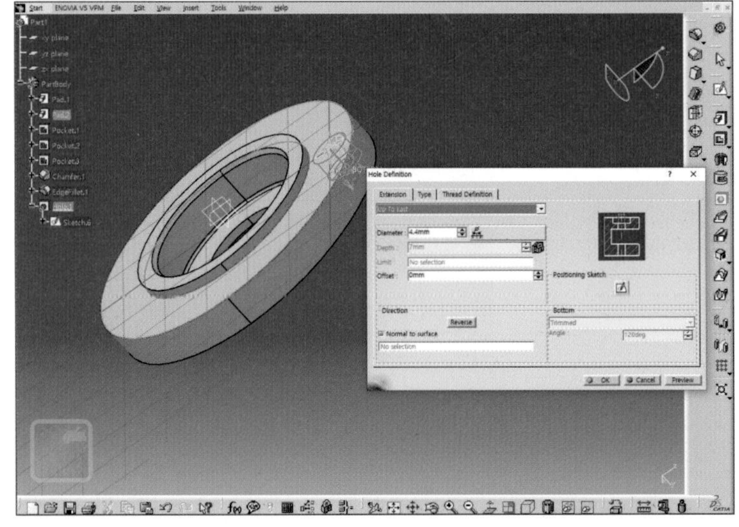

12 Type 탭에서 Counterbored를 선택하고 지름과 깊이를 Φ8mm, 4.5mm로 설정한다.(M4용 카운터보어 규격 참조)

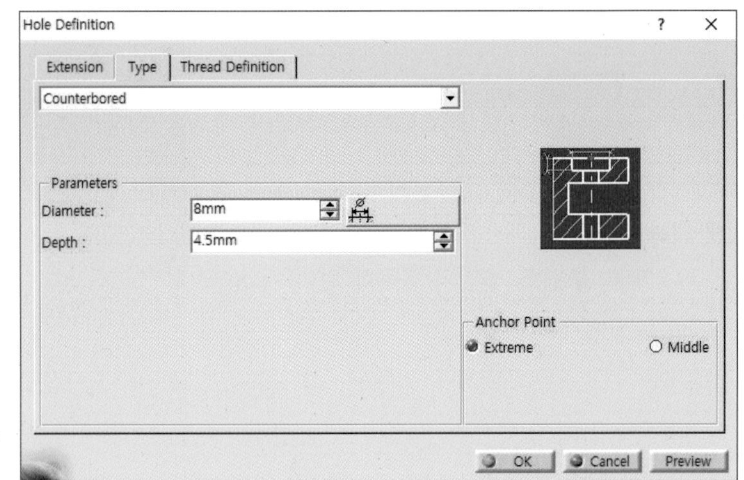

측정 치수 Φ25mm

13 extension 탭에서 Positioning sketch 중심으로부터 25mm 거리에 홀을 적용한다.

TIP 홀작업 시에는 조립되는 부품과의 치수가 맞는지 확인한다. 여기서는 커버와 본체의 구멍치수가 맞아야 한다.

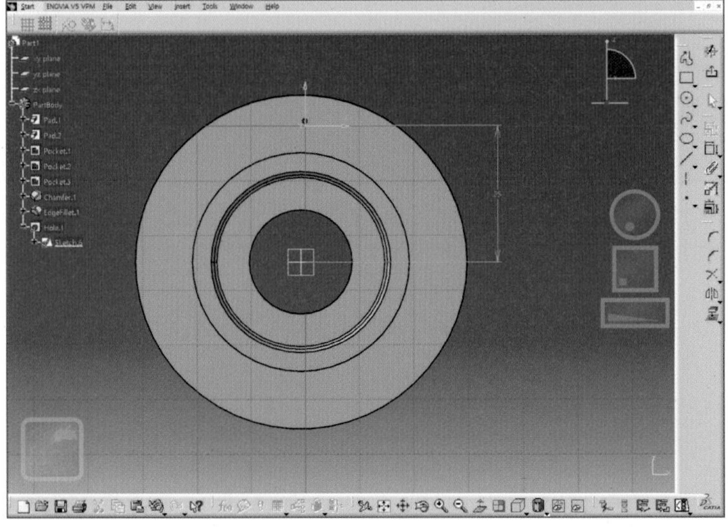

14 Circular pattern

패턴 기준축으로 원통면을 선택하고 360° 안에서 4개 동등 간격으로 배치한다.

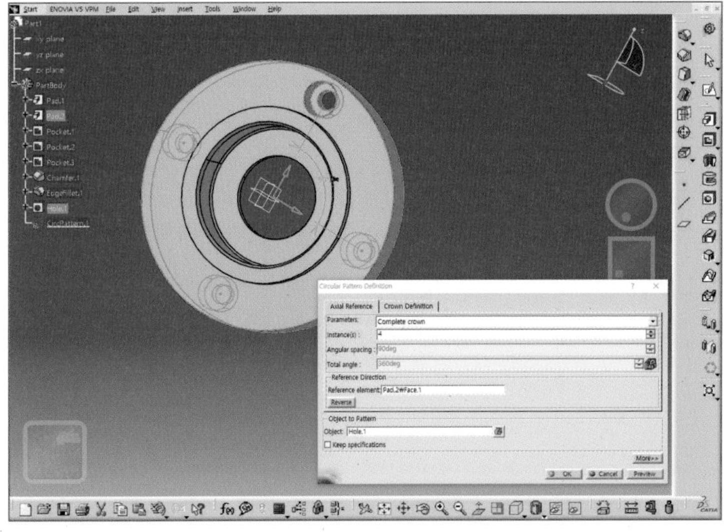

15 Edge fillet

과제도면을 참조하여 마무리 필렛을 적용한다.

TIP 필렛끼리 겹칠 경우 그림과 같이 두 번에 걸쳐 나눠 작업한다.

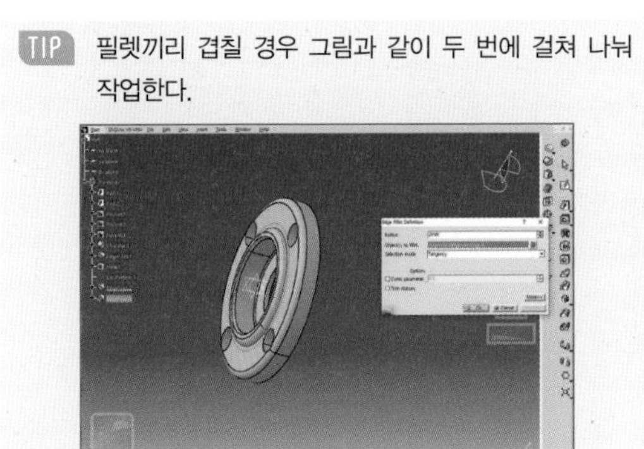

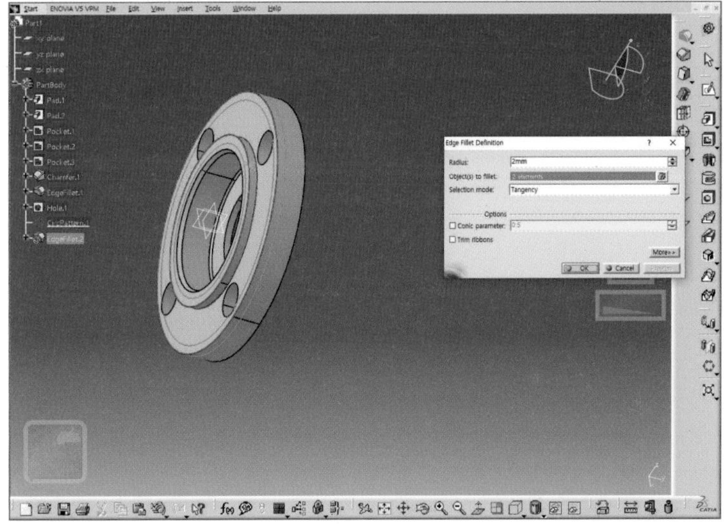

16 완성

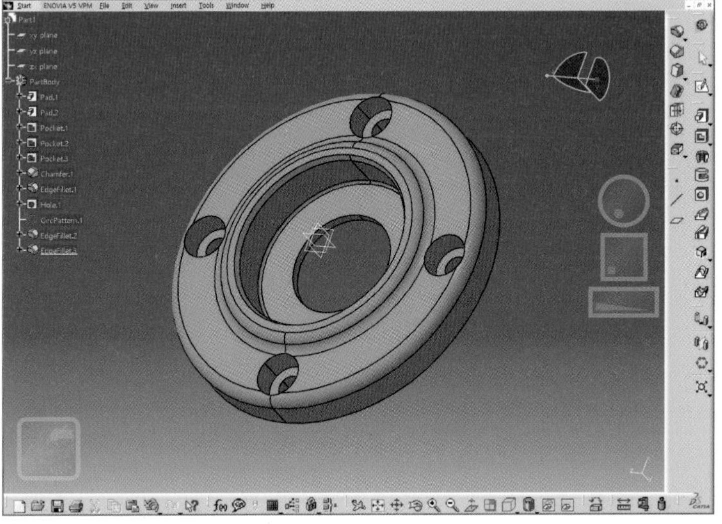

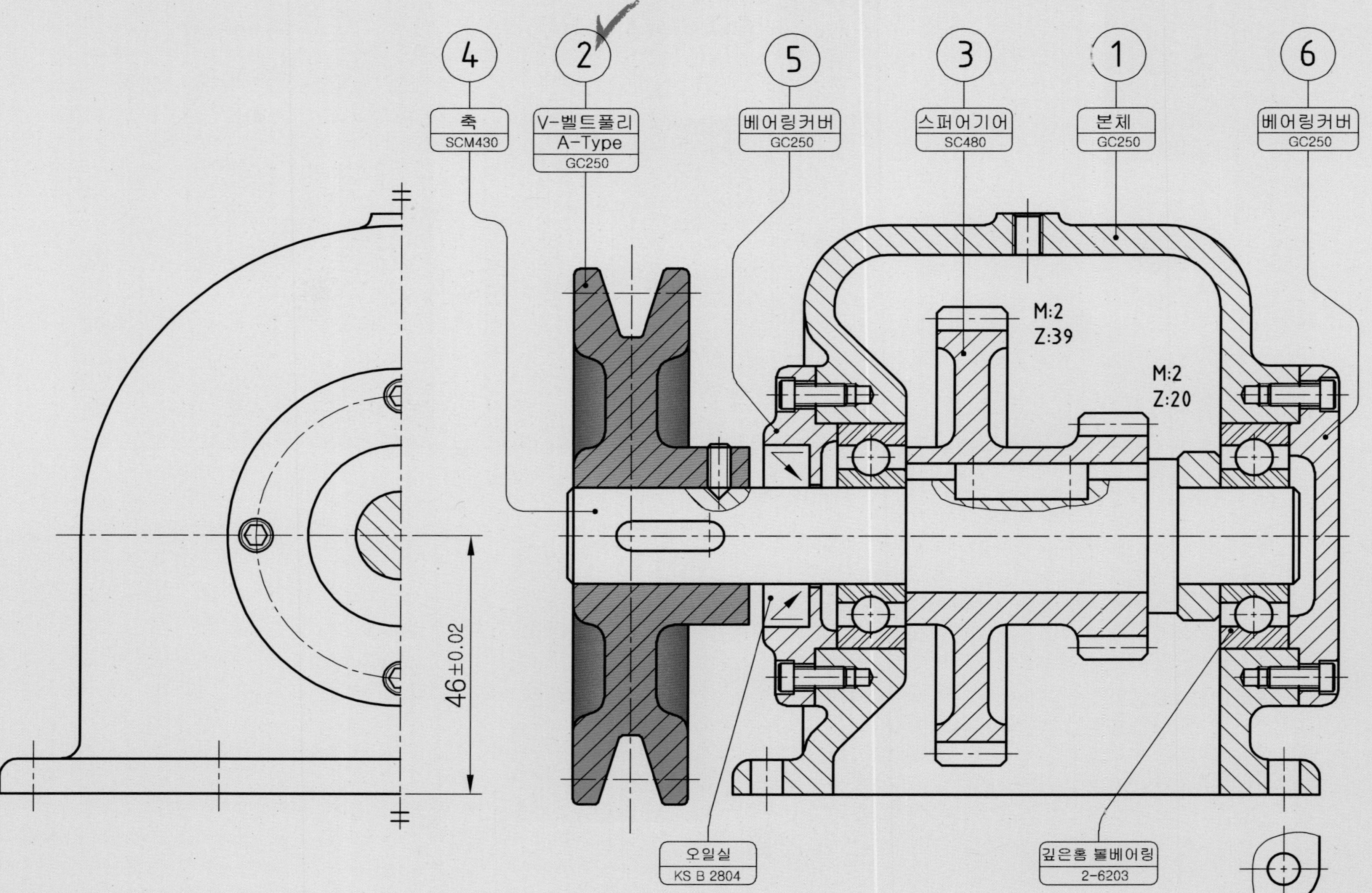
4
축
SCM430
2
V-벨트풀리
A-Type
GC250
5
베어링커버
GC250
3
스퍼어기어
SC480
1
본체
GC250
6
베어링커버
GC250
M:2
Z:39
M:2
Z:20
46±0.02
오일실
KS B 2804
깊은홈 볼베어링
2-6203

04 | V-벨트풀리(V-Belt Pulley)

따 · 라 · 하 · 기

01 Part design Workbench를 실행한다.

02 파일명을 Pulley로 저장한다.

03 zx plane을 선택하고, sketch 아이콘을 클릭하여 스케처로 들어간다.

측정 치수 Φ96mm

04 원점을 중심으로 Φ96mm의 원을 그린다.

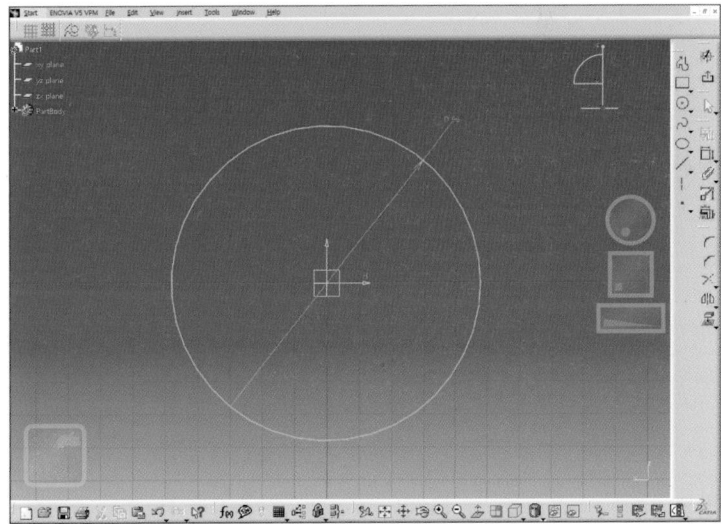

측정 치수 두께 20mm

05 Pad

Mirror Extent를 체크해 양쪽으로 10mm씩 돌출한다.

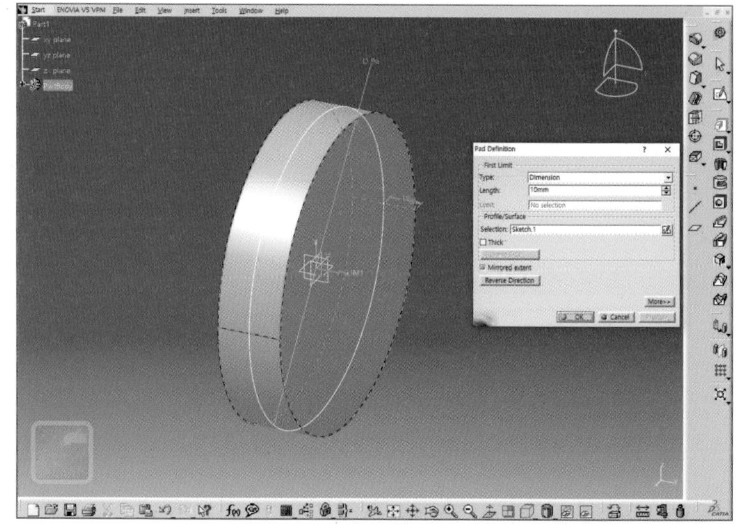

측정 치수 Φ31mm, 두께 10mm

06 Pad

옆면에 동심으로 Φ31mm 원을 스케치한다. 10mm만큼 돌출한다.

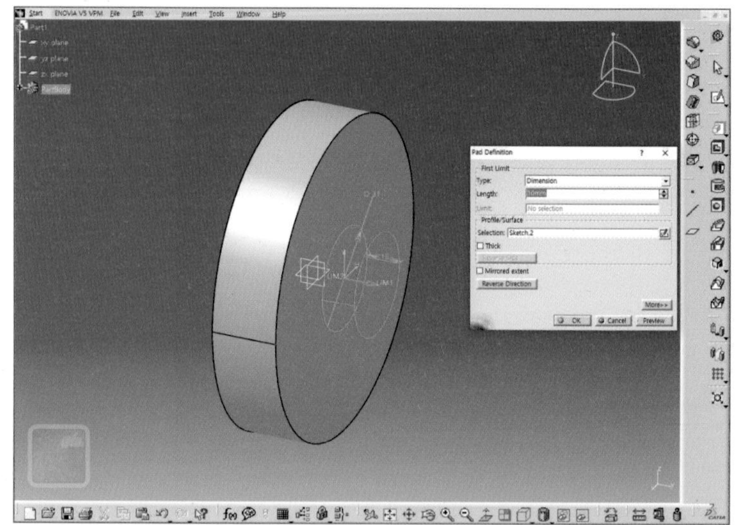

측정 치수 Φ31mm, 두께 10mm

07 yz plane을 스케치 면으로 그림과 같이 V벨트 풀리의 홈을 대략 스케치한다.

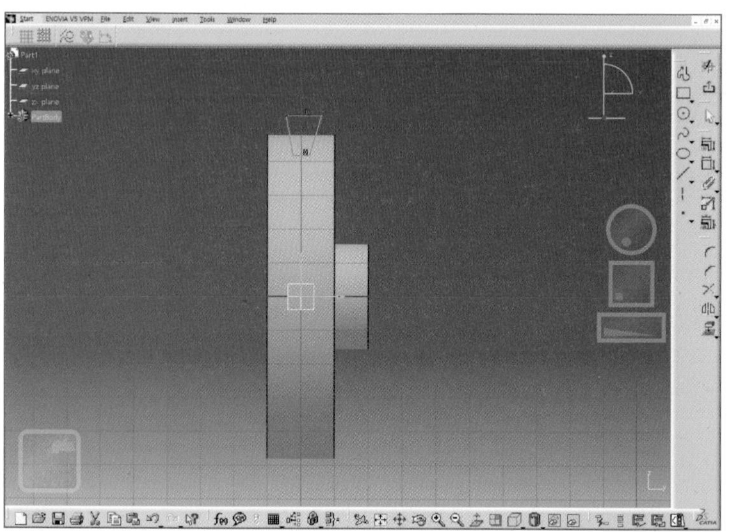

08 v축에 수직인 축(axis)을 그려준다.

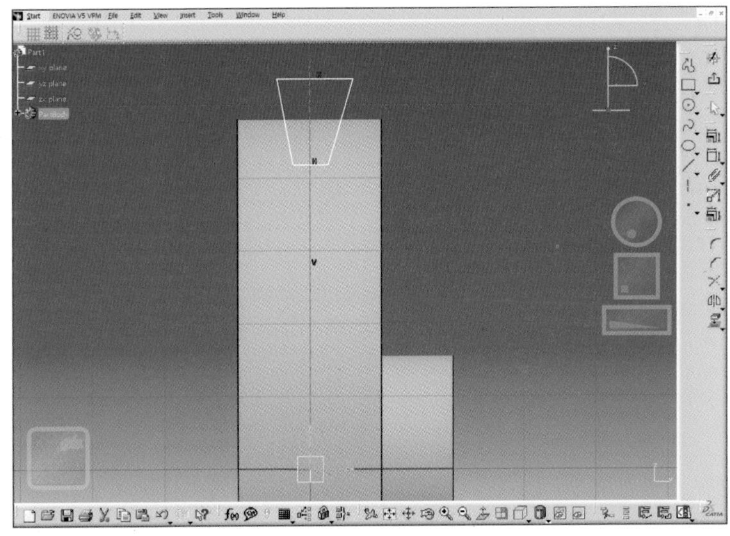

09 중심선을 기준으로 양쪽 각도선을 대칭구속 한다.

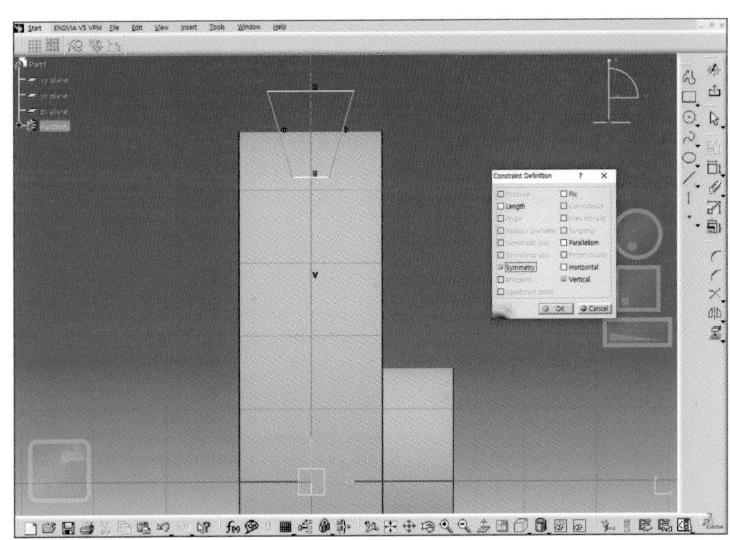

10 Axis, Project 3D silhouette edge
각도선을 지나는 수평선과 원통을 스케치한다.

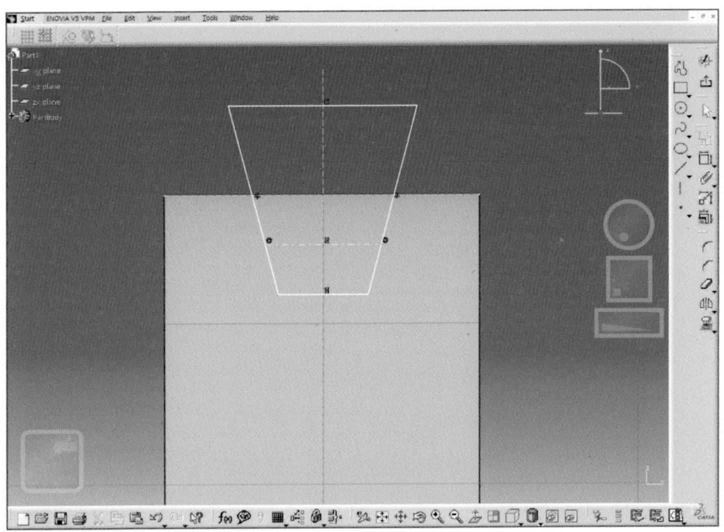

11 KS 규격집을 참고하여 세부치수를 적용한다.

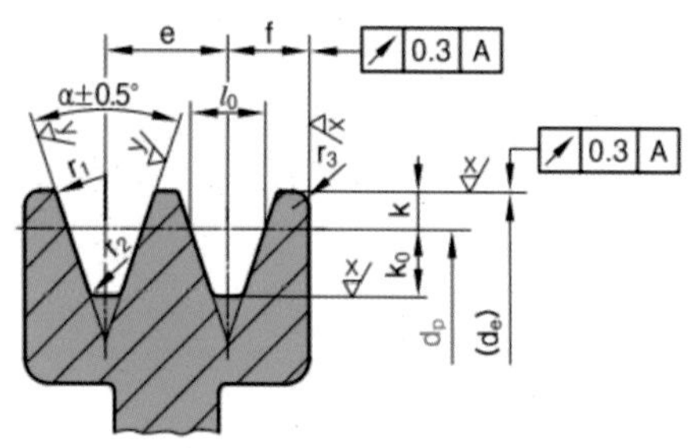

f = 10, l0 = 9.2, k = 4.5, k0 = 8, a = 34 °

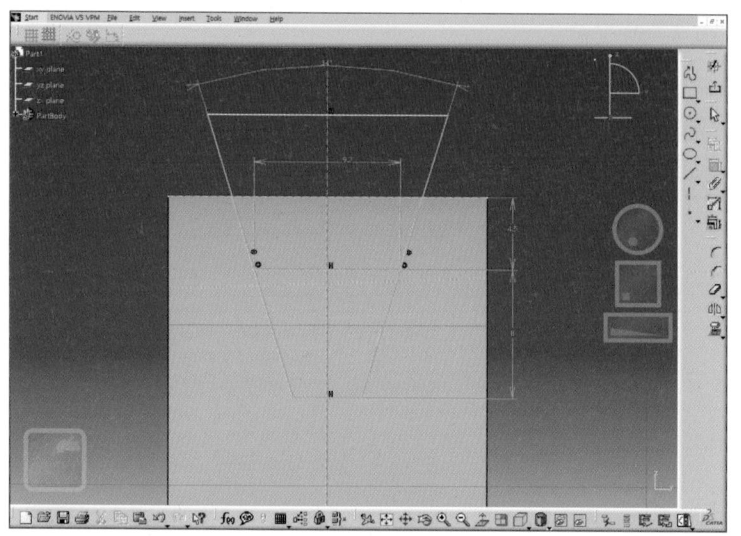

12 Groove

Axis를 원기둥의 곡면을 선택하고 360° 회전 컷한다.

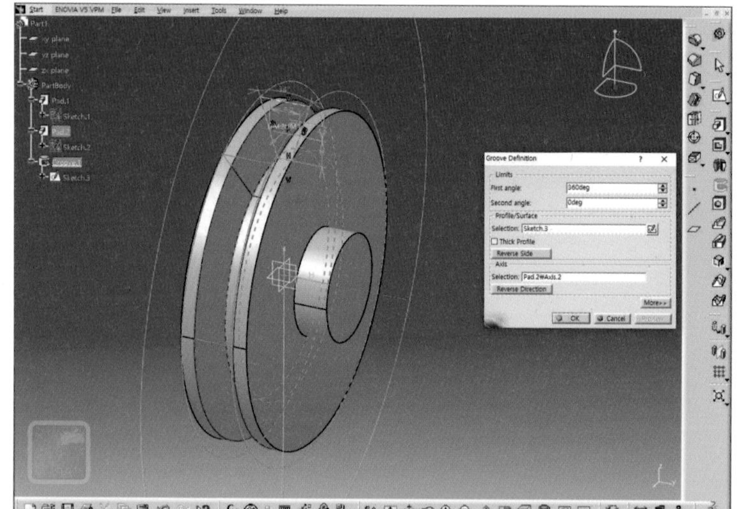

13 Edge fillet

규격집을 참조해 모서리를 라운딩한다.

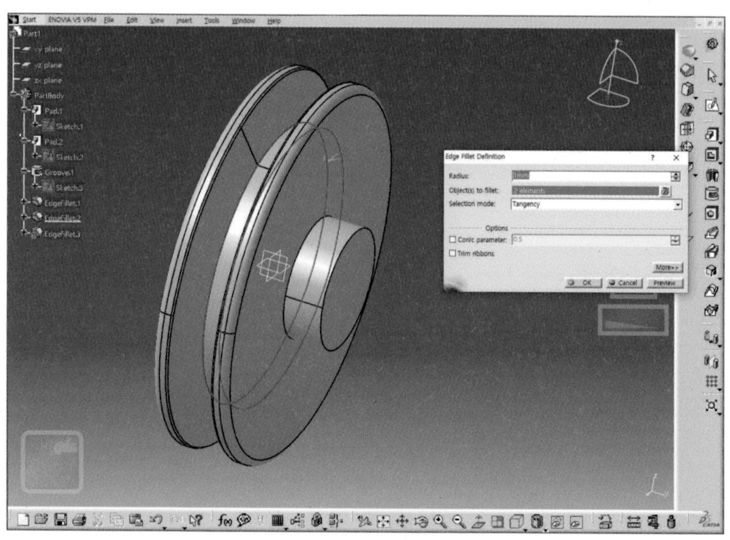

측정 치수 Φ17mm

14 옆면을 스케치 면으로 한 Φ17mm 원을 Pocket 〉 Up to last한다.

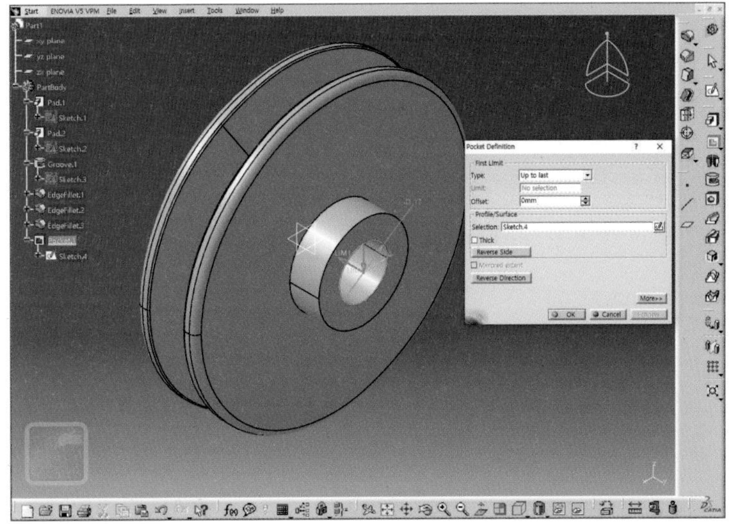

15 Pocket 〉 Up to last

Φ17mm를 기준치수로 평행키 규격을 적용해 키홈을 돌출컷한다.

TIP centered rectangle로 중심이 v축에 일치하도록 스케치하면 편리하다.

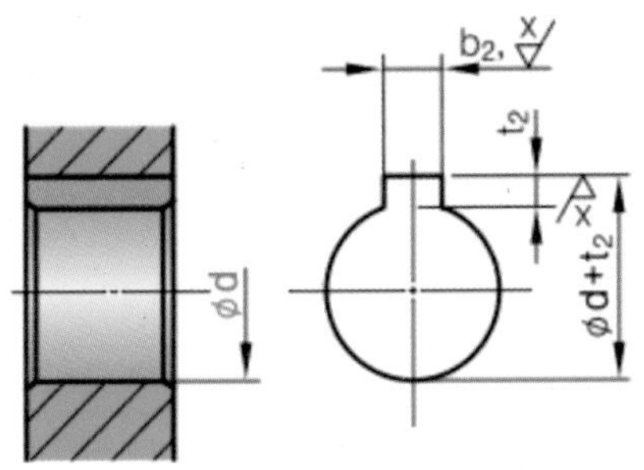

$b_2 = 5$, $t_2 = 2.3$

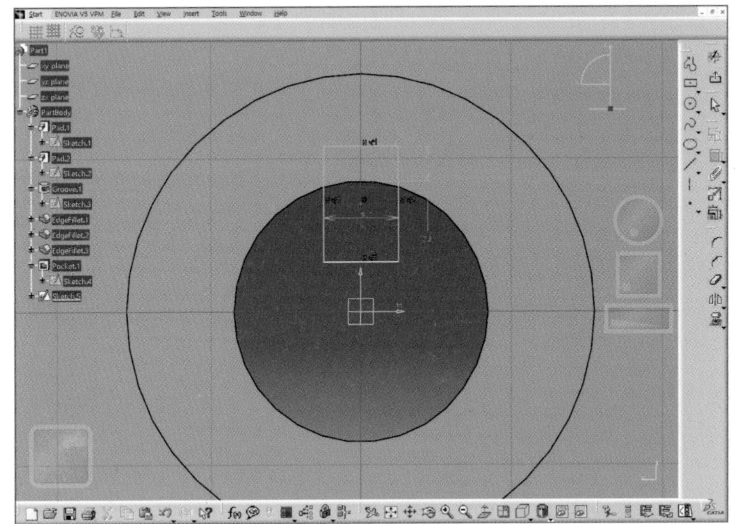

16 스케치 면을 선택한다.

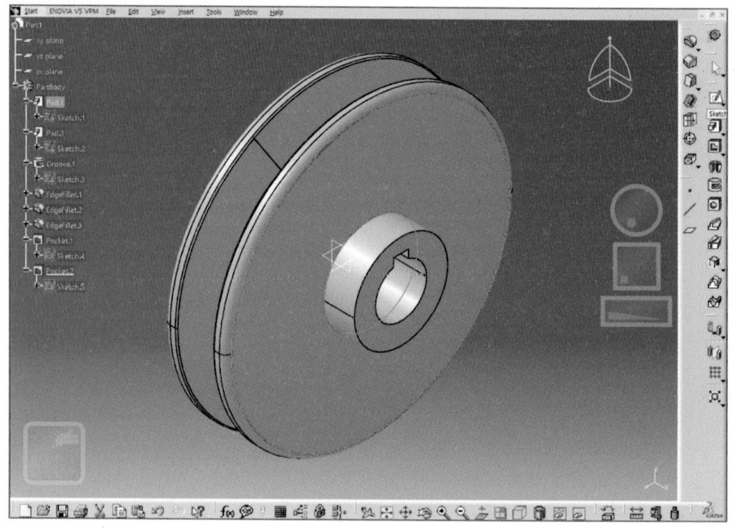

17 모서리선을 요소변환 기능으로 스케치 선으로 가져온다.

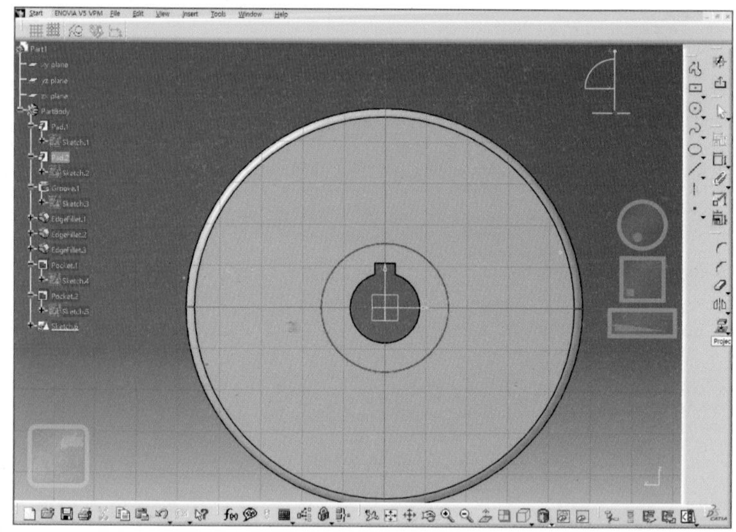

측정 치수 Φ63mm, 깊이 5.5mm

18 Pocket

Φ63mm의 원을 스케치하고 5.5mm 깊이로 돌출컷한다.

TIP Φ63mm, 5.5mm와 같은 치수는 1~2mm의 오차가 있다고 해서 기능상/구조상 문제가 될 것이 없으므로, 측정에 시간을 낭비하지 않도록 한다.

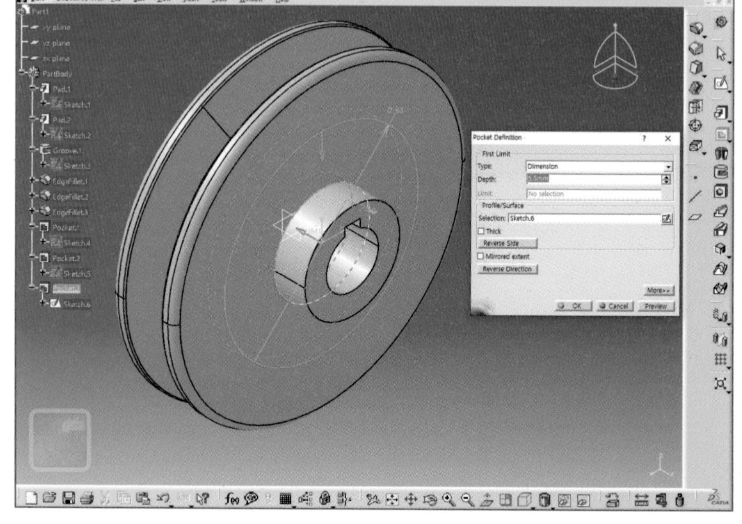

19 Mirror

18번의 돌출컷한 피처를 zx plane을 기준으로 대칭복사한다.

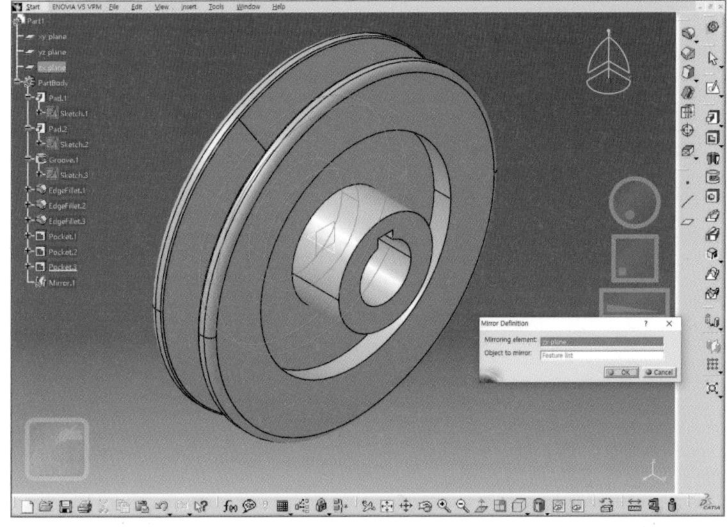

20 Hole

yz plane을 선택하고 hole 기능을 실행한다.

· 구멍유형 : 직선탭

· 표준규격 : ISO

· 유형 : 탭구멍

· 구멍스팩 : M4

· 마침조건 : 관통

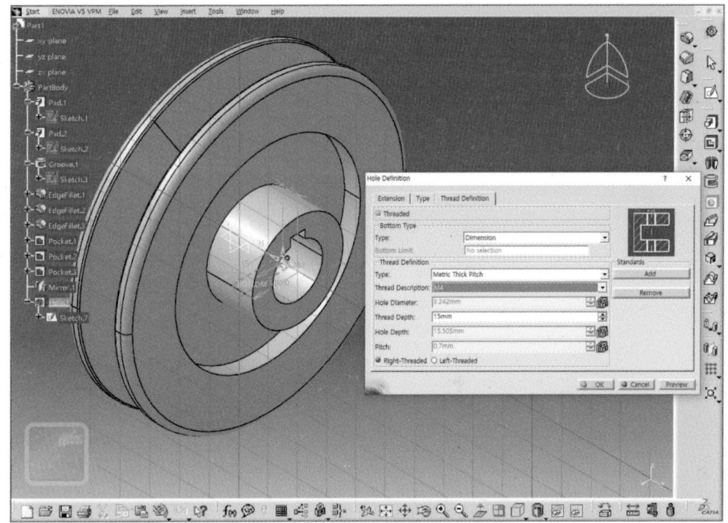

측정 치수 5mm

21 extension 탭에서 Positioning sketch 중심으로부터 5mm 거리에 홀을 적용한다.

22 Edge fillet

과제도면을 보고 마무리 필렛을 적용한다.

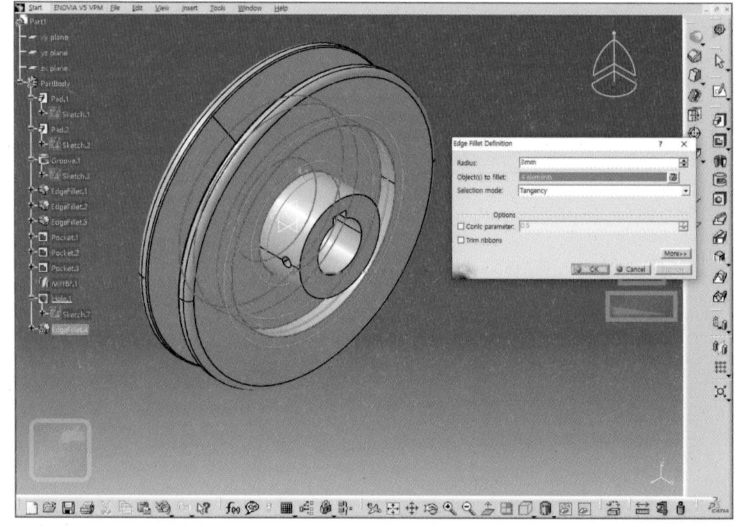

23 Chamfer

조립모따기 C1을 축이 조립되는 양쪽 모서리에 적용한다.

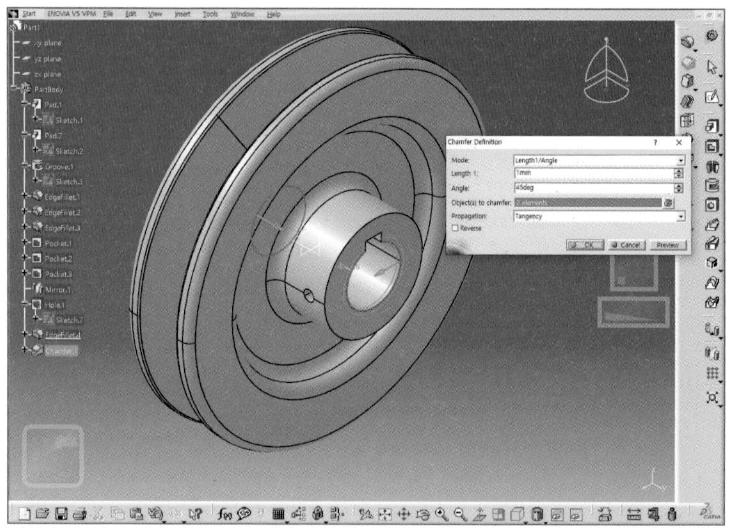

24 완성

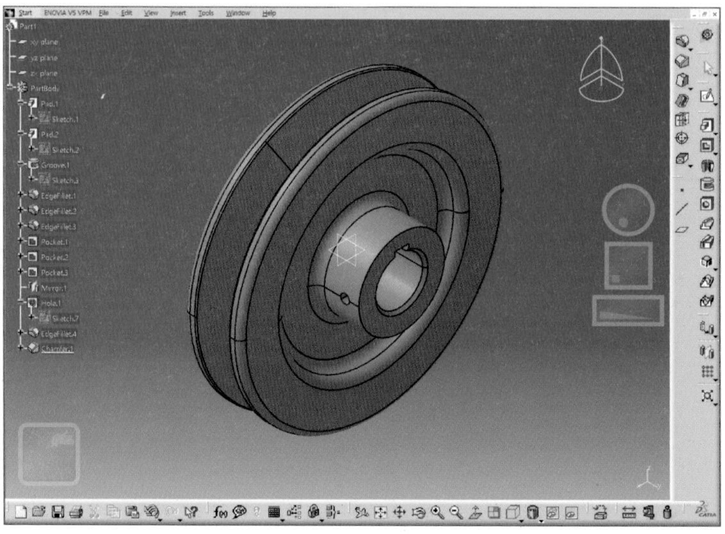

MEMO

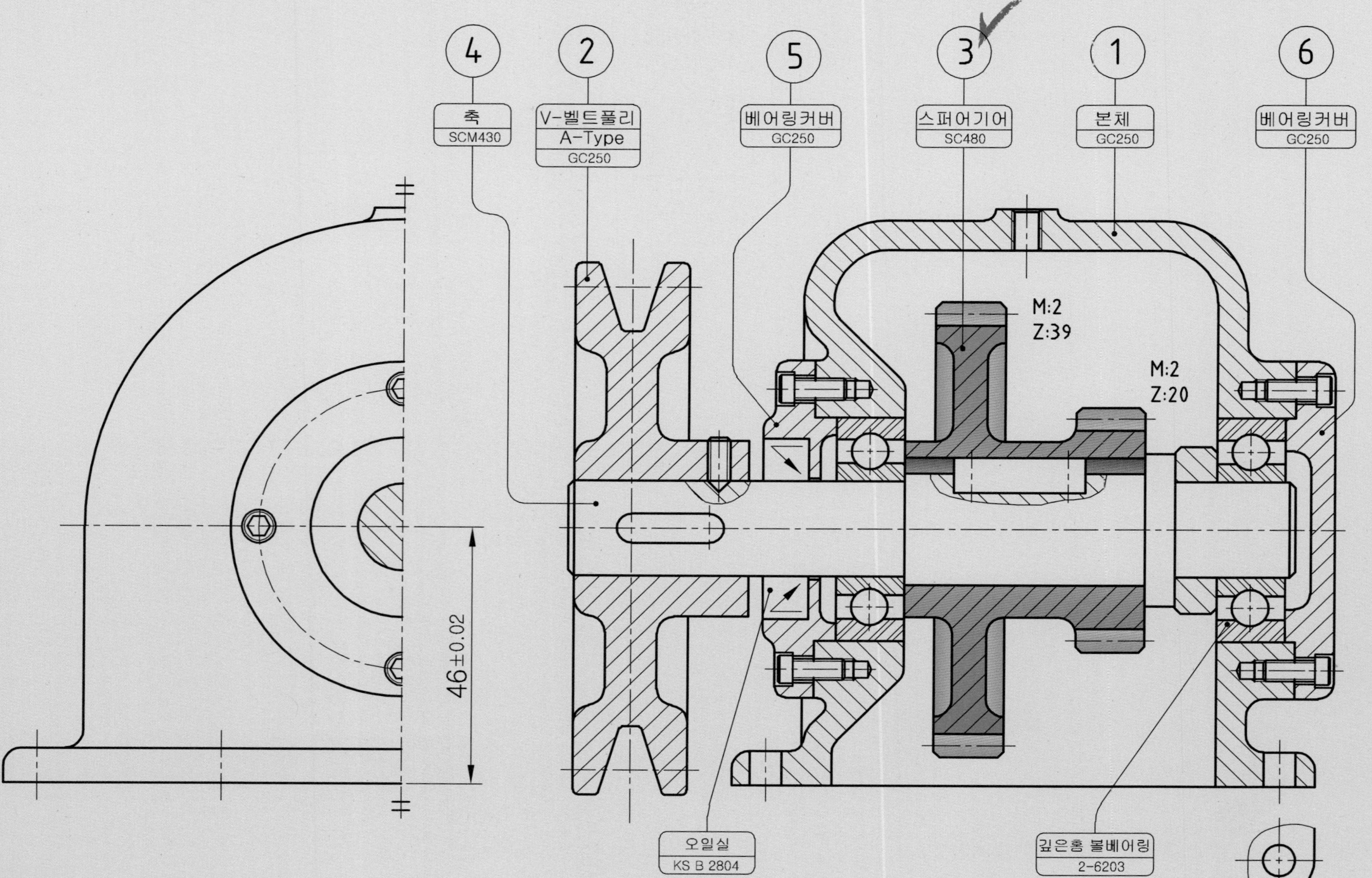
4
축
SCM430
2
V-벨트풀리
A-Type
GC250
5
베어링커버
GC250
3
스퍼어기어
SC480
1
본체
GC250
6
베어링커버
GC250
M:2
Z:39
M:2
Z:20
46±0.02
오일실
KS B 2804
깊은홈 볼베어링
2-6203

05 | 기어(Gear)

따 · 라 · 하 · 기

01 Part design Workbench를 실행한다.

02 파일명을 Gear로 저장한다.

03 zx plane을 선택하고, sketch 아이콘을 클릭하여 스케처로 들어간다.

측정 치수 Φ31mm, 길이 42mm

04 Pad

원점을 중심으로 Φ31mm의 원을 그리고 42mm 돌출한다.

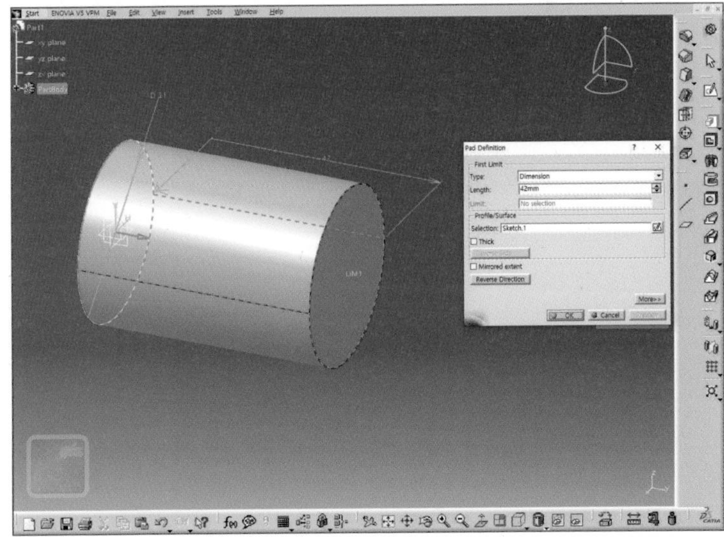

측정 치수 Φ3mm, 간격 5mm, 두께 12mm

05 Pad

zx plane에 원점을 중심으로 Φ73mm의 원을 그리고 First limits 길이로 17mm를 입력한다. Second limits로 −5mm를 입력하면 12mm만큼 돌출된 형상을 얻을 수 있다.

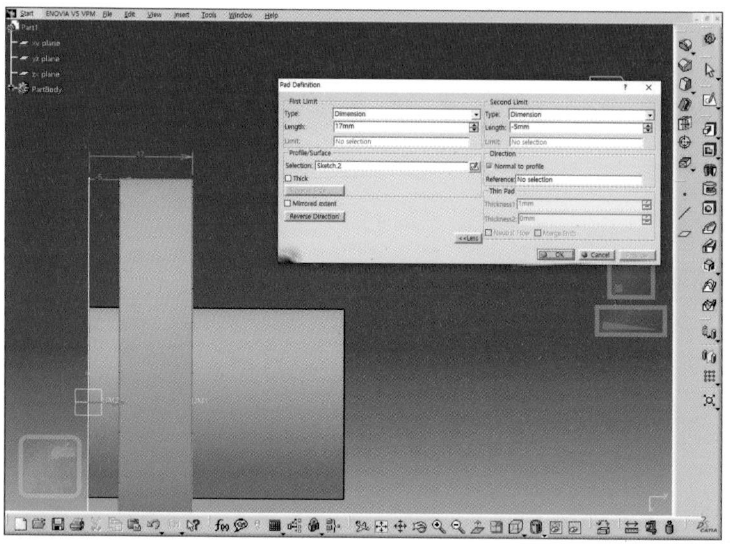

> **TIP** Φ73mm은 이뿌리원지름이다.
>
> · 기어의 피치원지름 = 잇수×모듈
> · 기어의 이높이 = 2.25×모듈

06 기어치형을 스케치하기 위해 평면을 선택한다.

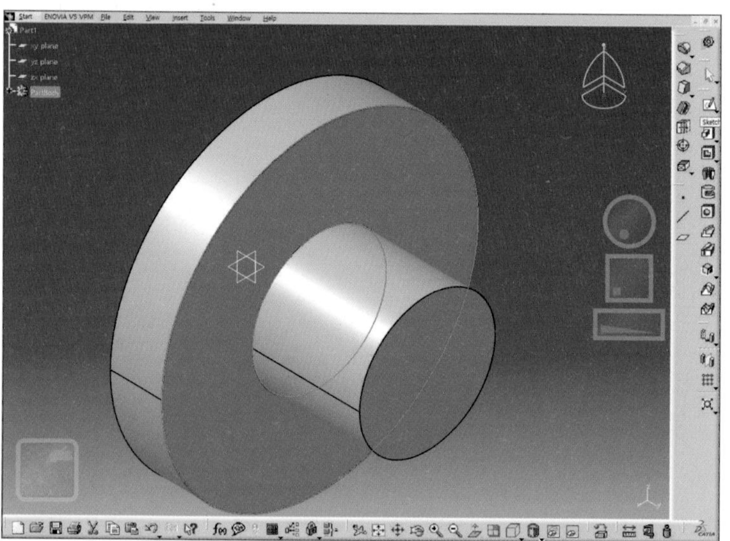

07 원점으로부터 수직한 Axis를 그린다.

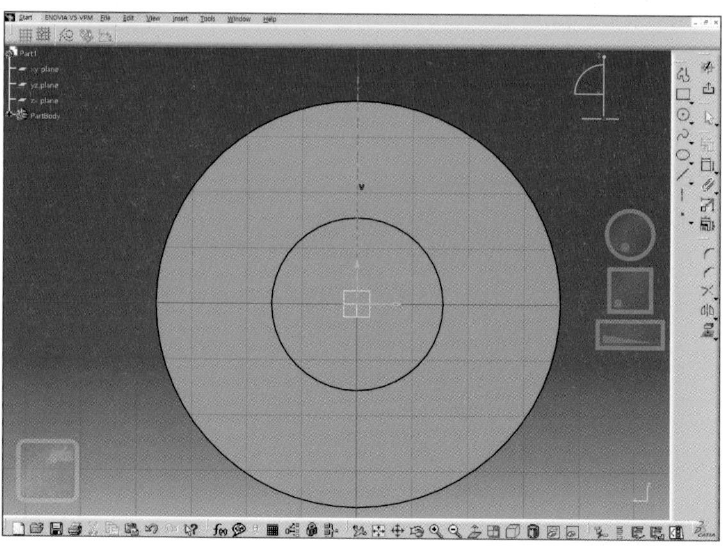

08 왼쪽으로 1mm씩 떨어져 있는 직선을 참조선으로 두 개 스케치한다.

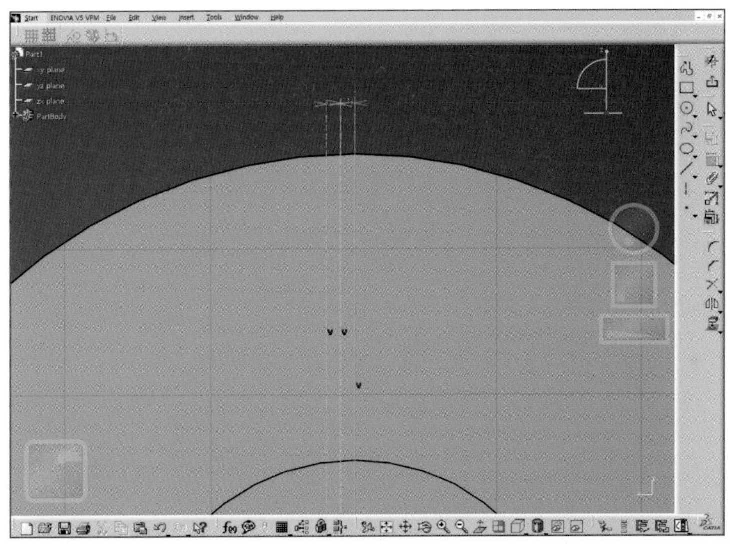

09 원통의 바깥 모서리를 Project 3D elements 한다.

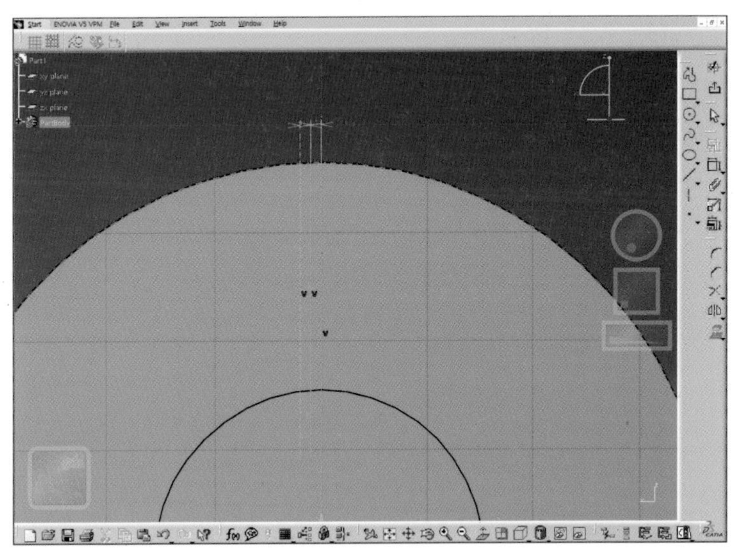

10 원점을 중심으로 한 원을 스케치하고 4.5mm 치수를 입력한다.(4.5 = 이높이)

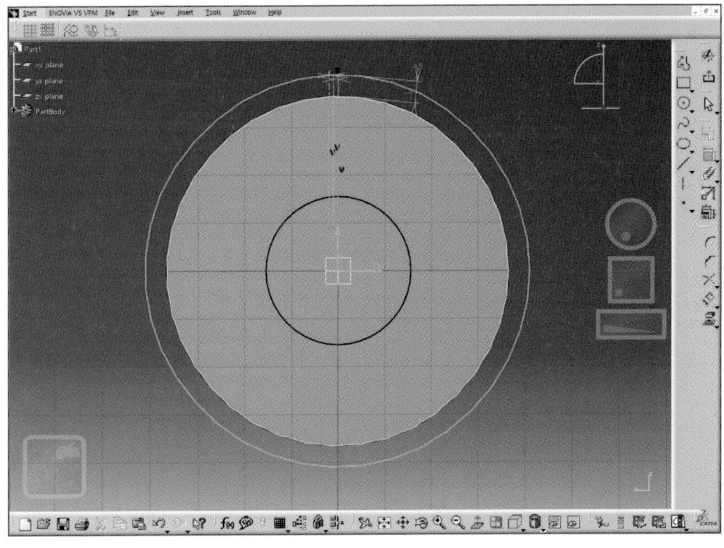

11 Quick trim

두 원 사이의 직선을 제외하고 잘라서 정리한다.

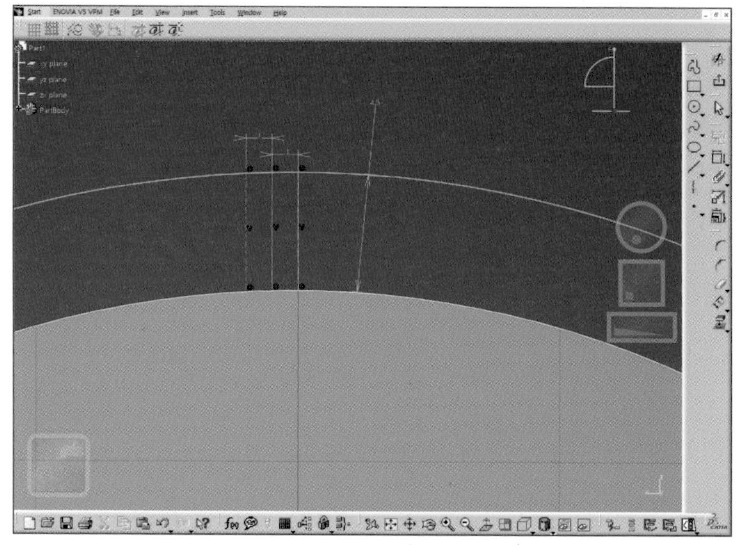

12 Three point arc starting with limits

3점호기능으로 1번 교점과 2번 교점을 지나는 호를 그린다. 이때 3번 지점은 직선을 넘어가지 않도록 임의로 지정한다.

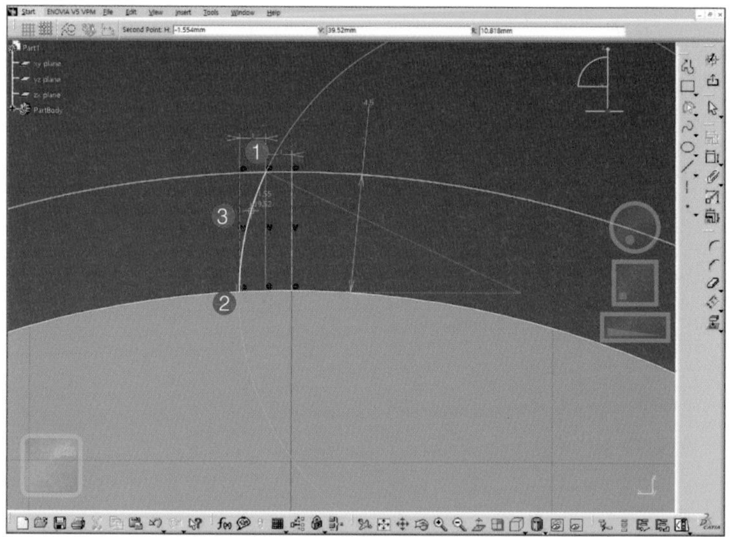

TIP 스케치로 정확한 기어치형을 생성하기는 불가능하므로 최대한 비슷하게 3점호가 제일 바깥 선을 넘어가지 않도록 임의로 스케치한다.

13 Mirror

Arc를 원점에 수직한 선 기준으로 대칭복사한다.

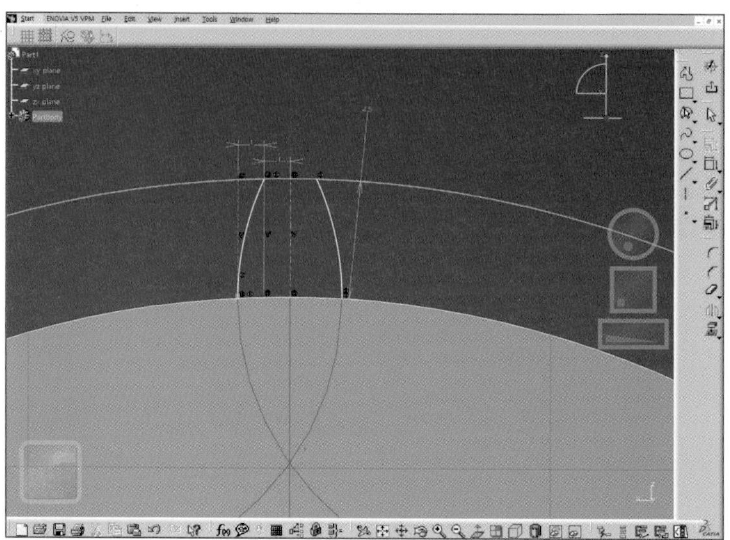

14 Quick trim

치형만 남기고 잘라낸다.

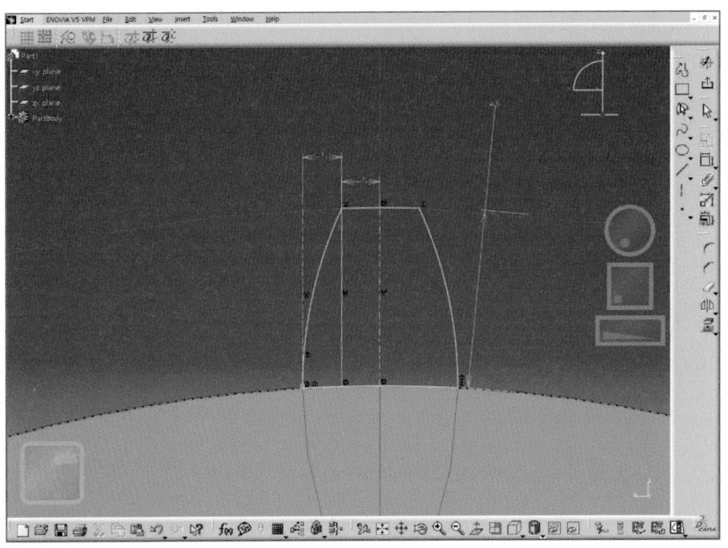

15 Pad

12mm 돌출한다.

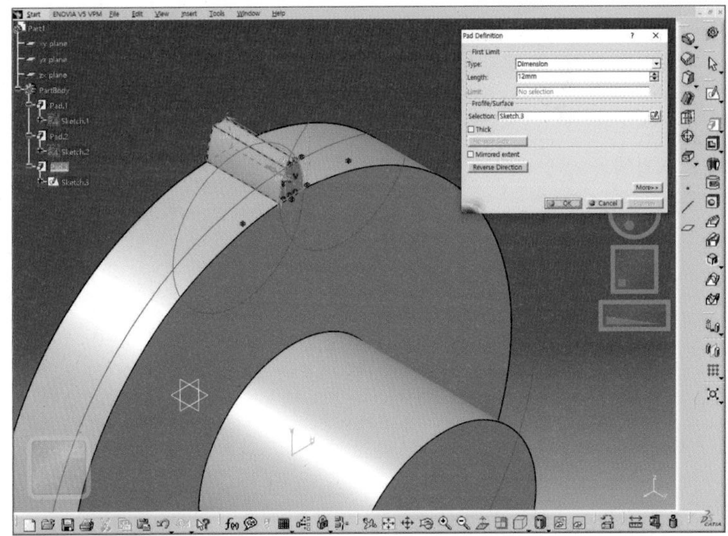

16 Chamfer

치형 양끝 모서리에 C1 모따기한다.

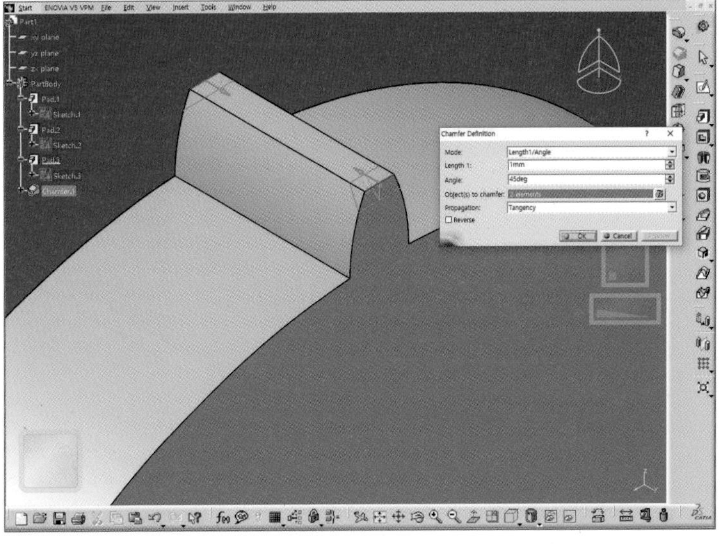

17 Circular pattern

트리에서 돌출된 치형과 모따기 피처를 함께 선택하고 잇수 39개만큼 원형패턴한다.

· parameters : complete crown

· instance : 39

· reference element : **원통면 선택**

TIP 여러 개의 피처를 선택할 때는 shift 키를 누른 채 선택하면 된다.

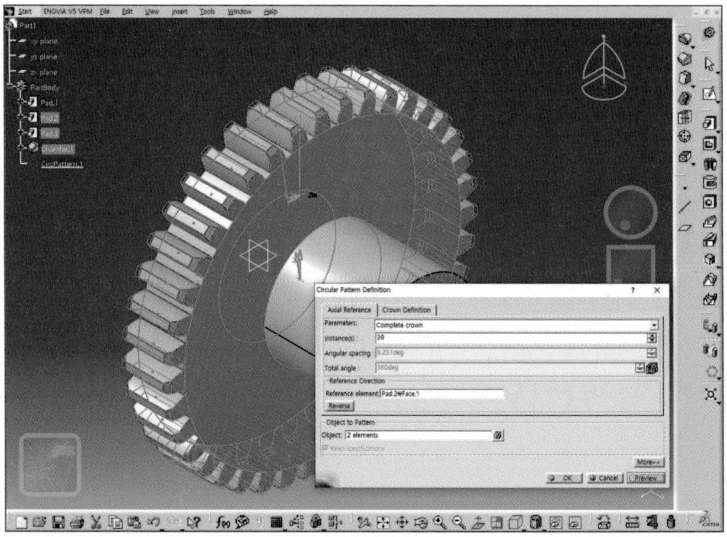

18 Pad

두 번째 기어치형을 만들기 위해 오른쪽 면에 Φ35mm의 원을 스케치하고 12mm 돌출해 이뿌리원을 생성한다.

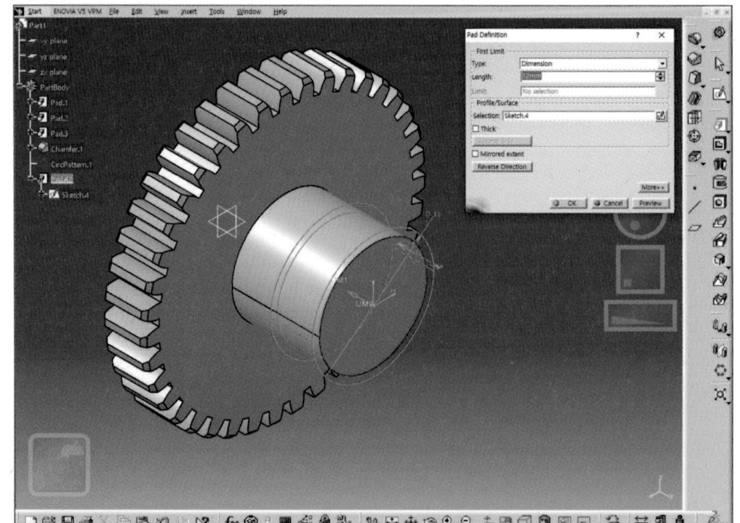

19 오른쪽 면을 스케치 면으로 선택하고 7~16번까지의 작업을 반복한다.

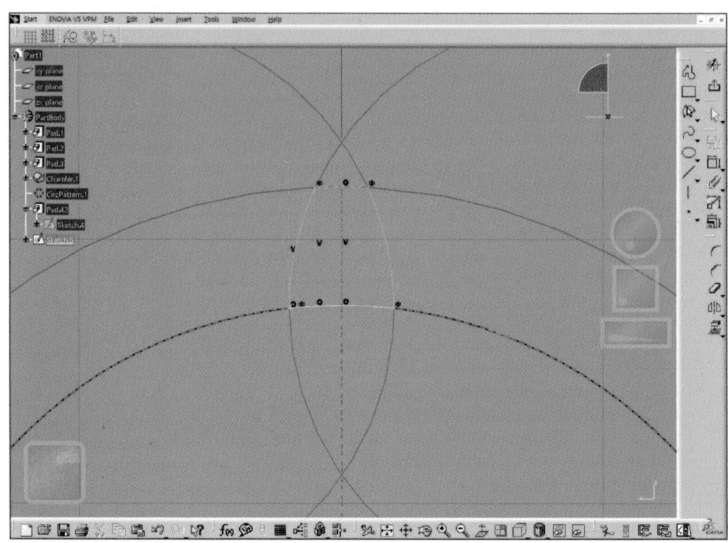

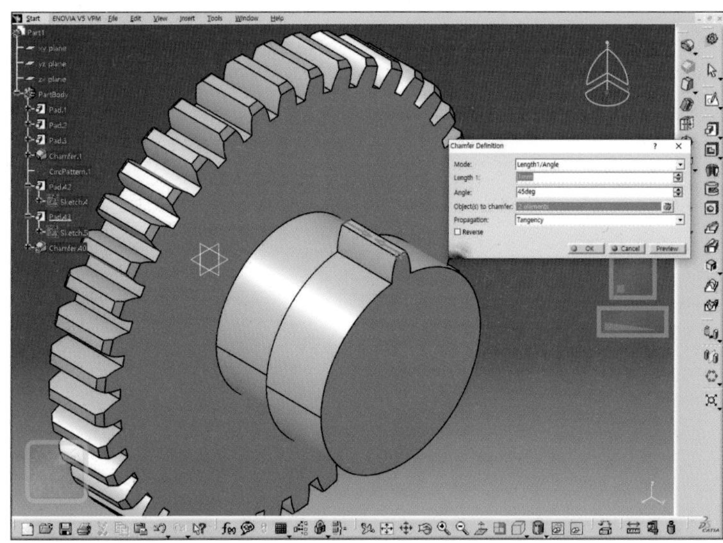

20 Circular pattern

트리에서 돌출된 치형과 모따기 피처를 함께 선택하고 잇수 20개만큼 원형패턴한다.

· parameters : complete crown

· instance : 20

· reference element : **원통면 선택**

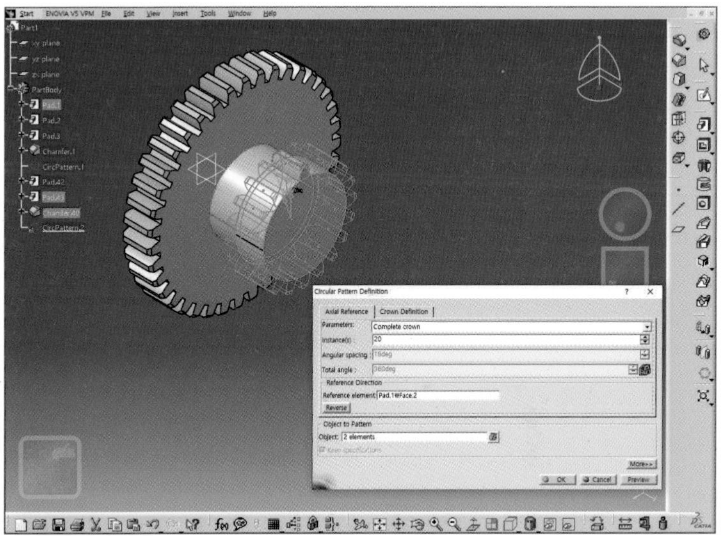

측정 치수 Φ20mm

21 Pocket 〉 Up to last

축구멍을 뚫기 위해 오른쪽 면에 Φ20mm의 원을 중심에 맞게 스케치하고 관통으로 돌출 컷한다.

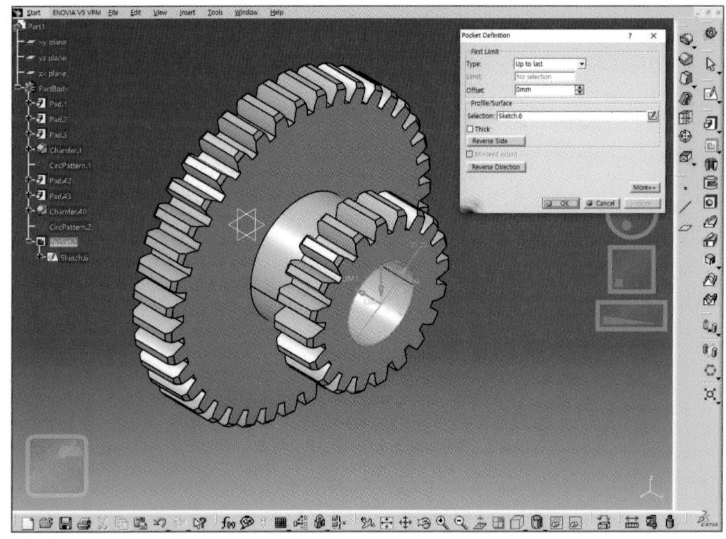

22 Pocket 〉 Up to last

같은 평면에 Φ20mm를 기준치수로 평행키 규격을 적용해 키 홈을 돌출컷한다.

$t_2 = 6$, $b_2 = 2.8$

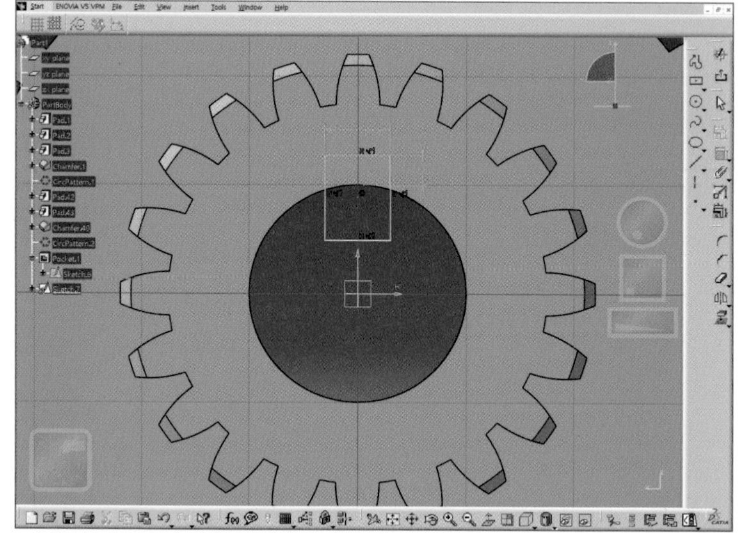

측정 치수 Φ67mm, 3mm

23 Pocket

그림의 평면에 두 개의 원을 Project 3D elements 등을 이용하여 스케치한다. 3mm 돌출컷한다.

24 반대쪽 면에도 위의 과정을 반복한다.

TIP 기어의 중간에 새 평면을 생성해 Mirror도 가능하다. 작업자가 빠르고 편리한 쪽으로 선택한다.

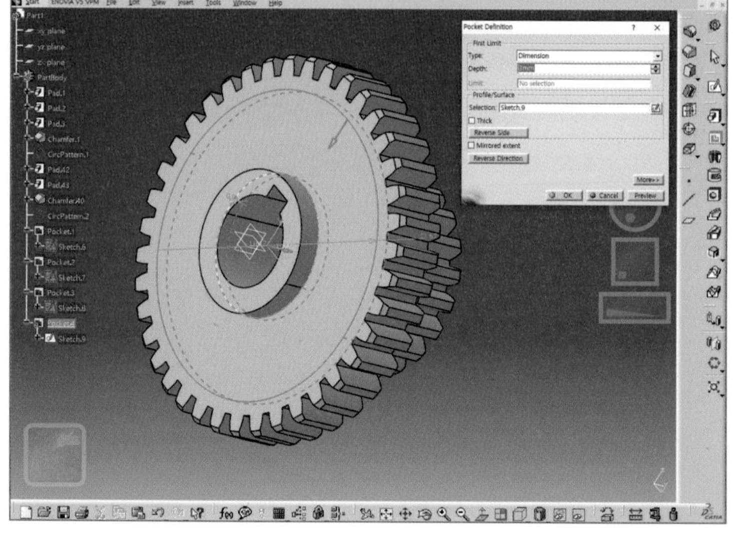

25 Edge Fillet

과제도면을 확인하고 마무리필렛 R2를 적용한다.

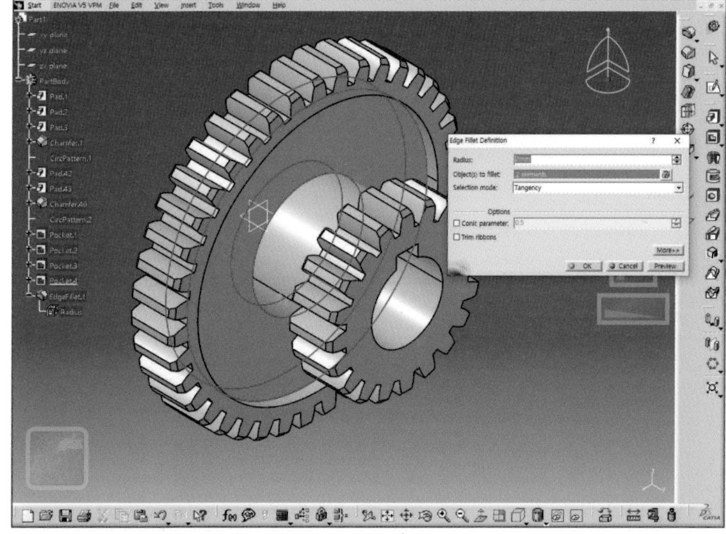

26 Chamfer

조립을 위한 양쪽 끝단 모따기 C1을 적용한다.

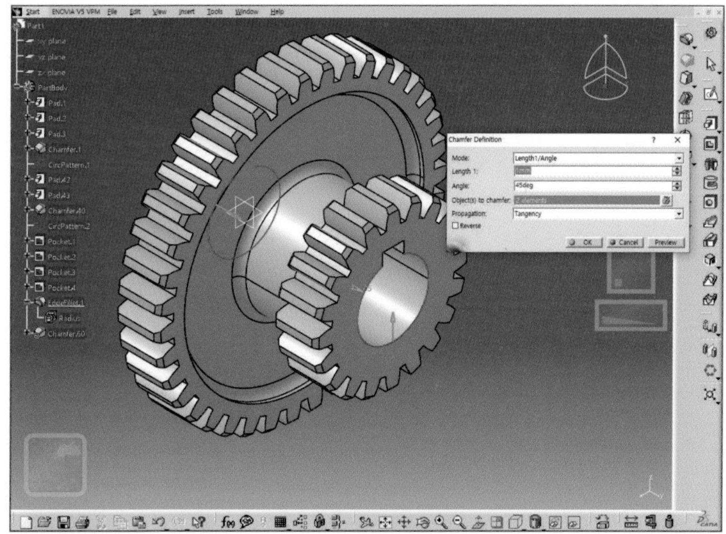

27 완성

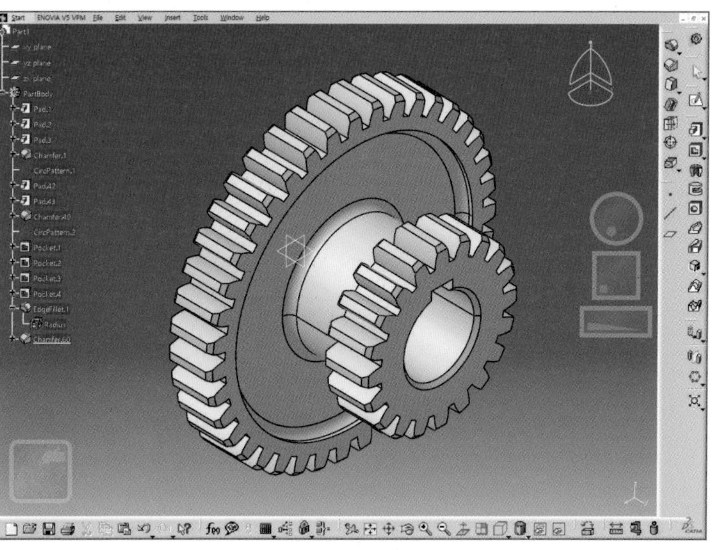

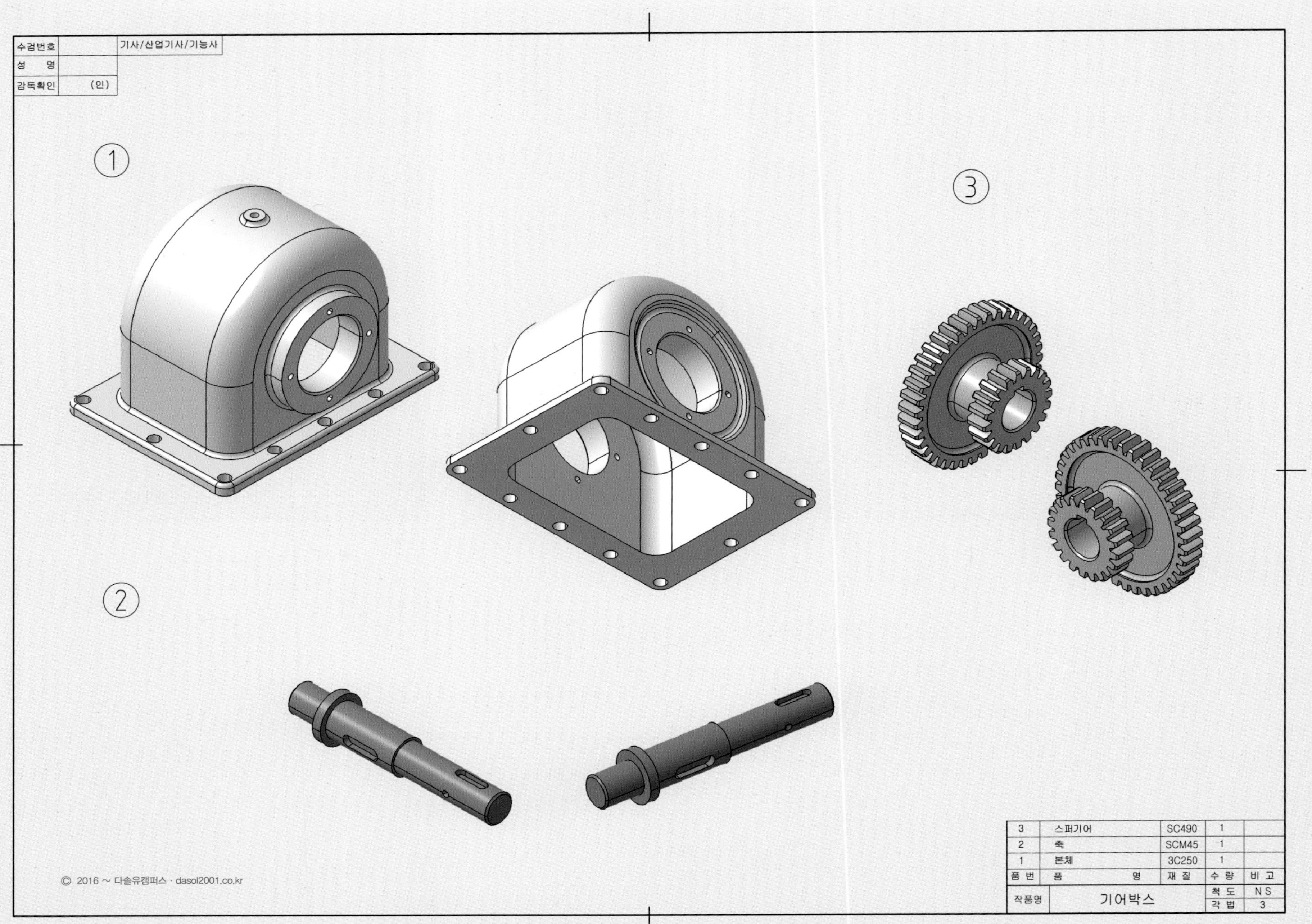

수검번호
기사/산업기사/기능사
성 명
감독확인
(인)
①
②
③
3 스퍼기어 SC490 1
2 축 SCM45 1
1 본체 3C250 1
품 번 품 명 재 질 수 량 비 고
작품명 기어박스
척 도 NS
각 법 3

06 | 3D 도면화

따 · 라 · 하 · 기

01 Start 〉 Mechanical design 〉 Drafting Workbench를 실행한다.

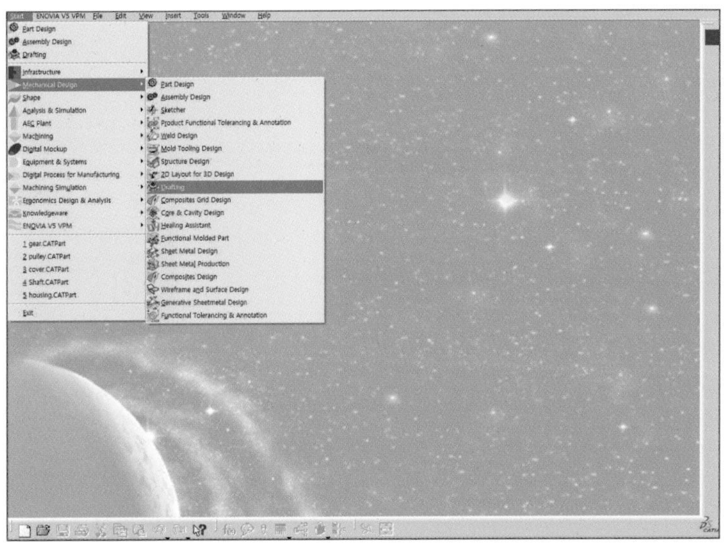

02 도면 크기는 A2로 설정한 후 OK하고, 파일명은 3D로 저장한다.

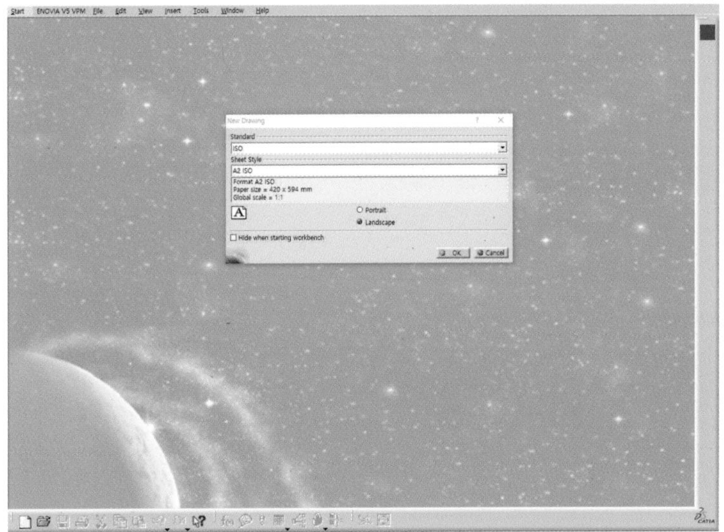

TIP 자격검정에서 3d작업 및 출력용지 크기

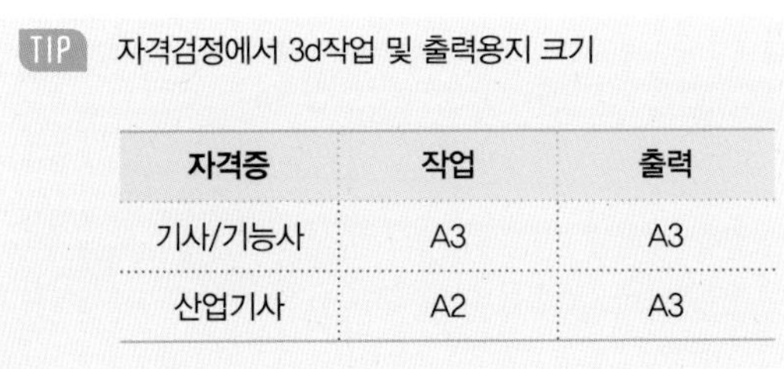

자격증	작업	출력
기사/기능사	A3	A3
산업기사	A2	A3

03 트리에서 Sheet.1 위에 마우스 오른쪽 버튼을 누르고 Properties를 클릭한다.

Format의 Display를 취소하여 도면 테두리의 그림자를 없애고, Third angle standard를 클릭하여 3각법으로 설정하고 OK한다.

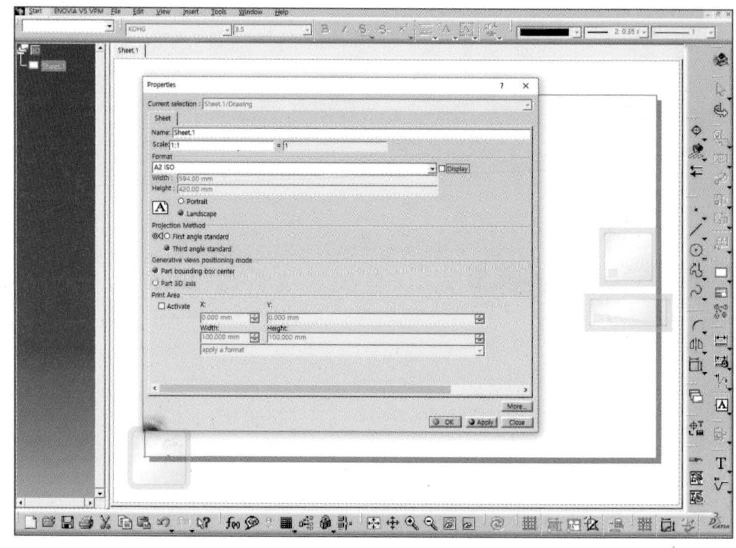

04 Rectangle 기능으로 0,0 지점을 클릭한다.

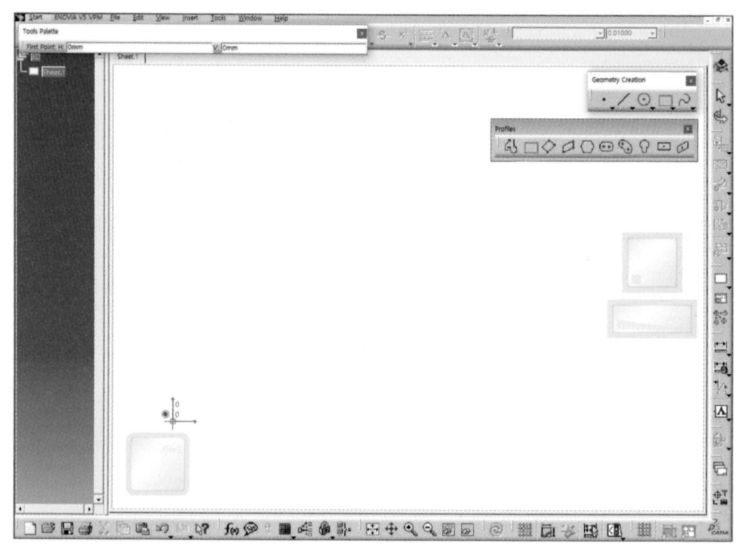

05 Second Point는 Tools Palette 도구막대에서 각각 594, 420을 입력하고 Enter를 눌러 도면의 테두리 윤곽선을 생성한다.

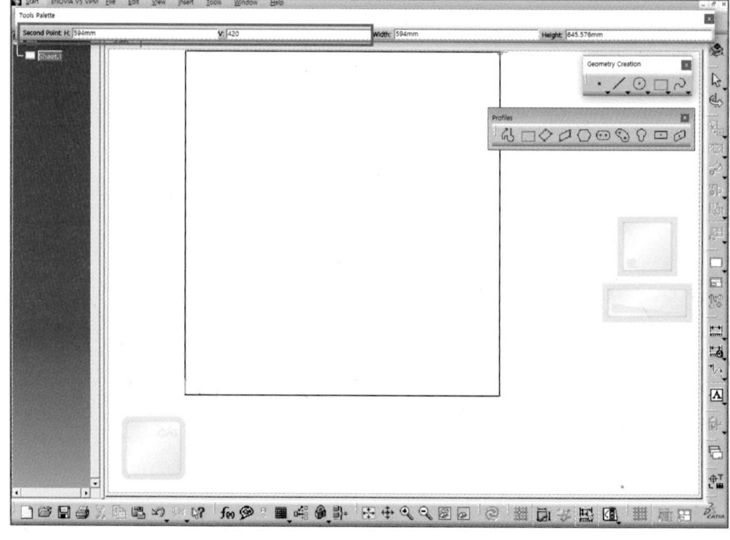

> **TIP** Tools Palette에 수치를 입력하고자 할 때 키보드의 Tab 키를 이용하도록 한다.

06 Offset 기능을 선택하고 Tools Palette에서 Point Propagation을 설정한 다음 직사각형을 선택하고 안쪽으로 10만큼 Offset한다. 단, 방향이 반대일 때는 (−) 값으로 입력한다.

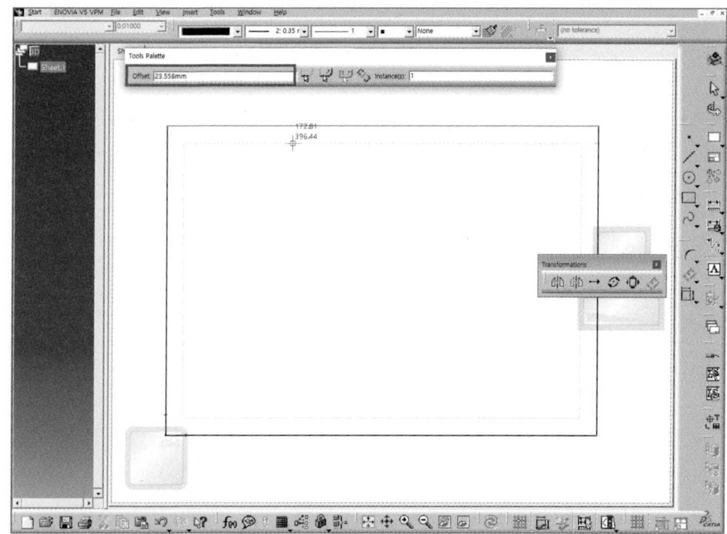

07 Offset된 사각형을 선택하고 안쪽으로 5만큼 Offset한다.

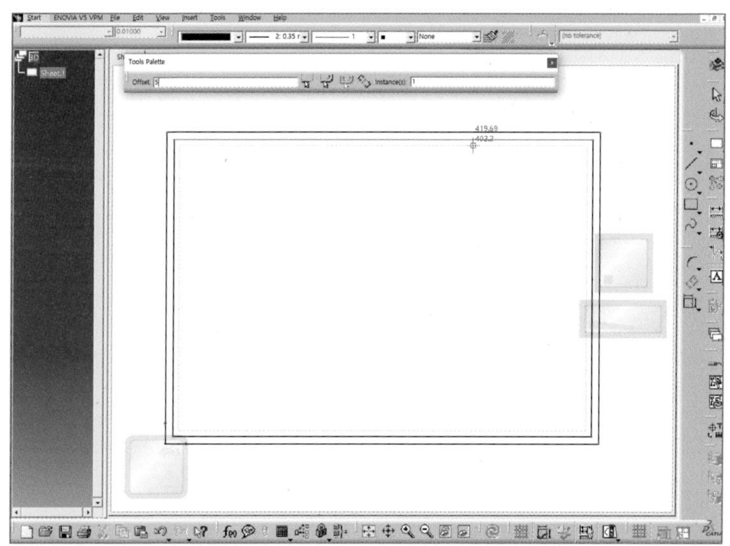

08 Offset 기능을 선택하고 Tools Palette에서 No Propagation을 설정한 다음 직사각형의 수직선은 594/2만큼, 수평선은 420/2만큼 안쪽으로 Offset시킨다.

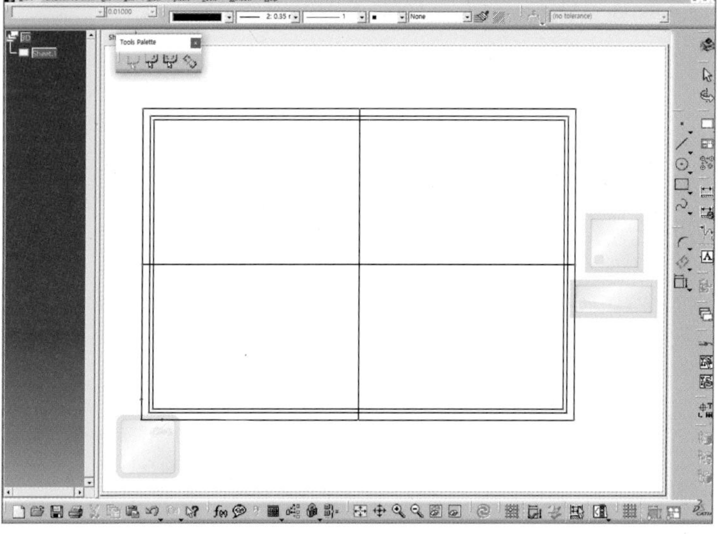

09 Quick trim 기능을 클릭하고 십자선의 없앨 부분을 선택하여 다음과 같이 정리한다.

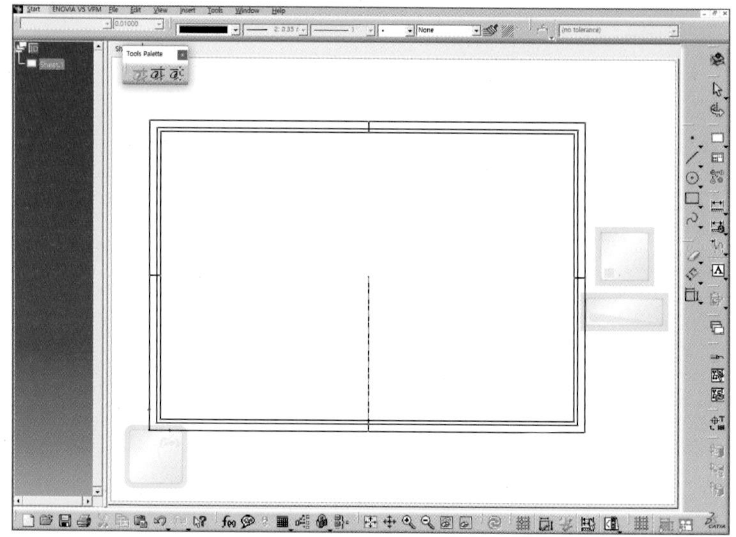

10 안쪽과 바깥쪽의 사각형을 클릭하고 Delete 버튼을 눌러 삭제한다.

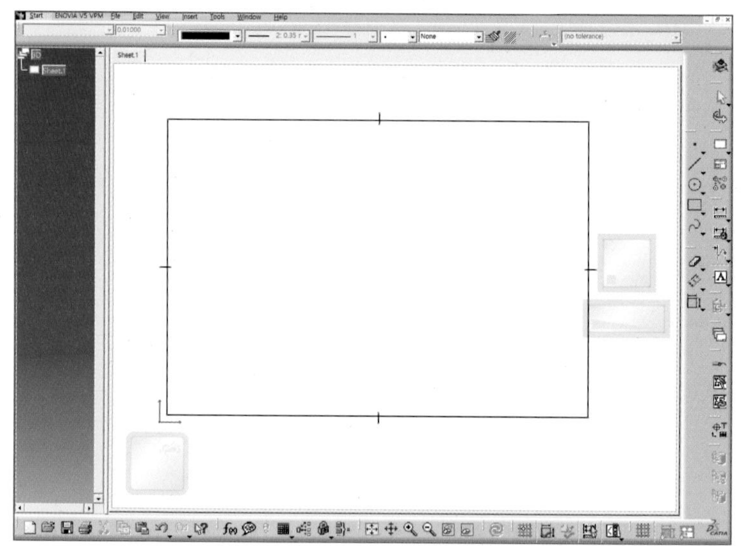

11 Offset 기능을 선택하고 Tools Palette에서 No Propagation을 설정한 다음 직사각형의 아래 쪽 수평선을 클릭하여 위쪽으로 offset 8, instance(s) 6을 입력하여 6줄을 생성한다.

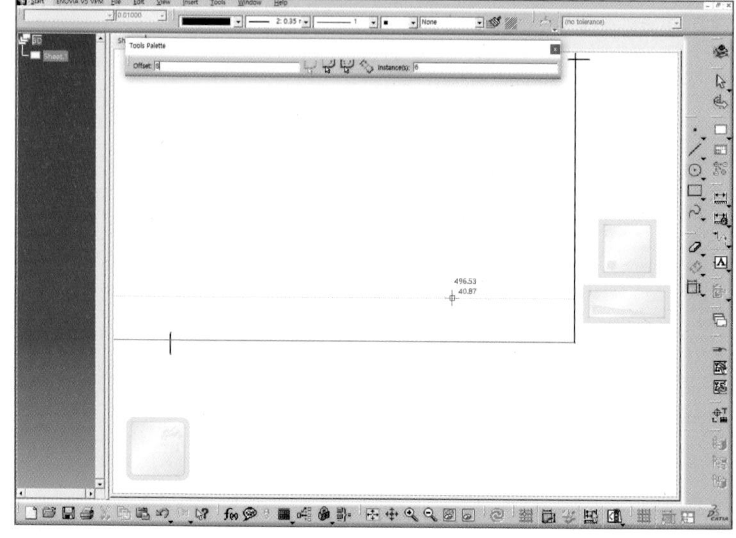

12 Offset 기능을 이용하여 수직선 간의 간격이 35, 15, 20, 35, 10, 15mm가 되도록 생성한다.

TIP Tab 키를 눌러 Tools Palette에 수치를 입력한다.

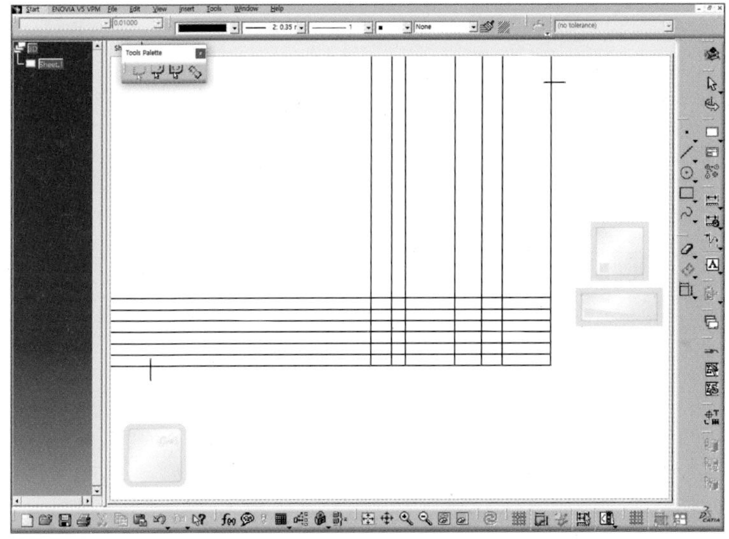

13 Quick trim 기능을 더블클릭하고 없앨 부분을 선택하여 다음과 같이 정리한다.

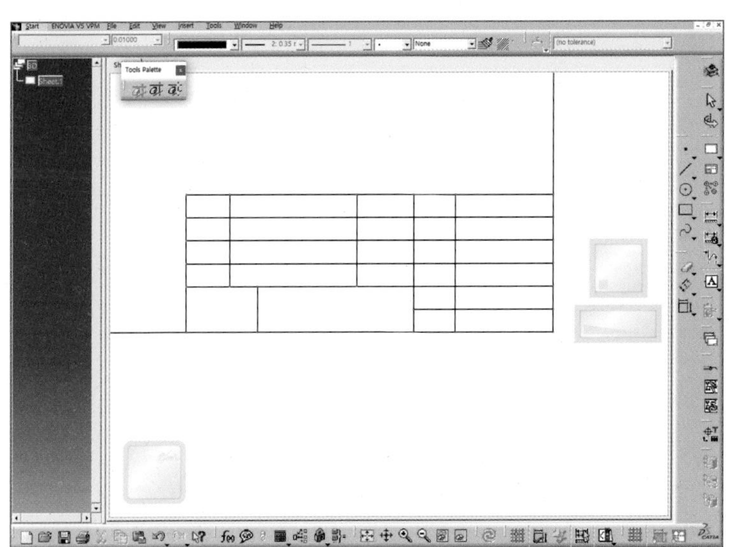

14 Offset 기능을 사용하여 같은 방법으로 행 간격 8mm, 열 간격 25mm, 25mm, 50mm로 생성하고 Quick Trim으로 다음과 같이 완성한다.

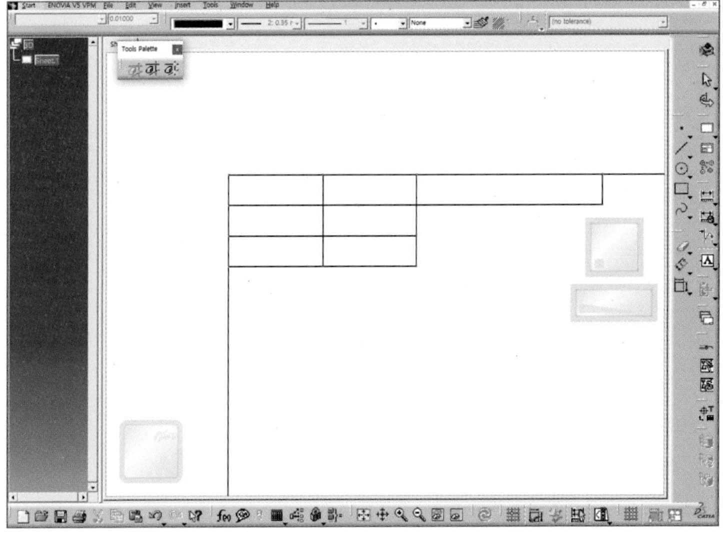

15 Text 기능을 선택하고 글자가 놓일 위치를 클릭한다.

① 창이 나타나면 글자를 입력한다.

② Text Properties 도구막대에서 글자체를 설정하고, 글자 크기는 3.5로 하면 적당하다.

③ OK 버튼을 누른다.

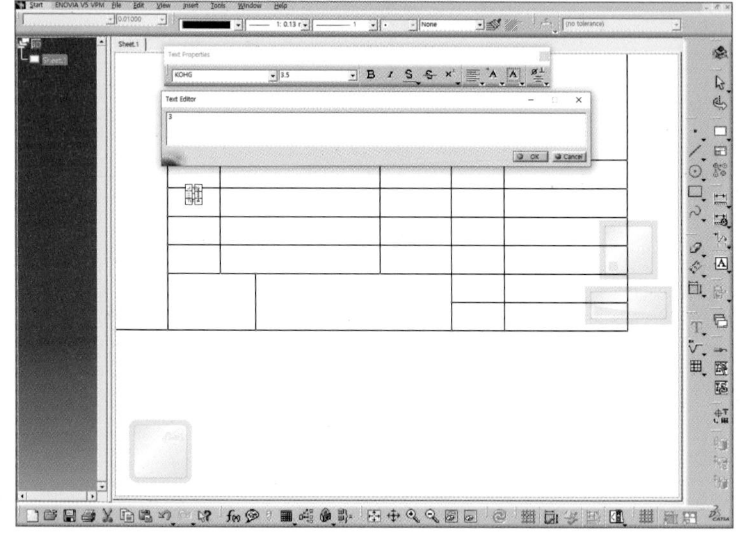

16 Text 기능을 더블클릭해서 비슷한 위치에 모두 작성한다.

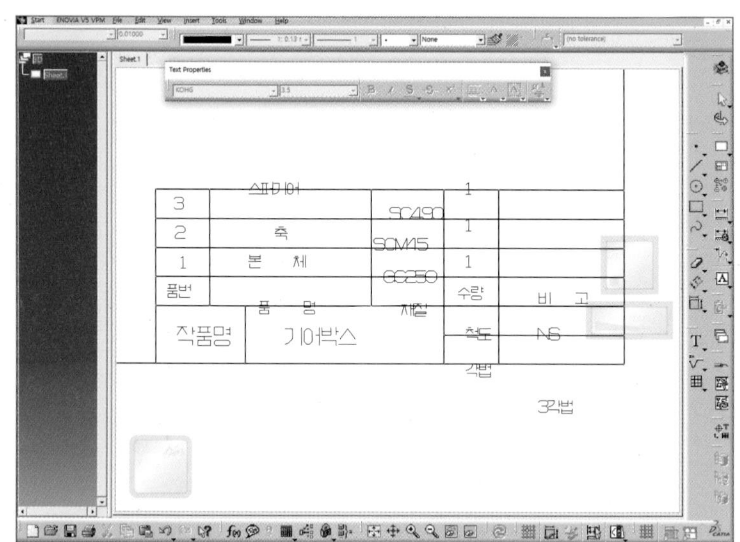

17 위치를 조절한다. Shift를 누르면 자연스럽게 이동된다.

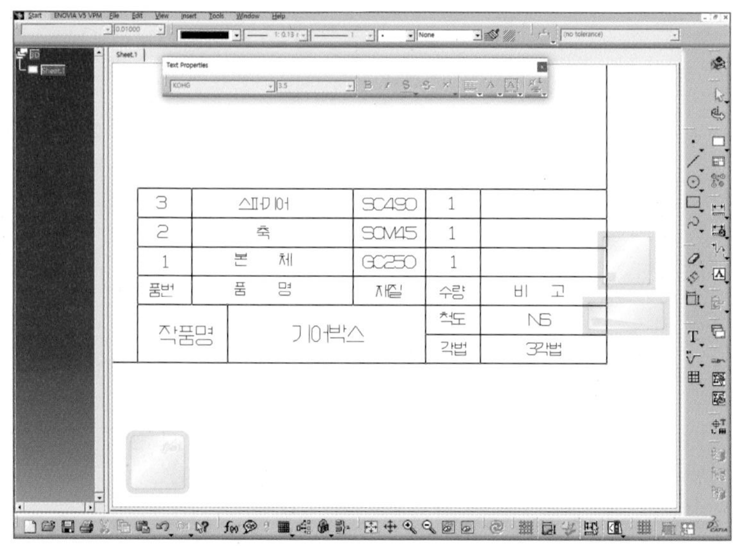

18 도면과 같이 반대편 수검란도 완성한다.

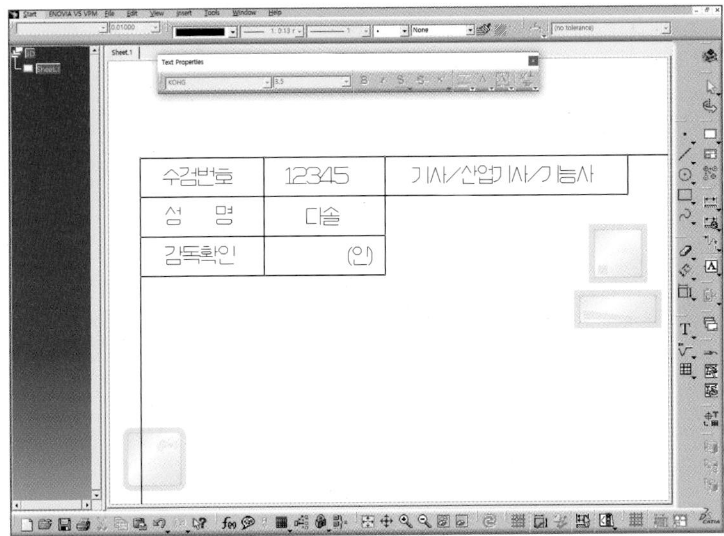

19 테두리와 중심마크를 선택하고 Graphic Properties 도구막대의 두 번째 칸에서 0.7mm로 선 굵기를 지정한다.

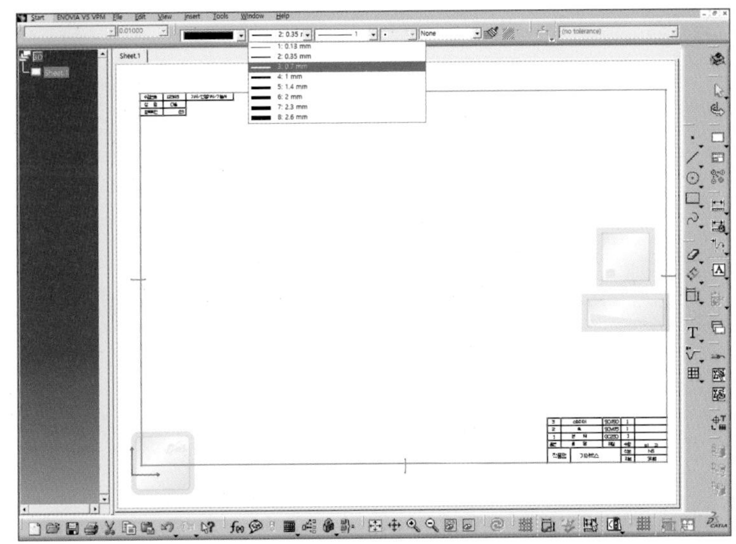

20 도면틀이 완성되면 File/Open으로 들어가 도면 작업할 본체(Housing)를 불러온다. 이때 두 창이 보이도록 풀다운 메뉴에서 Window/Tile Horizontally 또는 Tile vertically를 선택한다.

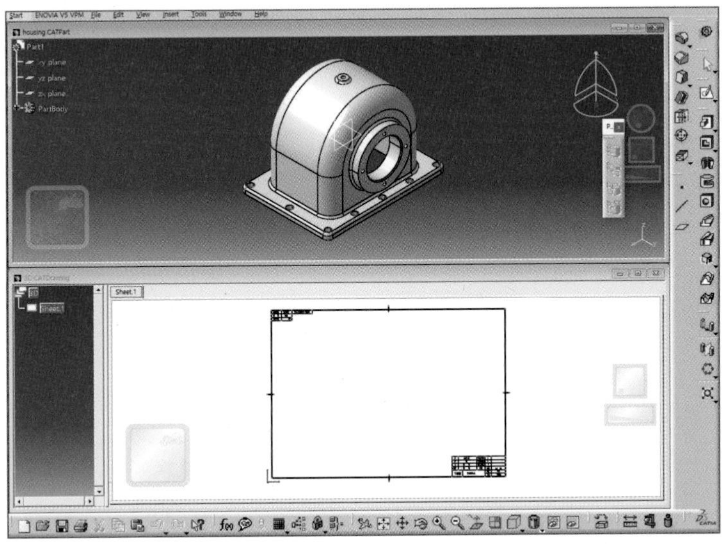

21 도면화 창을 선택하고 **View Creation Wizard** 아이콘을 클릭한다. 창이 나타나면 Next 버튼을 누른다.

창의 좌측 하단에서 Isometric View를 누르고 Finish 버튼을 누른다.

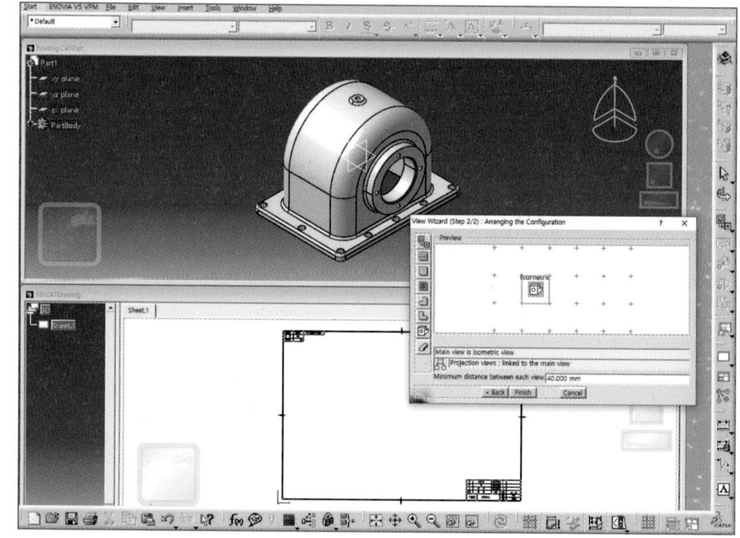

22 창이 사라지면 Part 창을 선택하고 본체(Housing)의 정면이 될 면을 클릭한다.

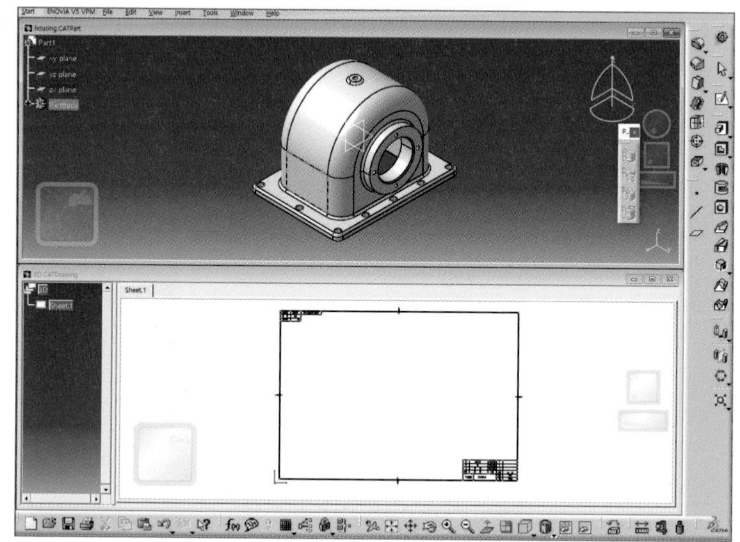

23 도면화 창을 선택하고 뷰가 놓일 빈 공간을 클릭한다.

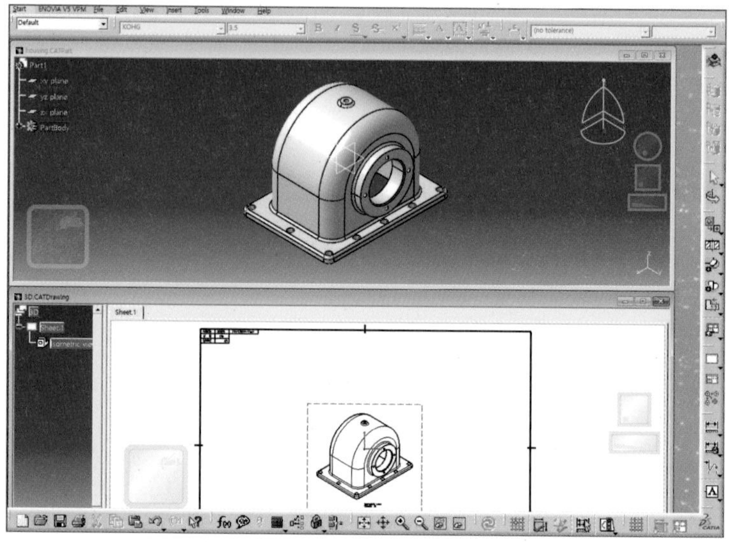

24 서로 다른 두 뷰를 배치해야 하므로 21~23번 과정을 반복한다. 이때, 오른쪽 상단의 회전단추를 이용해 첫 번째 뷰와 다른 뷰를 만들어주고 빈 공간을 클릭한다.

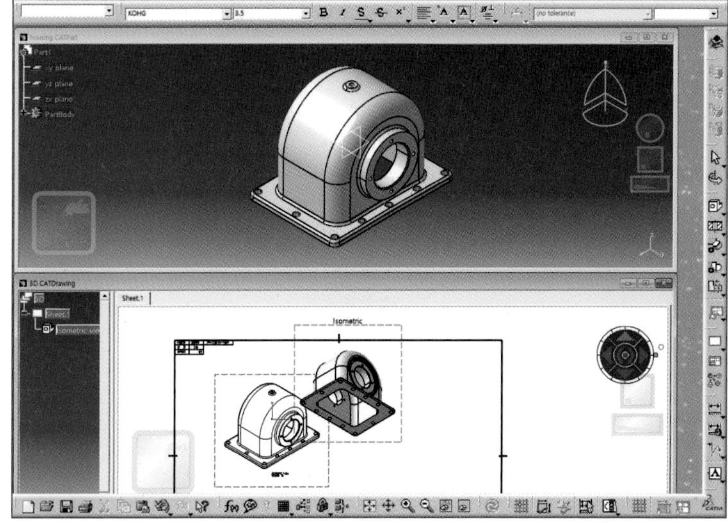

TIP Part에서 본체를 회전시킨 후 도면화 작업을 해도 서로 다른 뷰로 배치할 수 있다.

25 축과 기어 부품도 같은 방법으로 도면에 생성한 다음, 점선인 뷰프레임을 클릭-드래그하여 적당히 배열한다. View 이름과 Scale은 선택해 Delete 버튼을 눌러 정리한다.

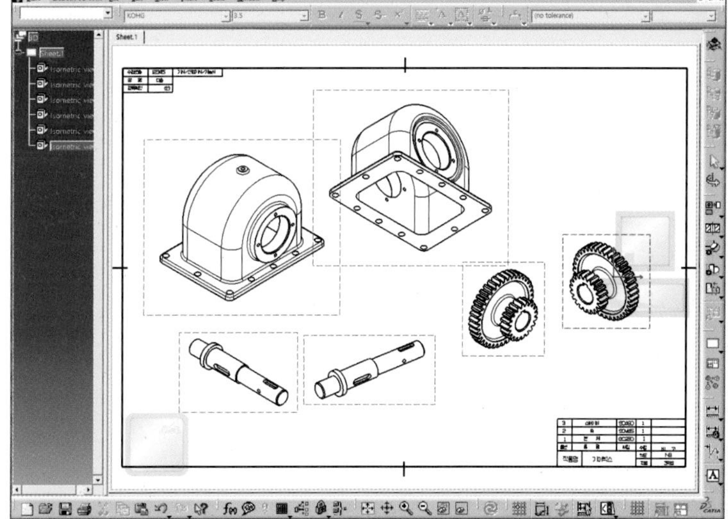

TIP 3D도면의 배치는 부품당 각각 다른 뷰로 2개의 등각뷰를 배치한다. 하우징 같은 경우, 바닥 쪽 형상이 복잡하면 아래에서 본 형상을 선택하는 것이 바람직하다.

26 트리에서 모든 뷰를 선택하고 마우스 오른쪽 버튼을 눌러 **Properties**를 선택한다.
창이 나타나면 View 아래의 **Display View Frame**을 취소하여 점선을 안 보이게 한다.

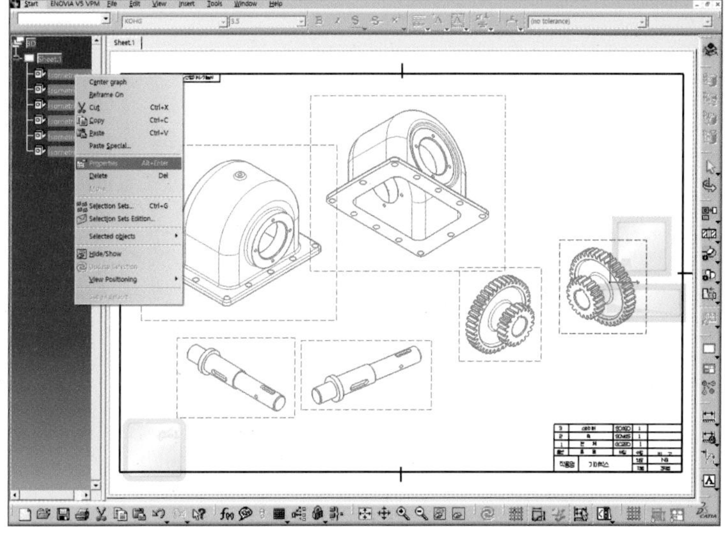

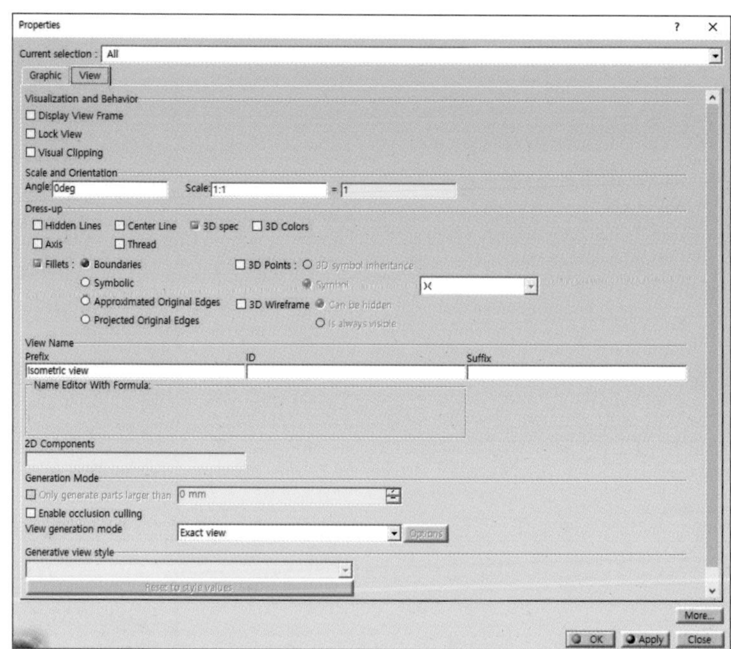

27 아래에 **View Generation Mode**를 Raster로 설정하고 우측의 **Option**으로 들어가 Shading with edges로 설정하고 Close/OK 버튼을 누른다.

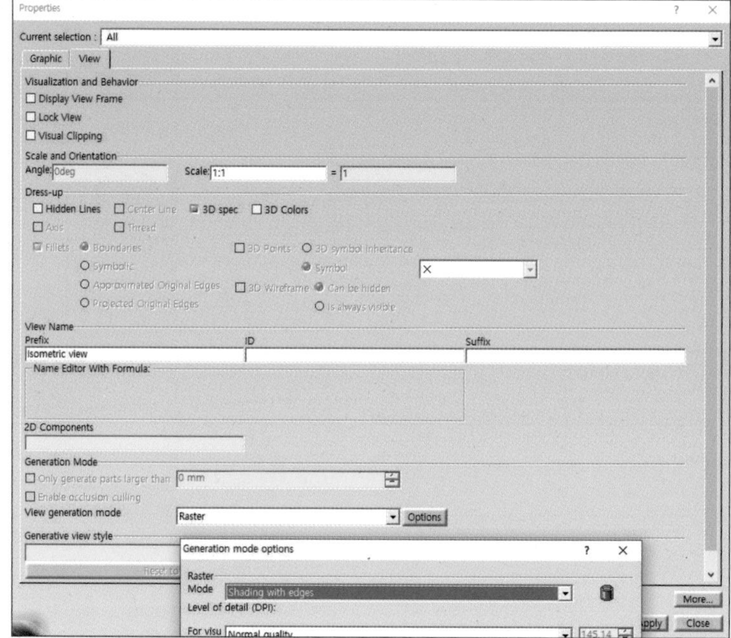

TIP View Frame을 취소해서 보이지 않게 되면 뷰의 이동이 불가능하므로 다시 이동하고자 하면 Properties에서 다시 보이게 한 후 이동해야 한다.

28 Shading 처리된 등각뷰 형상이다.

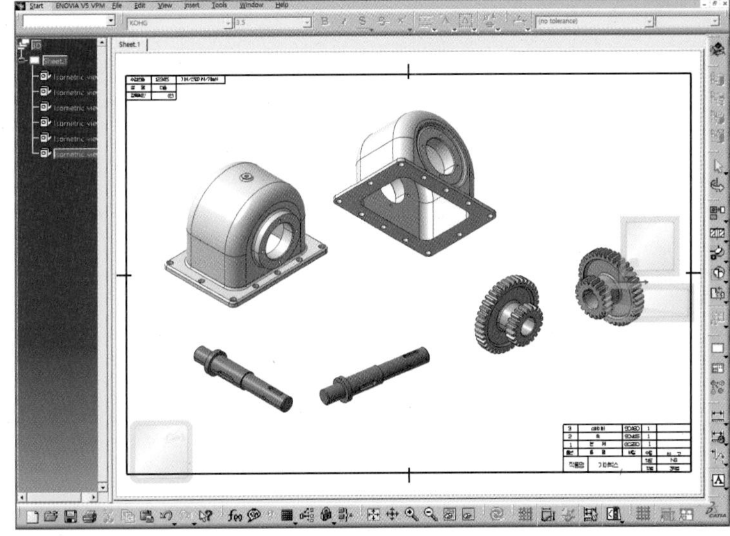

> **TIP** 도면 배치 시 바람직한 배치법
> ① 본체 : 도면의 왼쪽 상단
> ② 기어, 풀리, 커버 등 회전체 : 도면의 오른쪽 상단
> ③ 축 : 하단 중앙 또는 왼쪽

29 Circle과 Text 기능을 이용하여 각 부품에 번호를 기입한다.

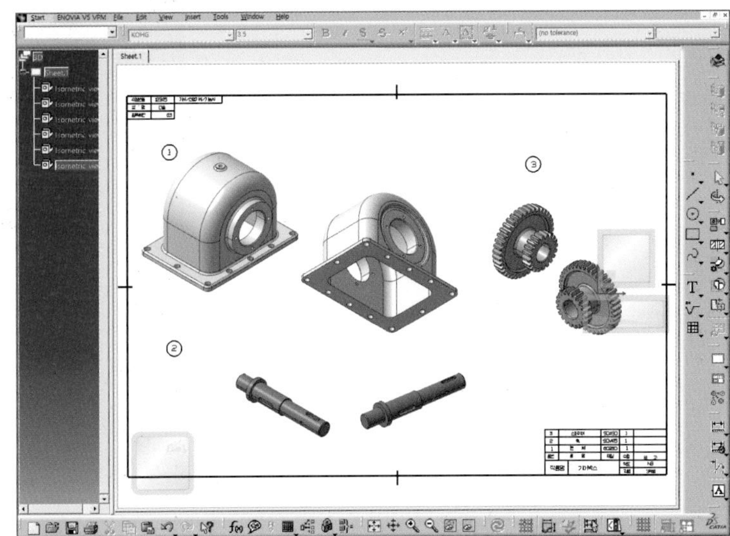

30 File/Save as로 들어가 파일형식을 PDF로 설정하고 영문으로 저장한다.

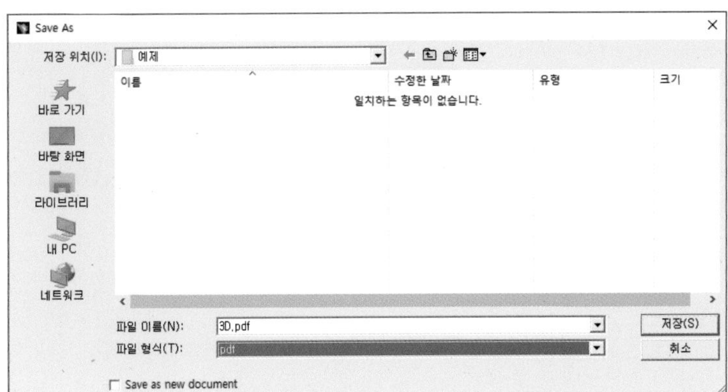

31 완성

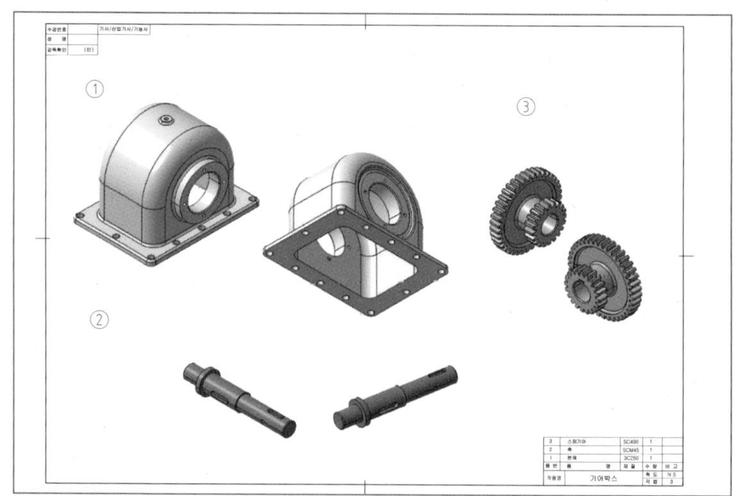

■ AutoCAD 표제란 호환해 사용하기

01 Auto CAD에서 작성한 표제란을 흰 색상으로 저장한다. 이때, 문자는 없이 가져가도록 한다. 문자는 호환이 잘 되지 않아 CATIA에서 깨져나오기 때문에 CATIA에서 직접 작성하도록 한다.

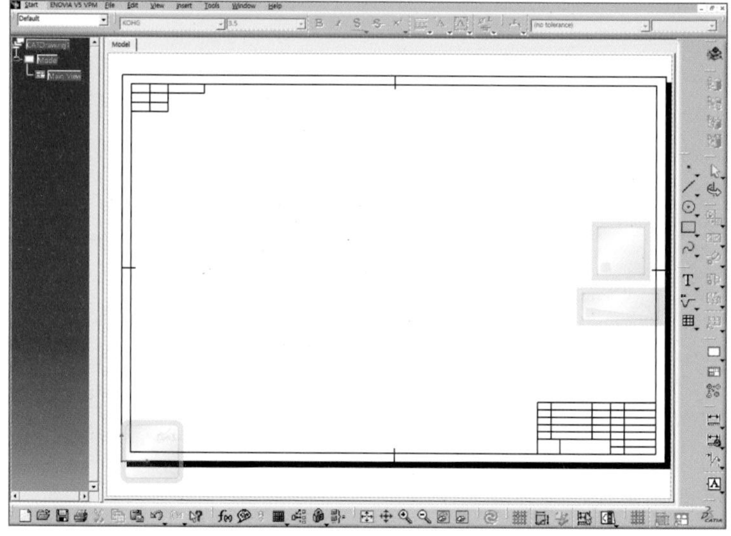

02 CATIA에서 File 〉 Open해서 저장된 dwg 파일을 열어 다른 이름으로 저장하고 사용한다.

07 | 2D 도면화

따 · 라 · 하 · 기

01 File/Open

저장된 Housing Part를 불러온다.

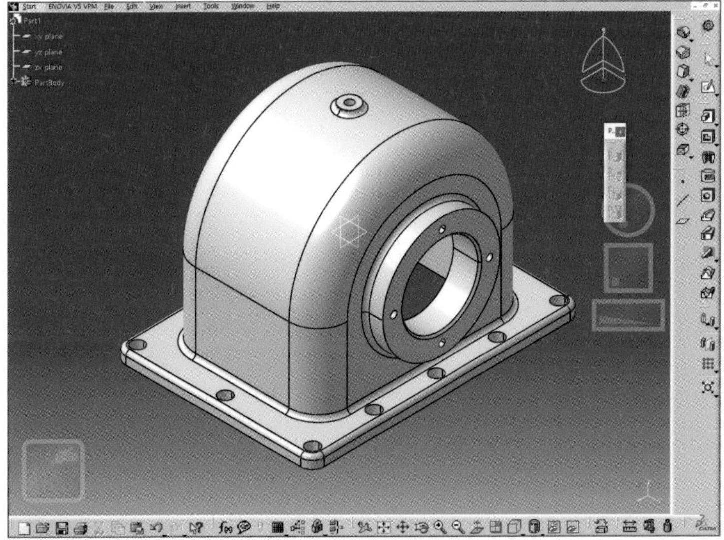

02 File/Open

Drawing을 선택하고 OK한다.

03 용지 크기를 A2(420×594)로 설정하고 OK한다. 실행된 파일을 2D로 저장한다.

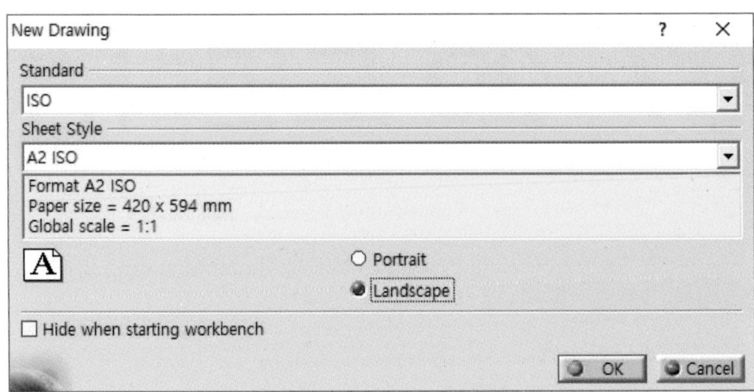

04 Window 〉 Tile horizontally
두 개의 창을 띄운다.

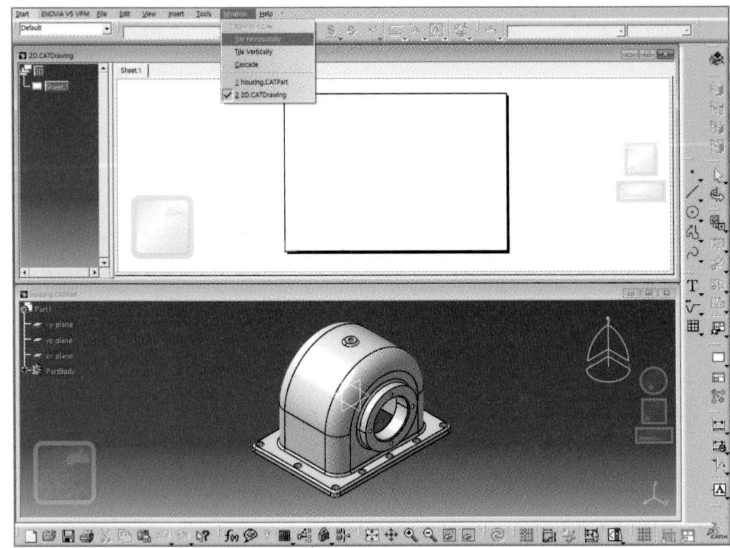

05 Sheet 위에 마우스 우클릭해서 Properties를 선택하여 Third angle standard를 클릭하여 3각법으로 설정하고 OK한다.

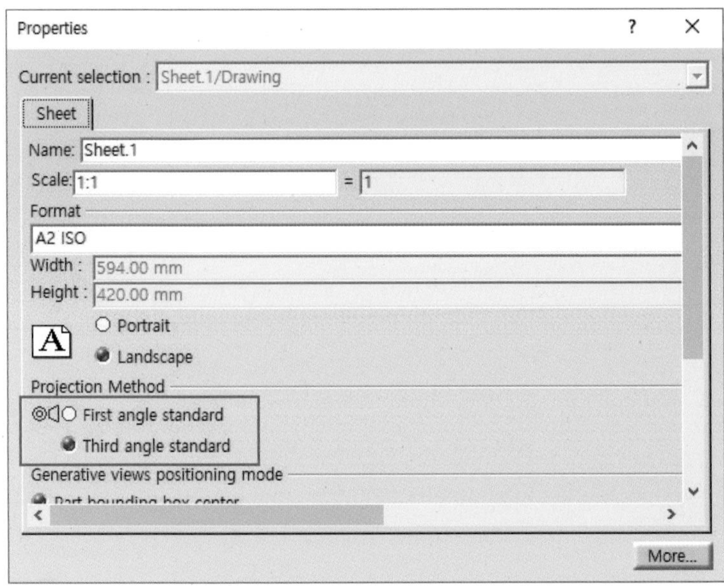

06 **View Creation Wizard**를 선택하고 왼쪽 첫 번째 아이콘 Configuration 1 using the 1st angle projection method를 클릭하고 Next /Finish를 선택한다.

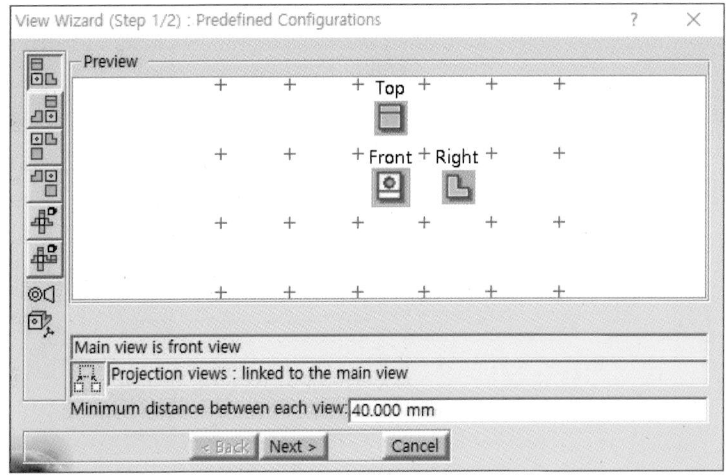

07 Housing의 정면을 클릭한다.

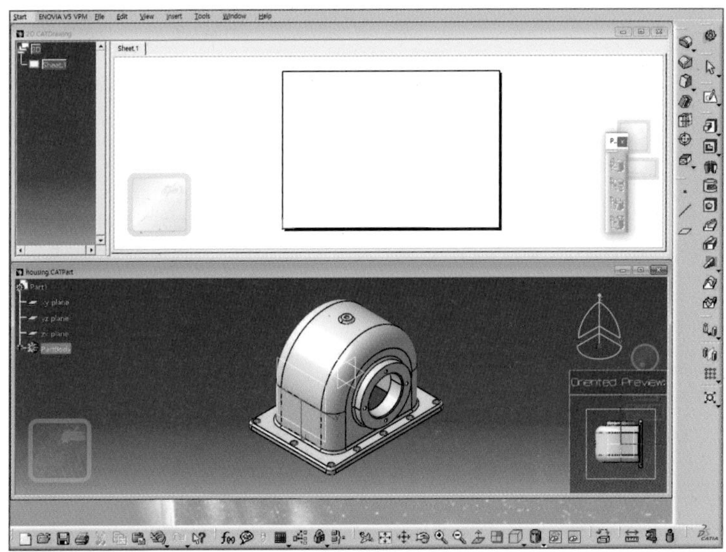

08 선택한 정면의 방향을 회전버튼을 이용해 조절하고 투영도가 놓일 부분을 클릭한다.

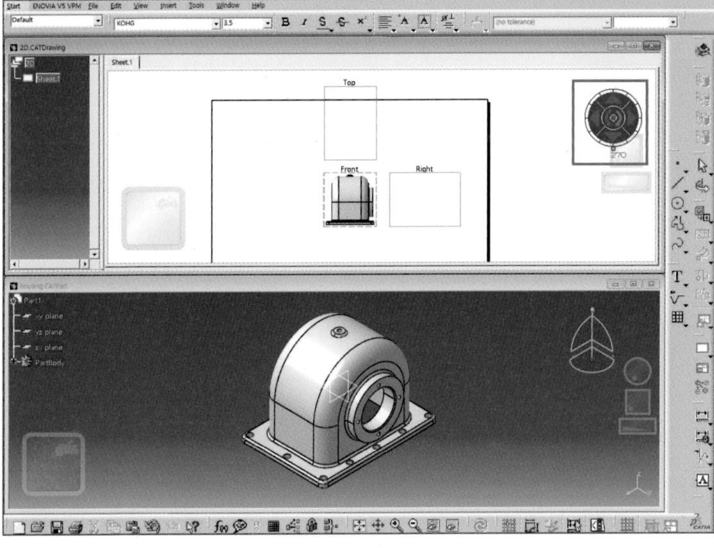

09 트리에서 세 개의 뷰를 Ctrl 을 누른 채 모두 선택하고 마우스 오른쪽 버튼을 눌러 Porperties로 들어간다. Hidden Line, Center Line, Axis, Thread, Fillets/Approxximated Origin Edges 등 필요한 옵션을 설정하고 OK한다.

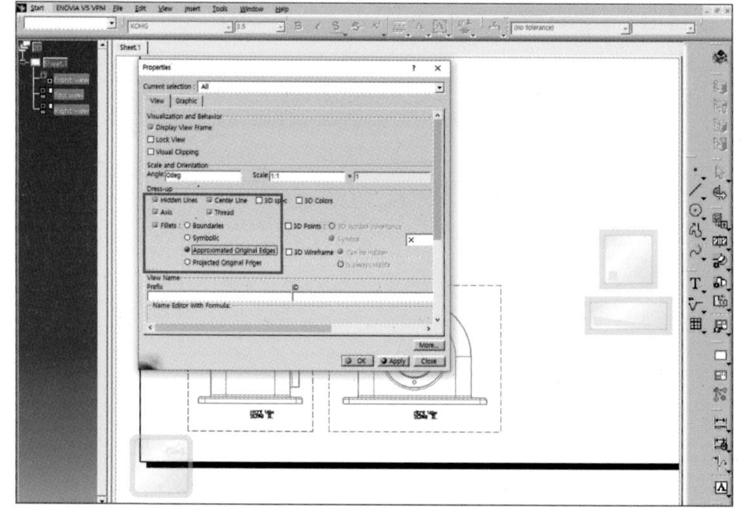

10 필요 없는 뷰는 뷰프레임을 선택하여 Delete 로 삭제한다.

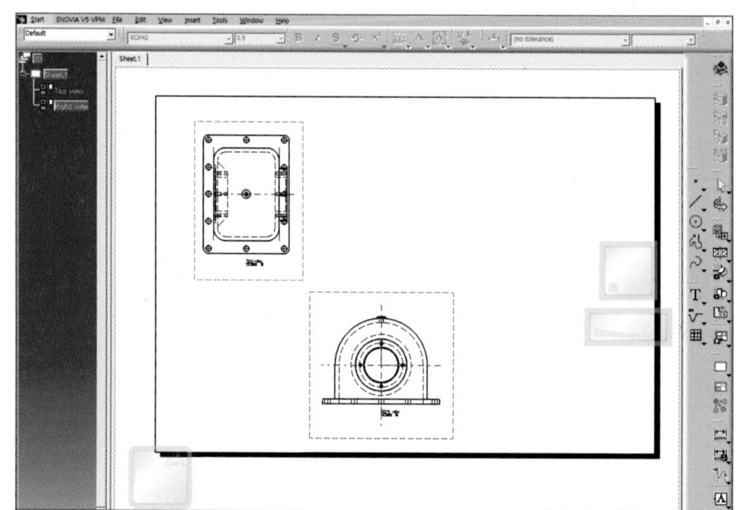

11 뷰프레임을 더블클릭하면 빨간색으로 활성화된다. Right view를 활성화하고 Offset Section View를 선택한다.

두 점을 클릭해 단면선을 그려준다. 이때, 더블클릭해서 단면을 마무리하고 단면도의 위치를 지정해 클릭한다.

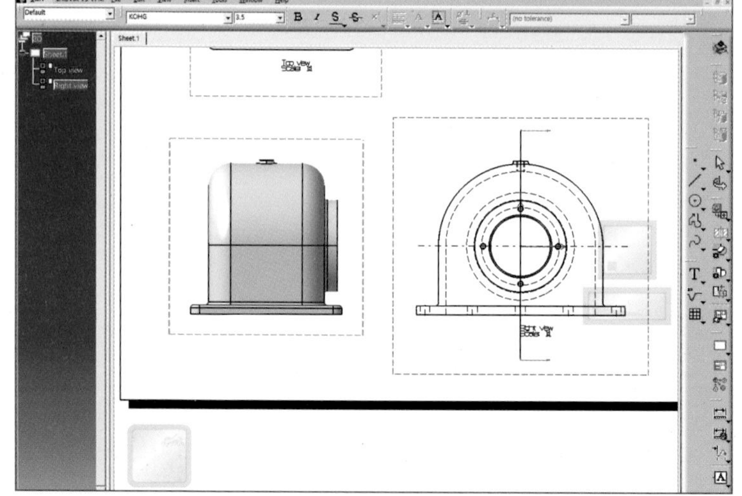

> **TIP** 단면 시 중심을 클릭할 때는 화면을 확대해서 정확한 위치에 클릭해야 오류가 없다.

12 대칭형상의 불필요한 부분을 자르기 위해 **Quick clipping view profile**을 선택한다.
대칭형상의 남기는 쪽을 사각형 형상으로 스케치한다.

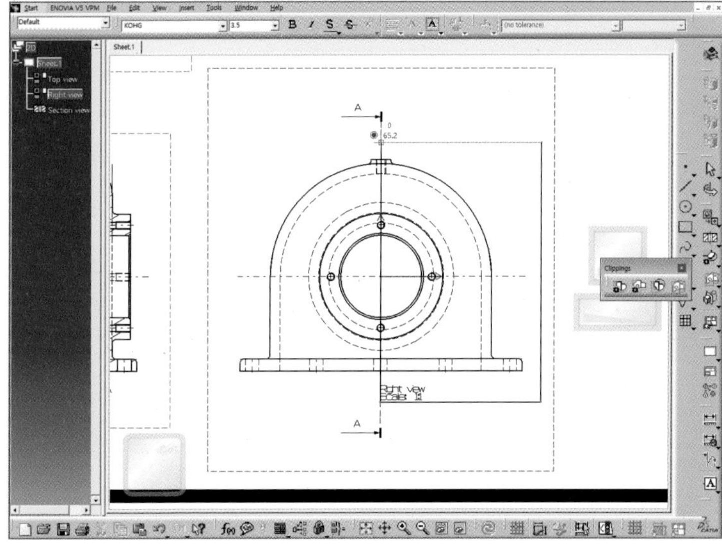

13 같은 방식으로 Top view도 clipping한다. 이때, Top view의 뷰프레임을 더블클릭해 활성화해야 한다.

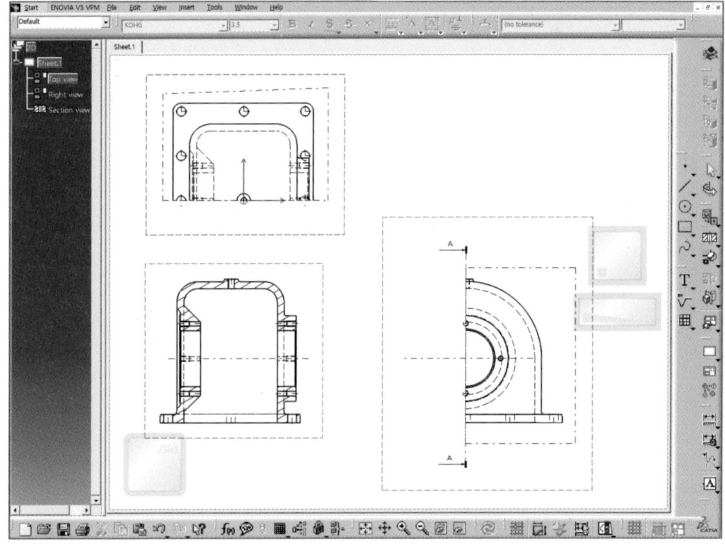

14 **File/New**
Shaft를 불러와 **View Creation Wizard**를 선택하고 왼쪽 첫 번째 아이콘 Configuration 1 using the 1st angle projection method를 클릭하고 Next /Finish를 선택한다.

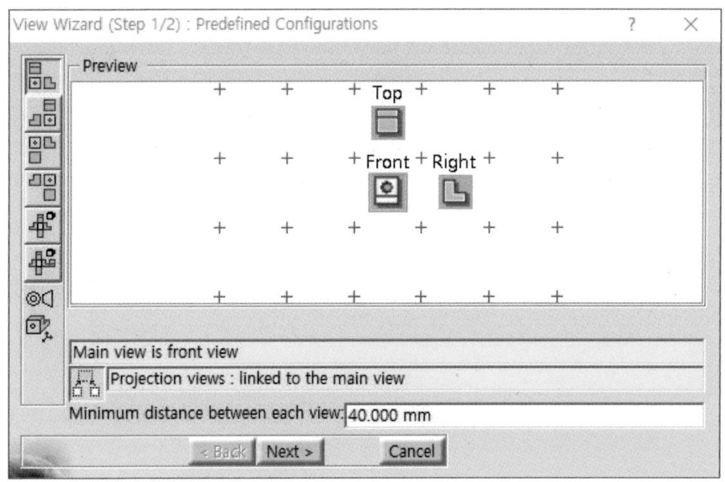

15 정면으로 평행키 홈의 바닥면을 클릭하여 다음 과 같이 도면에 배치한다.

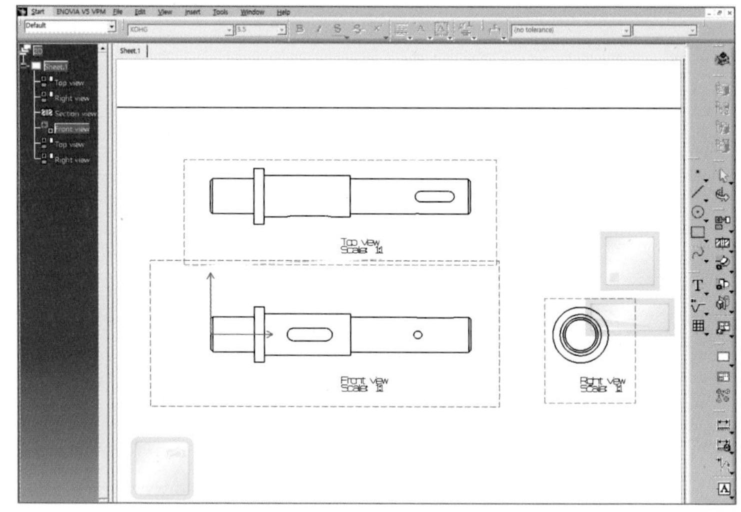

16 키홈을 나타내기 위해 축을 Offset Section View로 단면하고 clipping view로 정리한다.

TIP 부분 단면으로 표시하기에 어려움이 있고 작업량이 많으므로 AutoCAD로 넘겨 편집하는 것을 추천한다.

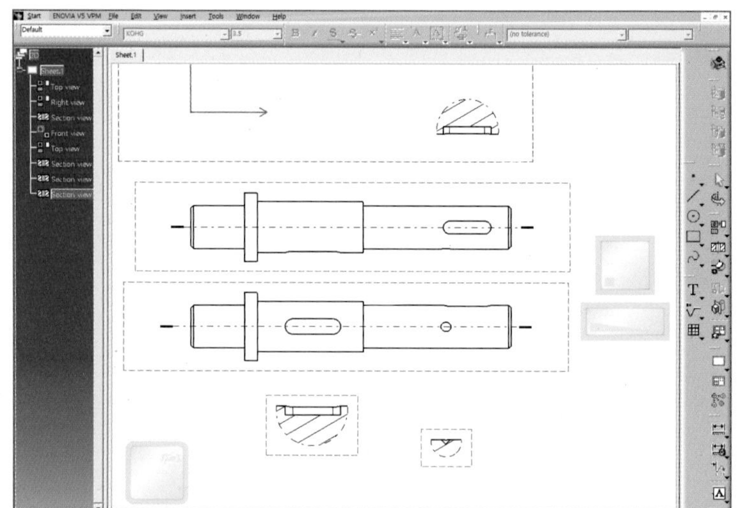

17 같은 방법으로 Gear의 정면도와 단면도를 생성하고, clipping view로 정리한다.

TIP 불필요한 선이나 글자는 지우거나 마우스 우측 버튼으로 Hide시킨다.

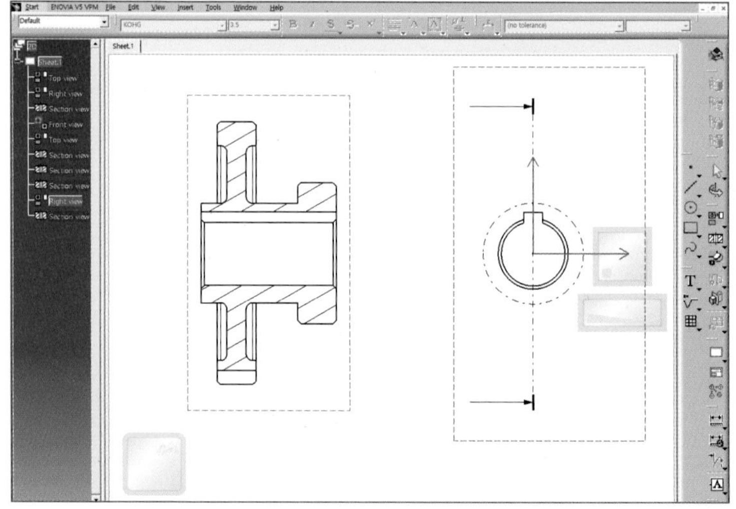

18 File 〉 Save as

파일형식을 dwg로 변경해 저장한다.

TIP 파일명은 반드시 영문이나 숫자로만 입력한다.

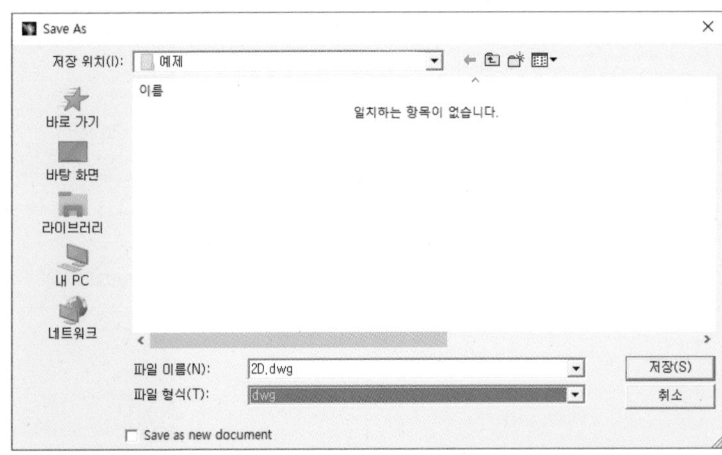

19 저장된 도면을 AutoCAD에서 불러오고 Zoom / All 해서 확인한다.

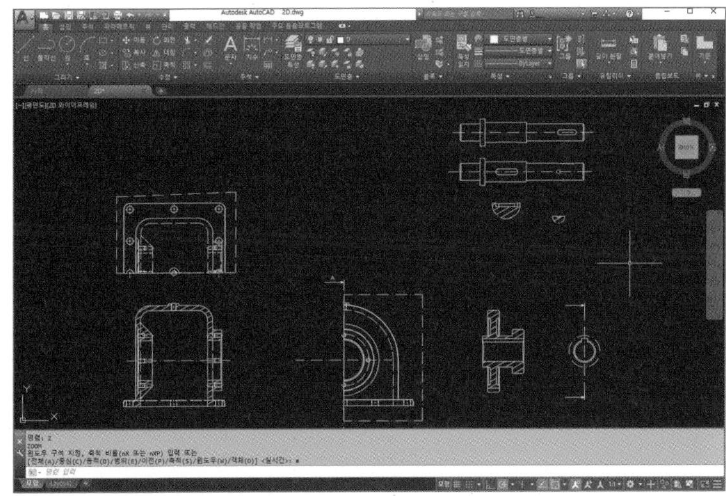

20 모든 객체를 선택하고 특성을 정리한다.

- 색상 : 도면층별
- 선굵기 : 기본값
- 선종류 : ByLayer

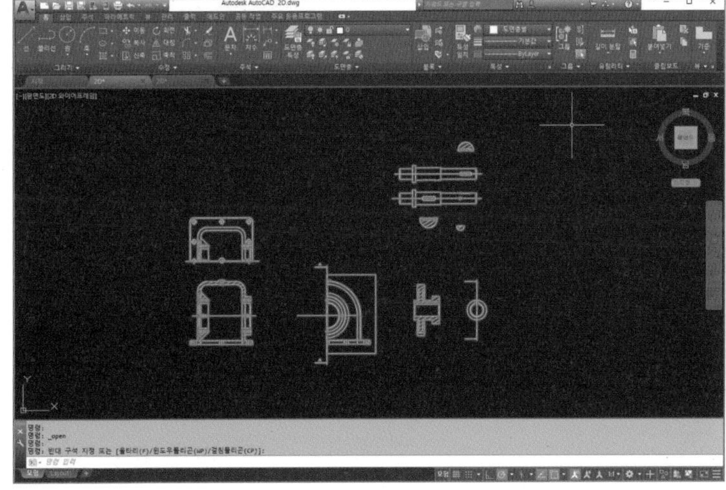

21 레이어를 설정하고 표제란을 작업한다.

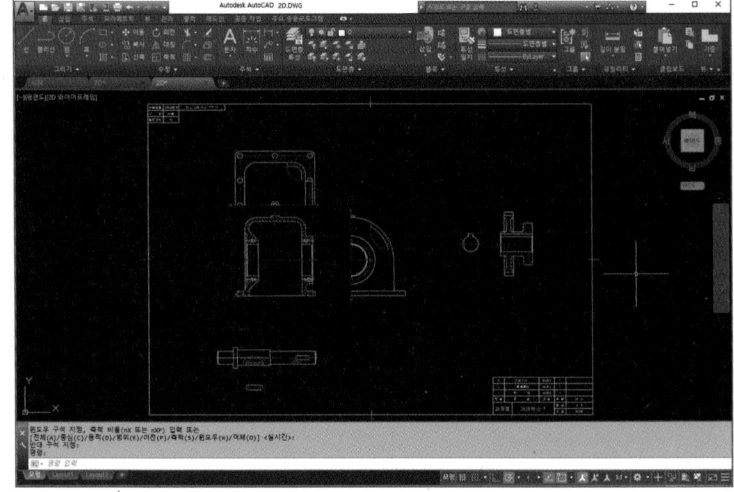

TIP 1 레이어를 만들고 MatchProp 기능을 이용하면 쉽고 빠르게 도면을 정리할 수 있다.

TIP 2 중심선은 다시 작성하는 것이 보기 좋다.

MEMO

08 | 질량 측정하기 [산업기사]

따 · 라 · 하 · 기

01 File/Open

저장된 Housing Part를 불러온다.

트리에서 PartBody를 선택하고 Measure Inertia 도구를 클릭한다.

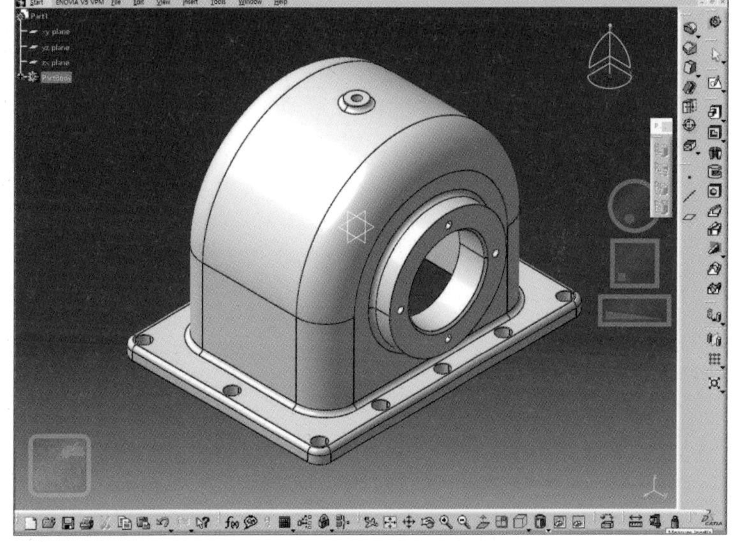

02 활성화된 MEASURE INERTIA 창에서 붉은 색 부분에 DENSITY = 7860[kg/m^3]을 입력한 후 텍스트 창의 아무 곳이나 클릭하면 Mass가 계산된다.

TIP DENSITY는 시험장에서 제공되는 값을 입력하면 된다.

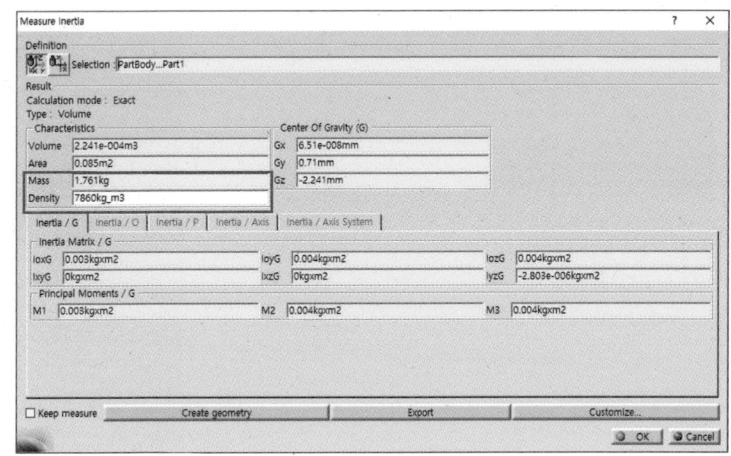

03 2D 표제란 비고에 질량을 입력한다.

09 1/4 단면하기 [산업기사]

따 · 라 · 하 · 기

01 File/Open

저장된 Housing Part를 불러온다.

바닥평면을 스케치 면으로 한다.

02 1/4 단면위치에 Rectangle을 스케치한다.

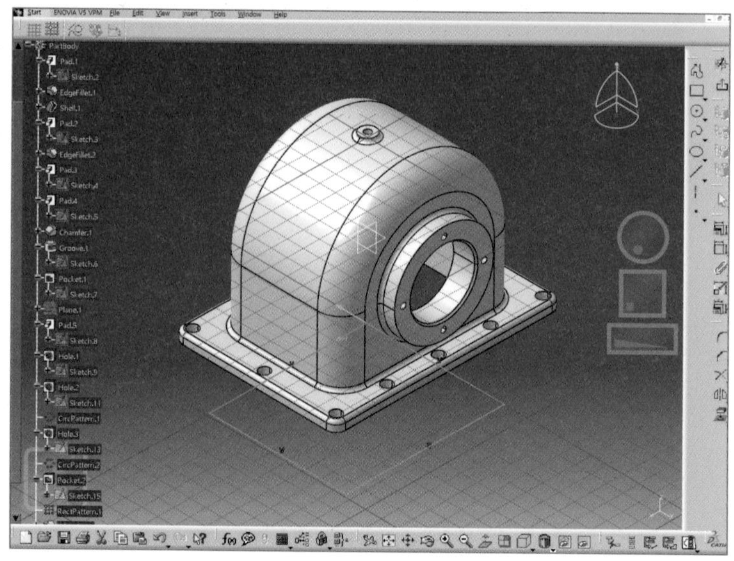

03 Pocket 〉 Up to Last

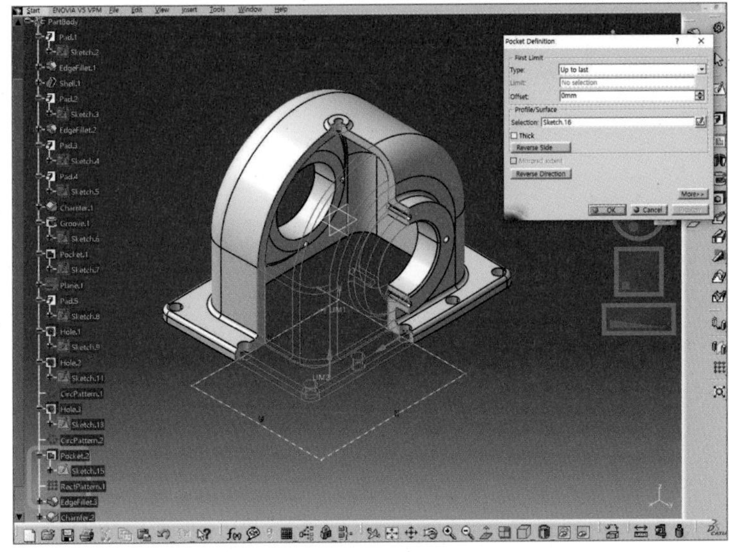

04 3D 도면에 배치하고 **완성**

> **TIP** 질량을 측정한 후에 1/4 단면작업을 하거나 단면작업 후에 질량을 측정한다면 Pocket 작업을 Deactivate하고 측정한다.

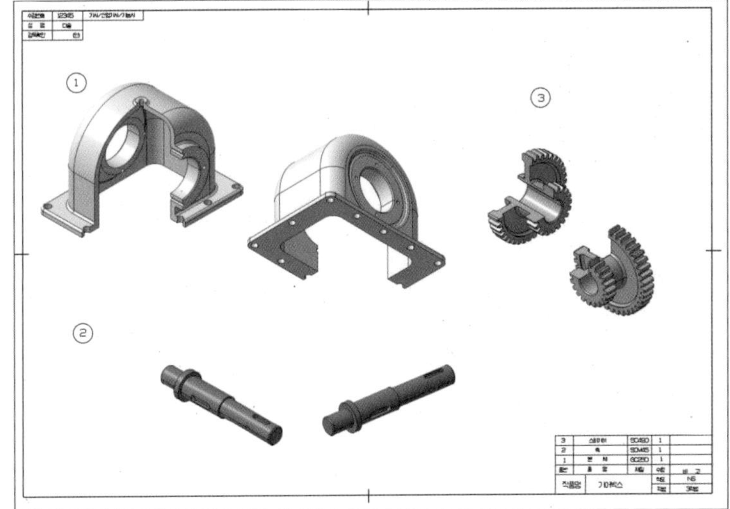

CHAPTER

04

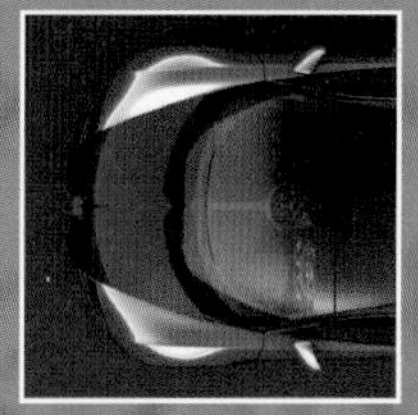

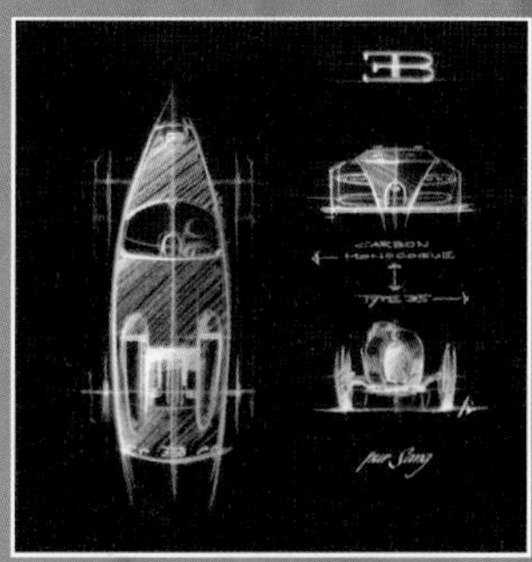

모델링에 의한 과제도면 해석

BRIEF SUMMARY

이 장에서는 일반기계기사/건설기계설비기사/기계설계산업기사/전산응용기계제도기능사 실기시험에서 출제빈도가 높은 과제도면들을 통해 부품 모델링과 각 부품에서 중요한 치수들을 체계적으로 정리하였다.

참고 : 과제도면에 따른 해답도면은 다솔유캠퍼스에서 작도한 참고 모범답안이며 해석하는 사람에 따라 다를 수 있다.

- 기본 투상도법은 3각법을 준수했고, 여러 가지 단면기법을 적용했다.
- 베어링 끼워맞춤공차는 적용 (KS B 2051 : 규격폐지)
- 기타 KS 규격치수를 준수했다.
- 기하공차는 IT5급을 적용했다.
- 표면거칠기 : 산술(중심선), 평균거칠기(Ra), 최대높이(Ry), 10점평균거칠기(Rz) 적용
- 중심거리 허용차 KS B 0420 2급을 적용했다.

01 과제명 해설

과제명	해설
동력전달장치	원동기에서 발생한 동력을 운전하려는 기계의 축에 전달하는 장치
편심왕복장치	원동기에서 발생한 회전운동을 수직왕복 우동으로 바꿔주는 기계장치
펀칭머신(Punching machine)	판금에 펀치로 구멍을 내거나 일정한 모양의 조각을 따내는 기계
치공구(治工具)	어떤 물건을 고정할 때 사용하는 공구를 통틀어 이르는 말
지그(Jig)	기계의 부품을 가공할 때에 그 부품을 일정한 자리에 고정하여 공구가 닿을 위치를 쉽고 정확하게 정하는 데에 쓰는 보조용 기구
클램프(Clamp)	① 공작물을 공작기계의 테이블 위에 고정하는 장치 ② 손으로 다듬을 때에 작은 물건을 고정하는 데 쓰는 바이스
잭(Jack)	기어, 나사, 유압 등을 이용해서 무거운 것을 수직으로 들어올리는 기구
바이스(Vice)	공작물을 절단하거나 구멍을 뚫을 때 공작물을 끼워 고정하는 공구

02 표면처리

표면처리법	해설
알루마이트 처리	알루미늄합금(ALDC)의 표면처리법
파커라이징 처리	강의 표면에 인산염의 피막을 형성시켜 부식을 방지하는 표면처리법

03 도면에 사용된 부품명 해설

부품명(품명)	해설
가이드(안내, Guide)	절삭공구 또는 기타 장치의 위치를 올바르게 안내하는 부속품
가이드부시(Guide bush)	본체와 축 사이에 끼워져 안내 역할을 하는 부시, 드릴지그에서 삽입부시를 안내하는 부시
가이드블록(Guide block)	안내 역할을 하는 사각형 블록
가이드볼트(Guide bolt)	안내 역할을 하는 볼트

부품명(품명)	해설
가이드축(Guide shaft)	안내 역할을 하는 축
가이드핀(Guide pin)	안내 역할을 하는 핀
기어축(Gear shaft)	기어가 가공된 축
고정축(Fixed shaft)	부품 또는 제품을 고정하는 축
고정부시(Fixed bush)	드릴지그에서 본체에 압입하여 드릴을 안내하는 부시
고정라이너(Fixed liner)	드릴지그에서 본체와 삽입부시 사이에 끼워놓은 얇은 끼움쇠
고정대	제품 또는 부품을 고정하는 부분 또는 부품
고정조(오)(Fixed jaw)	바이스 또는 슬라이더에서 제품을 고정하기 위해 움직이지 않고 고정되어 있는 조
게이지축(Gauge shaft)	부품의 위치와 모양을 정확하게 결정하기 위해 설치하는 축
게이지판(Gauge sheet)	부품의 모양이나 치수 측정용으로 사용하기 위해 설치한 정밀한 강판
게이지핀(Gauge pin)	부품의 위치를 정확하게 결정하기 위해 설치하는 핀
드릴부시(Drill bush)	드릴, 리머 등을 공작물에 정확히 안내하기 위해 이용되는 부시
레버(Lever)	지지점을 중심으로 회전하는 힘의 모멘트를 이용하여 부품을 움직이는 데 사용되는 막대
라이너(끼움쇠, Liner)	① 두 개의 부품 관계를 일정하게 유지하기 위해 끼워놓은 얇은 끼움쇠 ② 베어링 커버와 본체 사이에 끼우는 베어링라이너, 실린더 본체와 피스톤 사이에 끼우는 실린더 라이너 등이 있다.
리드스크류(Lead screw)	나사 붙임축
링크(Link)	운동(회전, 직선)하는 두 개의 구조품을 연결하는 기계부품
롤러(Roller)	원형단면의 전동체로 물체를 지지하거나 운반하는 데 사용한다.
본체(몸체)	구조물의 몸이 되는 부분(부품)
베어링커버(Cover)	내부 부품을 보호하는 덮개
베어링하우징(Bearing housing)	기계부품 및 베어링을 둘러싸고 있는 상자형 프레임
베어링부시(Bearing bush)	원통형의 간단한 베어링 메탈
베이스(Base)	치공구에서 부품을 조립하기 위해 기반이 되는 기본 틀
부시(Bush)	회전운동을 하는 축과 본체 또는 축과 베어링 사이에 끼워넣는 얇은 원통
부시홀더(Bush holder)	드릴지그에서 부시를 지지하는 부품
브래킷(브라켓, Bracket)	벽이나 기둥 등에 돌출하여 축 등을 받칠 목적으로 쓰이는 부품
V–블록(V–block)	금긋기에서 둥근 재료를 지지하여 그 중심을 구할 때 사용하는 V자형 블록
서포터(Support)	지지대, 버팀대
서포터부시(Support bush)	지지 목적으로 사용되는 부시
삽입부시(Spigot bush)	드릴지그에 부착되어 있는 가이드부시(고정라이너)에 삽입하여 드릴을 지지하는 데 사용하는 부시
실린더(Cylinder)	유체를 밀폐한 속이 빈 원통 모양의 용기. 증기기관, 내연기관, 공기 압축기관, 펌프 등 왕복 기관의 주요부품

부품명(품명)	해설
실린더 헤드(Cylinder head)	실린더의 윗부분에 씌우는 덮개. 압축가스가 새는 것을 막기 위하여 실린더 블록과의 사이에 개스킷(gasket) 또는 오링(O-ring)을 끼워 볼트로 고정한다.
슬라이드, 슬라이더(Slide, Slider)	홈, 평면, 원통, 봉 등의 구조품 표면을 따라 끊임없이 접촉 운동하는 부품
슬리브(Sleeve)	축 등의 외부에 끼워 사용하는 길쭉한 원통 부품. 축이음 목적으로 사용되기도 한다.
새들(Saddle)	① 선반에서 테이블, 절삭 공구대, 이송 장치, 베드 등의 사이에 위치하면서 안내면을 따라서 이동하는 역할을 하는 부분 또는 부품 ② 치공구에서 가공품이 안내면을 따라 이동하는 역할을 하는 부분 또는 부품
섹터기어(Sector gear)	톱니바퀴 원주의 일부를 사용한 부채꼴 모양의 기어. 간헐 기구(間敬機構) 등에 이용된다.
센터(Center)	주로 선반에서 공작물 지지용으로 상용되는 끝이 원뿔형인 강편
이음쇠	부품을 서로 연결하거나 접속할 때 이용되는 부속품
이동조(오)	바이스 또는 슬라이더에서 제품을 고정하기 위해 움직이는 조
어댑터(Adapter)	어떤 장치나 부품을 다른 것에 연결시키기 위해 사용되는 중계 부품
조(오)(Jaw)	물건(제품) 등을 끼워서 집는 부분
조정축	기계장치나 치공구에서 사용되는 조정용 축
조정너트	기계장치나 치공구에서 사용되는 조정용 너트
조임너트	기계장치나 치공구에서 사용되는 조임과 풀림을 반복하는 너트
중공축	속이 빈 봉이나 관으로 만들어진 축. 안에 다른 축을 설치할 수 있다.
커버(Cover)	덮개, 씌우개
칼라(Collar)	간격 유지 목적으로 주로 축이나 관 등에 끼워지는 원통모양의 고리
콜릿(Collet)	드릴이나 엔드밀을 끼워넣고 고정시키는 공구
크랭크판(Crank board)	회전운동을 왕복운동으로 바꾸는 기능을 하는 판
캠(Cam)	회전운동을 다른 형태의 왕복운동이나 요동운동으로 변환하기 위해 평면 또는 입체적으로 모양을 내거나 홈을 파낸 기계부품
편심축(Eccentric shaft)	회전운동을 수직운동으로 변환하는 기능을 가지는 축
피니언(Pinion)	① 맞물리는 크고 작은 두 개의 기어 중에서 작은 쪽 기어 ② 래크(rack)와 맞물리는 기어
피스톤(Piston)	실린더 내에서 기밀을 유지하면서 왕복운동을 하는 원통
피스톤로드(Piston rod)	피스톤에 고정되어 피스톤의 운동을 실린더 밖으로 전달하는 작용을 하는 축 또는 봉
핑거(Finger)	에어척에서 부품을 직접 쥐는 손가락 모양의 부품
펀치(Punch)	판금에 구멍을 뚫기 위해 공구강으로 만든 막대모양의 공구
펀칭다이(Punching die)	펀치로 구멍을 뚫을 때 사용되는 안내 틀
플랜지(Flange)	축 이음이나 관 이음 목적으로 사용되는 부품
하우징(Housing)	기계부품을 둘러싸고 있는 상자형 프레임
홀더(지지대, Holder)	절삭공구류, 게이지류, 기타 부속품 등을 지지하는 부분 또는 부품

MEMO

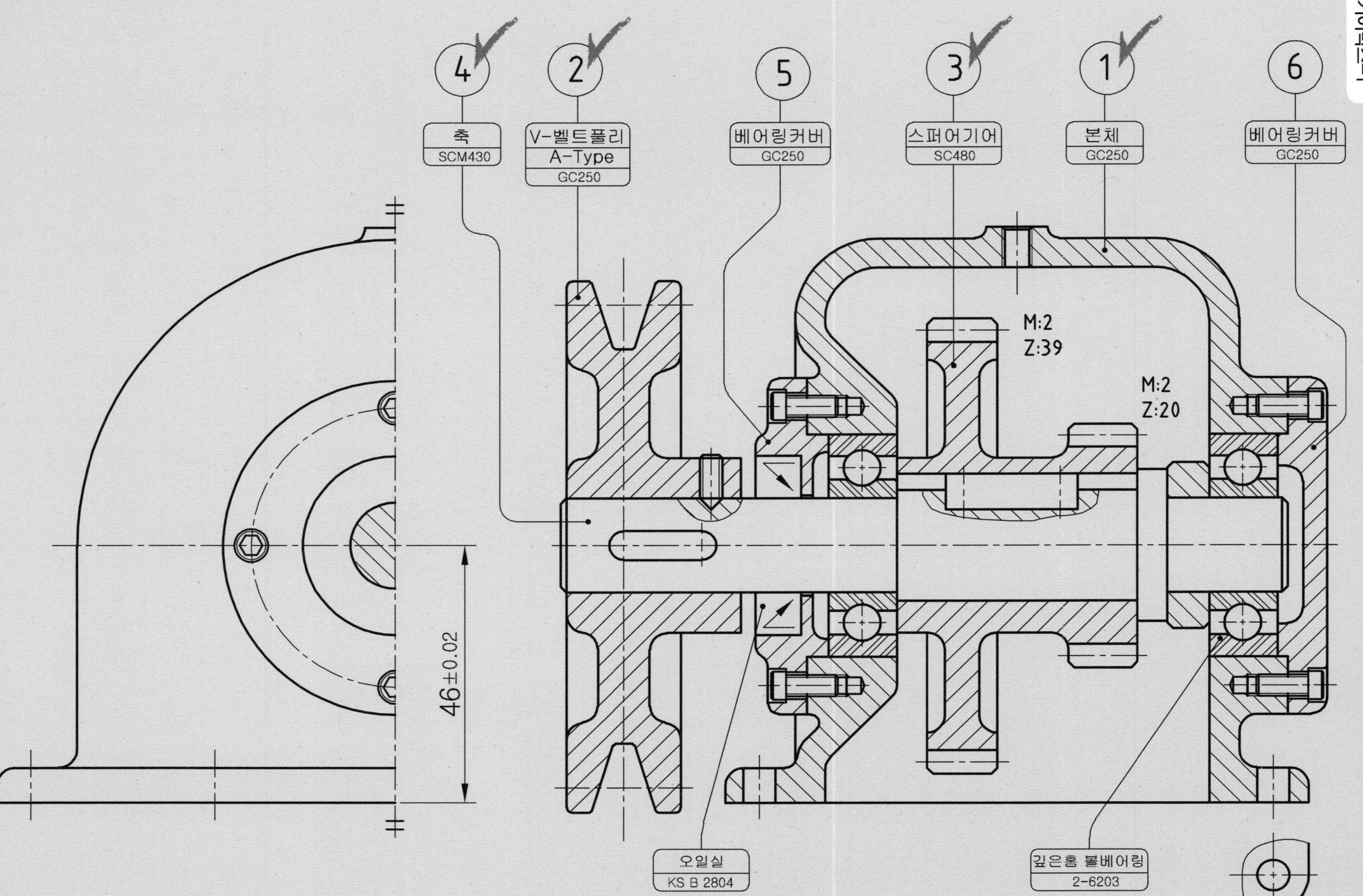
4
축
SCM430
2
V-벨트풀리
A-Type
GC250
5
베어링커버
GC250
3
스퍼기어
SC480
1
본체
GC250
6
베어링커버
GC250
M:2
Z:39
M:2
Z:20
46±0.02
오일실
KS B 2804
깊은홈 볼베어링
2-6203

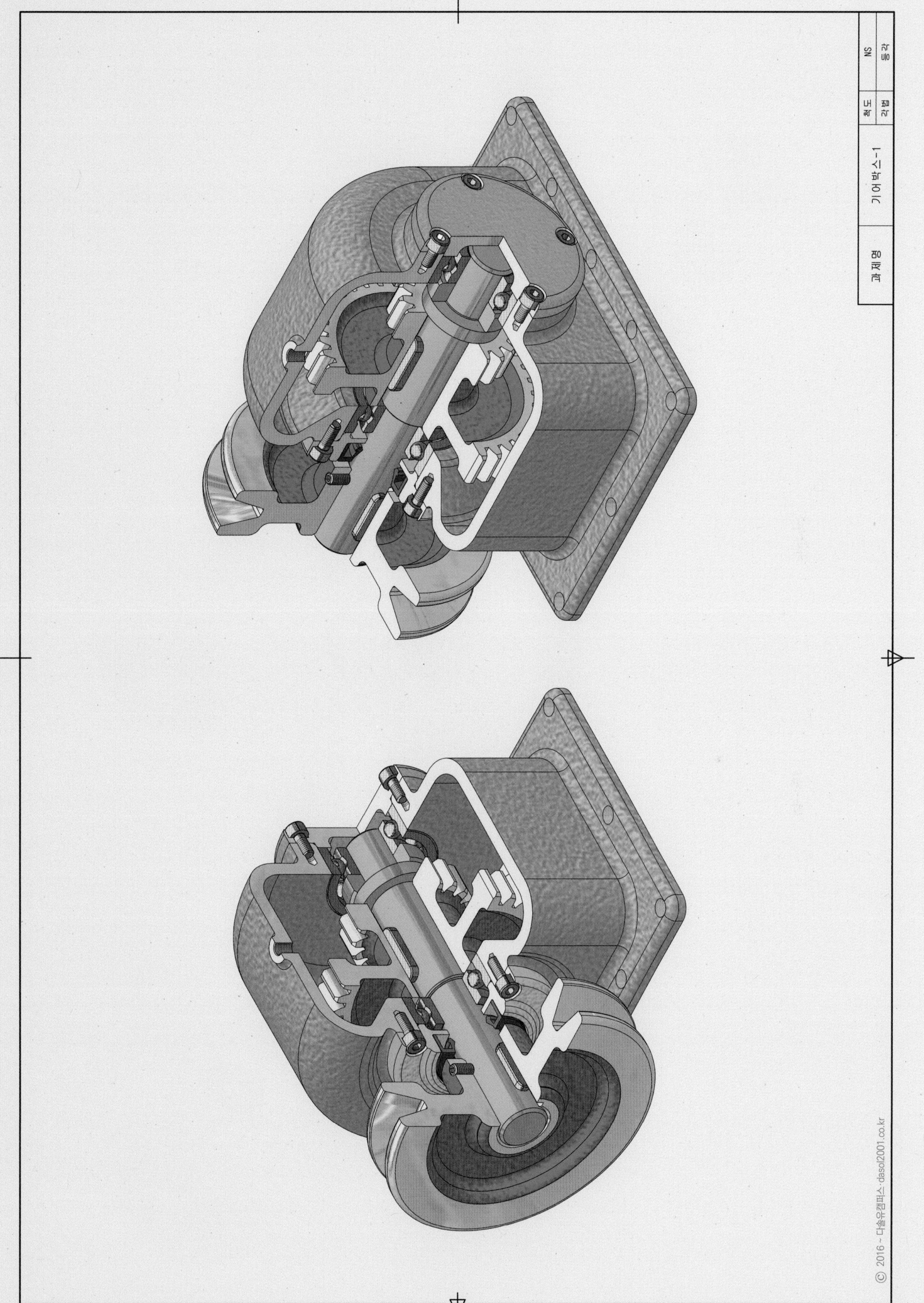
과제명
기어박스-1
척도
NS
각법
3각
© 2016 - 다솔유캠퍼스-dasol2001.co.kr

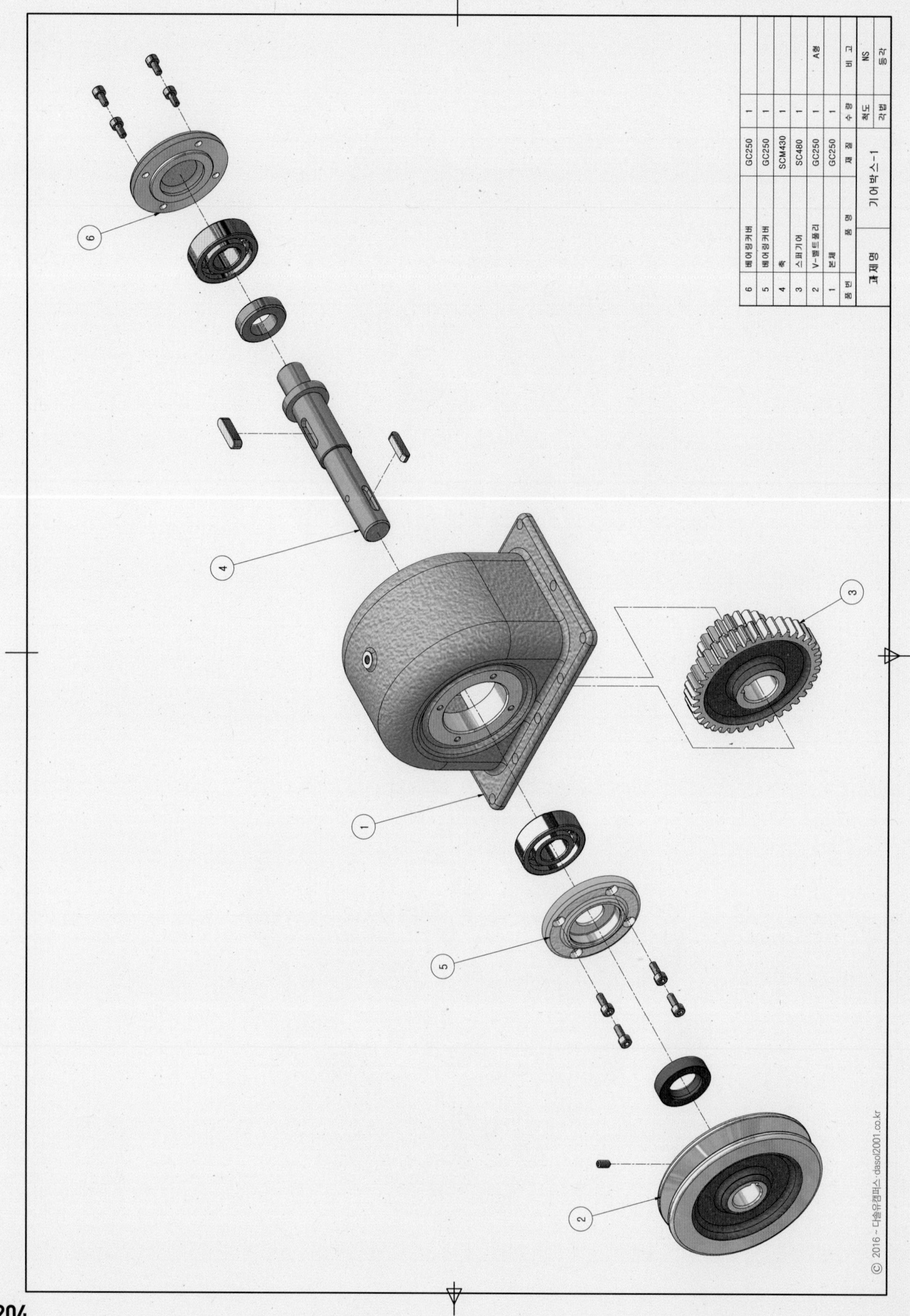

품번	품명	재질	수량	비고
6	베어링커버	GC250	1	
5	베어링커버	GC250	1	
4	축	SCM430	1	
3	스퍼기어	SC480	1	
2	V-벨트풀리	GC250	1	A형
1	본체	GC250	1	
과제명	기어박스-1		척도	NS
			각법	등각

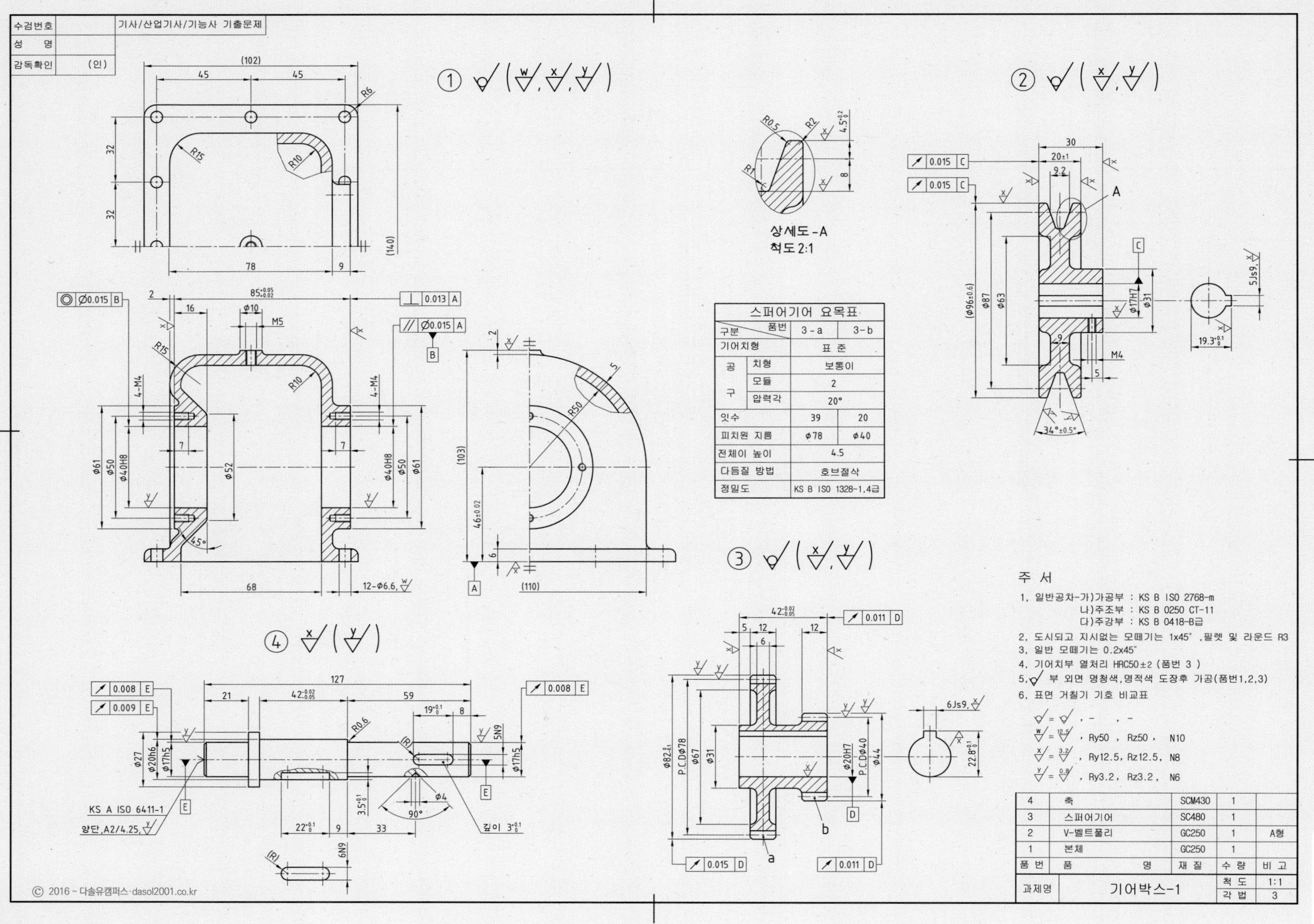
수검번호
성 명
감독확인 (인)
기사/산업기사/기능사 기출문제
①
②
상세도-A
척도 2:1
③
④
스퍼어기어 요목표
구분 \ 품번		3-a	3-b
기어치형		표 준	
공구	치형	보통이	
	모듈	2	
	압력각	20°	
잇수		39	20
피치원 지름		φ78	φ40
전체이 높이		4.5	
다듬질 방법		호브절삭	
정밀도		KS B ISO 1328-1,4급	
주 서
1. 일반공차-가)가공부 : KS B ISO 2768-m
나)주조부 : KS B 0250 CT-11
다)주강부 : KS B 0418-B급
2. 도시되고 지시없는 모떼기는 1x45°, 필렛 및 라운드 R3
3. 일반 모떼기는 0.2x45°
4. 기어치부 열처리 HRC50±2 (품번 3)
5. 부 외면 명청색, 명적색 도장후 가공(품번1,2,3)
6. 표면 거칠기 기호 비교표
, Ry50 , Rz50 , N10
, Ry12.5, Rz12.5, N8
, Ry3.2 , Rz3.2 , N6
4	축	SCM430	1	
3	스퍼어기어	SC480	1	
2	V-벨트풀리	GC250	1	A형
1	본체	GC250	1	
품 번	품 명	재 질	수 량	비 고
과제명 기어박스-1 척도 1:1 각법 3
KS A ISO 6411-1
양단,A2/4.25,
깊이 3
© 2016 ~ 다솔유캠퍼스 · dasol2001.co.kr

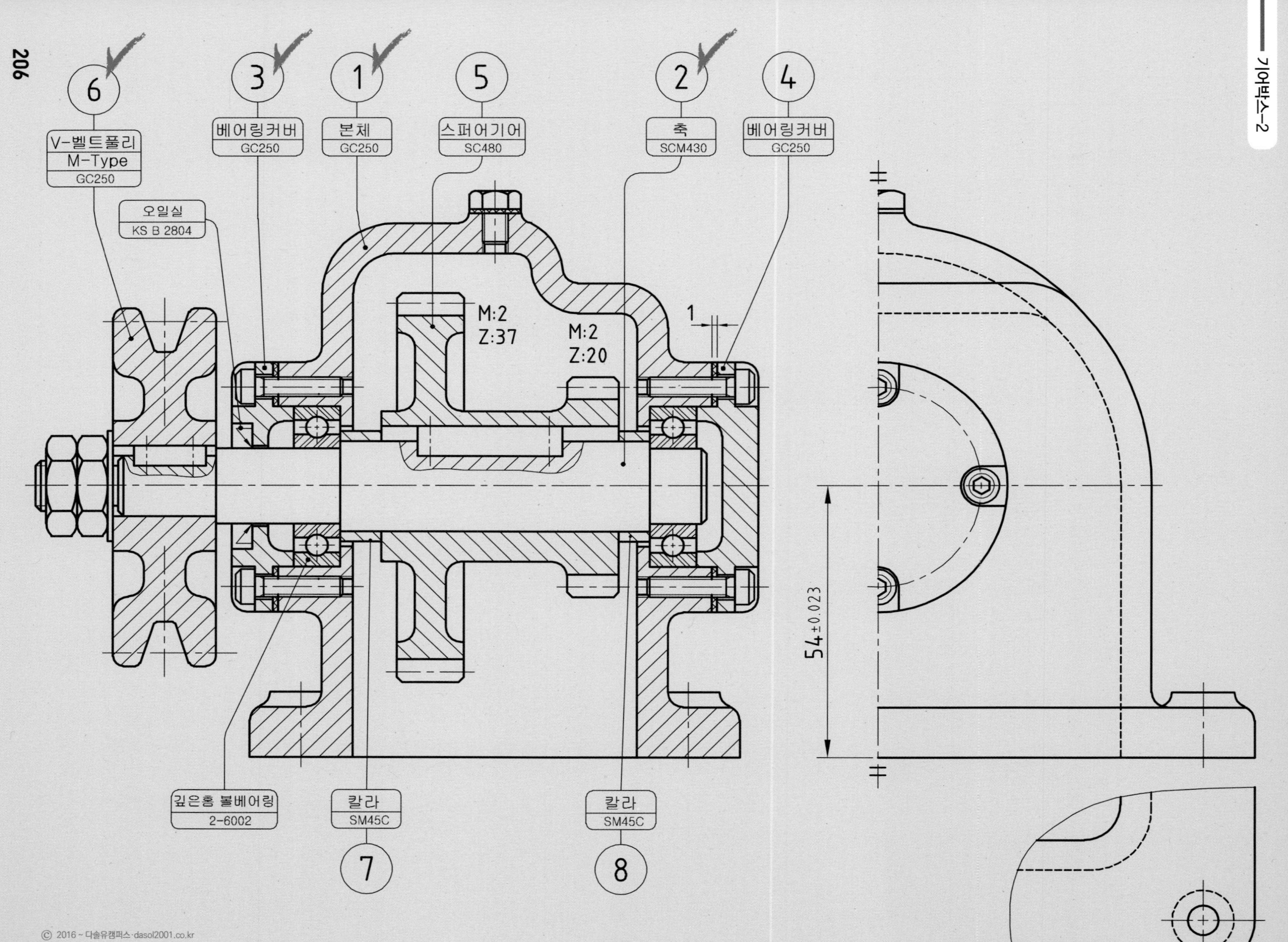

6
V-벨트풀리
M-Type
GC250
3
베어링커버
GC250
1
본체
GC250
5
스퍼어기어
SC480
2
축
SCM430
4
베어링커버
GC250
오일실
KS B 2804
M:2
Z:37
M:2
Z:20
1
54±0.023
깊은홈 볼베어링
2-6002
칼라
SM45C
7
칼라
SM45C
8

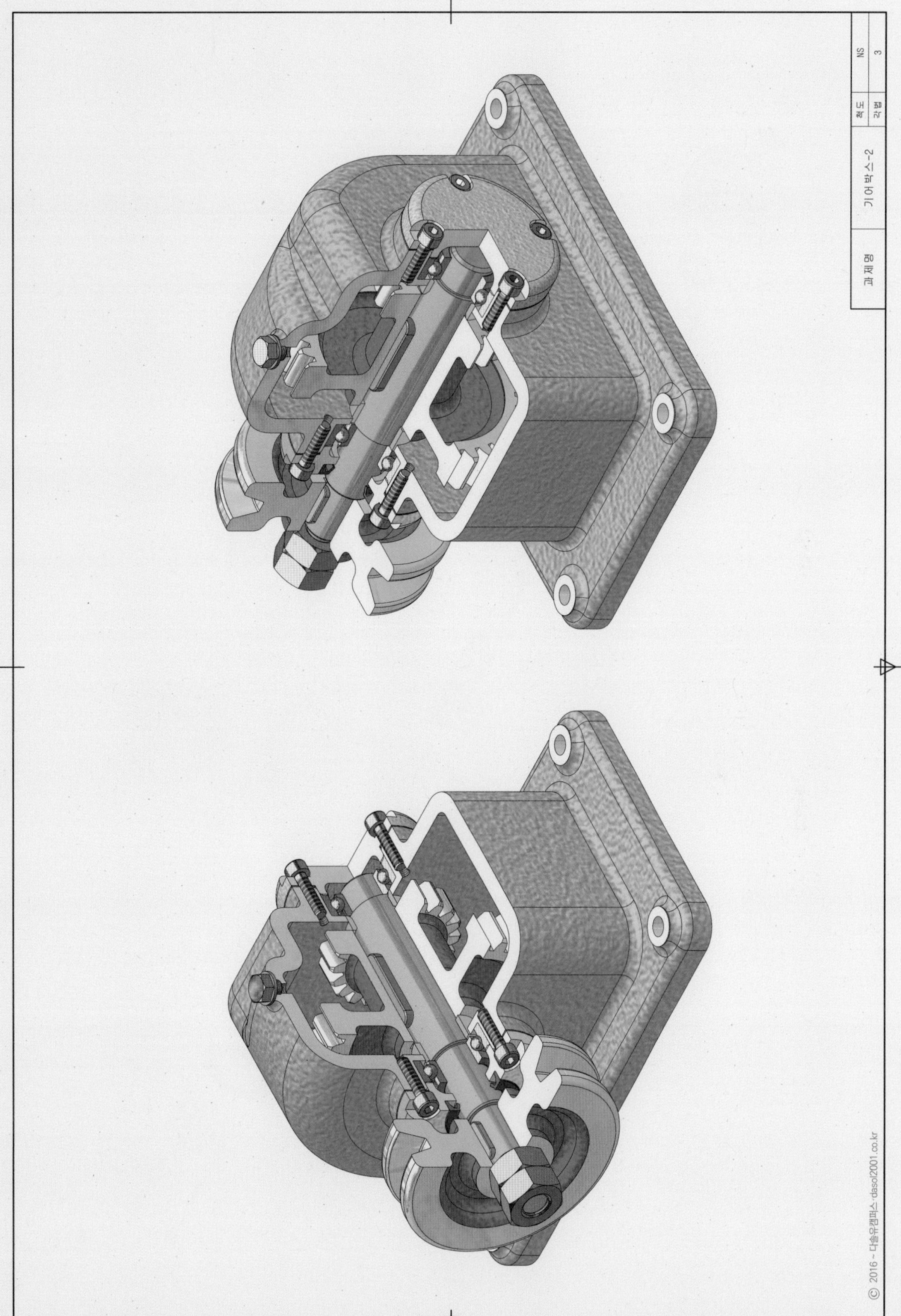
과제명
기어박스-2
척도
NS
각법
3
© 2016 ~ 다솔유캠퍼스 · dasol2001.co.kr

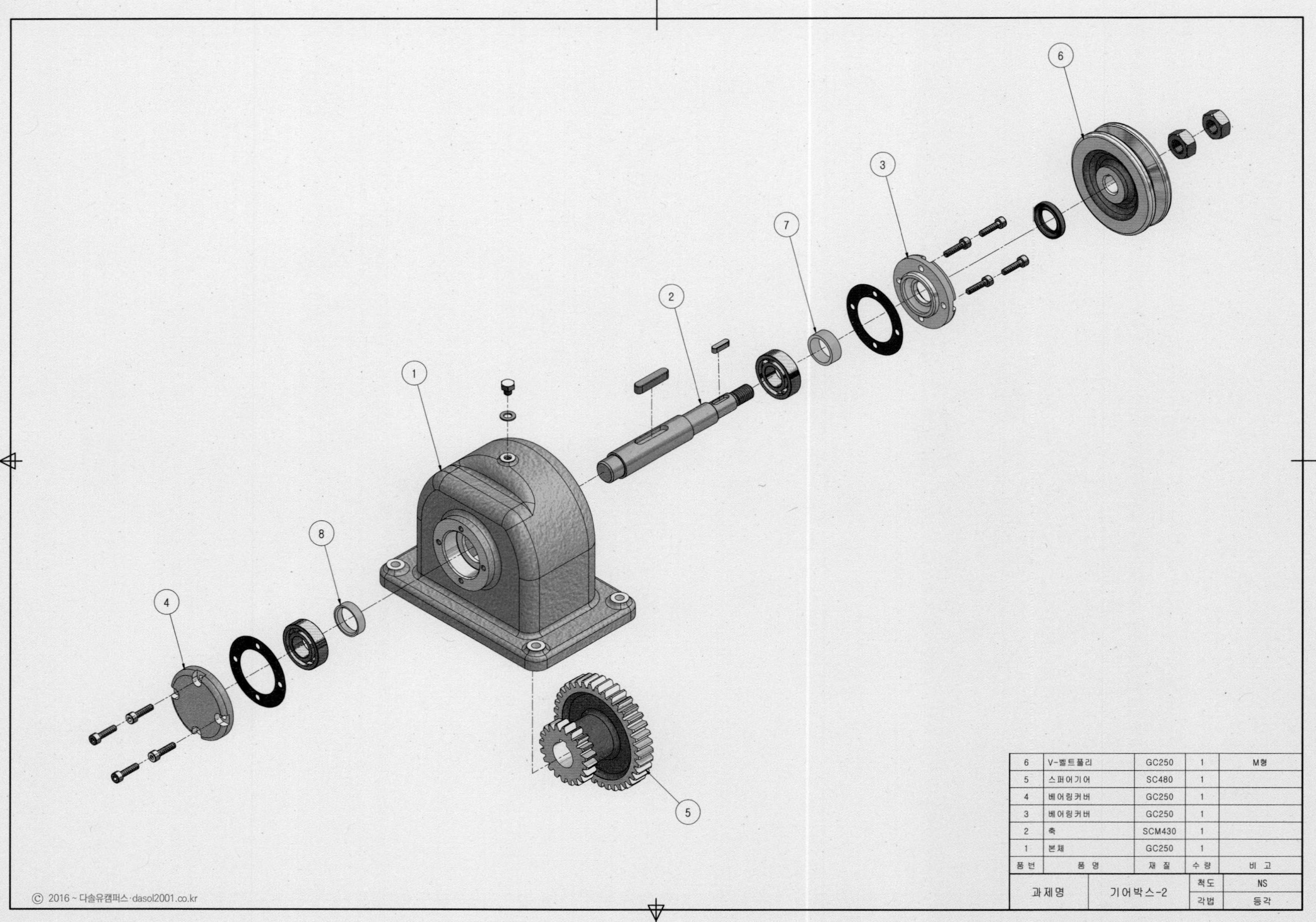

품번	품명	재질	수량	비고
6	V-벨트풀리	GC250	1	M형
5	스퍼어기어	SC480	1	
4	베어링커버	GC250	1	
3	베어링커버	GC250	1	
2	축	SCM430	1	
1	본체	GC250	1	

과제명	기어박스-2	척도	NS
		각법	등각

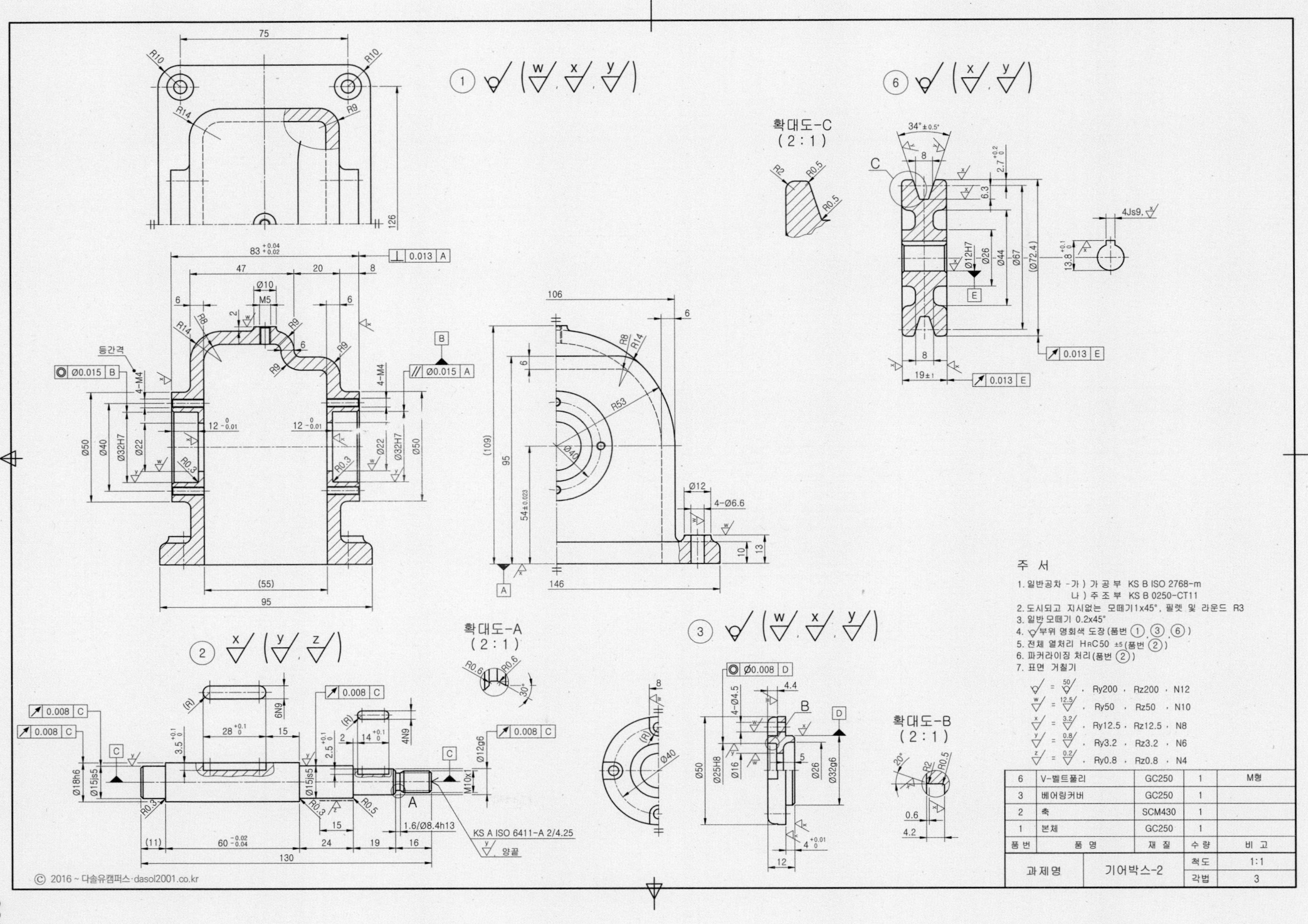
주 서
1. 일반공차 - 가) 가 공 부 KS B ISO 2768-m
나) 주 조 부 KS B 0250-CT11
2. 도시되고 지시없는 모떼기1x45°, 필렛 및 라운드 R3
3. 일반 모떼기 0.2x45°
4. 부위 명회색 도장(품번 ①, ③, ⑥)
5. 전체 열처리 HRC50 ±5(품번 ②)
6. 파커라이징 처리(품번 ②)
7. 표면 거칠기
Ry200 , Rz200 , N12
Ry50 , Rz50 , N10
Ry12.5 , Rz12.5 , N8
Ry3.2 , Rz3.2 , N6
Ry0.8 , Rz0.8 , N4
6 V-벨트풀리 GC250 1 M형
3 베어링커버 GC250 1
2 축 SCM430 1
1 본체 GC250 1
품번 품 명 재 질 수 량 비 고
과제명 기어박스-2 척도 1:1 각법 3
확대도-A (2 : 1)
확대도-B (2 : 1)
확대도-C (2 : 1)
KS A ISO 6411-A 2/4.25
등간격
© 2016 ~ 다솔유캠퍼스·dasol2001.co.kr

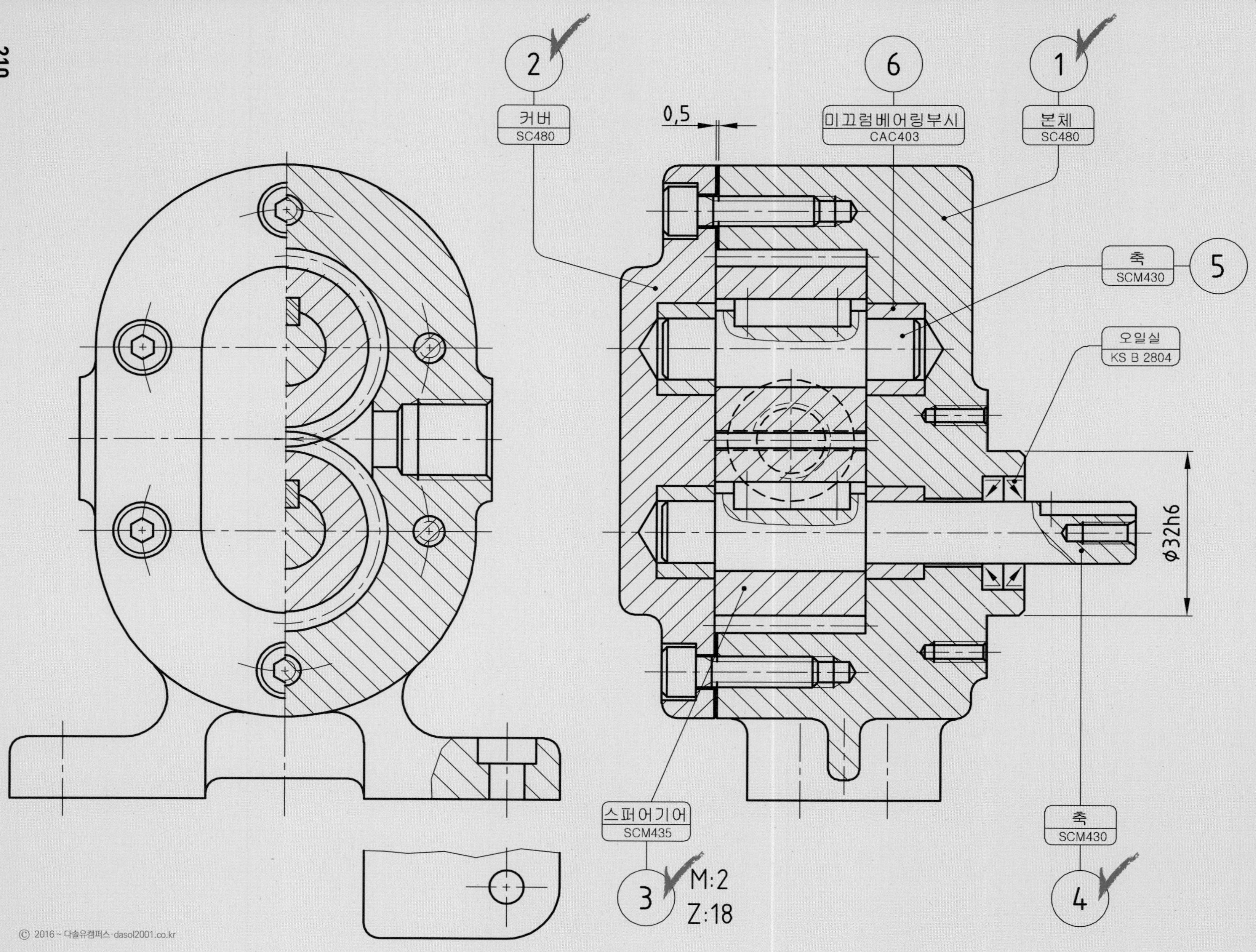
2
커버
SC480
0,5
6
미끄럼베어링부시
CAC403
1
본체
SC480
축
SCM430
5
오일실
KS B 2804
φ32h6
스퍼어기어
SCM435
3
M:2
Z:18
축
SCM430
4

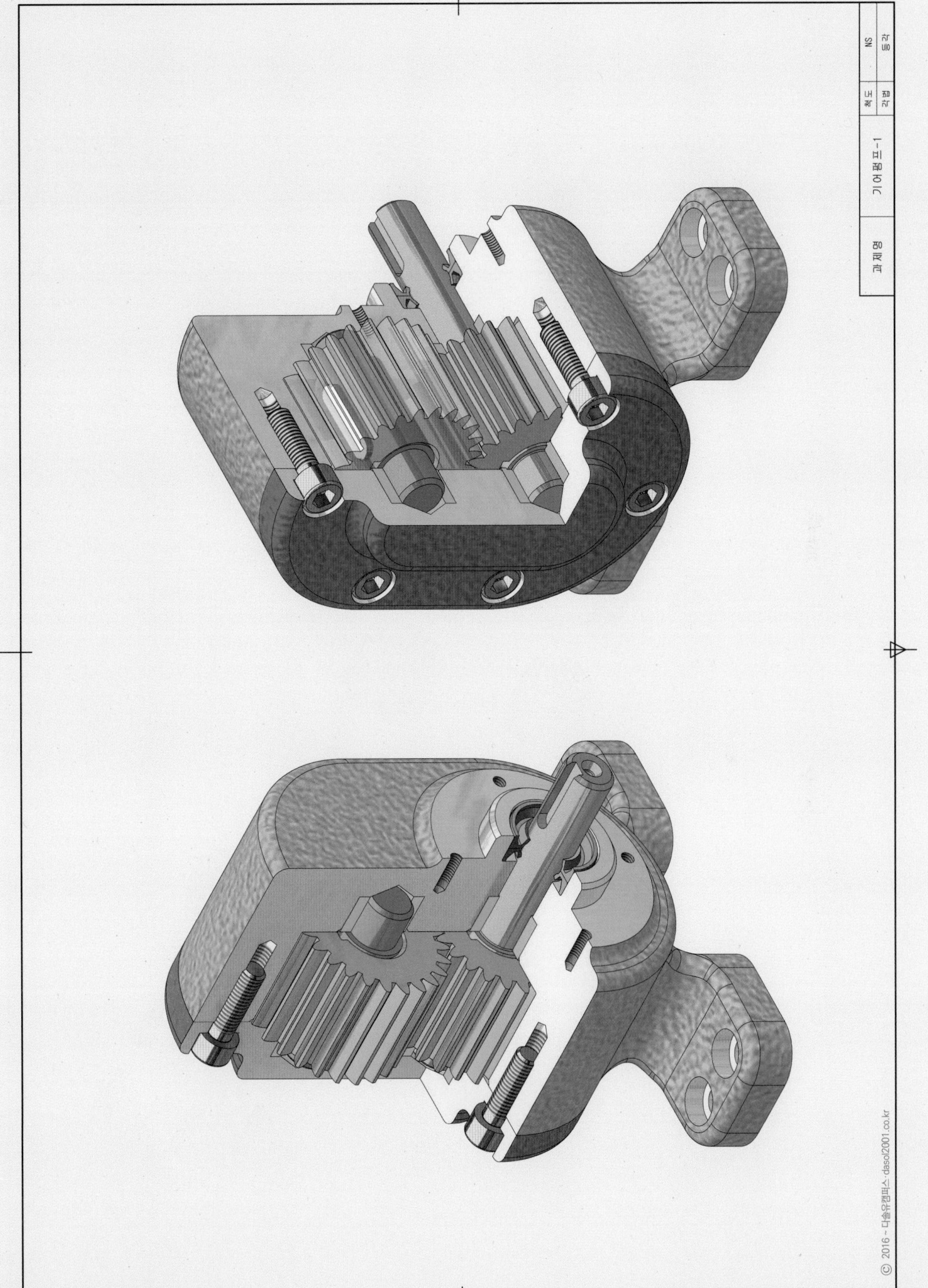
과제명
기어펌프-1
척도
NS
각법

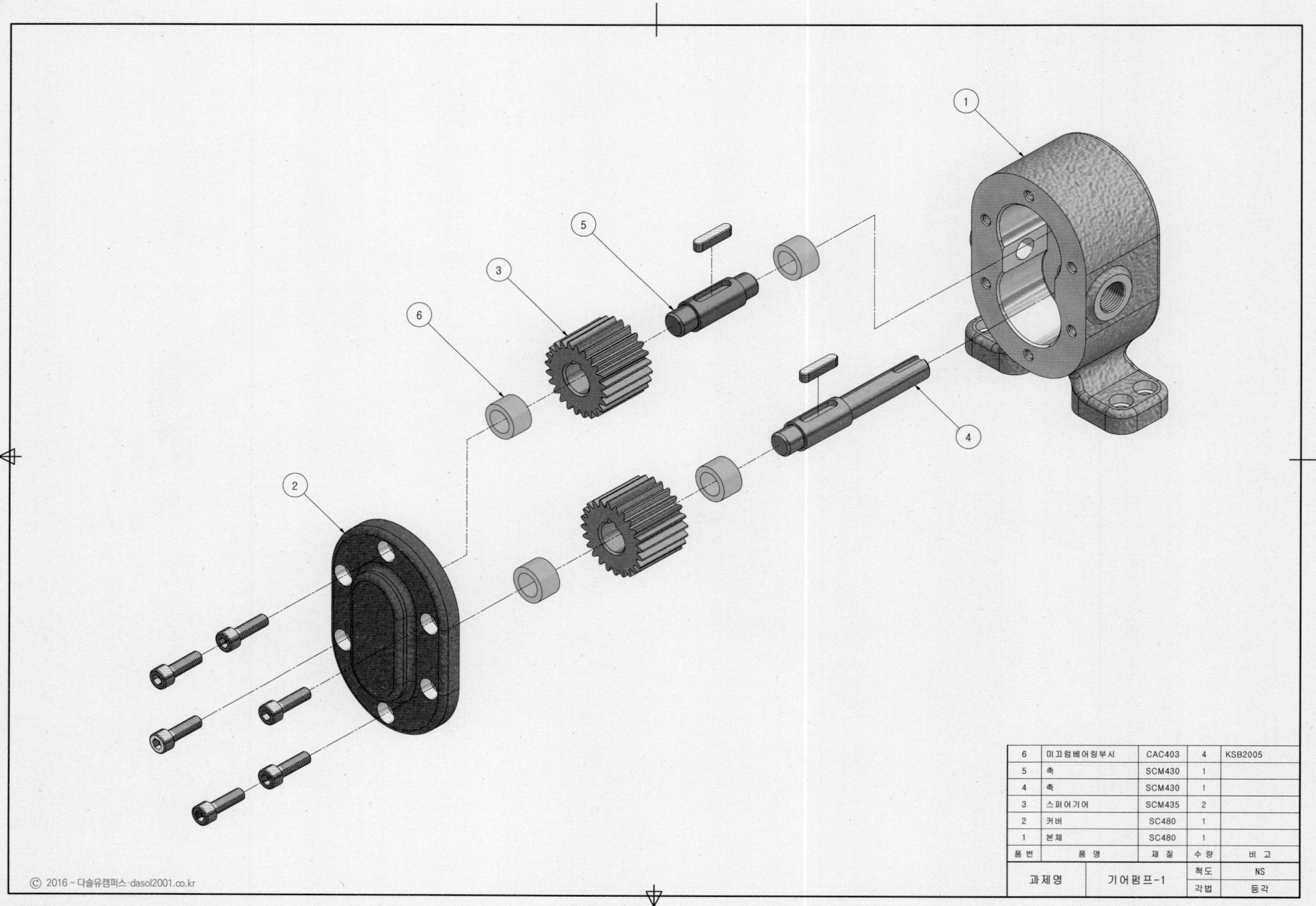

품 번	품 명	재 질	수 량	비 고
6	미끄럼베어링부시	CAC403	4	KSB2005
5	축	SCM430	1	
4	축	SCM430	1	
3	스퍼어기어	SCM435	2	
2	커버	SC480	1	
1	본체	SC480	1	
과 제 명	기 어 펌 프-1		척 도	NS
			각 법	등 각

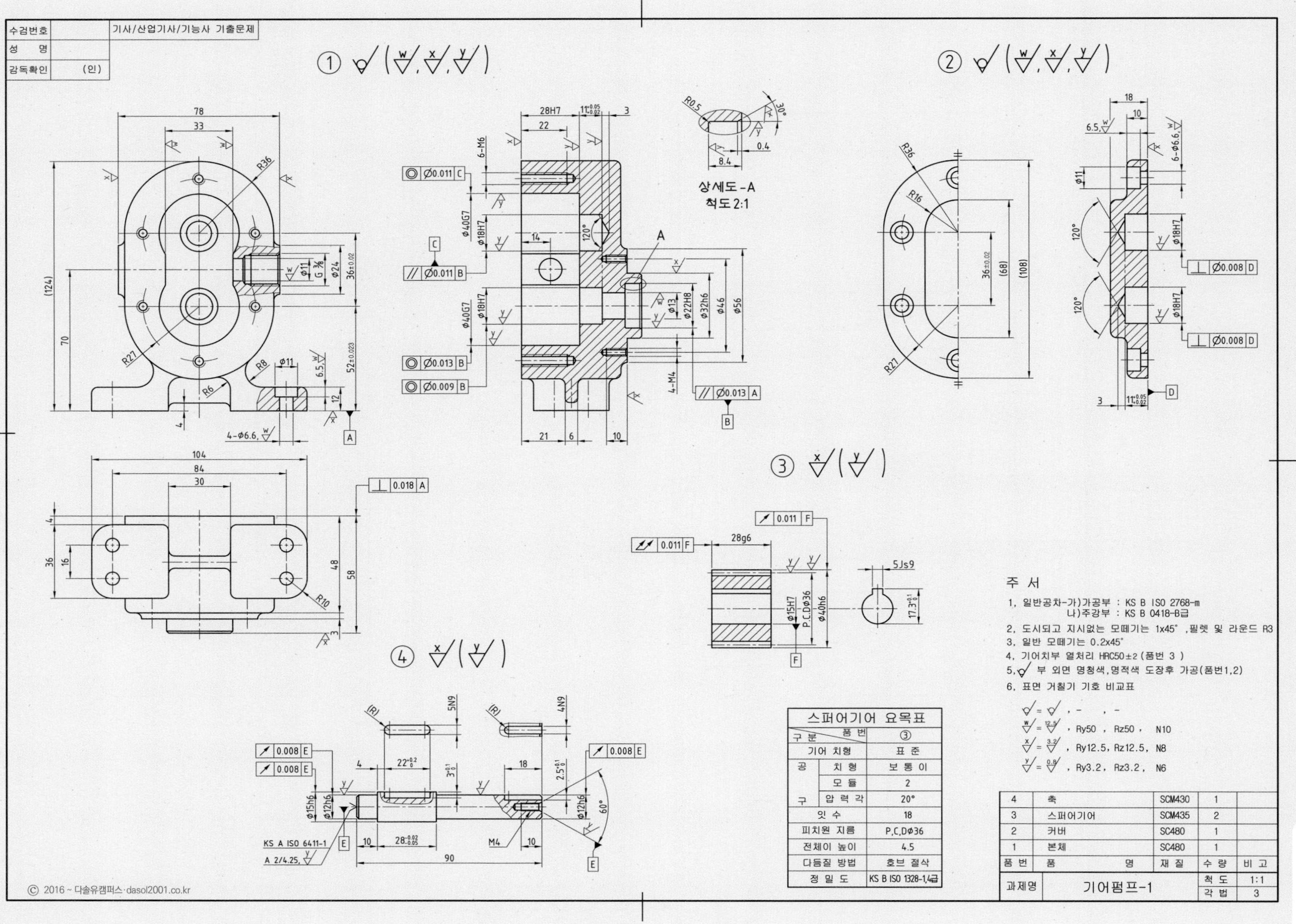

스퍼어기어 요목표		
구분	품번	③
기어 치형		표 준
공구	치 형	보 통 이
	모 듈	2
	압 력 각	20°
잇 수		18
피치원 지름		P.C.D⌀36
전체이 높이		4.5
다듬질 방법		호브 절삭
정 밀 도		KS B ISO 1328-1,4급

품 번	품 명	재 질	수 량	비 고
4	축	SCM430	1	
3	스퍼어기어	SCM435	2	
2	커버	SC480	1	
1	본체	SC480	1	
과제명	기어펌프-1		척 도	1:1
			각 법	3

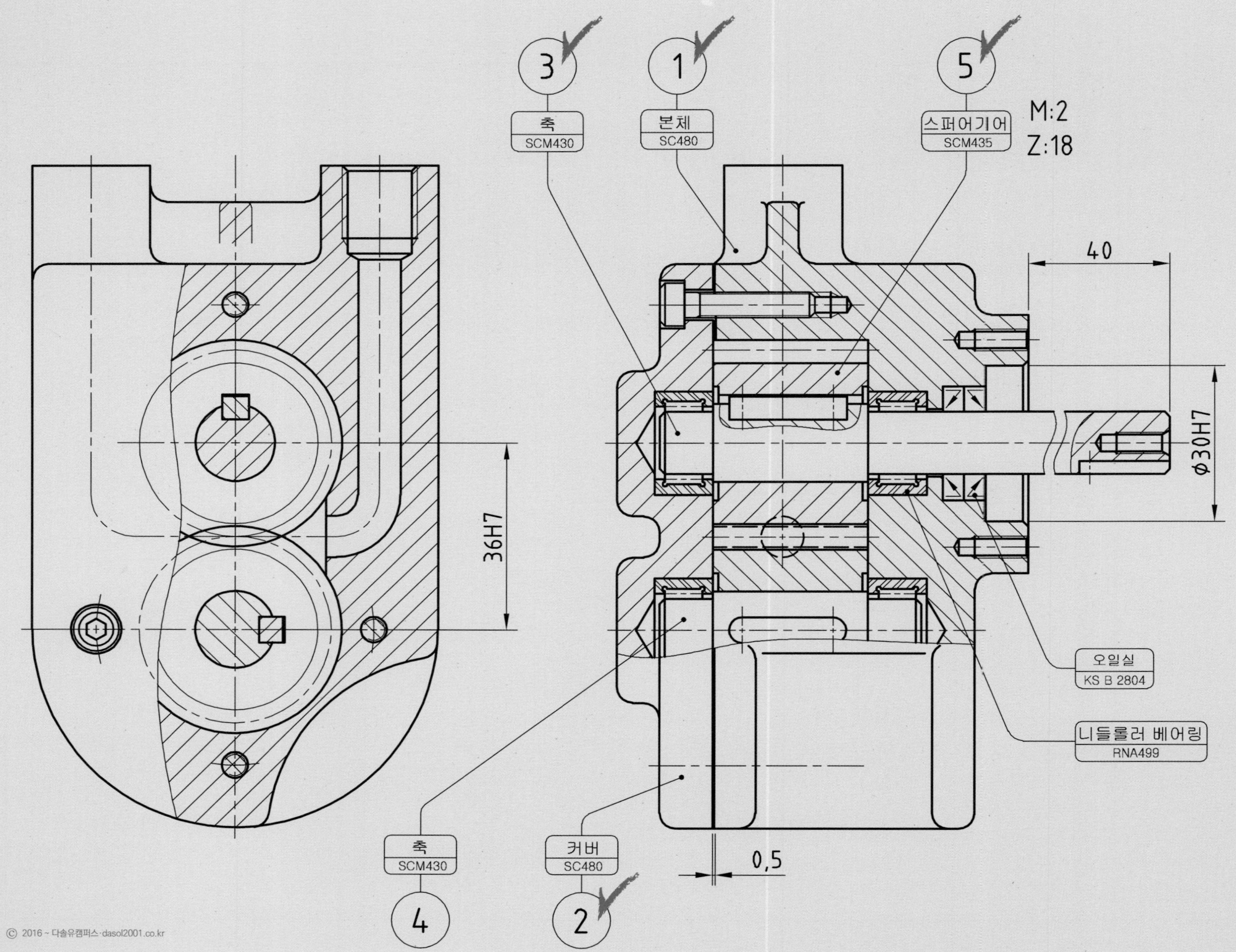

3 축 SCM430
1 본체 SC480
5 스퍼어기어 SCM435
M:2
Z:18
40
φ30H7
36H7
오일실 KS B 2804
니들롤러 베어링 RNA499
4 축 SCM430
2 커버 SC480
0,5

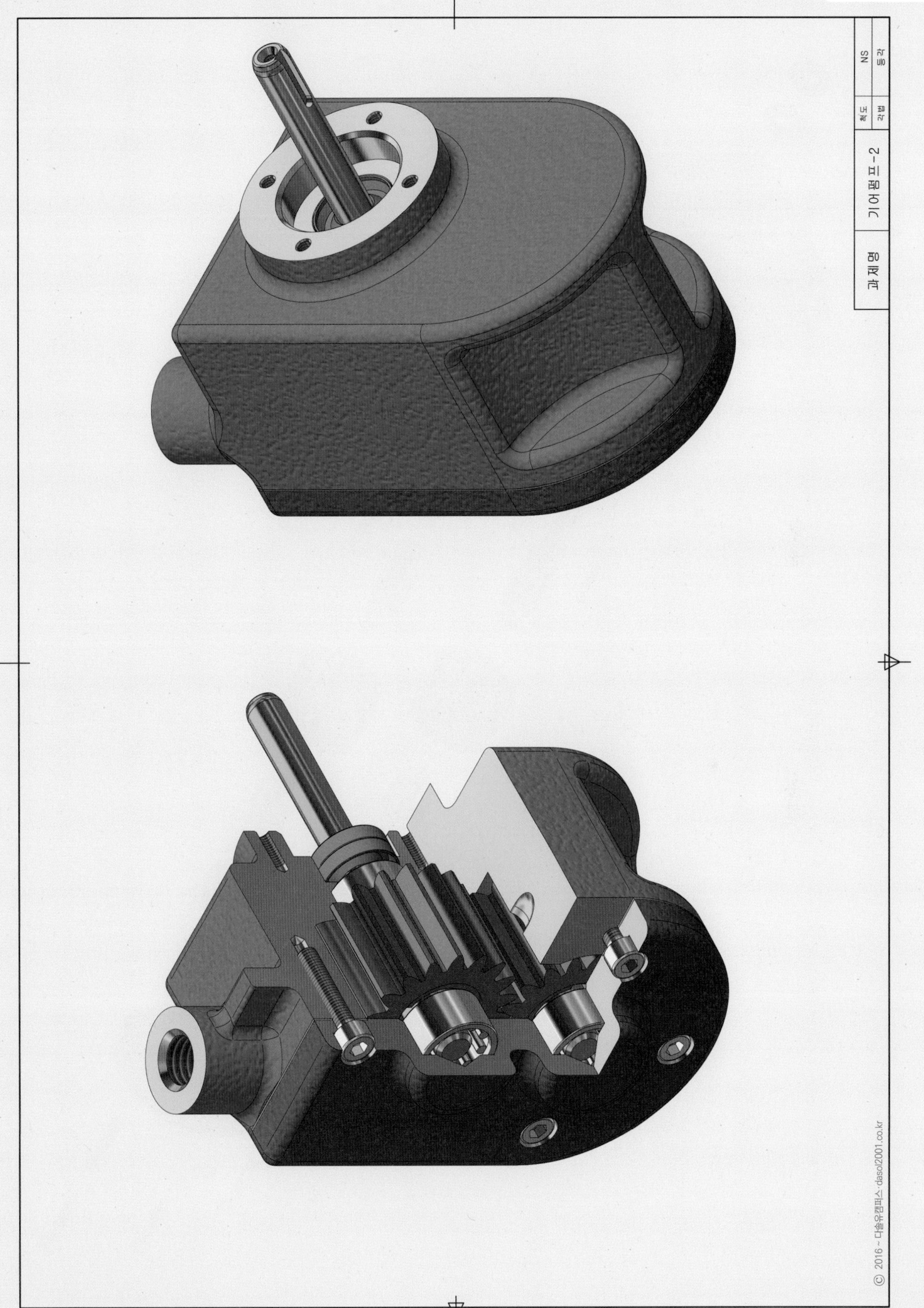
과제명
기어펌프-2
척도
NS
각법
등각

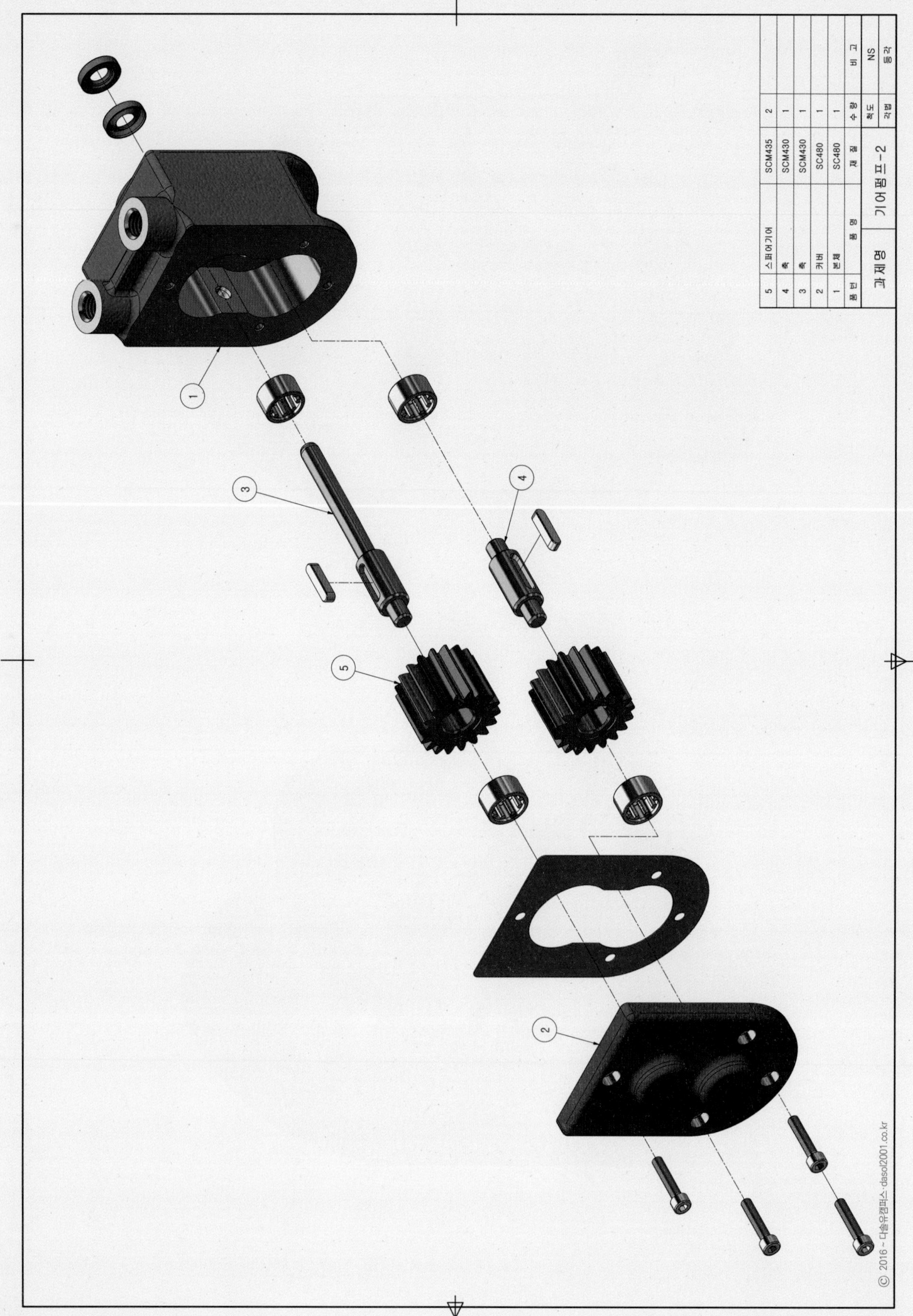

품번	품명	재질	수량	비고
5	스퍼기어	SCM435	2	
4	축	SCM430	1	
3	축	SCM430	1	
2	커버	SC480	1	
1	본체	SC480	1	
과제명	기어펌프-2		척도	NS
			각법	등각

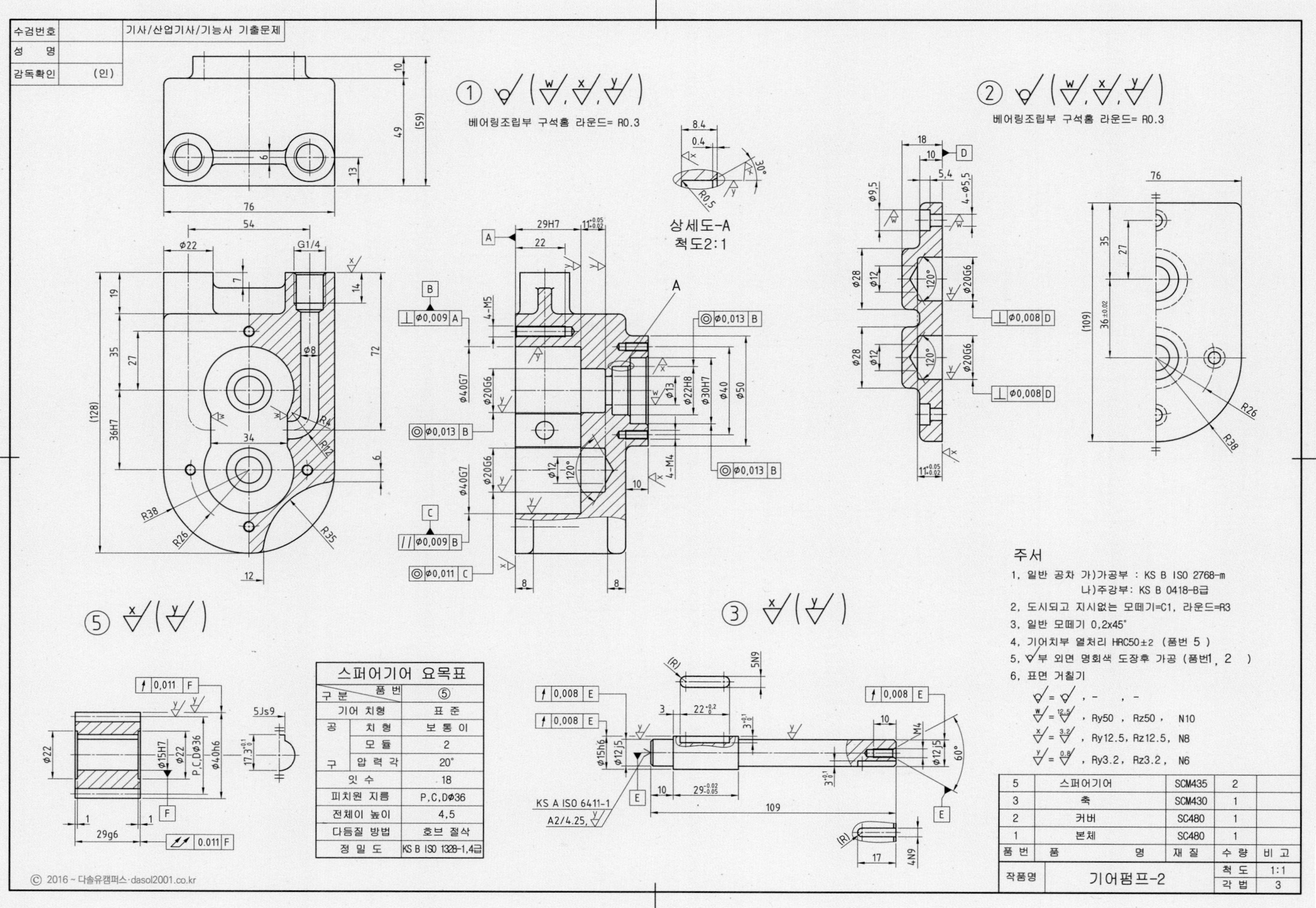
수검번호
성 명
감독확인 (인)
기사/산업기사/기능사 기출문제
베어링조립부 구석홈 라운드= R0.3
베어링조립부 구석홈 라운드= R0.3
상세도-A
척도2:1
주서
1. 일반 공차 가)가공부 : KS B ISO 2768-m
나)주강부: KS B 0418-B급
2. 도시되고 지시없는 모떼기=C1, 라운드=R3
3. 일반 모떼기 0.2x45°
4. 기어치부 열처리 HRC50±2 (품번 5)
5. 부 외면 명회색 도장후 가공 (품번1, 2)
6. 표면 거칠기
, Ry50 , Rz50 , N10
, Ry12.5, Rz12.5, N8
, Ry3.2 , Rz3.2 , N6
스퍼어기어 요목표
구분 / 품번 ⑤
기어 치형 표 준
공구 치형 보 통 이
모 듈 2
압 력 각 20°
잇 수 18
피치원 지름 P.C.DΦ36
전체이 높이 4.5
다듬질 방법 호브 절삭
정 밀 도 KS B ISO 1328-1,4급
KS A ISO 6411-1
A2/4.25
5 스퍼어기어 SCM435 2
3 축 SCM430 1
2 커버 SC480 1
1 본체 SC480 1
품번 품 명 재 질 수 량 비 고
작품명 기어펌프-2 척도 1:1 각법 3
© 2016 ~ 다솔유캠퍼스·dasol2001.co.kr

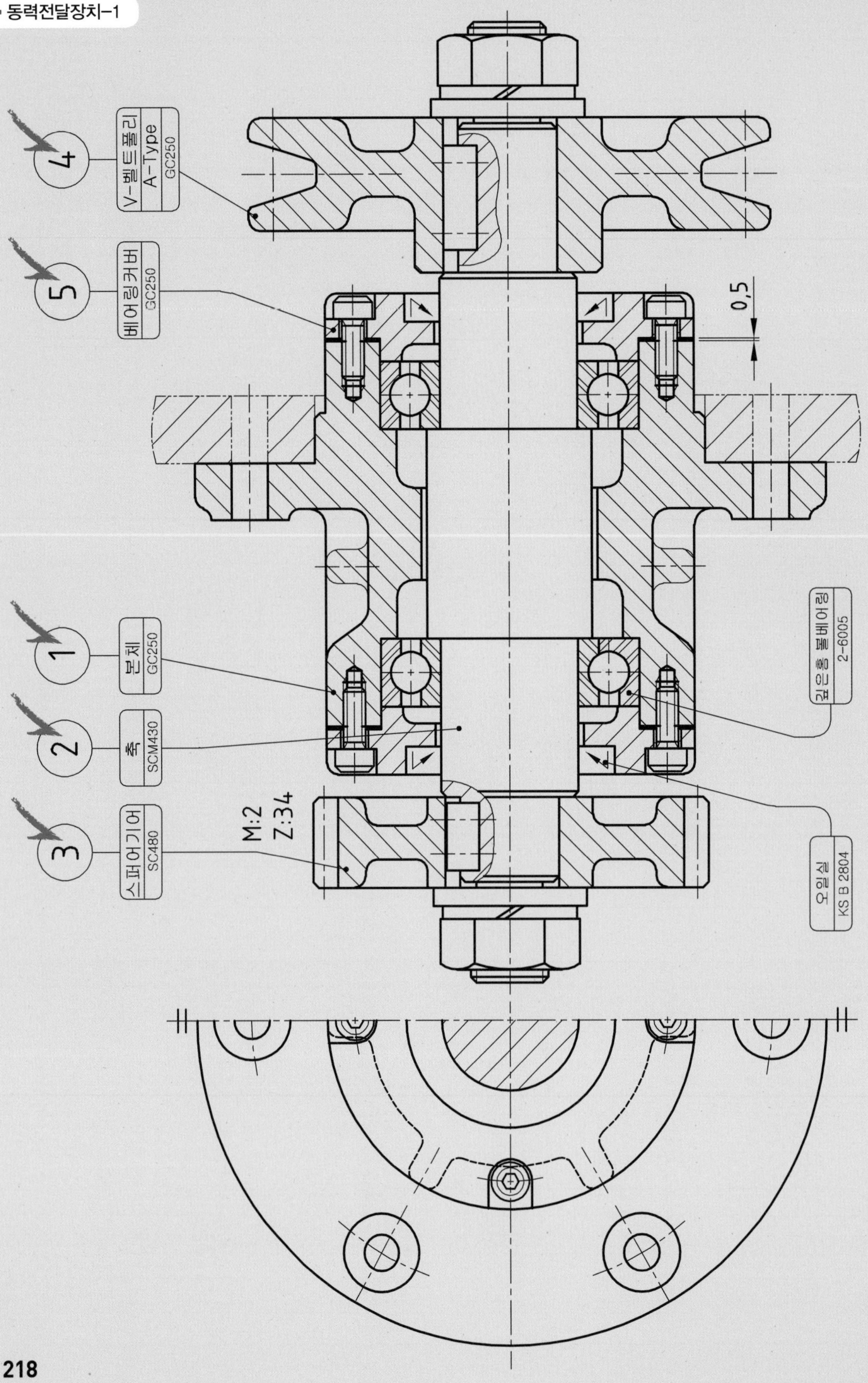

4 V-벨트풀리 A-Type GC250

5 베어링커버 GC250

1 본체 GC250

2 축 SCM430

3 스퍼어기어 SC480

M:2
Z:34

0,5

깊은홈 볼베어링 2-6005

오일실 KS B 2804

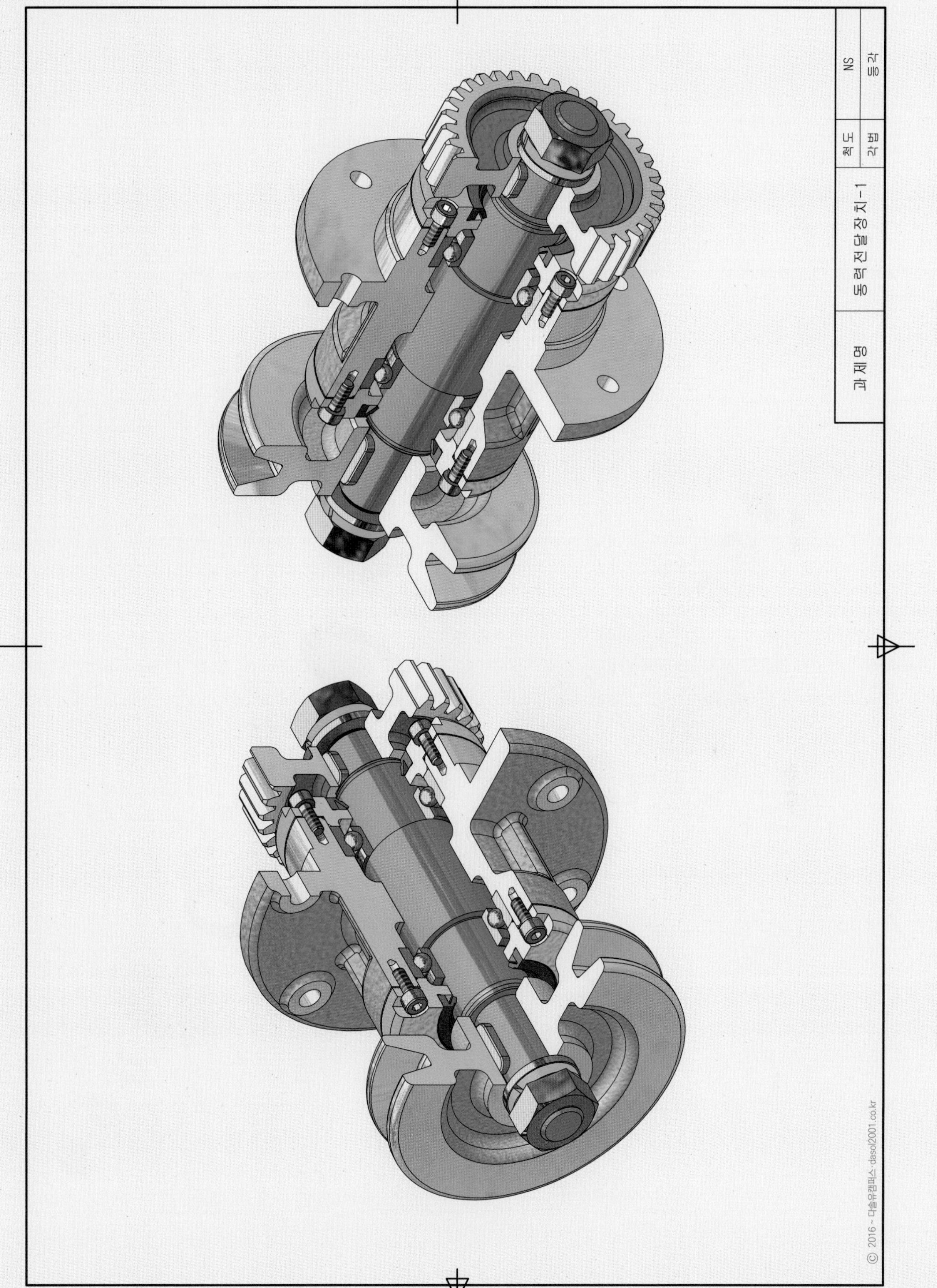
과제명
동력전달장치-1
척도
NS
각법
등각
© 2016 ~ 다솔유캠퍼스 : dasol2001.co.kr

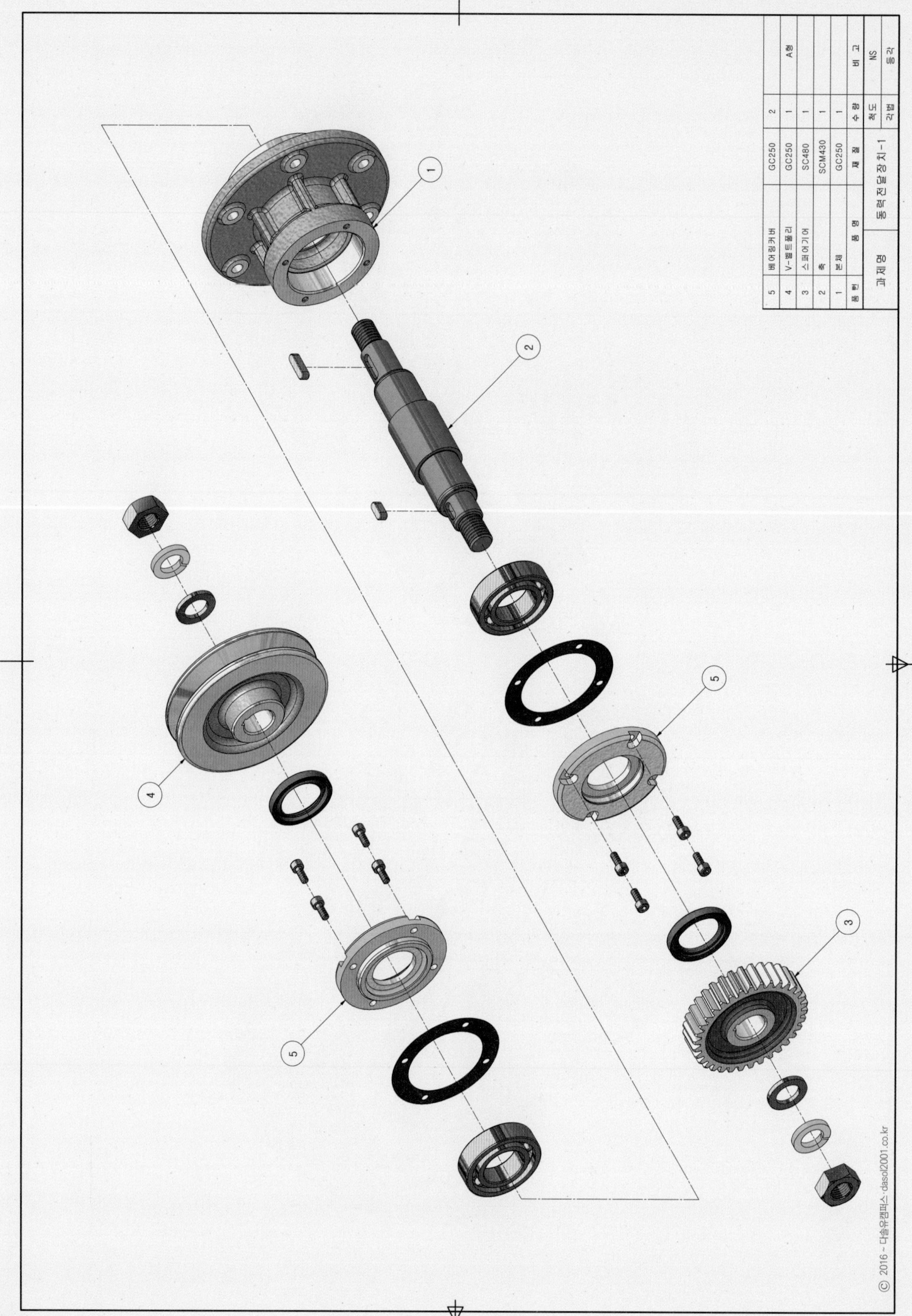

1
2
5
4
3
5
5 베어링커버 GC250 2
4 V-벨트풀리 GC250 1 A형
3 스퍼어기어 SC480 1
2 축 SCM430 1
1 본체 GC250 1
품번 품명 재질 수량 비고
과제명 동력전달장치-1 척도 NS
각법 등각
© 2016 ~ 다솔유캠퍼스 · dasol2001.co.kr

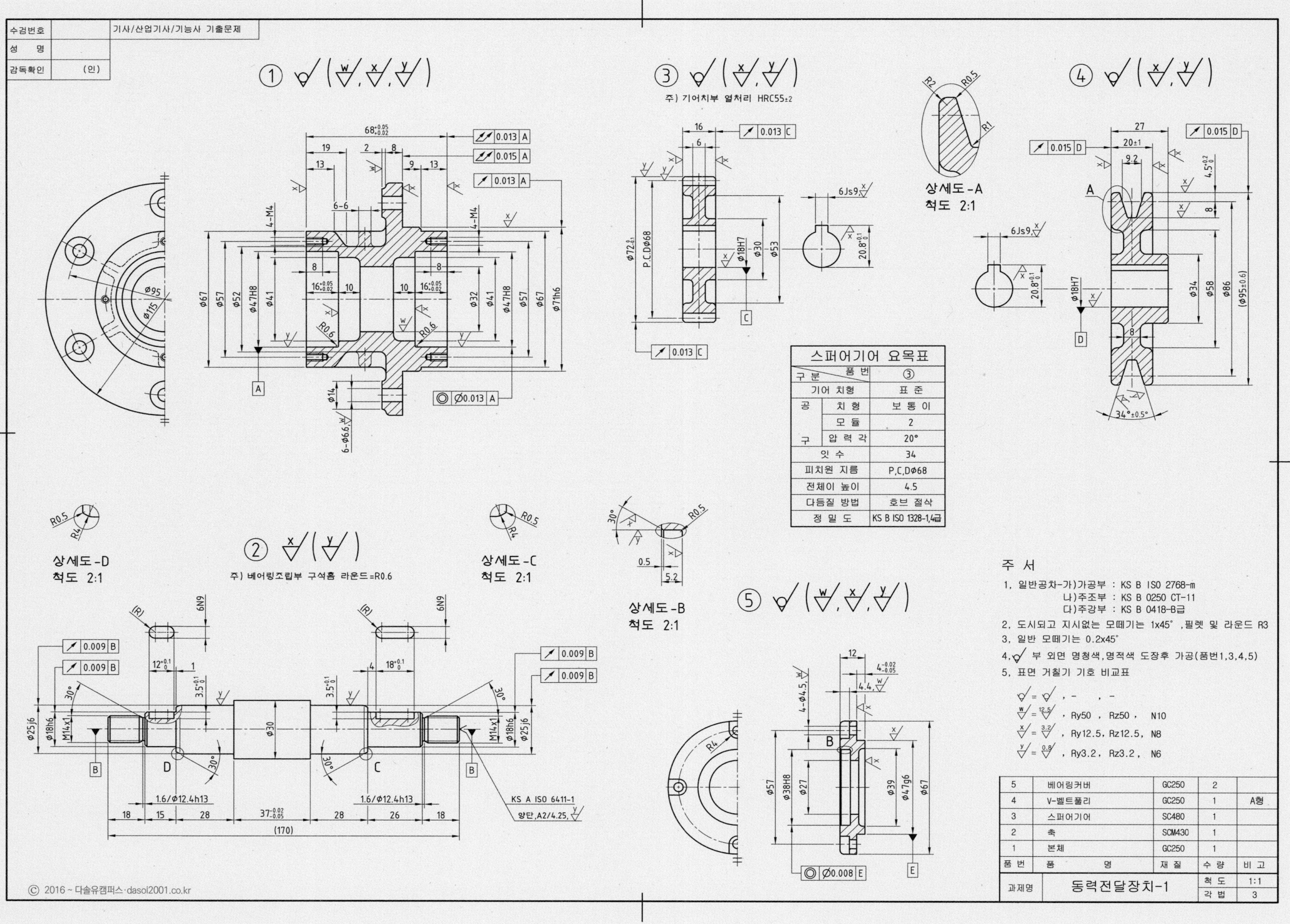

수검번호
성 명
감독확인 (인)
기사/산업기사/기능사 기출문제
주) 기어치부 열처리 HRC55±2
상세도-A
척도 2:1
스퍼어기어 요목표
구분 / 품번 ③
기어 치형 표 준
공구 치형 보 통 이
모 듈 2
압 력 각 20°
잇 수 34
피치원 지름 P.C.D.Ø68
전체이 높이 4.5
다듬질 방법 호브 절삭
정 밀 도 KS B ISO 1328-1,4급
상세도-D
척도 2:1
주) 베어링조립부 구석홈 라운드=R0.6
상세도-C
척도 2:1
상세도-B
척도 2:1
주 서
1. 일반공차-가)가공부 : KS B ISO 2768-m
나)주조부 : KS B 0250 CT-11
다)주강부 : KS B 0418-B급
2. 도시되고 지시없는 모떼기는 1x45°, 필렛 및 라운드 R3
3. 일반 모떼기는 0.2x45°
4. 부 외면 명청색, 명적색 도장후 가공(품번1,3,4,5)
5. 표면 거칠기 기호 비교표
, Ry50 , Rz50 , N10
, Ry12.5, Rz12.5, N8
, Ry3.2 , Rz3.2 , N6
KS A ISO 6411-1
양단_A2/4.25
5 베어링커버 GC250 2
4 V-벨트풀리 GC250 1 A형
3 스퍼어기어 SC480 1
2 축 SCM430 1
1 본체 GC250 1
품번 품 명 재 질 수 량 비 고
과제명 동력전달장치-1 척도 1:1 각법 3
© 2016 ~ 다솔유캠퍼스 · dasol2001.co.kr

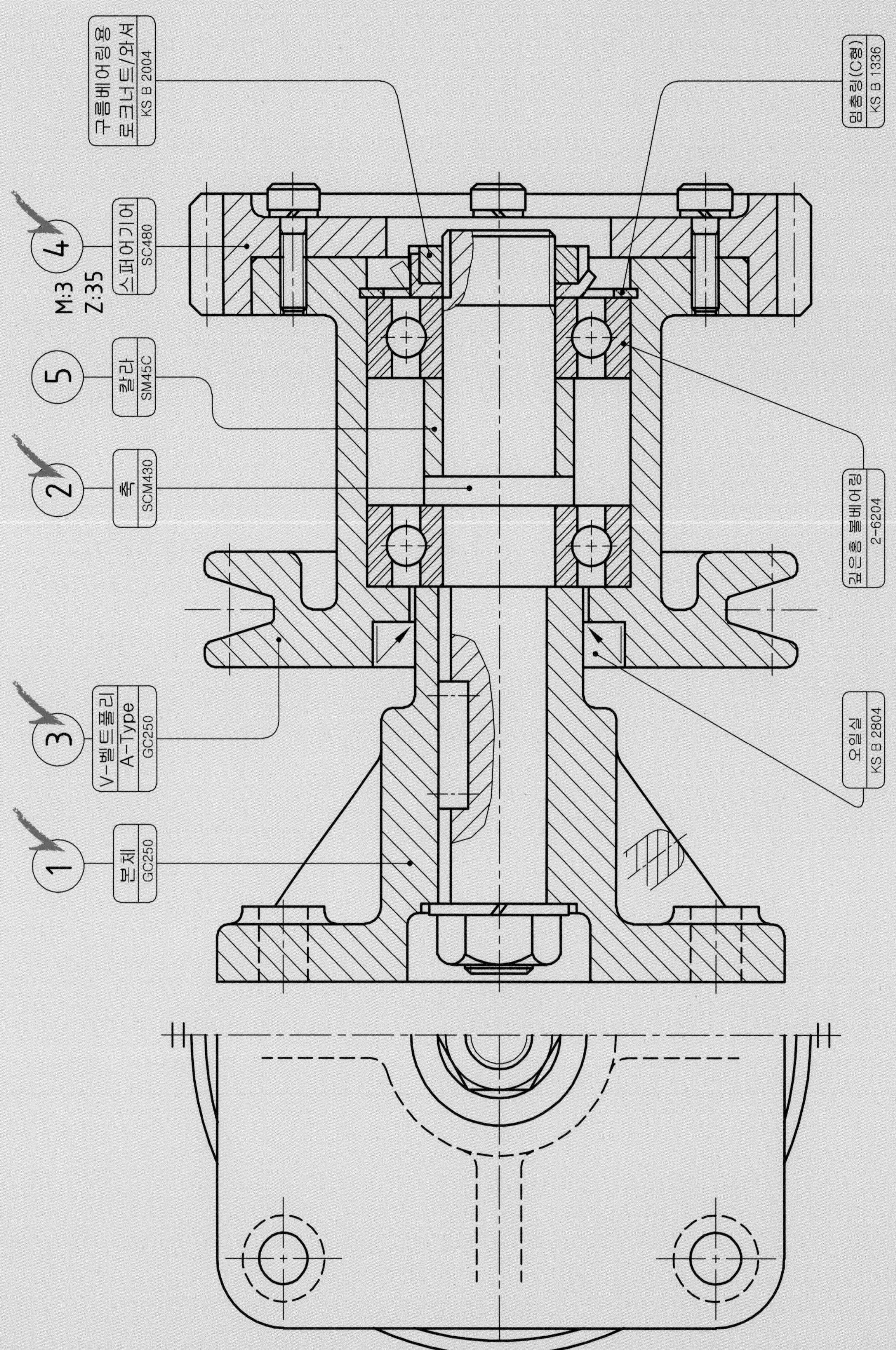
구름베어링용
로크너트/와셔
KS B 2004
멈춤링(C형)
KS B 1336
M:3
Z:35
4
스퍼어기어
SC480
5
칼라
SM45C
2
축
SCM430
깊은홈 볼베어링
2-6204
3
V-벨트풀리
A-Type
GC250
오일실
KS B 2804
1
본체
GC250

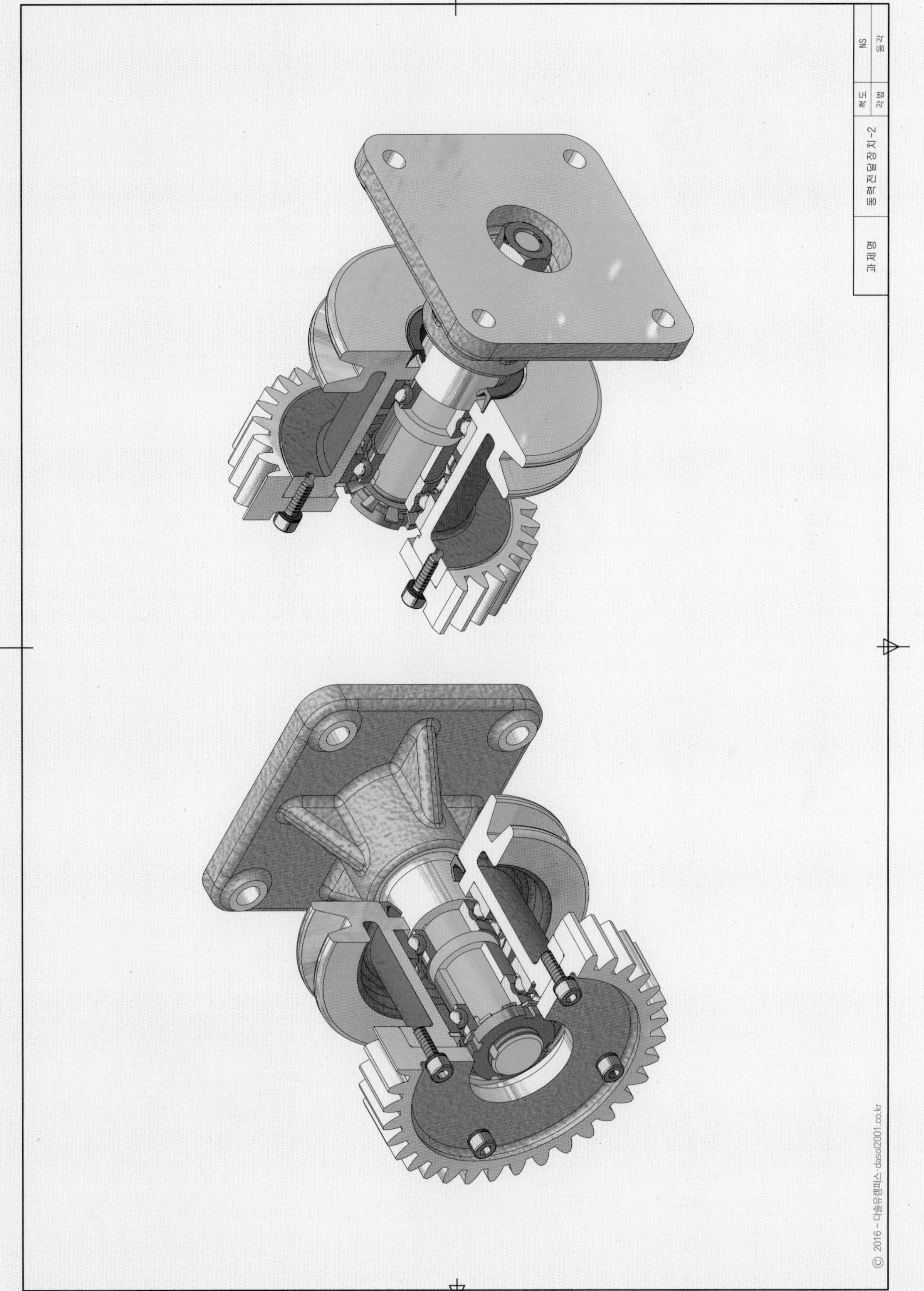
과제명
동력전달장치-2
척도
NS
각법
등각
© 2016 - 다솔유캠퍼스 : dasol2001.co.kr

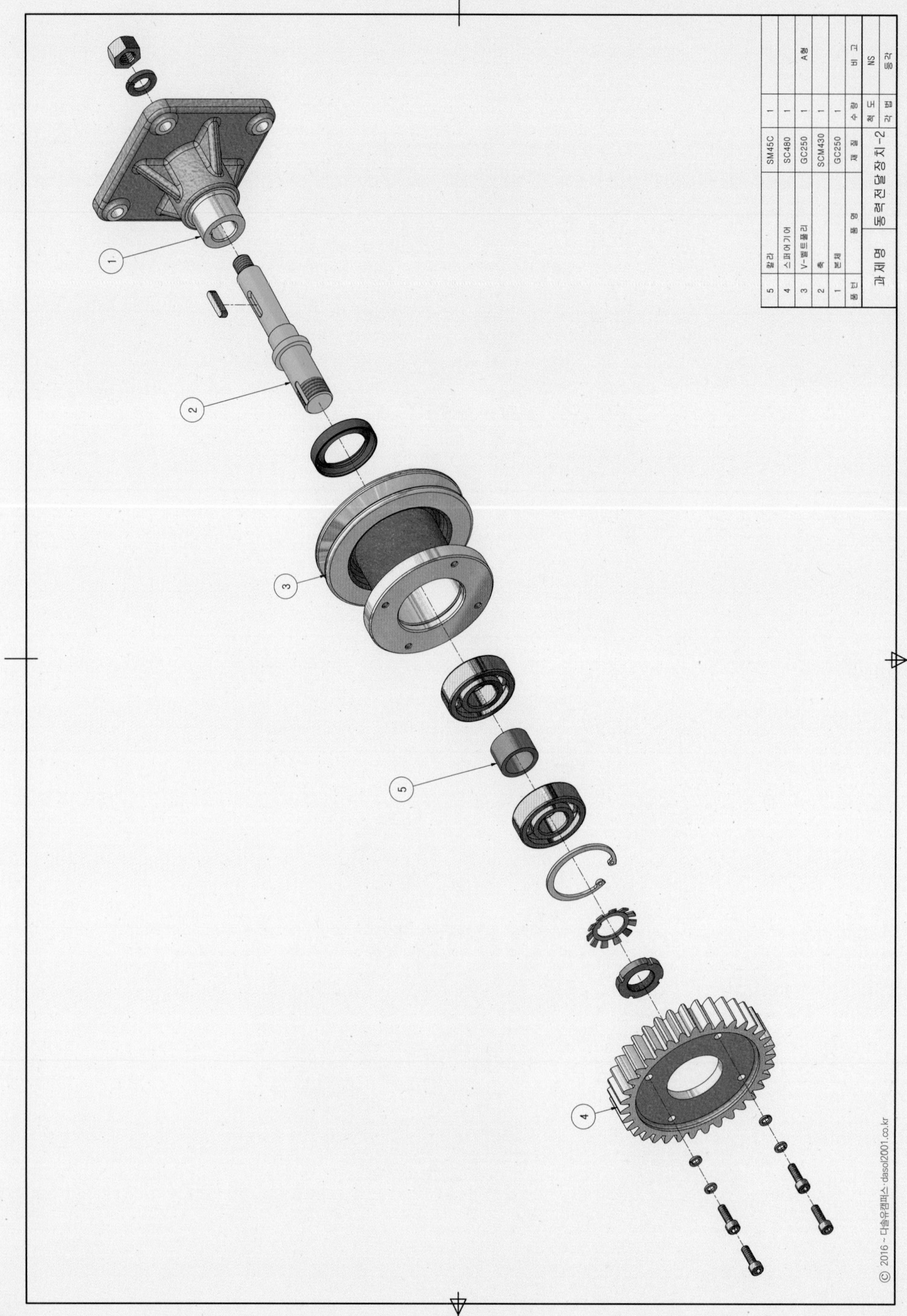
1
2
3
4
5
5 칼라 SM45C 1
4 스퍼기어 SC480 1
3 V-벨트풀리 GC250 1 A형
2 축 SCM430 1
1 본체 GC250 1
품번 품명 재질 수량 비고
과제명 동력전달장치-2
척도 NS
각법 등각
© 2016 - 다솔유캠퍼스 - dasol2001.co.kr

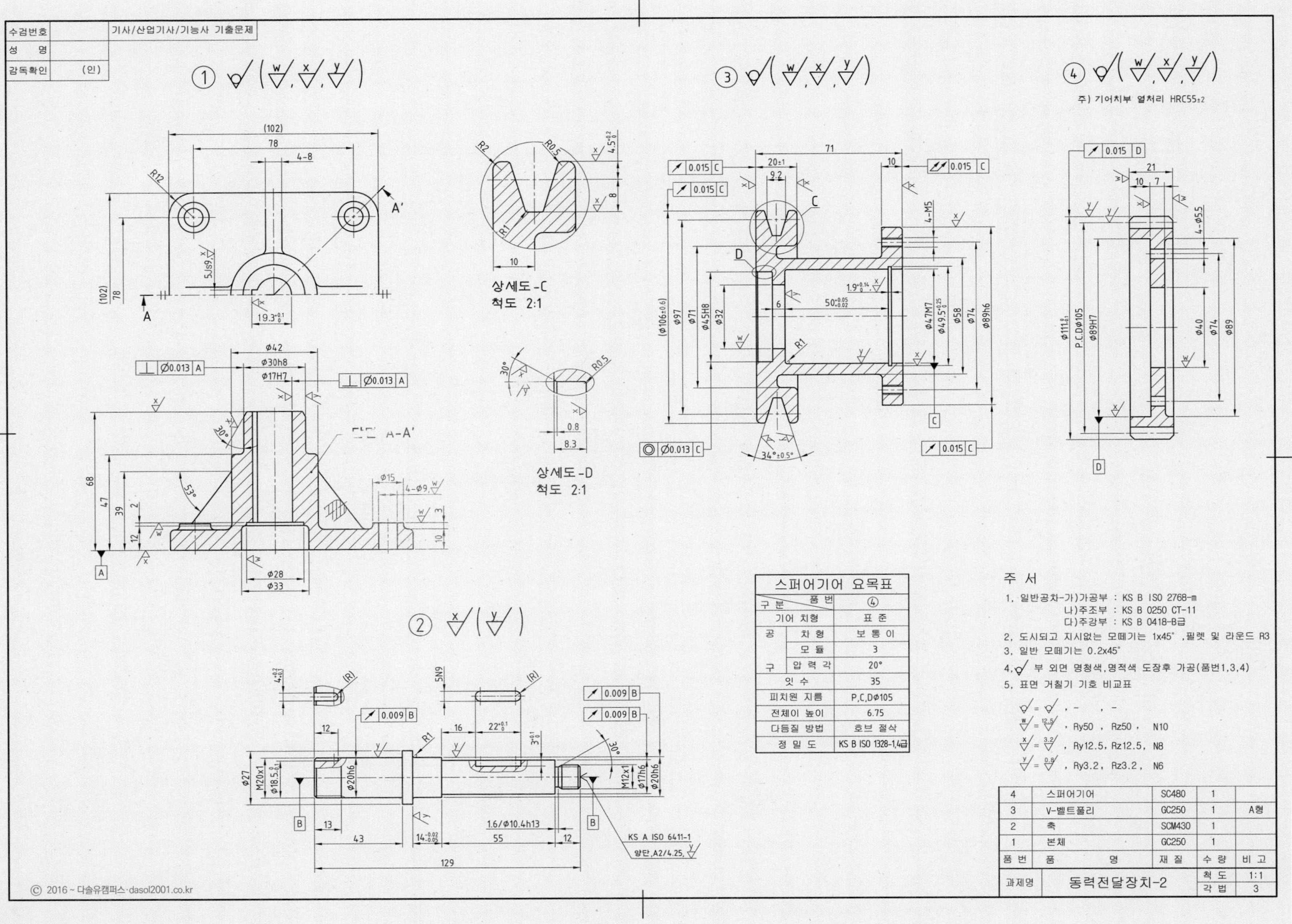

스퍼어기어 요목표		
구분	품번	④
기어 치형		표 준
공구	치 형	보 통 이
	모 듈	3
	압 력 각	20°
잇 수		35
피치원 지름		P.C.DØ105
전체이 높이		6.75
다듬질 방법		호브 절삭
정 밀 도		KS B ISO 1328-1,4급

주 서

1. 일반공차-가)가공부 : KS B ISO 2768-m
   나)주조부 : KS B 0250 CT-11
   다)주강부 : KS B 0418-B급
2. 도시되고 지시없는 모떼기는 1x45°, 필렛 및 라운드 R3
3. 일반 모떼기는 0.2x45°
4. 부 외면 명청색, 명적색 도장후 가공(품번1,3,4)
5. 표면 거칠기 기호 비교표

, Ry50 , Rz50 , N10
, Ry12.5, Rz12.5, N8
, Ry3.2, Rz3.2, N6

품 번	품 명	재 질	수 량	비 고
4	스퍼어기어	SC480	1	
3	V-벨트풀리	GC250	1	A형
2	축	SCM430	1	
1	본체	GC250	1	

과제명	동력전달장치-2	척 도	1:1
		각 법	3

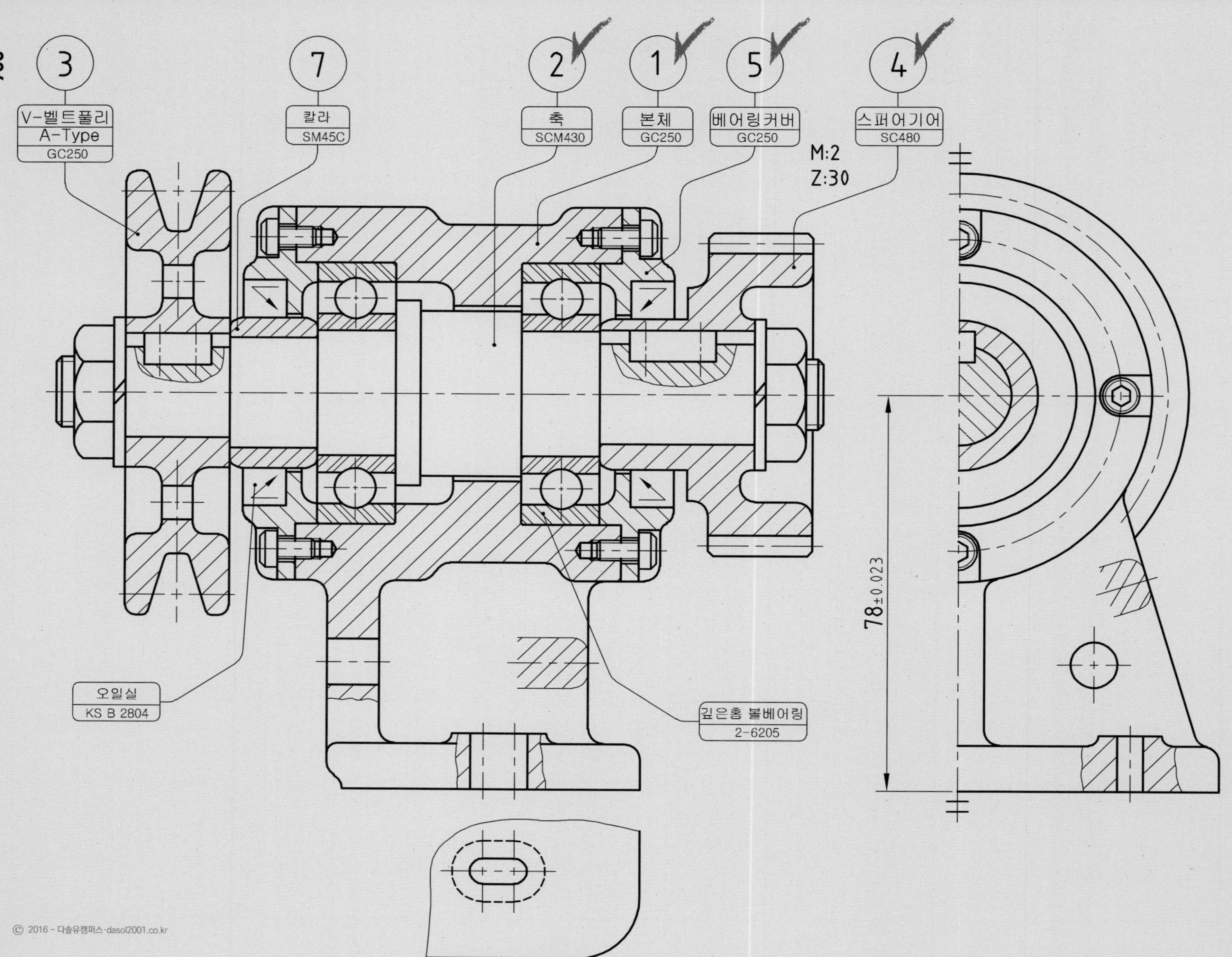
3
V-벨트풀리
A-Type
GC250
7
칼라
SM45C
2
축
SCM430
1
본체
GC250
5
베어링커버
GC250
4
스퍼어기어
SC480
M:2
Z:30
오일실
KS B 2804
깊은홈 볼베어링
2-6205
78±0.023

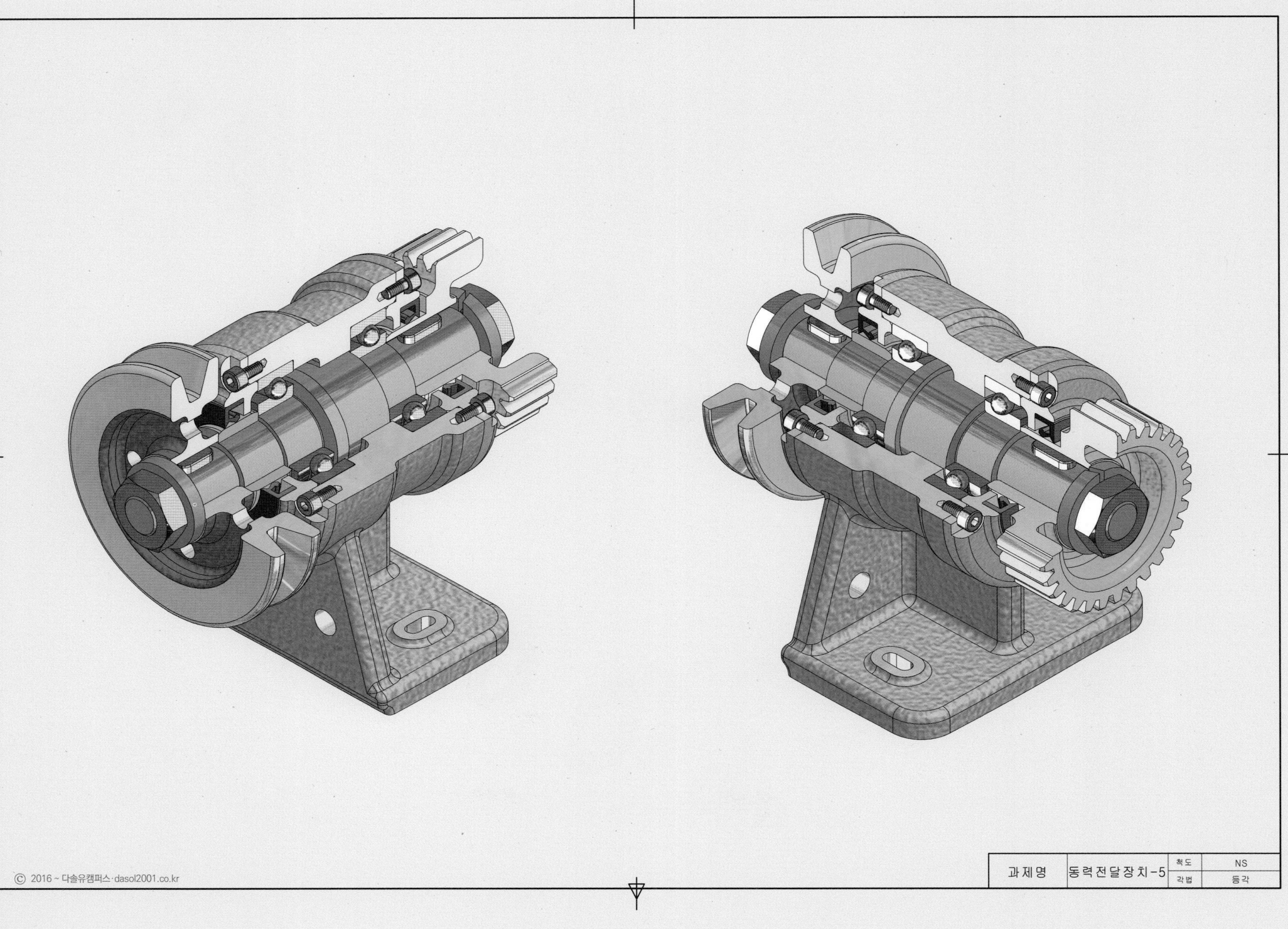

과제명
동력전달장치-5
척도
NS
각법
등각
© 2016 ~ 다솔유캠퍼스·dasol2001.co.kr

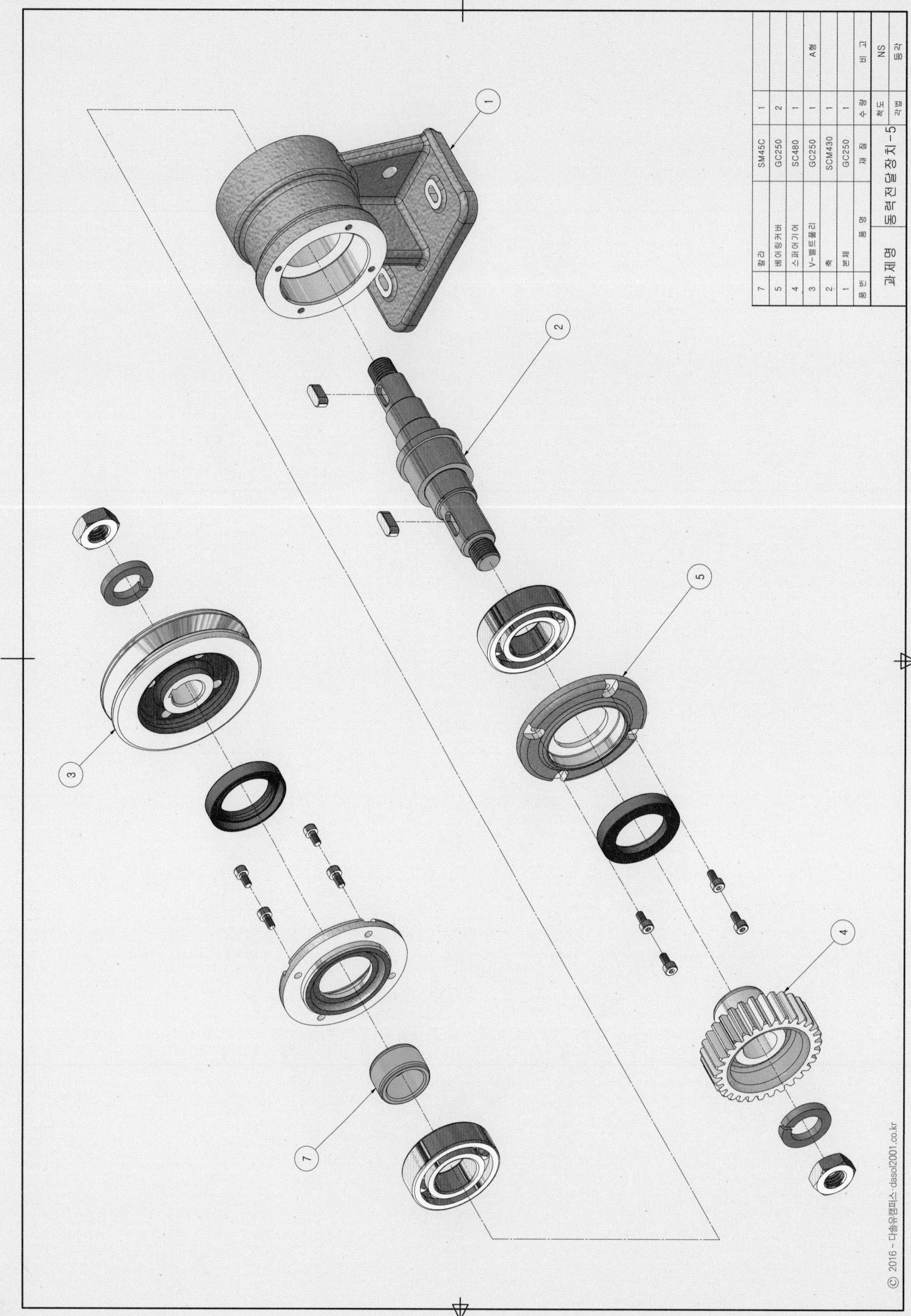

1
2
3
4
5
7
7 칼라 SM45C 1
5 베어링커버 GC250 2
4 스퍼어기어 SC480 1
3 V-벨트풀리 GC250 1 A형
2 축 SCM430 1
1 본체 GC250 1
품번 품명 재질 수량 비고
과제명 동력전달장치-5
척도 NS
각법 등각
© 2016 ~ 다솔유캠퍼스 · dasol2001.co.kr

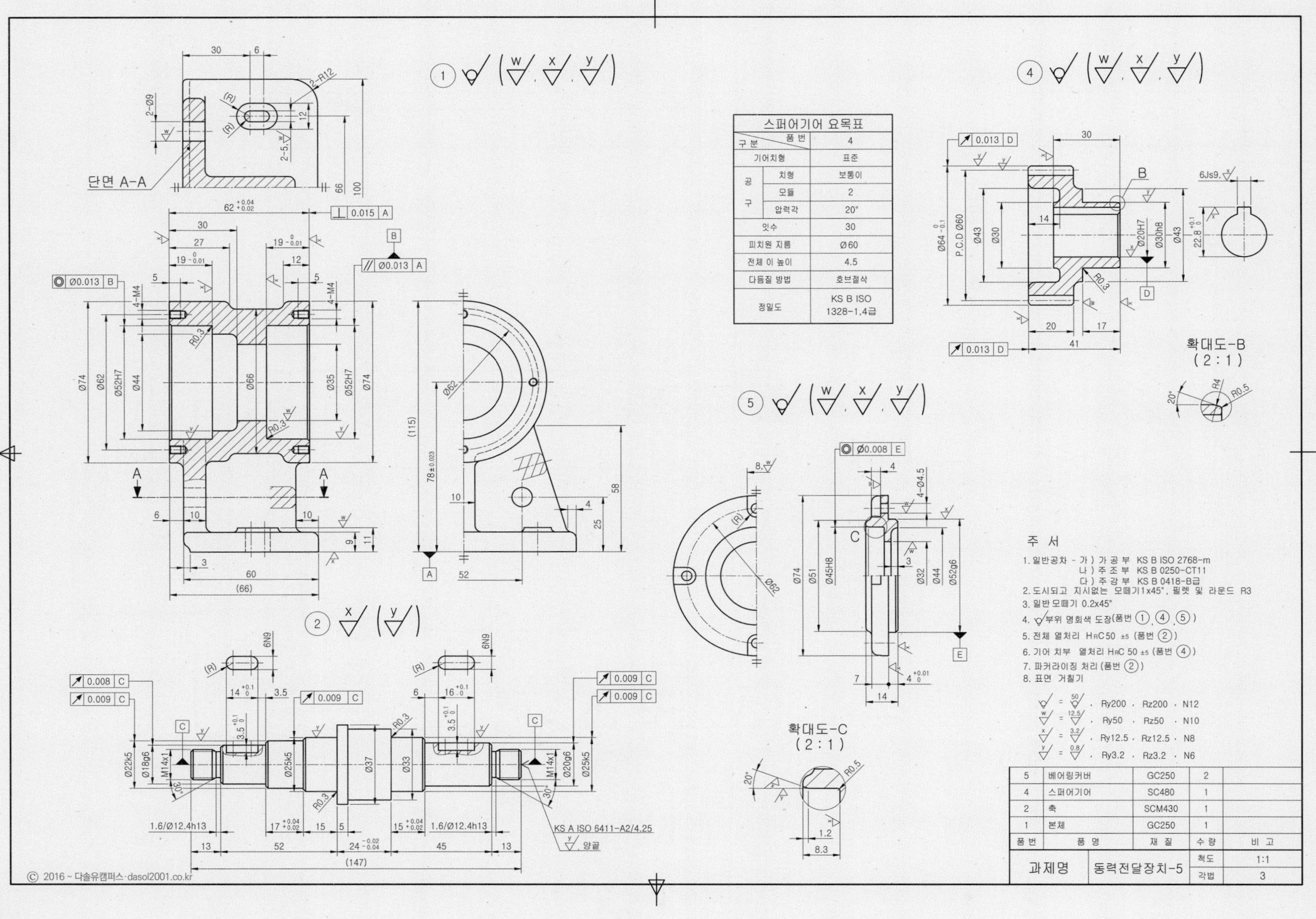
단면 A-A
확대도-B
(2 : 1)
확대도-C
(2 : 1)
스퍼기어 요목표
구분 / 품번: 4
기어치형: 표준
공구 치형: 보통이
공구 모듈: 2
공구 압력각: 20°
잇수: 30
피치원 지름: Ø60
전체 이 높이: 4.5
다듬질 방법: 호브절삭
정밀도: KS B ISO 1328-1,4급
주 서
1. 일반공차 - 가) 가공부 KS B ISO 2768-m
나) 주조부 KS B 0250-CT11
다) 주강부 KS B 0418-B급
2. 도시되고 지시없는 모떼기 1x45°, 필렛 및 라운드 R3
3. 일반모떼기 0.2x45°
4. 부위 명회색 도장(품번 1, 4, 5)
5. 전체 열처리 HRC50 ±5 (품번 2)
6. 기어 치부 열처리 HRC 50 ±5 (품번 4)
7. 파커라이징 처리(품번 2)
8. 표면 거칠기
= 50, Ry200 , Rz200 , N12
w = 12.5, Ry50 , Rz50 , N10
x = 3.2, Ry12.5 , Rz12.5 , N8
y = 0.8, Ry3.2 , Rz3.2 , N6
5 베어링커버 GC250 2
4 스퍼기어 SC480 1
2 축 SCM430 1
1 본체 GC250 1
품번 품명 재질 수량 비고
과제명 동력전달장치-5 척도 1:1 각법 3
KS A ISO 6411-A2/4.25
© 2016 ~ 다솔유캠퍼스 · dasol2001.co.kr

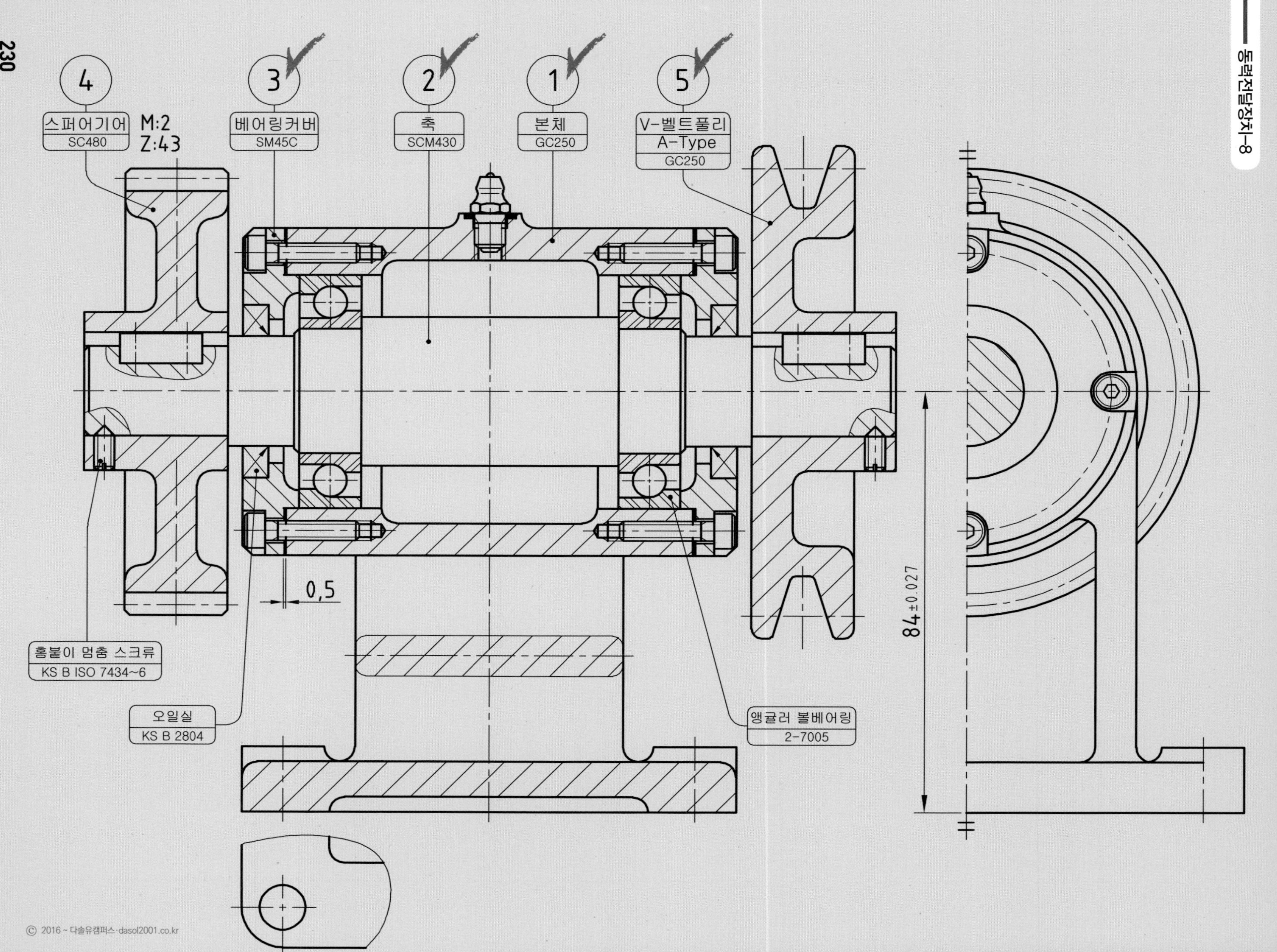

4
스퍼어기어
SC480
M:2
Z:43
3
베어링커버
SM45C
2
축
SCM430
1
본체
GC250
5
V-벨트풀리
A-Type
GC250
0,5
84±0.027
홈붙이 멈춤 스크류
KS B ISO 7434~6
오일실
KS B 2804
앵귤러 볼베어링
2-7005

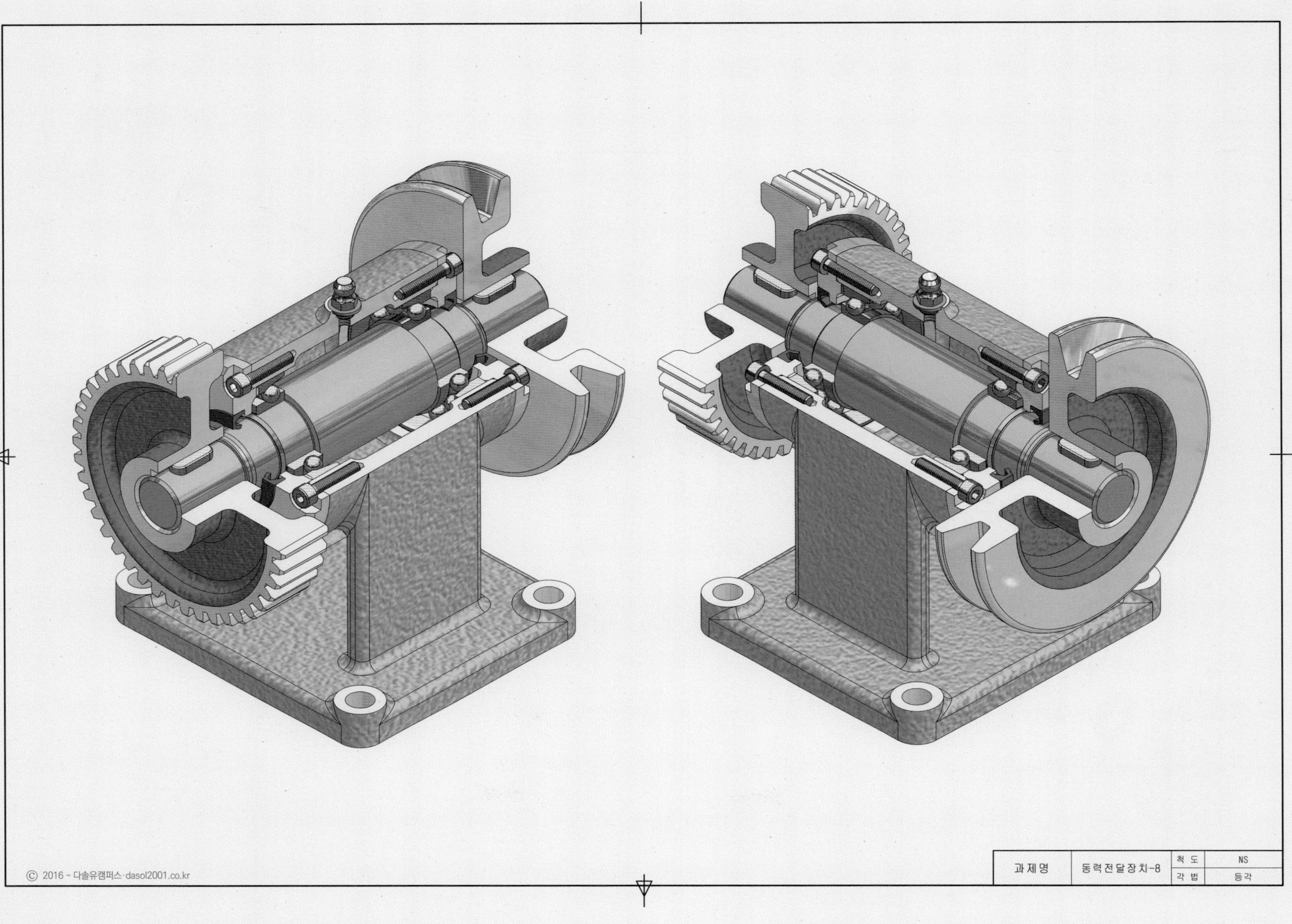
과제명
동력전달장치-8
척도
NS
각법
등각
© 2016 ~ 다솔유캠퍼스·dasol2001.co.kr

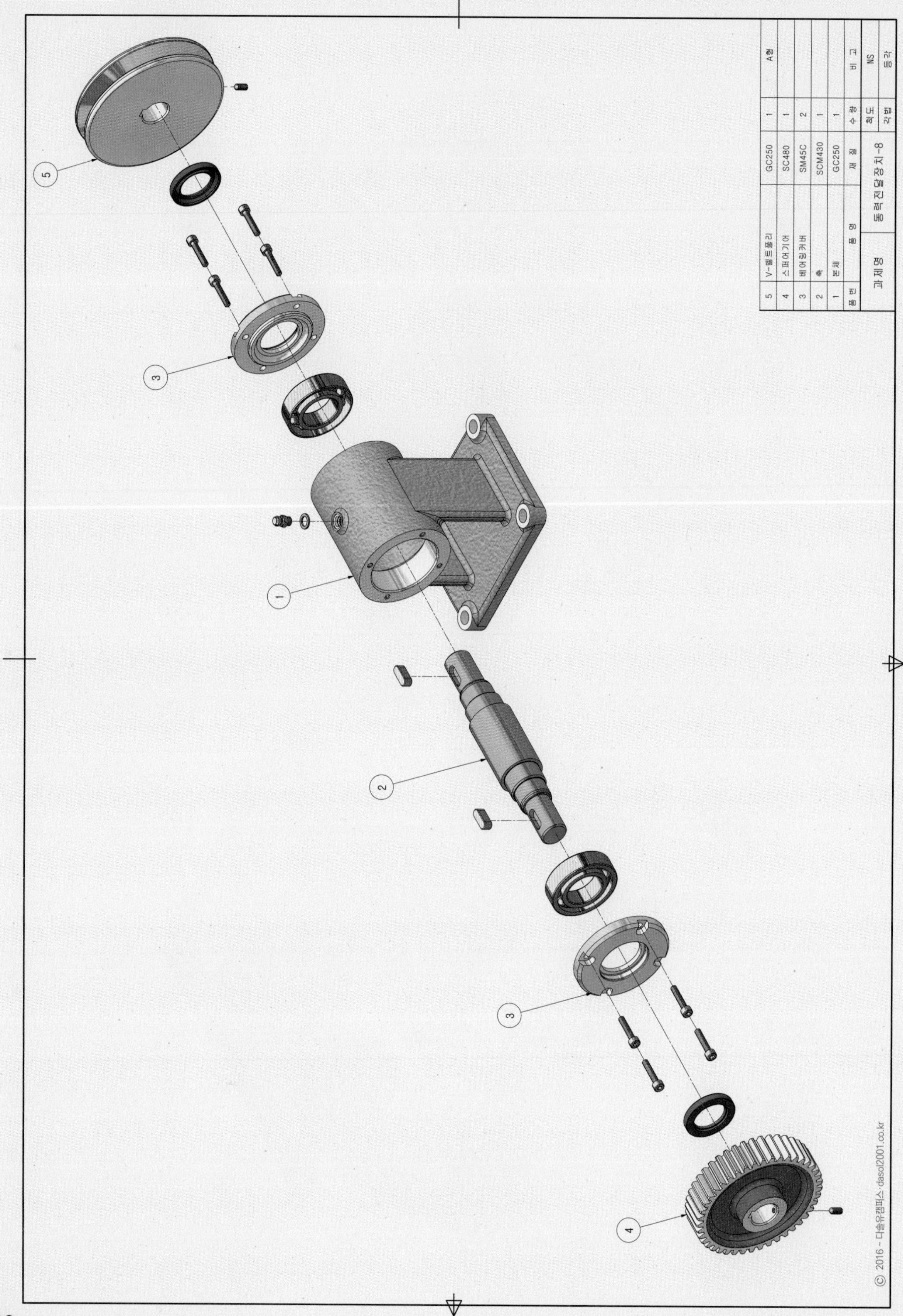
5
3
1
2
3
4
5 V-벨트풀리 GC250 1 A형
4 스퍼어기어 SC480 1
3 베어링커버 SM45C 2
2 축 SCM430 1
1 본체 GC250 1
품번 품명 재질 수량 비고
과제명 동력전달장치-8 척도 NS
각법 등각
© 2016 - 다솔유캠퍼스 : dasol2001.co.kr

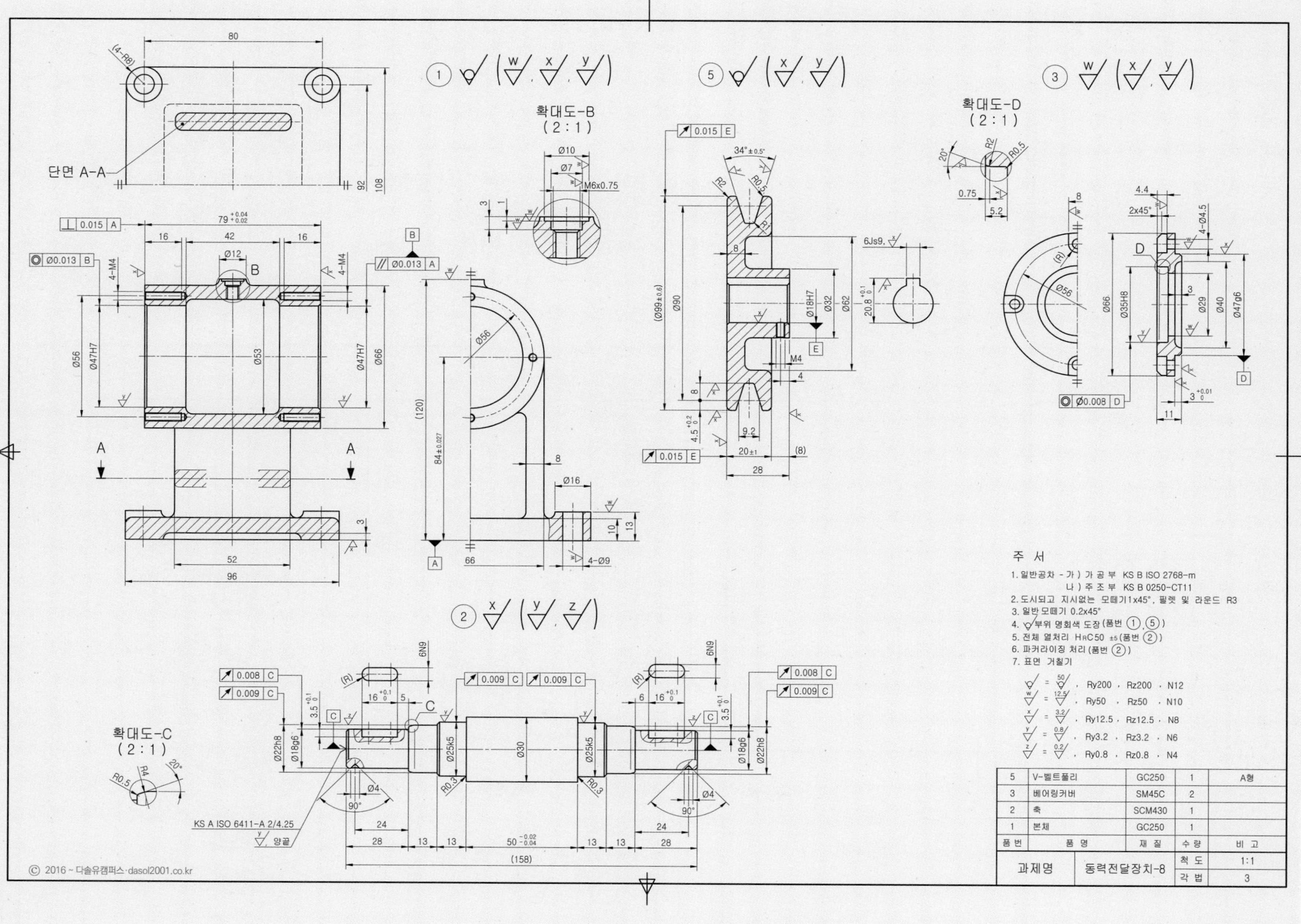
주 서
1. 일반공차 - 가) 가 공 부 KS B ISO 2768-m
나) 주 조 부 KS B 0250-CT11
2. 도시되고 지시없는 모떼기1x45°, 필렛 및 라운드 R3
3. 일반 모떼기 0.2x45°
4. 부위 명회색 도장(품번 ①,⑤)
5. 전체 열처리 HRC50 ±5(품번 ②)
6. 파커라이징 처리(품번 ②)
7. 표면 거칠기
50 , Ry200 , Rz200 , N12
w = 12.5 , Ry50 , Rz50 , N10
x = 3.2 , Ry12.5 , Rz12.5 , N8
y = 0.8 , Ry3.2 , Rz3.2 , N6
z = 0.2 , Ry0.8 , Rz0.8 , N4
5 V-벨트풀리 GC250 1 A형
3 베어링커버 SM45C 2
2 축 SCM430 1
1 본체 GC250 1
품 번 품 명 재 질 수 량 비 고
과제명 동력전달장치-8 척 도 1:1 각 법 3
확대도-B (2 : 1)
확대도-C (2 : 1)
확대도-D (2 : 1)
단면 A-A
KS A ISO 6411-A 2/4.25
양끝

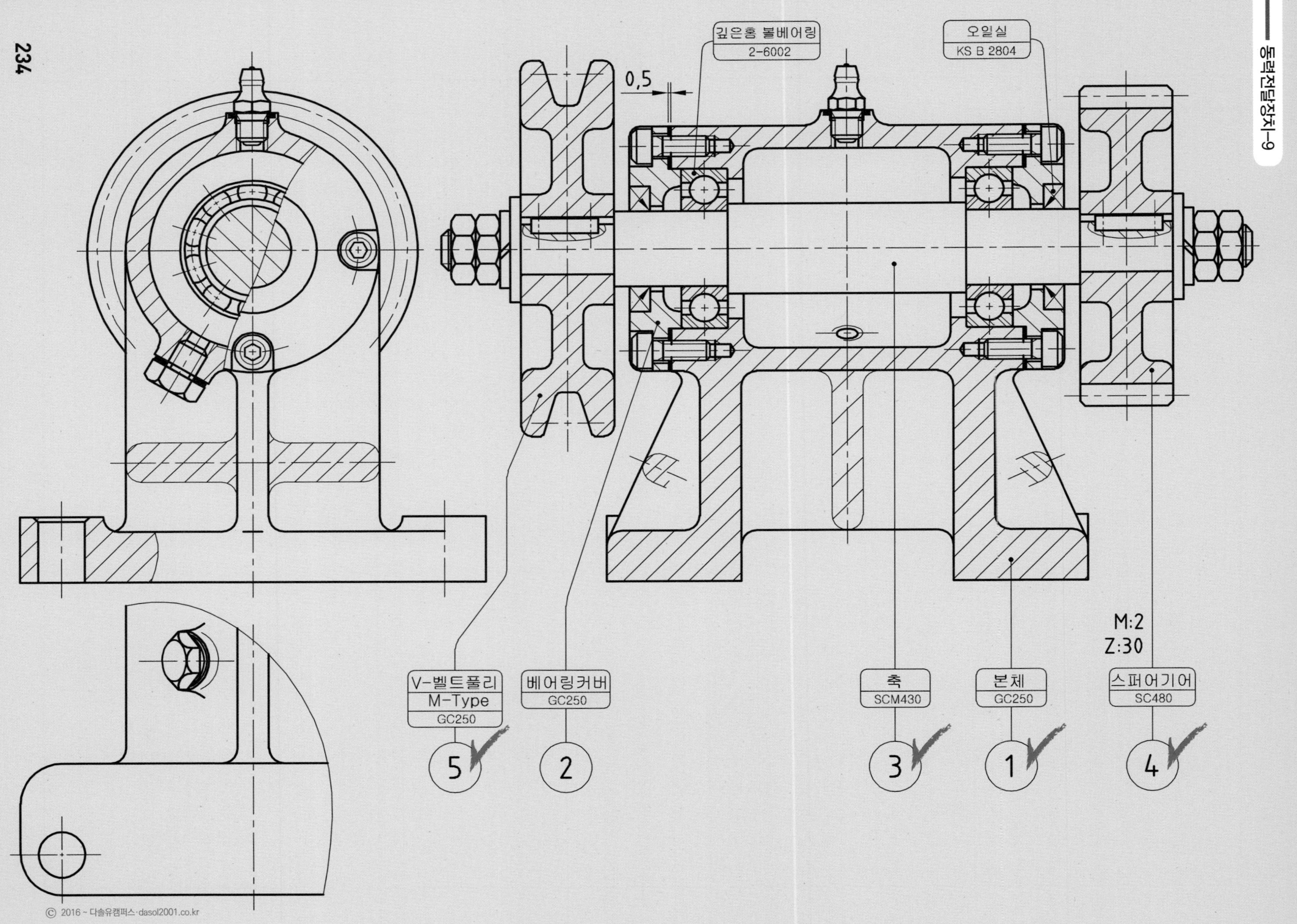

깊은홈 볼베어링
2-6002
오일실
KS B 2804
0,5
M:2
Z:30
V-벨트풀리
M-Type
GC250
베어링커버
GC250
축
SCM430
본체
GC250
스퍼어기어
SC480
5
2
3
1
4

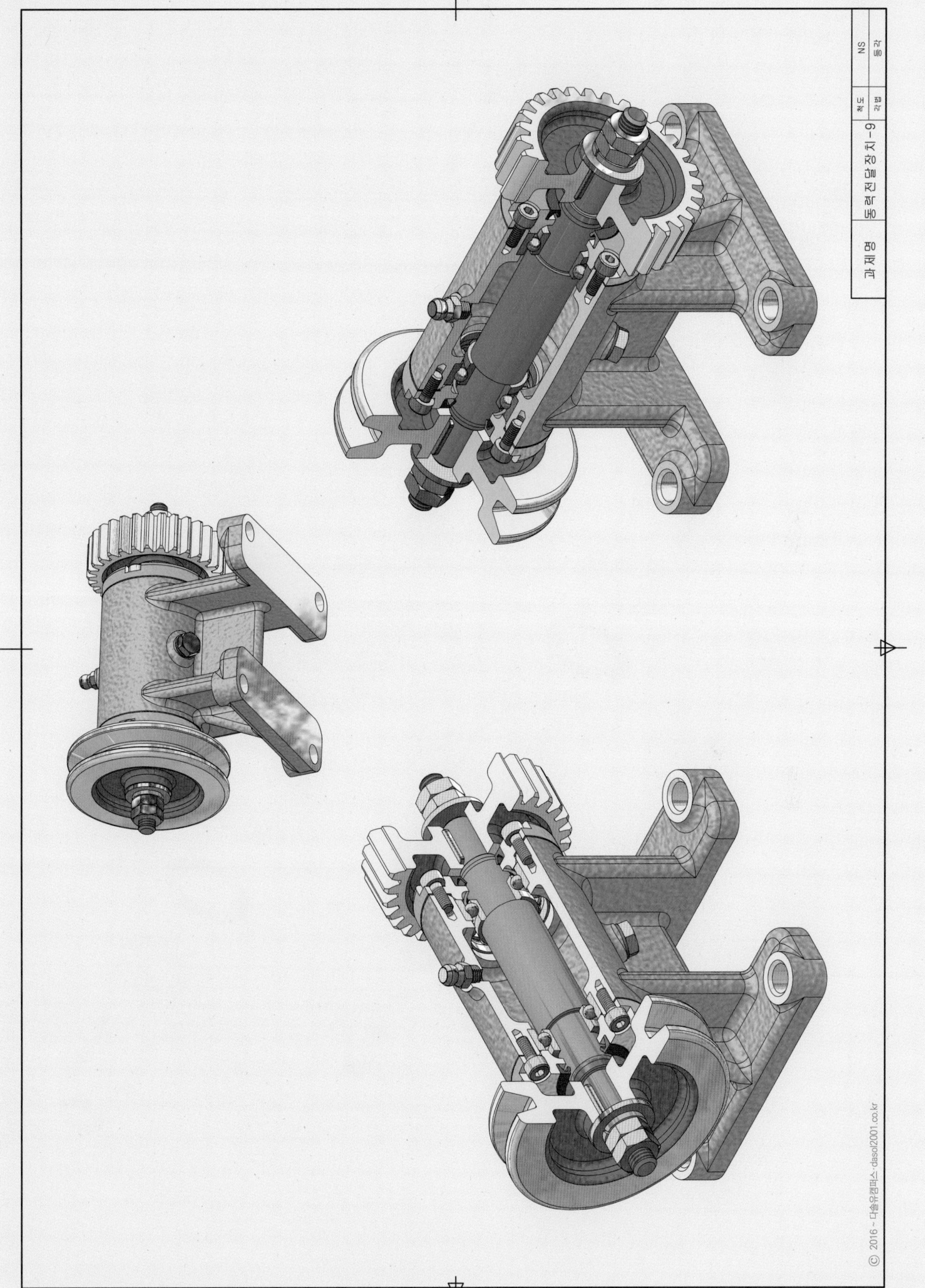
과제명
동력전달장치-9
척도
NS
각법
등각
© 2016 ~ 다솔유캠퍼스 : dasol2001.co.kr

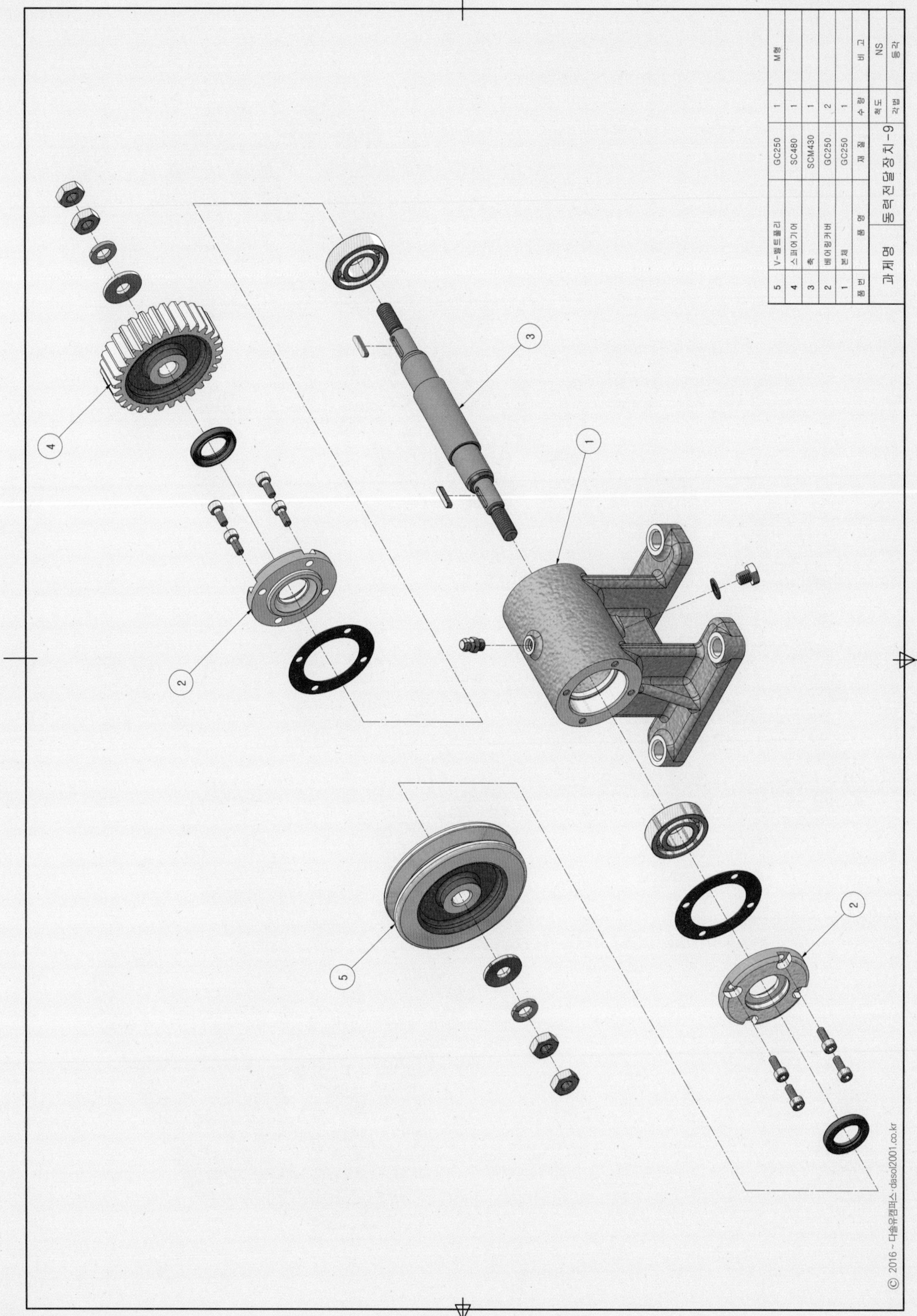
5 V-벨트풀리 GC250 1 M형
4 스퍼기어 SC480 1
3 축 SCM430 1
2 베어링커버 GC250 2
1 본체 GC250 1
품번 품명 재질 수량 비고
과제명 동력전달장치-9 척도 NS
각법 등각
© 2016 ~ 다솔유캠퍼스 · dasol2001.co.kr

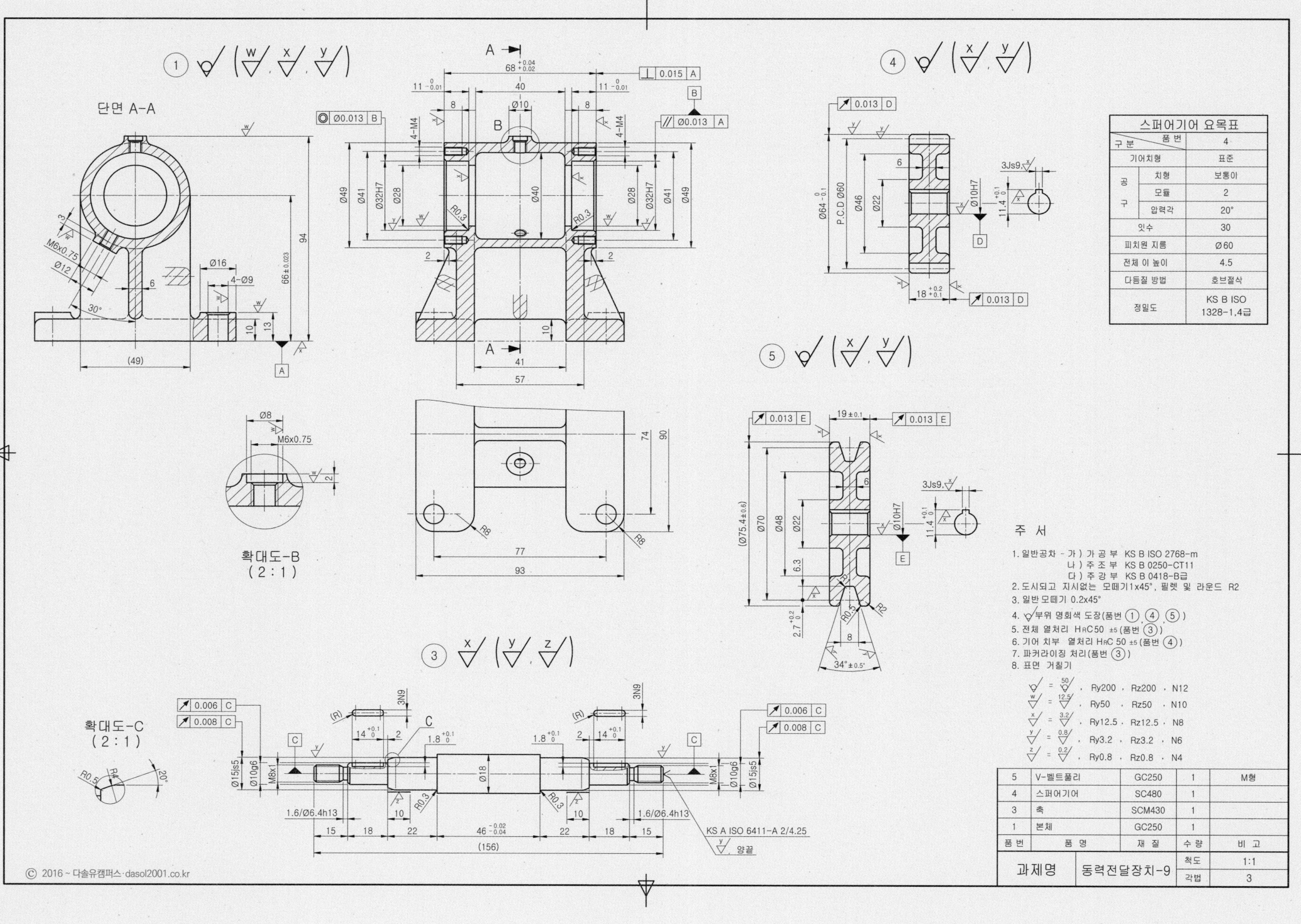
단면 A-A
확대도-B
(2:1)
확대도-C
(2:1)
스퍼어기어 요목표
구분 / 품번 4
기어치형 표준
공구 치형 보통이
공구 모듈 2
공구 압력각 20°
잇수 30
피치원 지름 Ø60
전체 이 높이 4.5
다듬질 방법 호브절삭
정밀도 KS B ISO 1328-1,4급
주 서
1. 일반공차 - 가) 가 공 부 KS B ISO 2768-m
나) 주 조 부 KS B 0250-CT11
다) 주 강 부 KS B 0418-B급
2. 도시되고 지시없는 모떼기1x45°, 필렛 및 라운드 R2
3. 일반 모떼기 0.2x45°
4. 부위 명회색 도장(품번 ①,④,⑤)
5. 전체 열처리 HRC50 ±5(품번 ③)
6. 기어 치부 열처리 HRC 50 ±5(품번 ④)
7. 파커라이징 처리(품번 ③)
8. 표면 거칠기
Ry200 , Rz200 , N12
Ry50 , Rz50 , N10
Ry12.5 , Rz12.5 , N8
Ry3.2 , Rz3.2 , N6
Ry0.8 , Rz0.8 , N4
KS A ISO 6411-A 2/4.25
양끝
5 V-벨트풀리 GC250 1 M형
4 스퍼어기어 SC480 1
3 축 SCM430 1
1 본체 GC250 1
품번 품명 재질 수량 비고
과제명 동력전달장치-9 척도 1:1 각법 3
© 2016 ~ 다솔유캠퍼스·dasol2001.co.kr

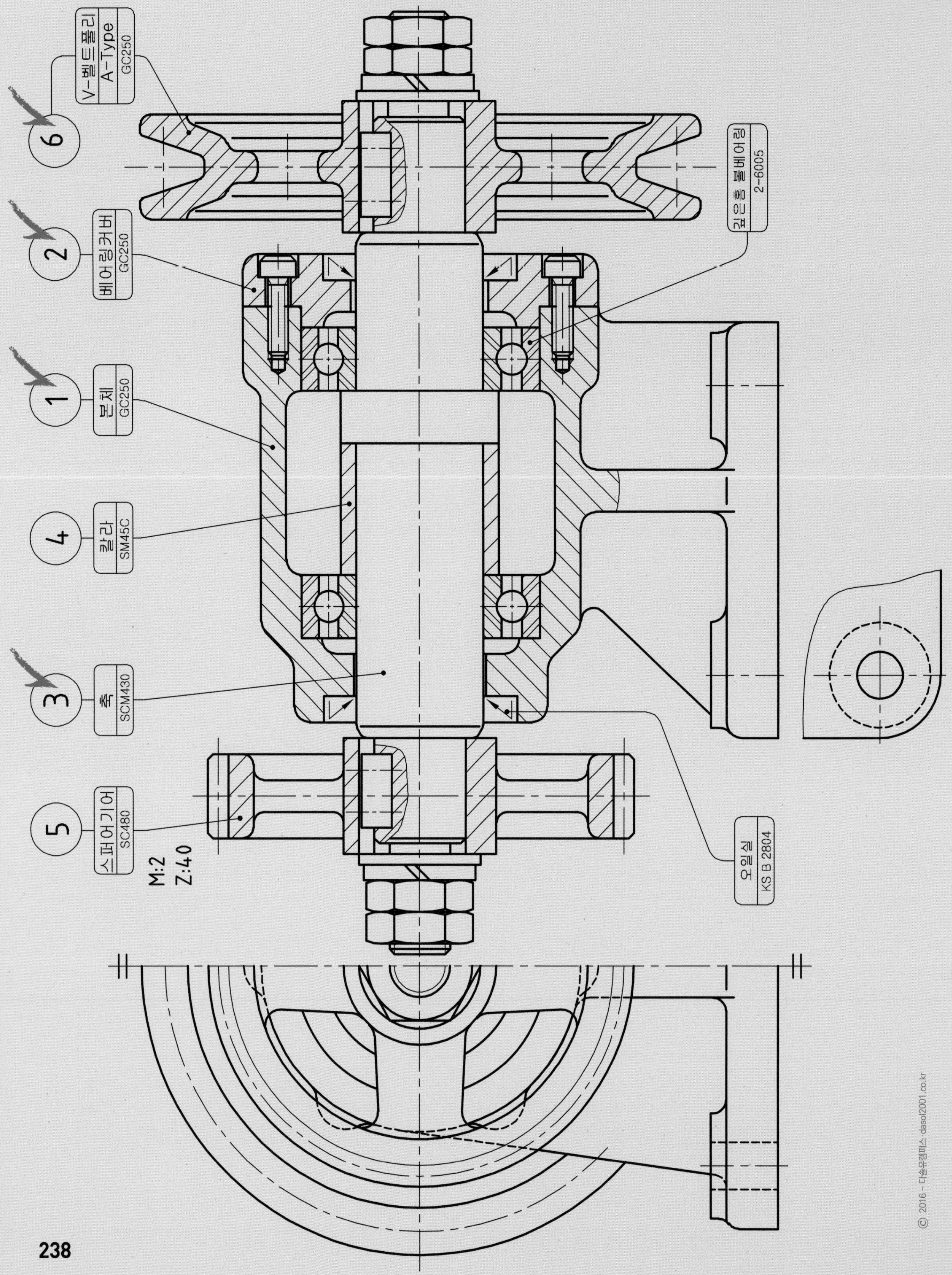

6 V-벨트풀리 A-Type GC250

2 베어링커버 GC250

1 본체 GC250

4 칼라 SM45C

3 축 SCM430

5 스퍼기어 SC480

M:2
Z:40

깊은홈 볼베어링 2-6005

오일실 KS B 2804

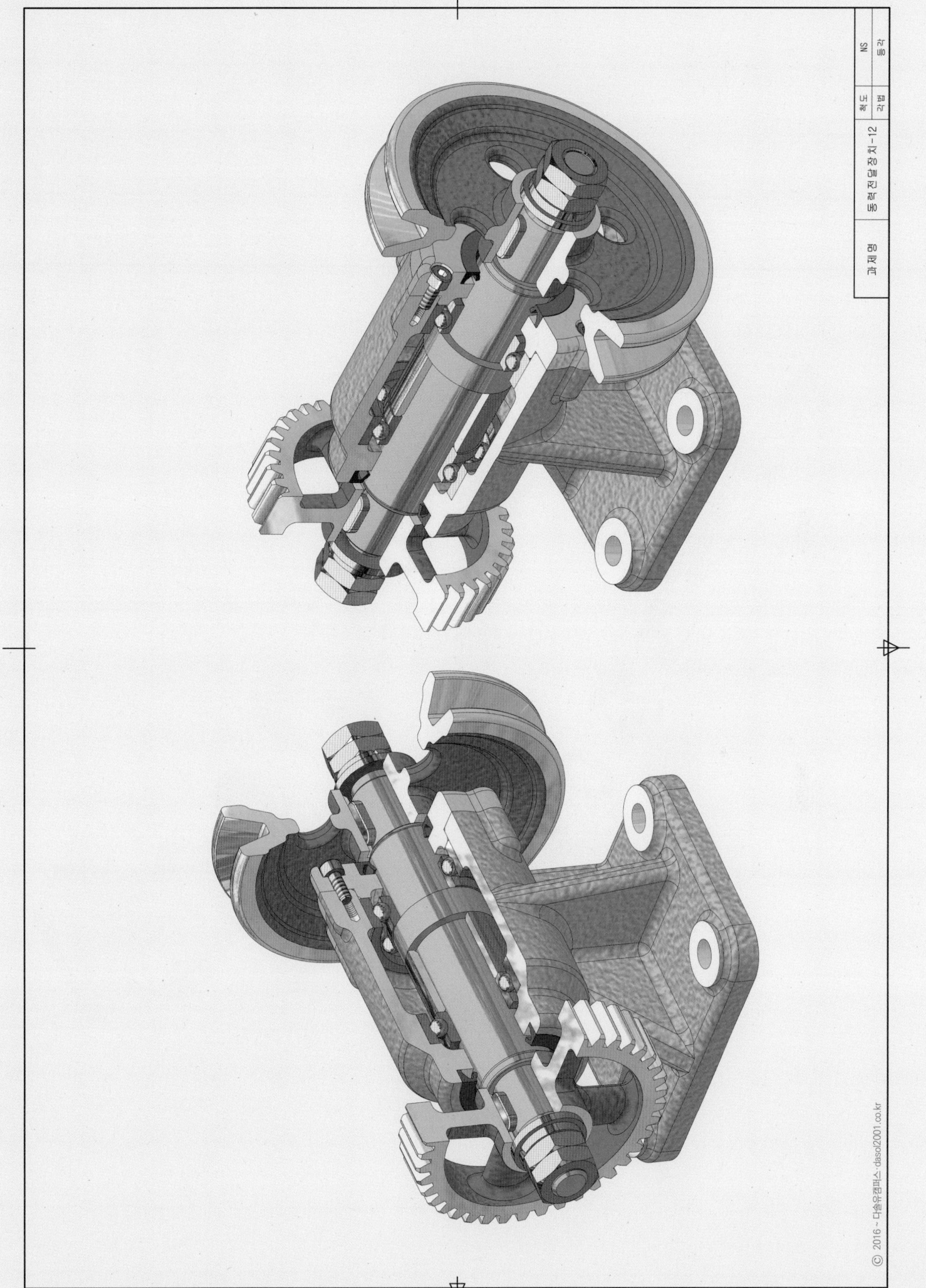
과제명
동력전달장치-12
척도
NS
각법
등각
ⓒ 2016 ~ 다솔유캠퍼스 · dasol2001.co.kr

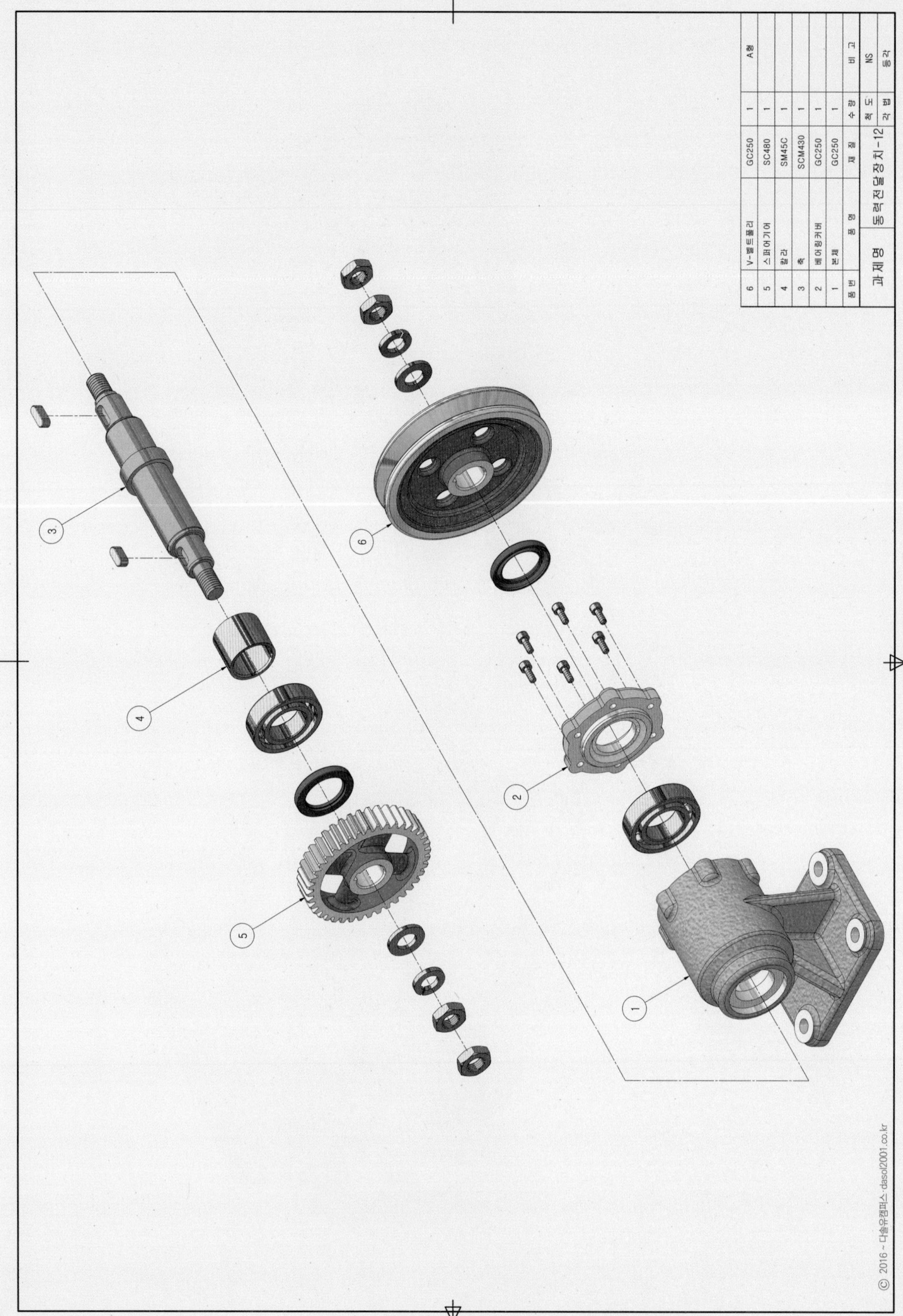
3
4
5
6
2
1
6 V-벨트풀리 GC250 1 A형
5 스퍼어기어 SC480 1
4 칼라 SM45C 1
3 축 SCM430 1
2 베어링커버 GC250 1
1 본체 GC250 1
품번 품명 재질 수량 비고
과제명 동력전달장치-12 척도 NS 각법 3각
© 2016 - 다솔유캠퍼스 dasol2001.co.kr

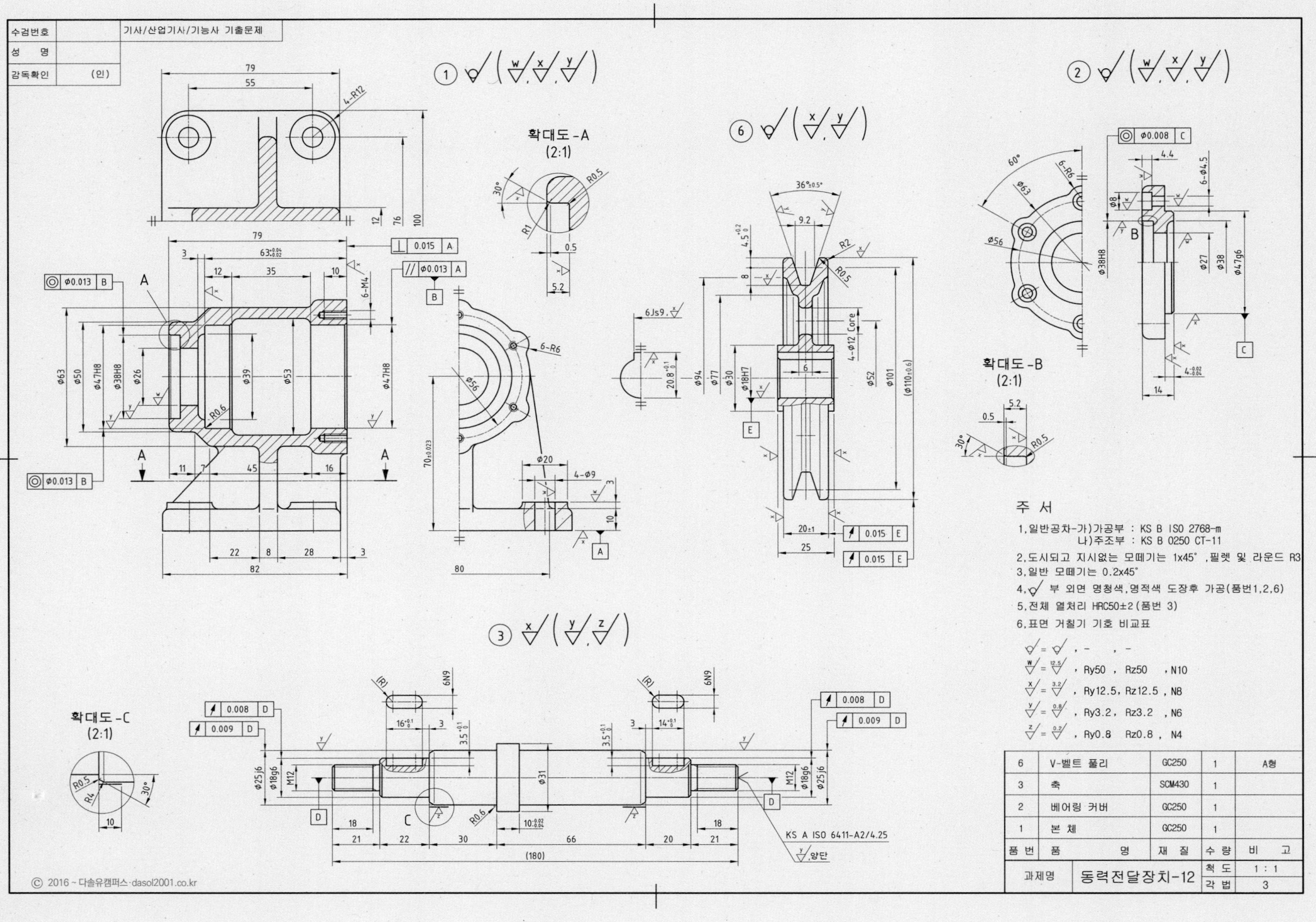

수검번호
성 명
감독확인 (인)
기사/산업기사/기능사 기출문제
확대도-A (2:1)
확대도-B (2:1)
확대도-C (2:1)
주 서
1.일반공차-가)가공부 : KS B ISO 2768-m
나)주조부 : KS B 0250 CT-11
2.도시되고 지시없는 모떼기는 1x45°,필렛 및 라운드 R3
3.일반 모떼기는 0.2x45°
4.부 외면 명청색,명적색 도장후 가공(품번1,2,6)
5.전체 열처리 HRC50±2(품번 3)
6.표면 거칠기 기호 비교표
w = 12.5 , Ry50 , Rz50 , N10
x = 3.2 , Ry12.5, Rz12.5 , N8
y = 0.8 , Ry3.2 , Rz3.2 , N6
z = 0.2 , Ry0.8 Rz0.8 , N4
KS A ISO 6411-A2/4.25
6 V-벨트 풀리 GC250 1 A형
3 축 SCM430 1
2 베어링 커버 GC250 1
1 본 체 GC250 1
품번 품 명 재 질 수량 비 고
과제명 동력전달장치-12 척도 1 : 1 각법 3
© 2016 ~ 다솔유캠퍼스·dasol2001.co.kr

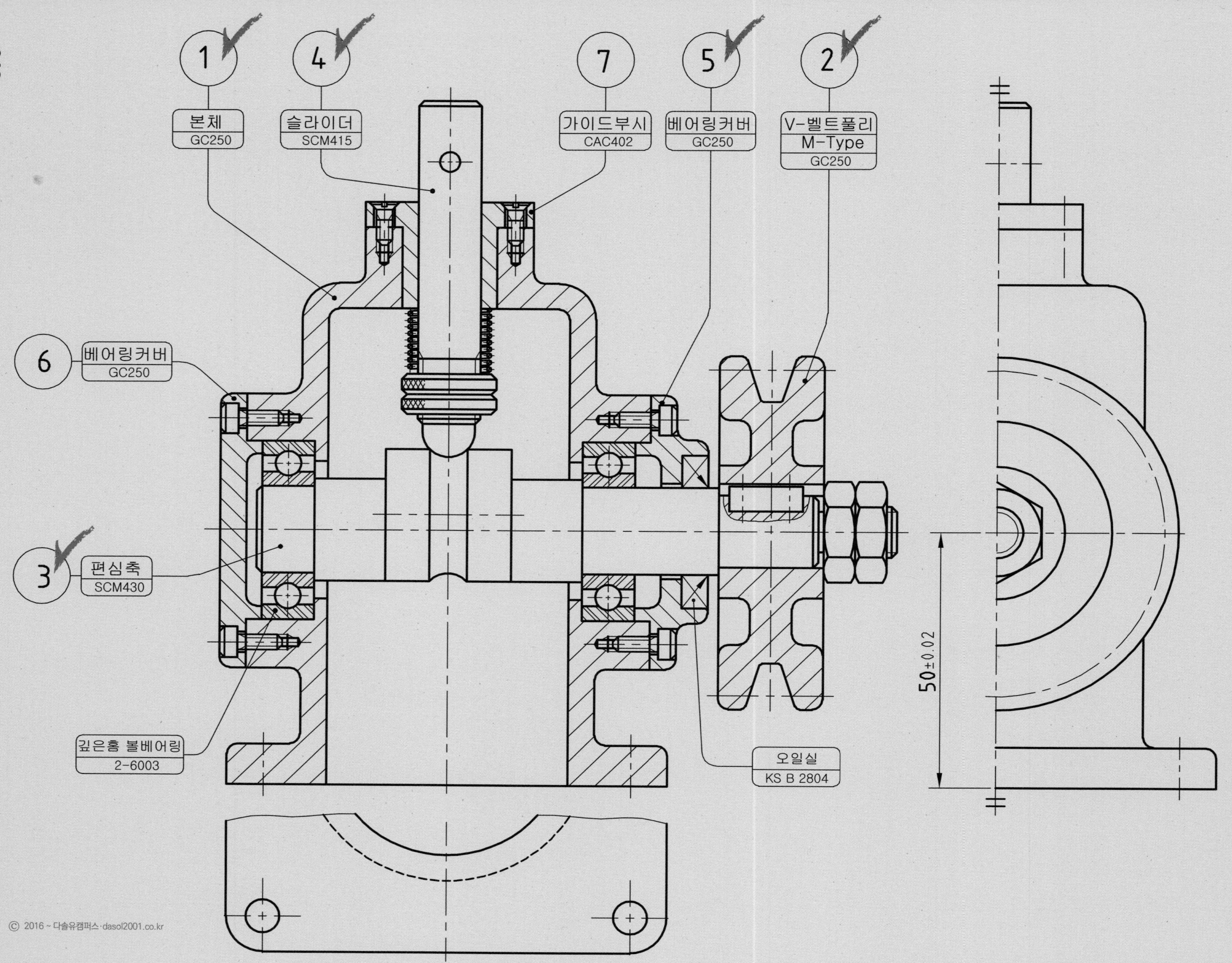
1
본체
GC250
4
슬라이더
SCM415
7
가이드부시
CAC402
5
베어링커버
GC250
2
V-벨트풀리
M-Type
GC250
6
베어링커버
GC250
3
편심축
SCM430
깊은홈 볼베어링
2-6003
오일실
KS B 2804
50±0.02

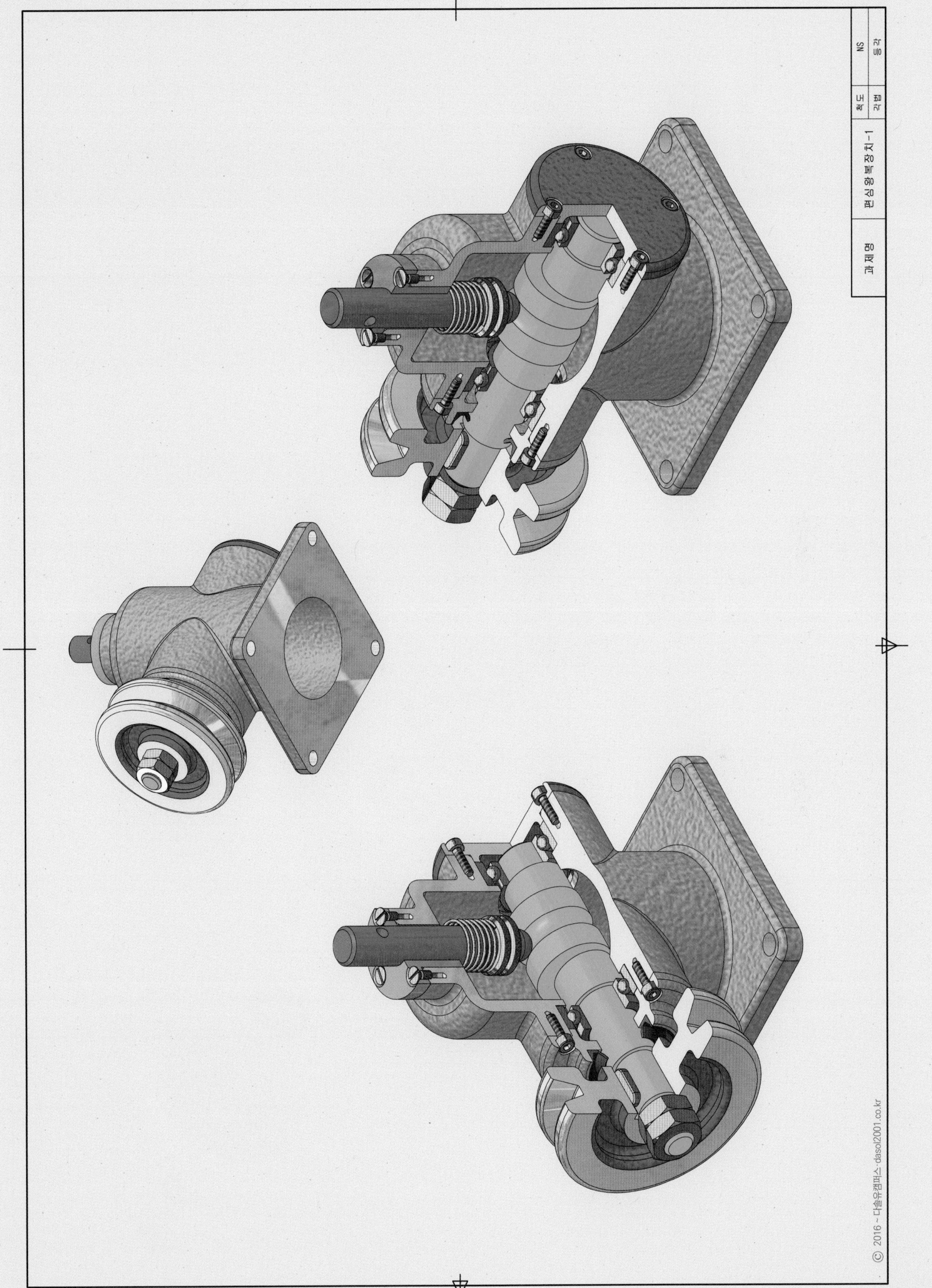
과제명
편심왕복장치-1
척도
NS
각법
등각
© 2016 ~ 다솔유캠퍼스 : dasol2001.co.kr

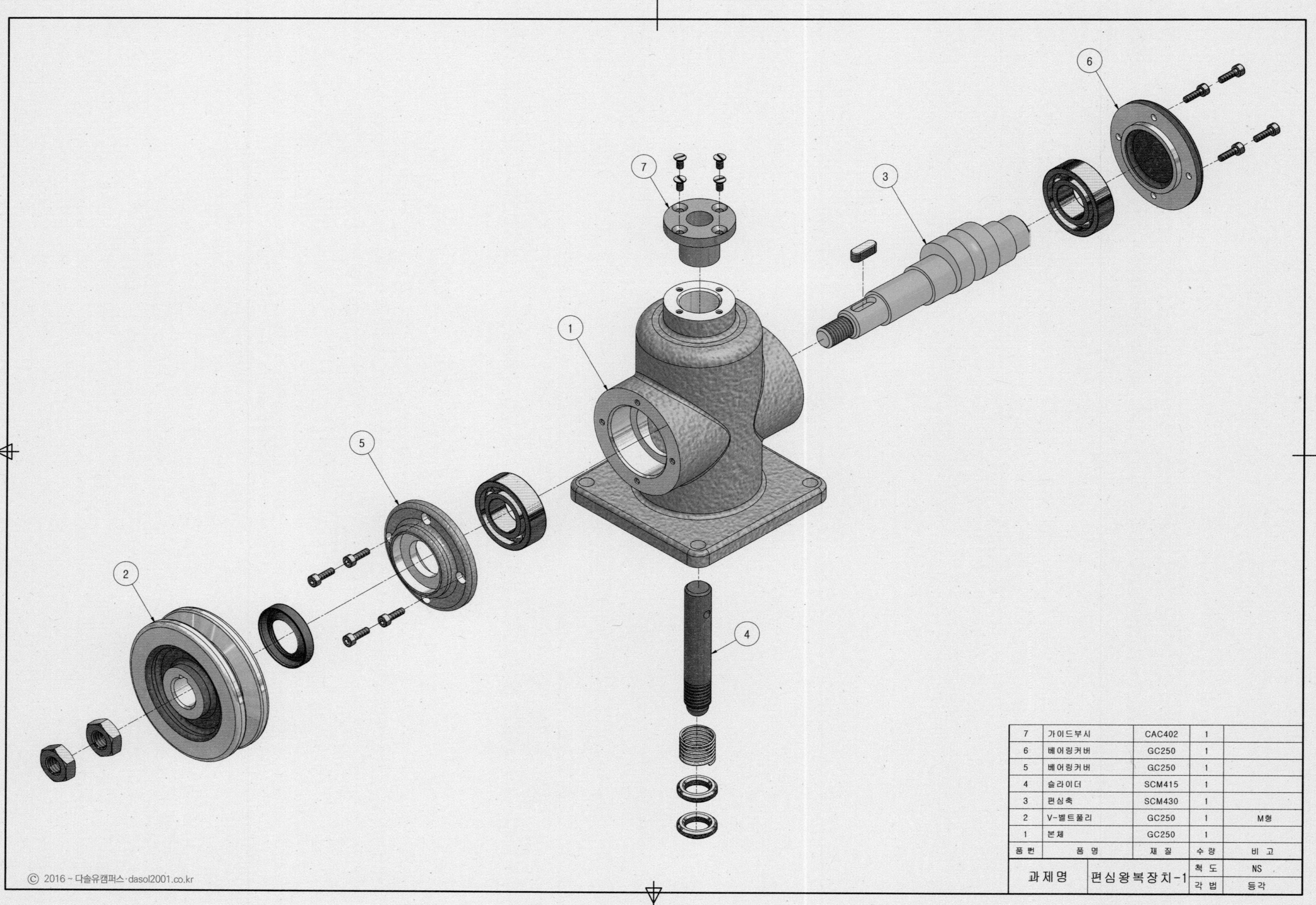

품번	품명	재질	수량	비고
7	가이드부시	CAC402	1	
6	베어링커버	GC250	1	
5	베어링커버	GC250	1	
4	슬라이더	SCM415	1	
3	편심축	SCM430	1	
2	V-벨트풀리	GC250	1	M형
1	본체	GC250	1	

과제명	편심왕복장치-1	척도	NS
		각법	등각

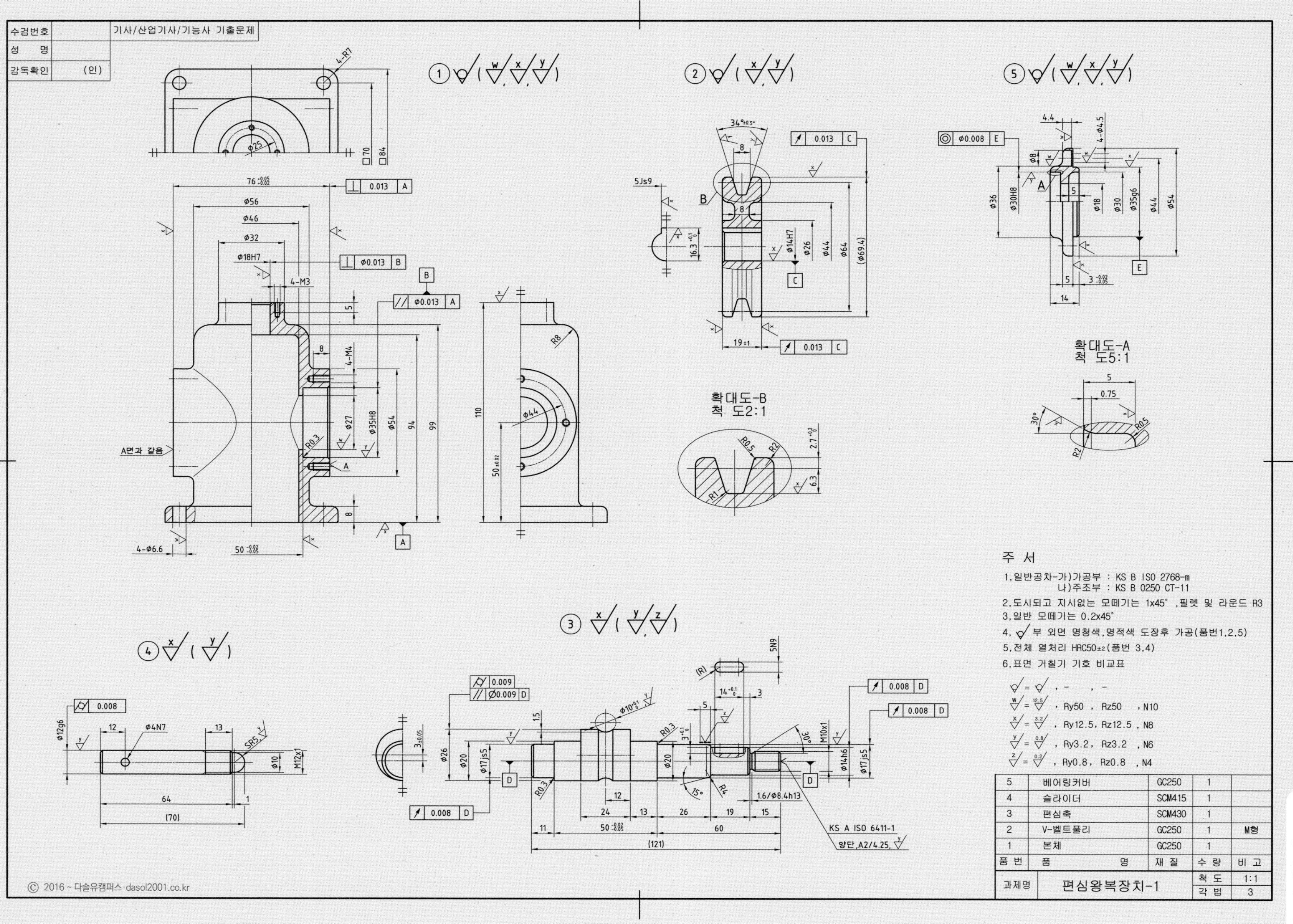
수검번호
성 명
감독확인 (인)
기사/산업기사/기능사 기출문제
확대도-A
척 도5:1
확대도-B
척 도2:1
A면과 같음
KS A ISO 6411-1
양단,A2/4.25,
주 서
1,일반공차-가)가공부 : KS B ISO 2768-m
나)주조부 : KS B 0250 CT-11
2,도시되고 지시없는 모떼기는 1x45° ,필렛 및 라운드 R3
3,일반 모떼기는 0.2x45°
4, 부 외면 명청색,명적색 도장후 가공(품번1,2,5)
5,전체 열처리 HRC50±2(품번 3,4)
6,표면 거칠기 기호 비교표
, Ry50 , Rz50 , N10
, Ry12.5, Rz12.5 , N8
, Ry3.2 , Rz3.2 , N6
, Ry0.8 , Rz0.8 , N4
5 베어링커버 GC250 1
4 슬라이더 SCM415 1
3 편심축 SCM430 1
2 V-벨트풀리 GC250 1 M형
1 본체 GC250 1
품번 품 명 재질 수량 비고
과제명 편심왕복장치-1 척도 1:1 각법 3

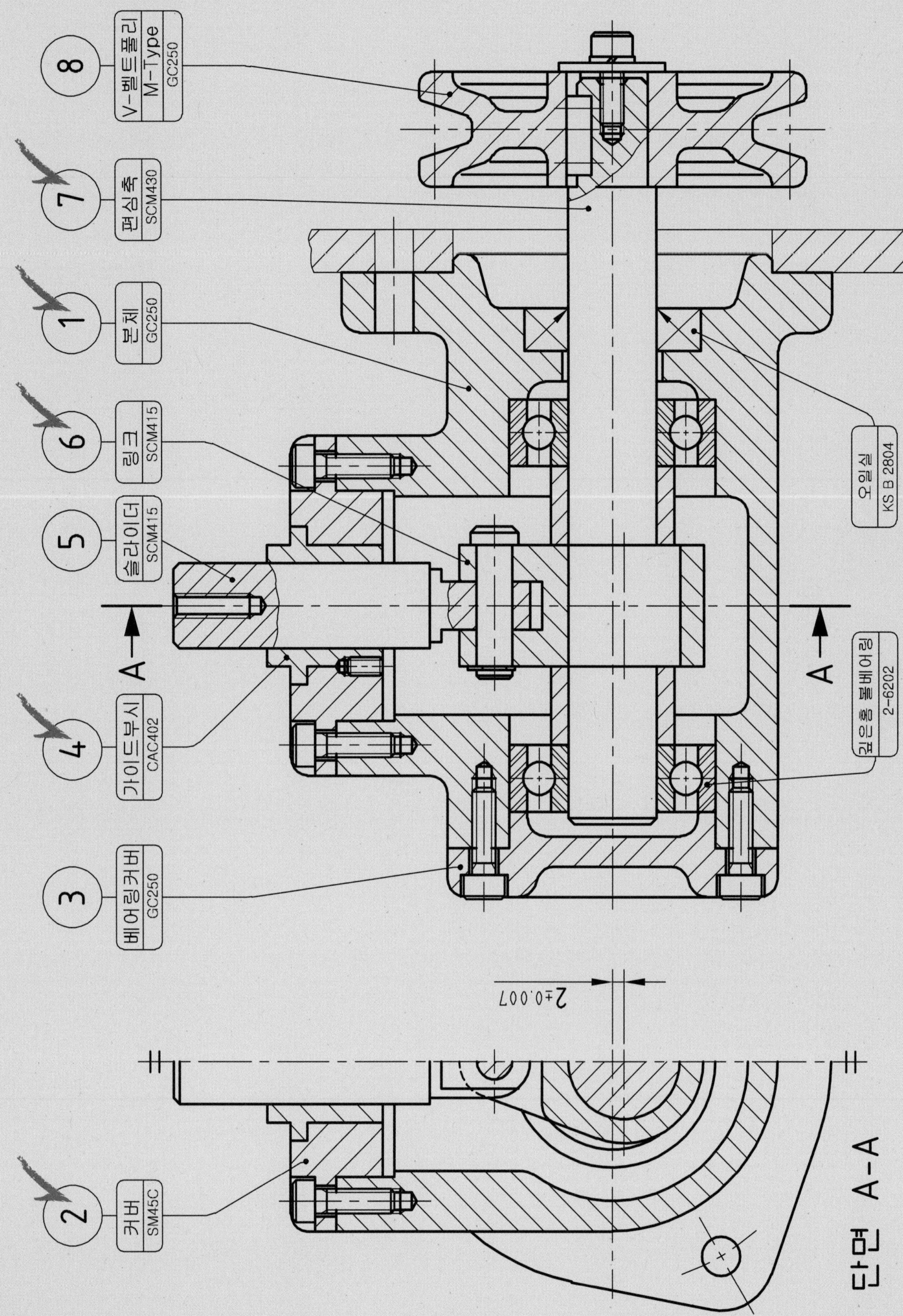

8
V-벨트풀리
M-Type
GC250
7
편심축
SCM430
1
본체
GC250
6
링크
SCM415
5
슬라이더
SCM415
4
가이드부시
CAC402
3
베어링커버
GC250
2
커버
SM45C
오일실
KS B 2804
깊은홈볼베어링
2-6202
A
A
2±0.007
단면 A-A

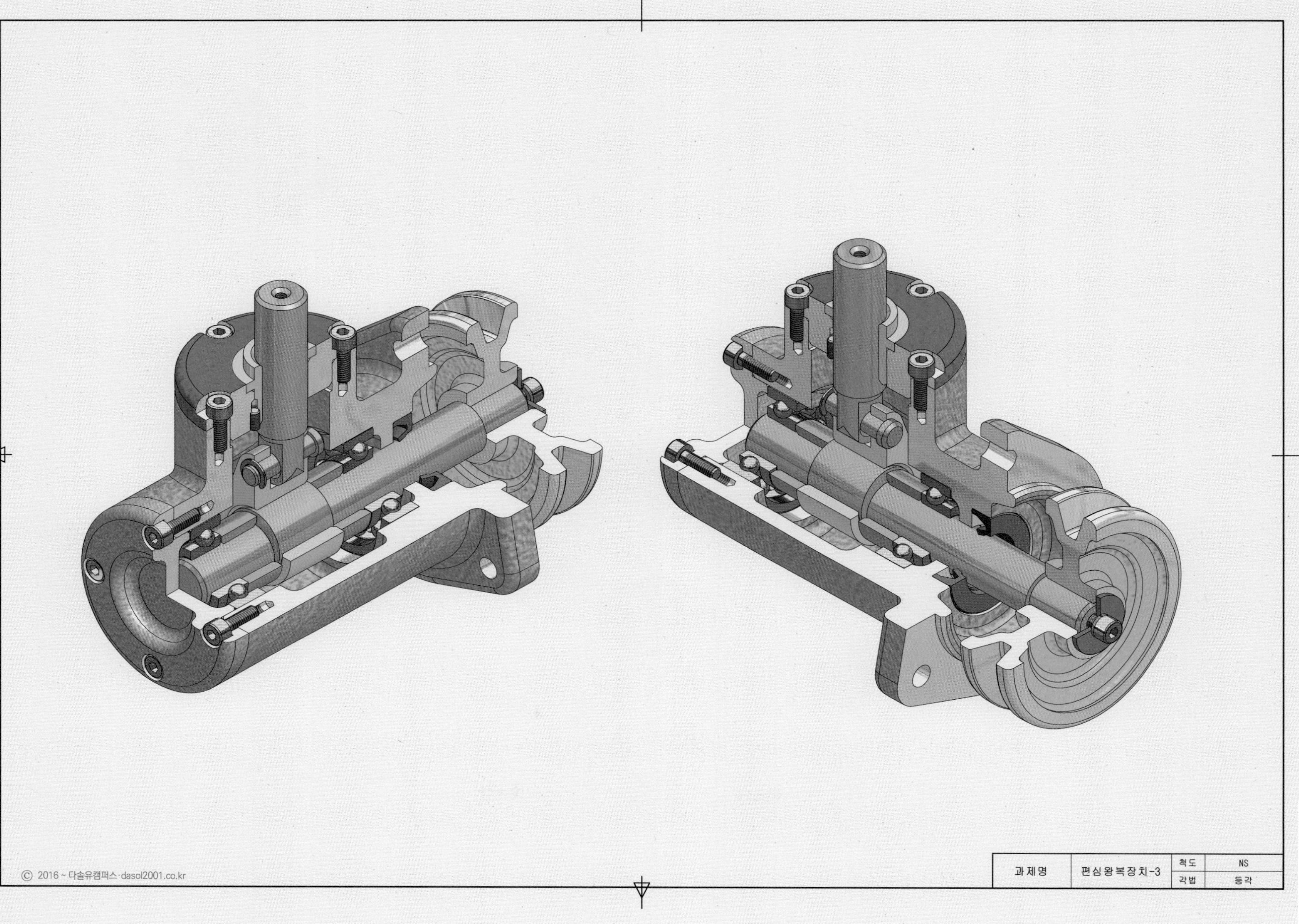

과제명
편심왕복장치-3
척도
NS
각법
등각
© 2016 ~ 다솔유캠퍼스 · dasol2001.co.kr

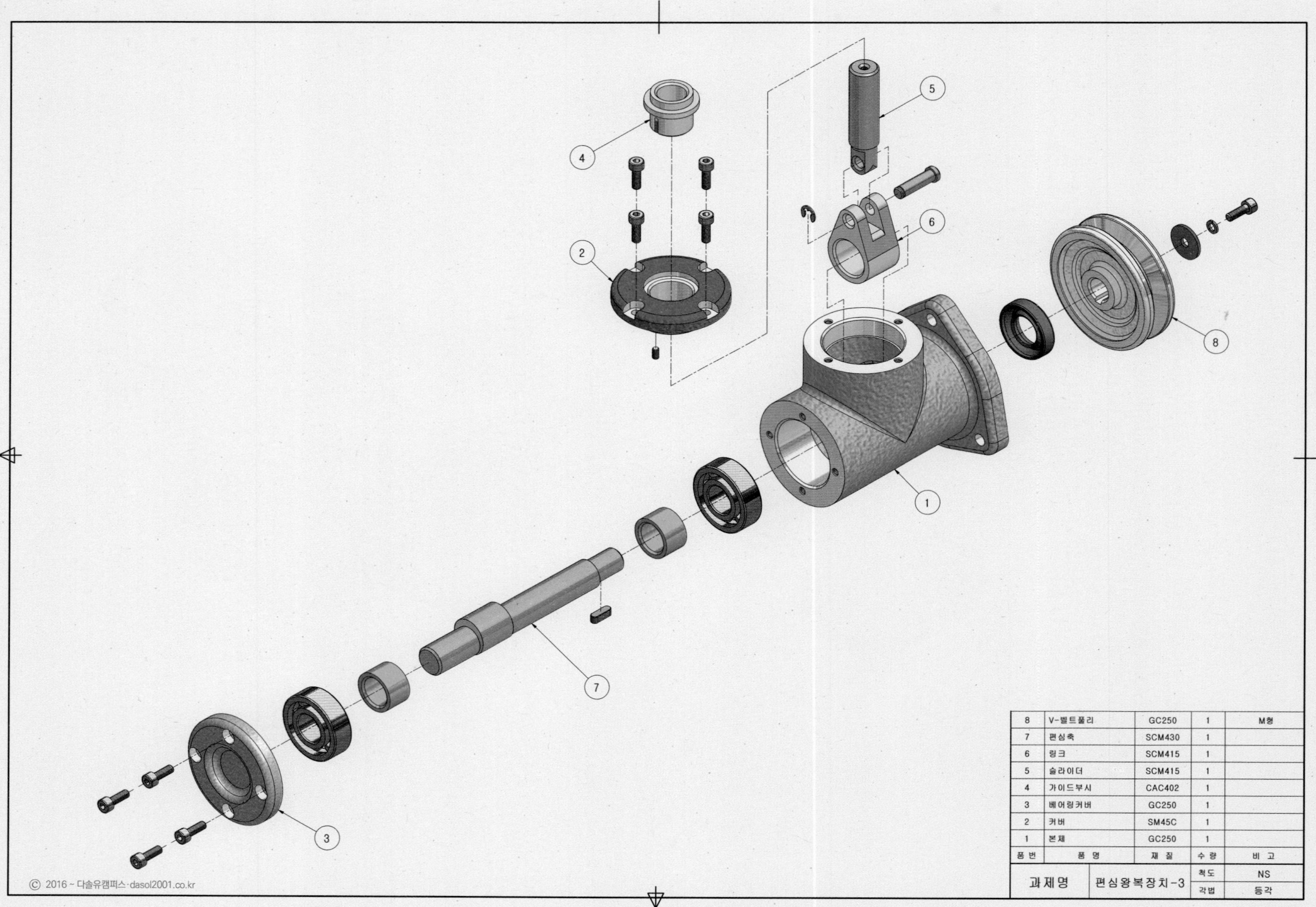

품번	품명	재질	수량	비고
8	V-벨트풀리	GC250	1	M형
7	편심축	SCM430	1	
6	링크	SCM415	1	
5	슬라이더	SCM415	1	
4	가이드부시	CAC402	1	
3	베어링커버	GC250	1	
2	커버	SM45C	1	
1	본체	GC250	1	

과제명	편심왕복장치-3	척도	NS
		각법	등각

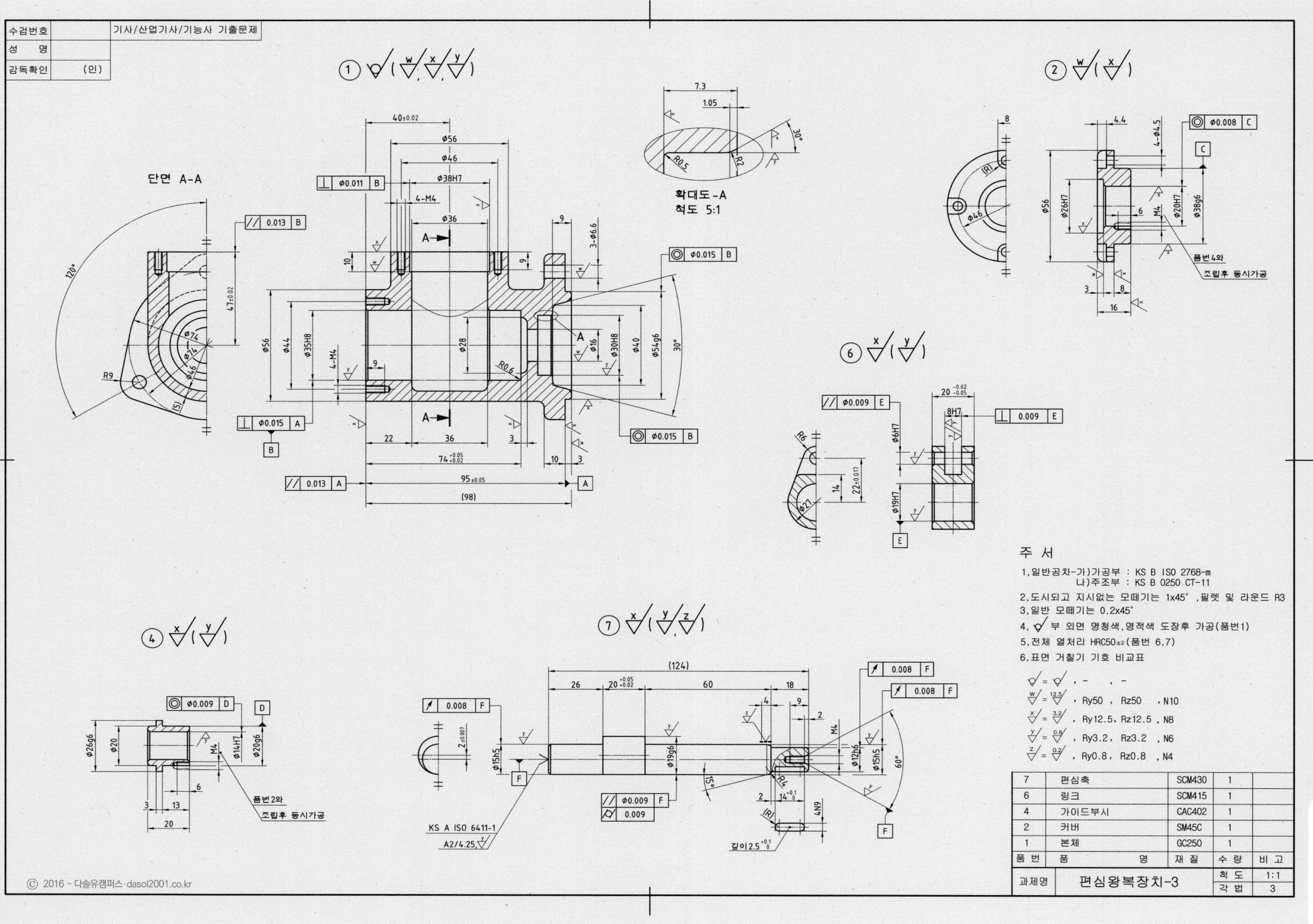

수검번호
성 명
감독확인 (인)
기사/산업기사/기능사 기출문제
단면 A-A
확대도-A
척도 5:1
품번4와 조립후 동시가공
품번2와 조립후 동시가공
KS A ISO 6411-1 A2/4.25
주 서
1.일반공차-가)가공부 : KS B ISO 2768-m
나)주조부 : KS B 0250 CT-11
2.도시되고 지시없는 모떼기는 1x45°, 필렛 및 라운드 R3
3.일반 모떼기는 0.2x45°
4. 부 외면 명청색, 명적색 도장후 가공(품번1)
5.전체 열처리 HRC50±2(품번 6,7)
6.표면 거칠기 기호 비교표
, Ry50 , Rz50 , N10
, Ry12.5 , Rz12.5 , N8
, Ry3.2 , Rz3.2 , N6
, Ry0.8 , Rz0.8 , N4
7 편심축 SCM430 1
6 링크 SCM415 1
4 가이드부시 CAC402 1
2 커버 SM45C 1
1 본체 GC250 1
품번 품 명 재 질 수 량 비 고
과제명 편심왕복장치-3
척도 1:1
각법 3

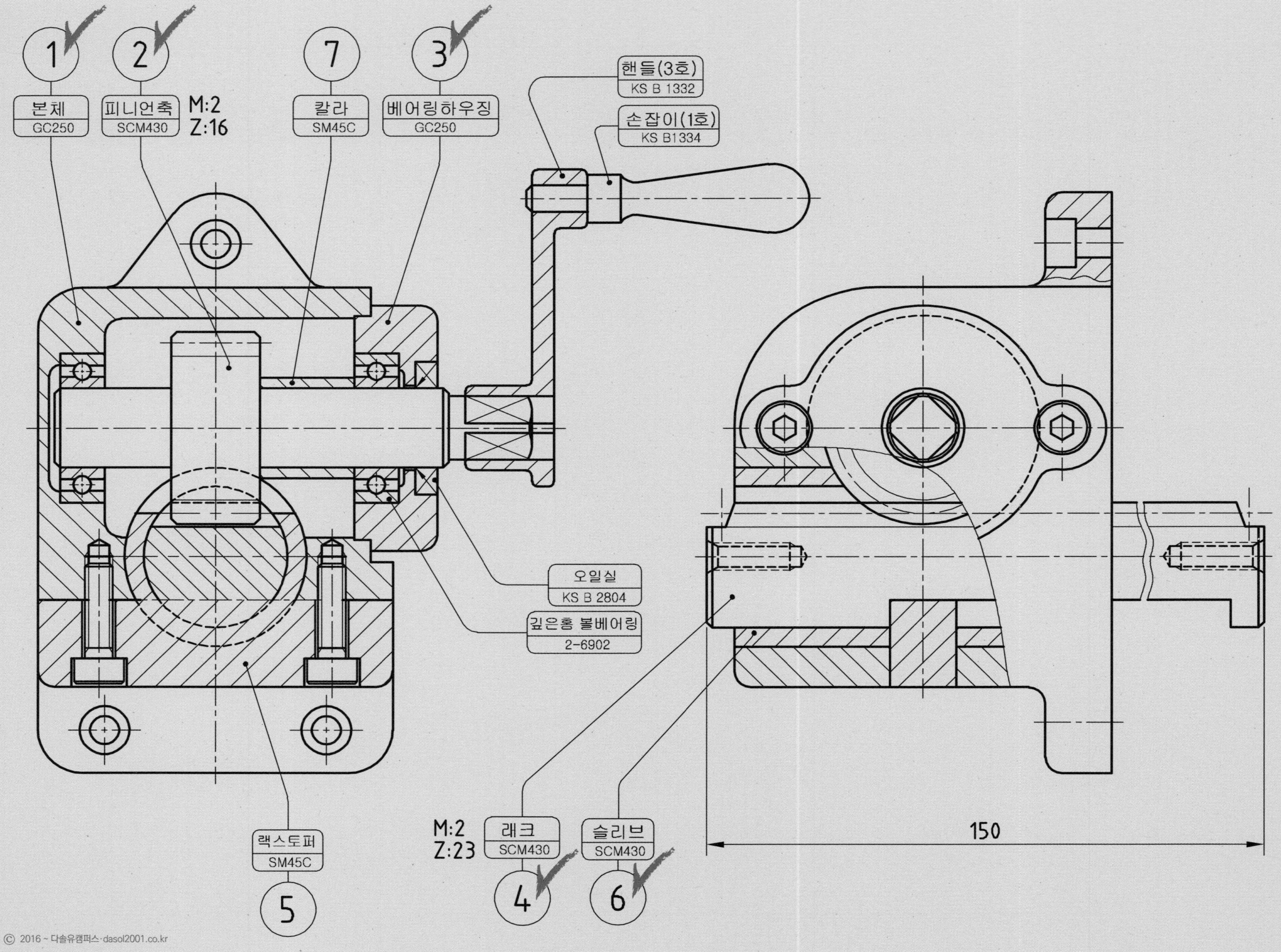

1 본체 GC250
2 피니언축 SCM430
M:2 Z:16
7 칼라 SM45C
3 베어링하우징 GC250
핸들(3호) KS B 1332
손잡이(1호) KS B1334
오일실 KS B 2804
깊은홈 볼베어링 2-6902
랙스토퍼 SM45C 5
M:2 Z:23
래크 SCM430 4
슬리브 SCM430 6
150

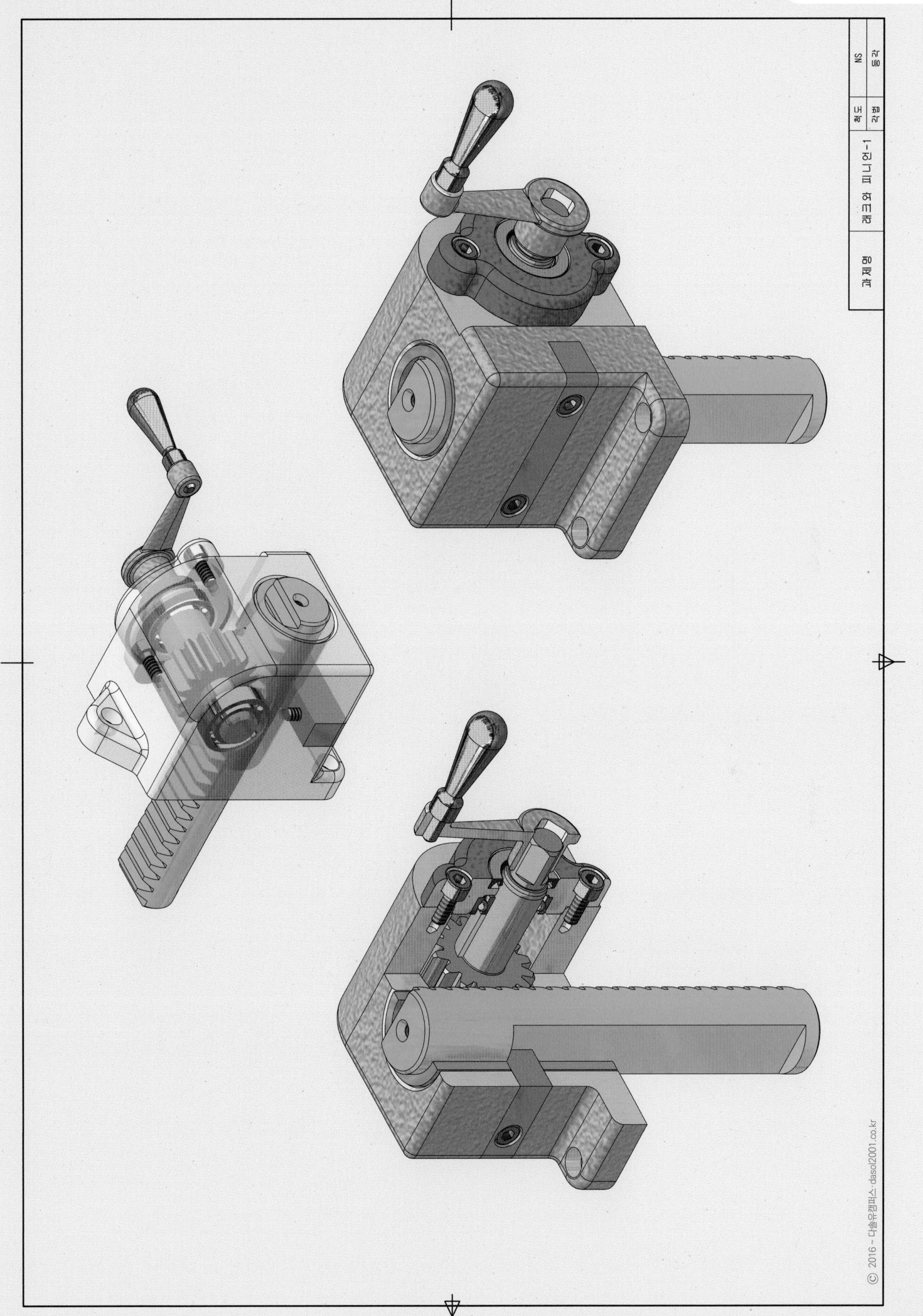
과제명
래크와 피니언-1
척도
NS
각법
등각

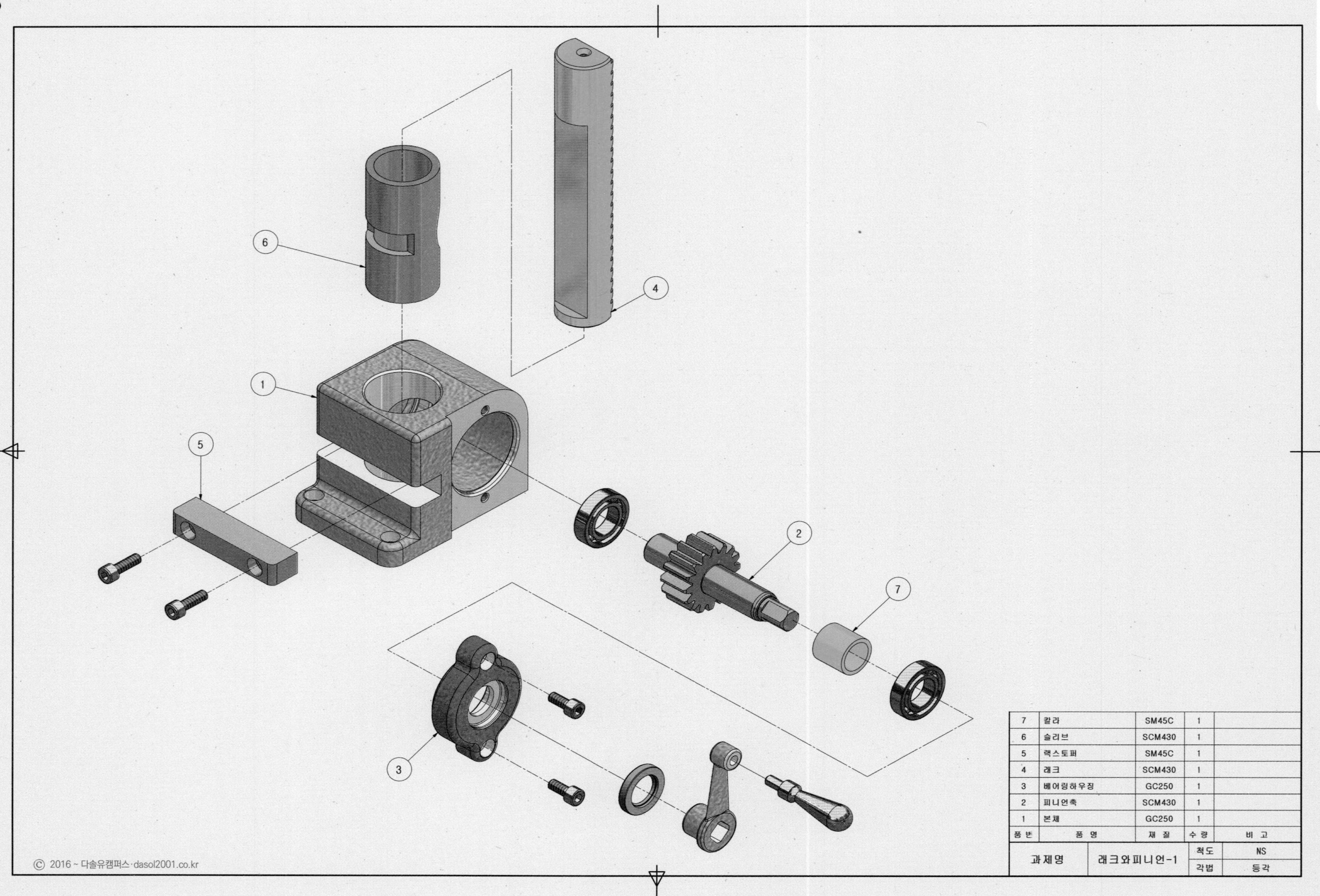

품번	품명	재질	수량	비고
7	칼라	SM45C	1	
6	슬리브	SCM430	1	
5	랙스토퍼	SM45C	1	
4	래크	SCM430	1	
3	베어링하우징	GC250	1	
2	피니언축	SCM430	1	
1	본체	GC250	1	

과제명	래크와피니언-1	척도	NS
		각법	등각

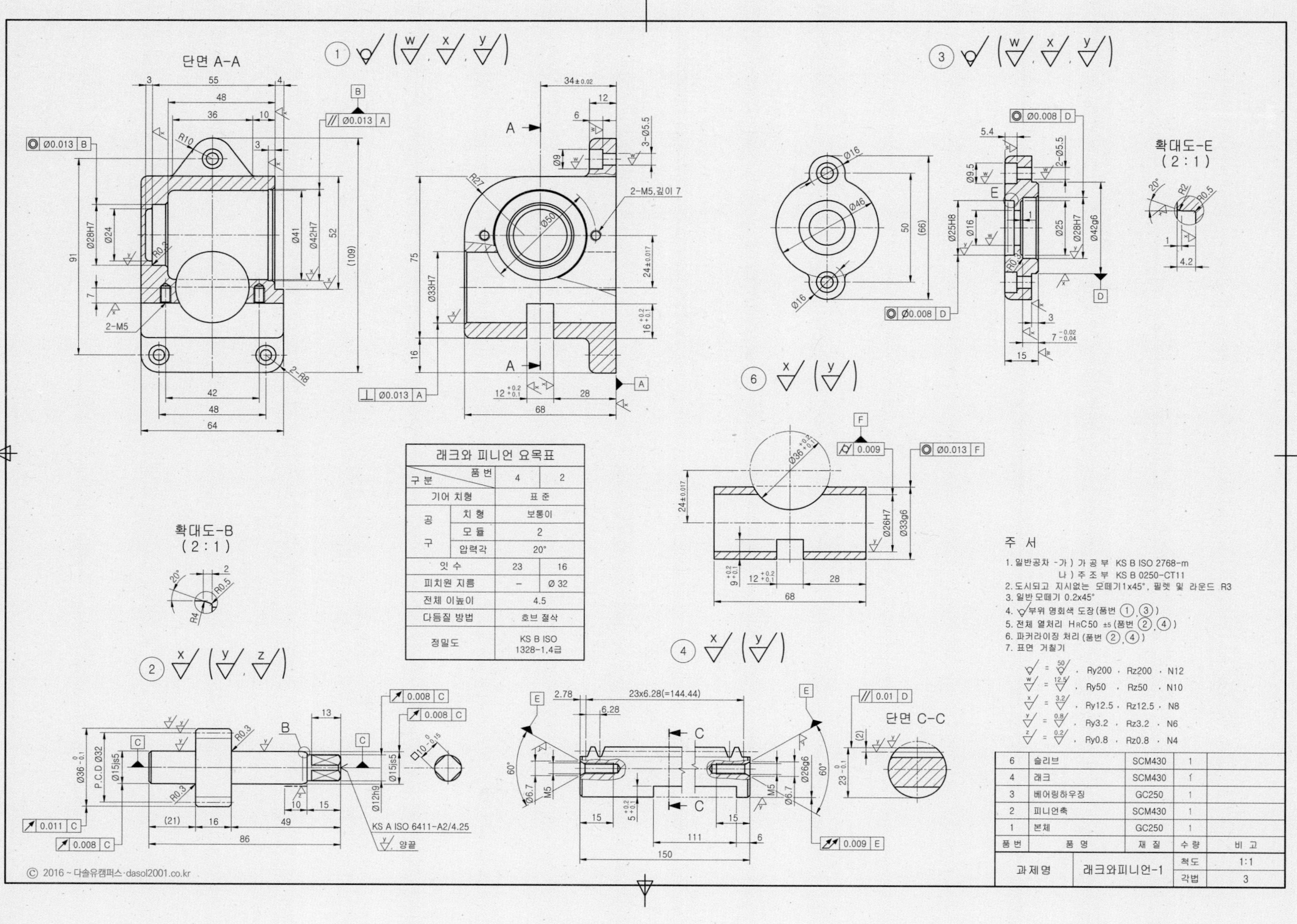
단면 A-A
확대도-B
(2 : 1)
확대도-E
(2 : 1)
단면 C-C
래크와 피니언 요목표
구분 품번 4 2
기어 치형 표준
공구 치형 보통이
모듈 2
압력각 20°
잇 수 23 16
피치원 지름 - Ø 32
전체 이높이 4.5
다듬질 방법 호브 절삭
정밀도 KS B ISO 1328-1,4급
주 서
1. 일반공차 -가) 가 공 부 KS B ISO 2768-m
나) 주 조 부 KS B 0250-CT11
2. 도시되고 지시없는 모떼기1x45°, 필렛 및 라운드 R3
3. 일반 모떼기 0.2x45°
4. 부위 명회색 도장 (품번 1, 3)
5. 전체 열처리 HRC50 ±5 (품번 2, 4)
6. 파커라이징 처리 (품번 2, 4)
7. 표면 거칠기
Ry200 , Rz200 , N12
Ry50 , Rz50 , N10
Ry12.5 , Rz12.5 , N8
Ry3.2 , Rz3.2 , N6
Ry0.8 , Rz0.8 , N4
6 슬리브 SCM430 1
4 래크 SCM430 1
3 베어링하우징 GC250 1
2 피니언축 SCM430 1
1 본체 GC250 1
품번 품 명 재 질 수량 비 고
과제명 래크와피니언-1 척도 1:1
각법 3
KS A ISO 6411-A2/4.25
© 2016 ~ 다솔유캠퍼스 · dasol2001.co.kr

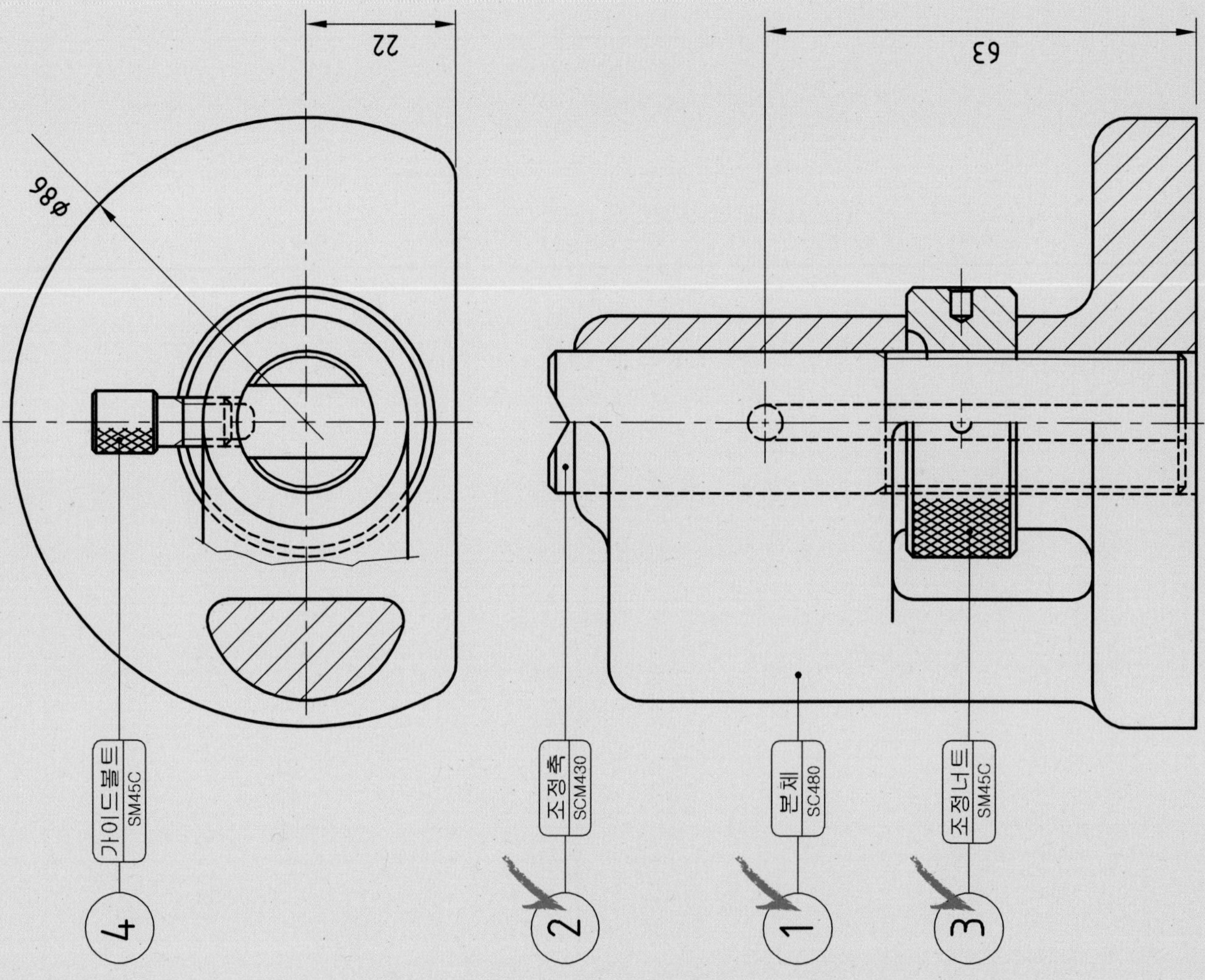
ø86
22
63
가이드볼트
SM45C
4
조정축
SCM430
2
본체
SC480
1
조정너트
SM45C
3

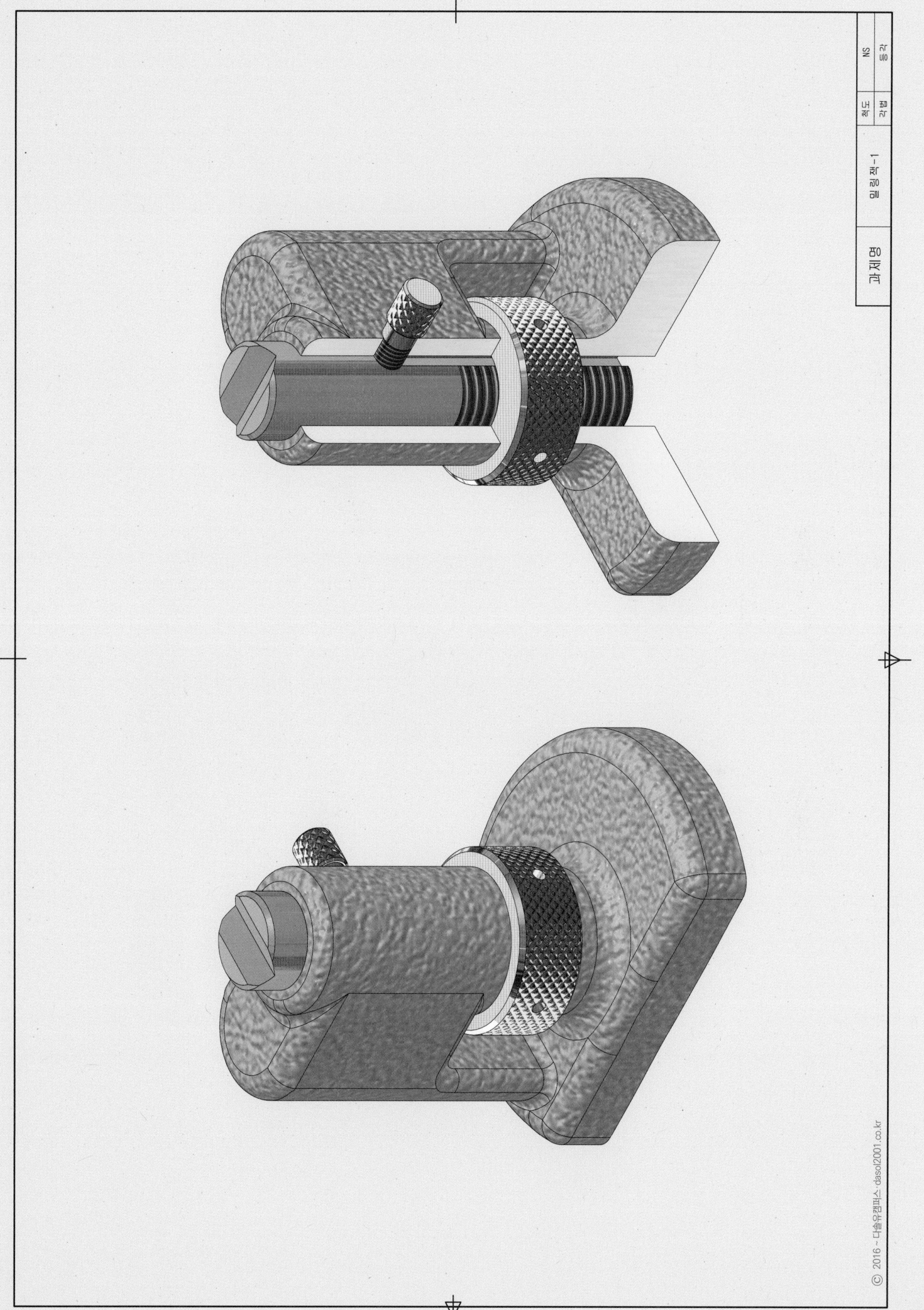
과제명
밀링잭-1
척도
NS
각법
등각
© 2016 ~ 다솔유캠퍼스 dasol2001.co.kr

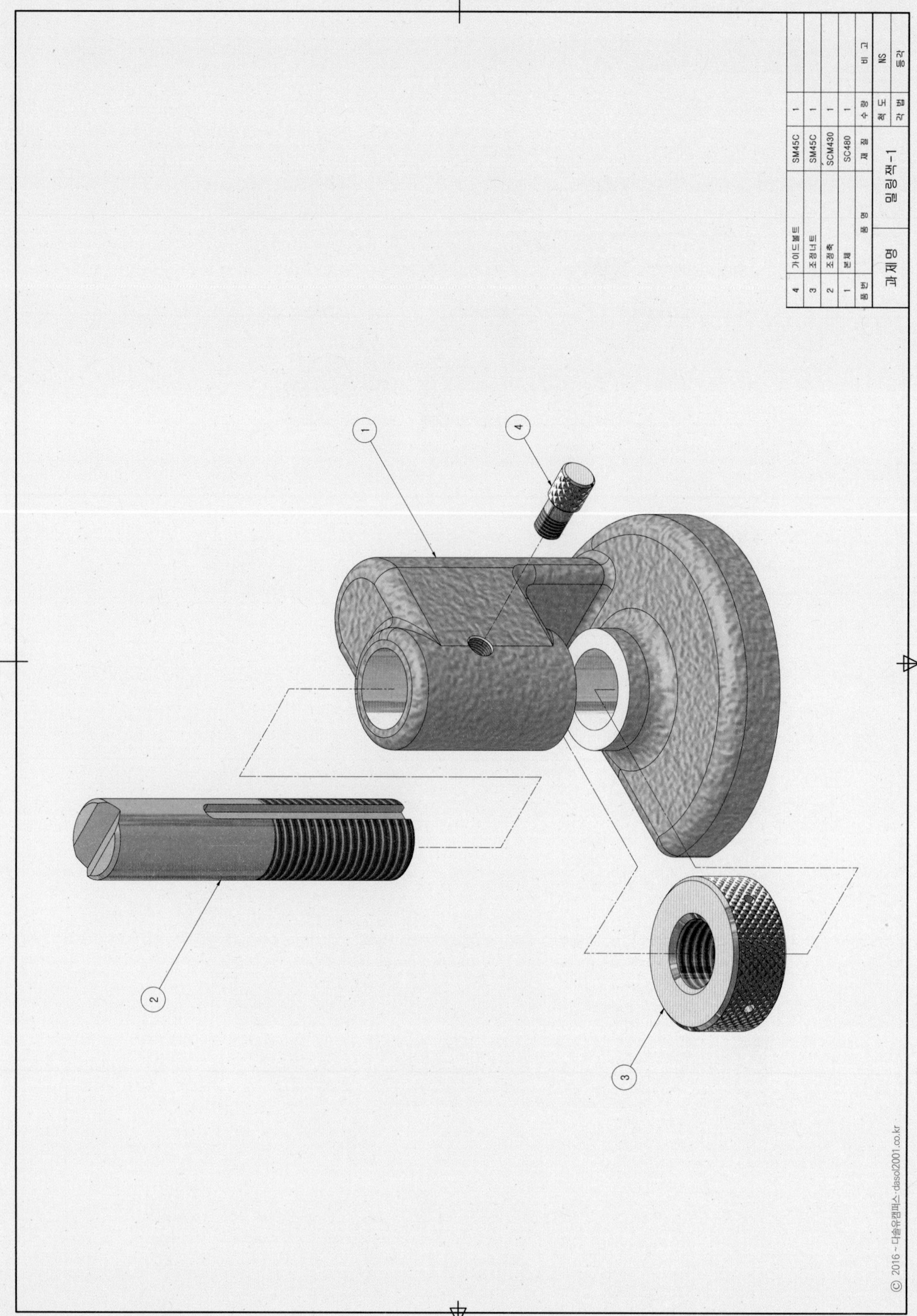
1
2
3
4
4 가이드볼트 SM45C 1
3 조정너트 SM45C 1
2 조정축 SCM430 1
1 본체 SC480 1
품번 품명 재질 수량 비고
과제명 밀링잭-1 척도 NS
각법 등각
© 2016 - 다솔유캠퍼스 - dasol2001.co.kr

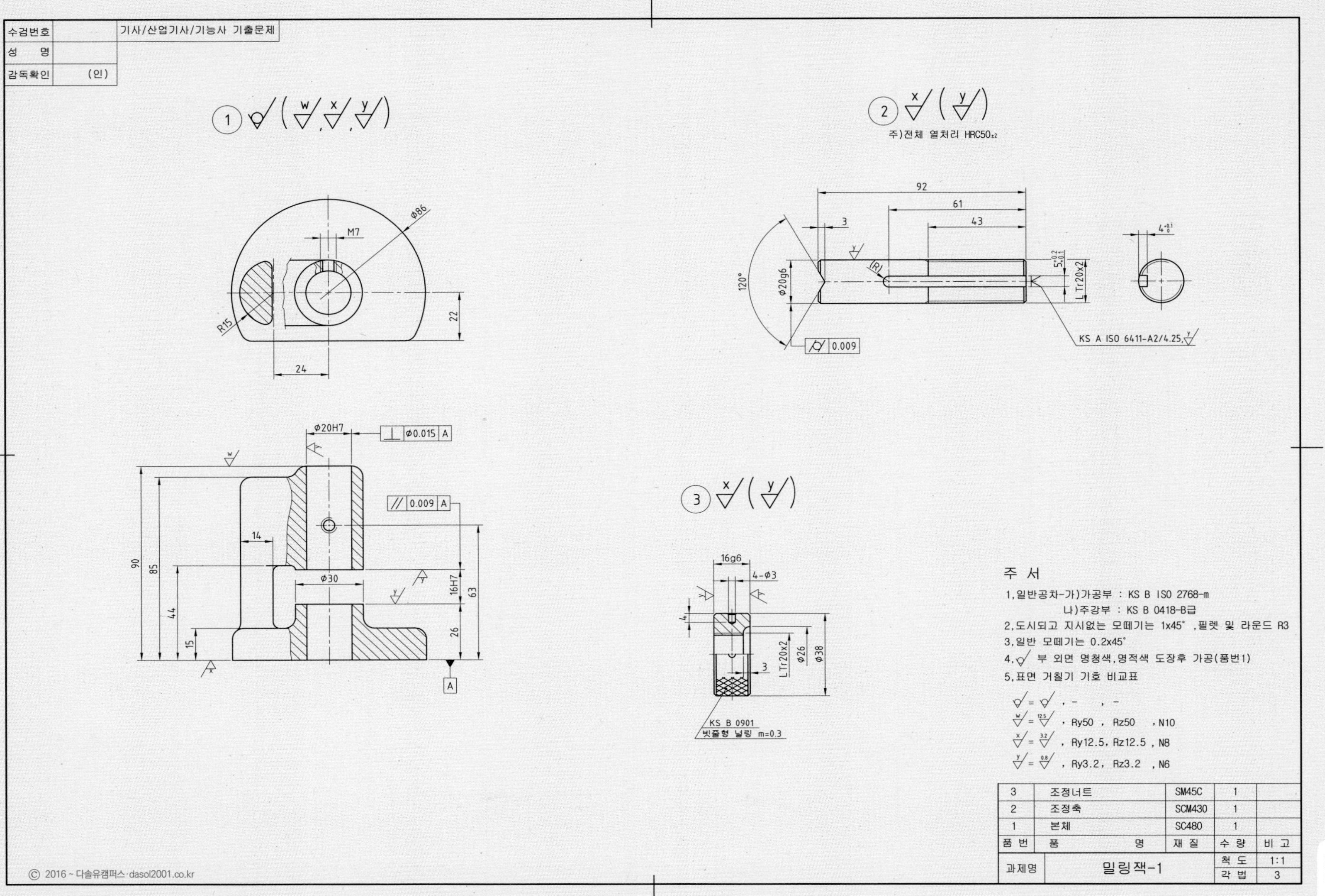

수검번호
성 명
감독확인 (인)
기사/산업기사/기능사 기출문제
주)전체 열처리 HRC50±2
KS A ISO 6411-A2/4.25
KS B 0901
빗줄형 널링 m=0.3
주 서
1. 일반공차-가)가공부 : KS B ISO 2768-m
나)주강부 : KS B 0418-B급
2. 도시되고 지시없는 모떼기는 1x45°, 필렛 및 라운드 R3
3. 일반 모떼기는 0.2x45°
4. 부 외면 명청색, 명적색 도장후 가공(품번1)
5. 표면 거칠기 기호 비교표
Ry50 , Rz50 , N10
Ry12.5 , Rz12.5 , N8
Ry3.2 , Rz3.2 , N6
3 조정너트 SM45C 1
2 조정축 SCM430 1
1 본체 SC480 1
품번 품명 재질 수량 비고
과제명 밀링잭-1 척도 1:1 각법 3

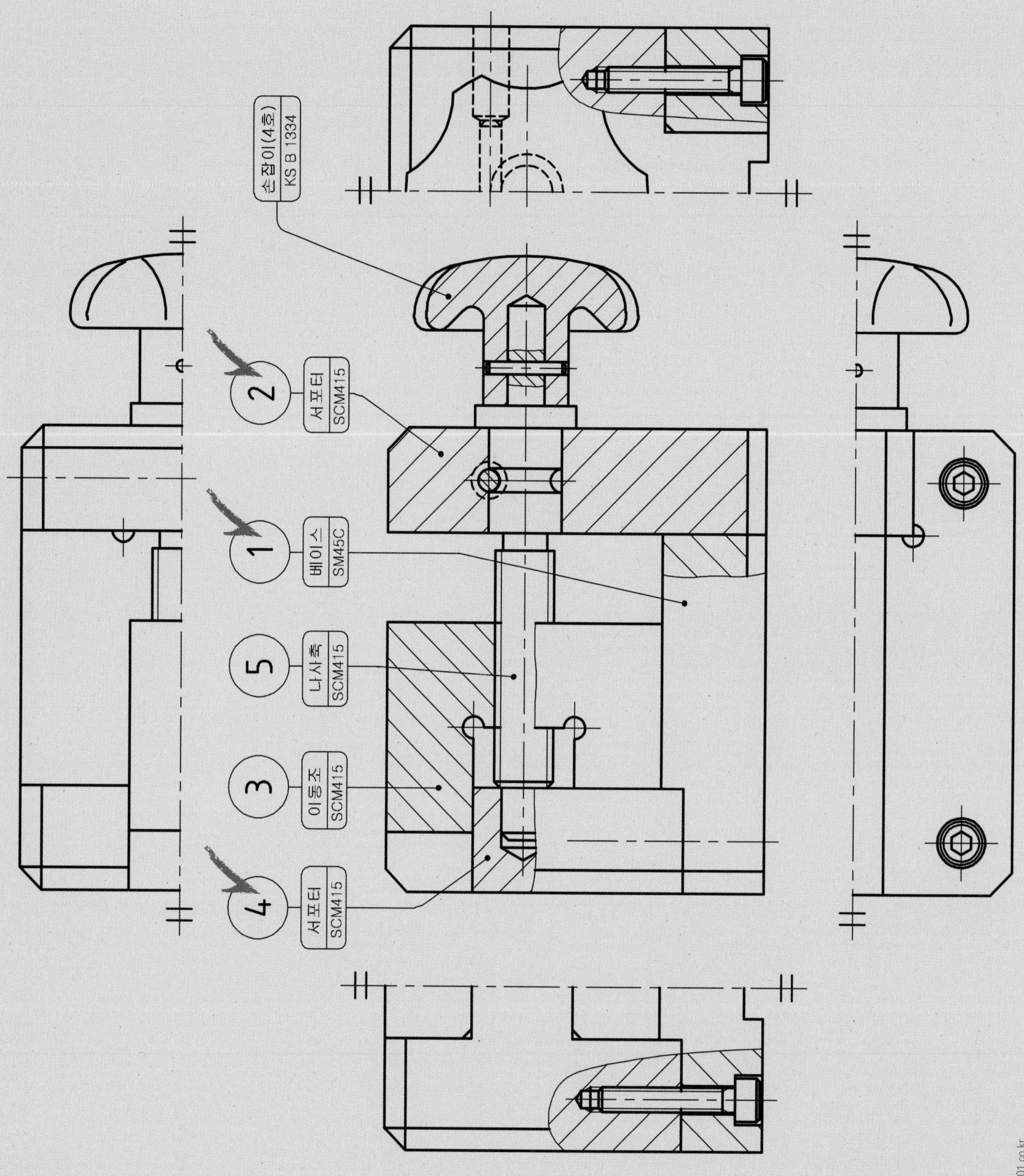
손잡이(4호)
KS B 1334
2
서포티
SCM415
1
베이스
SM45C
5
나사축
SCM415
3
이동조
SCM415
4
서포티
SCM415

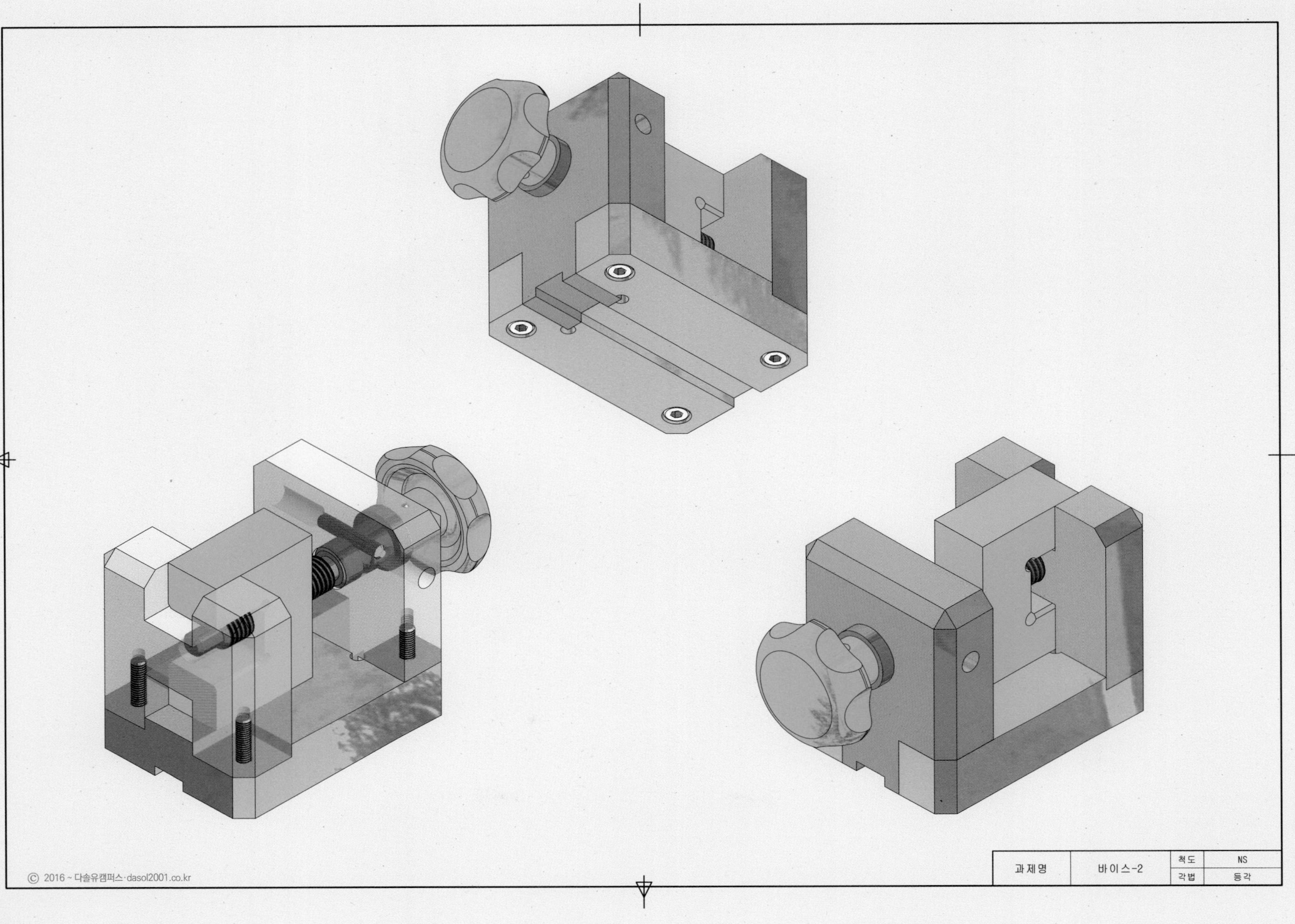
과제명
바이스-2
척도
NS
각법
등각
© 2016 ~ 다솔유캠퍼스·dasol2001.co.kr

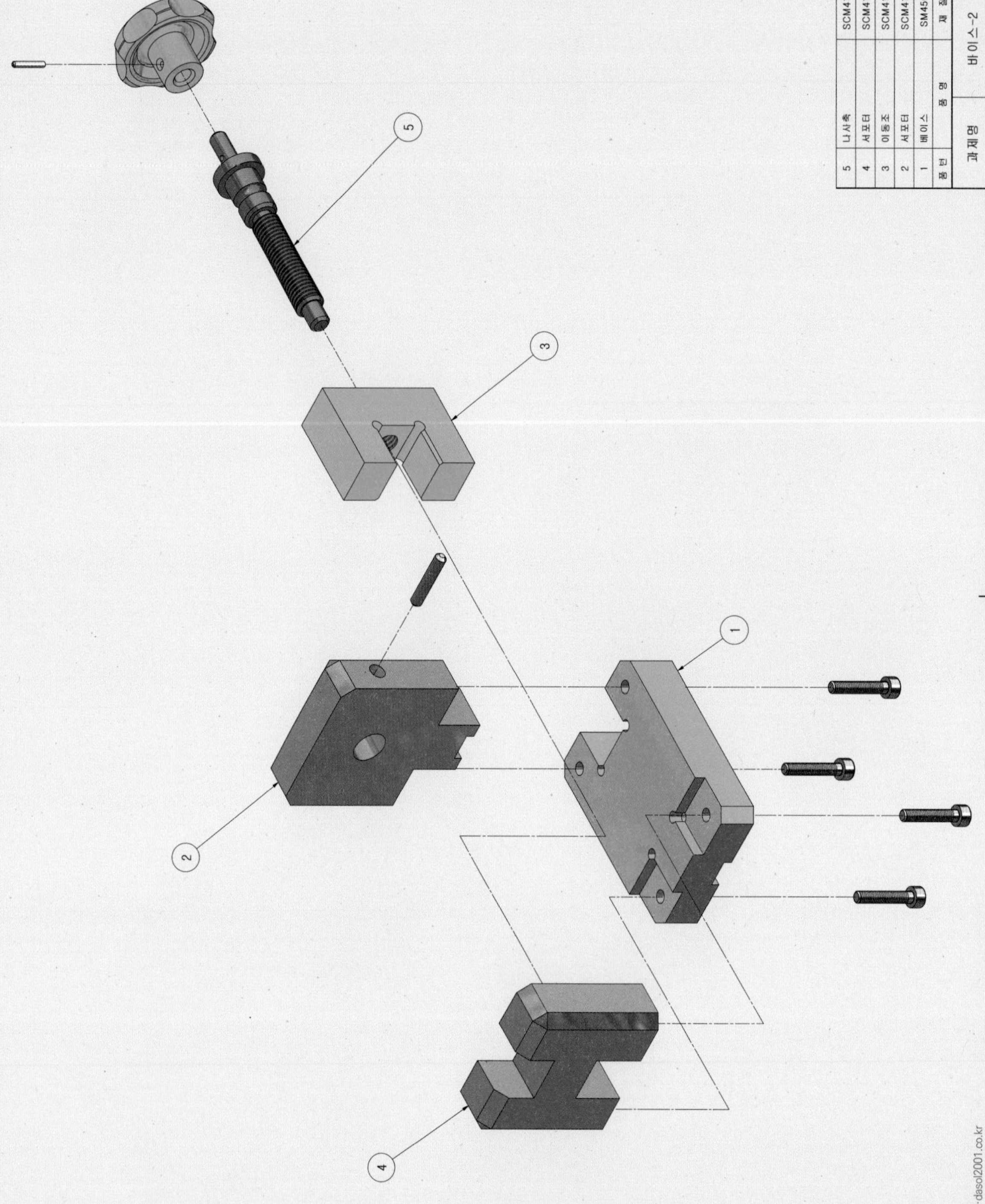

1
2
3
4
5

5	나사축	SCM415	1	
4	서포터	SCM415	1	
3	이동조	SCM415	1	
2	서포터	SCM415	1	
1	베이스	SM45C	1	
품 번	품 명	재 질	수 량	비 고
과제명	바이스-2		척도	NS
			각법	등각

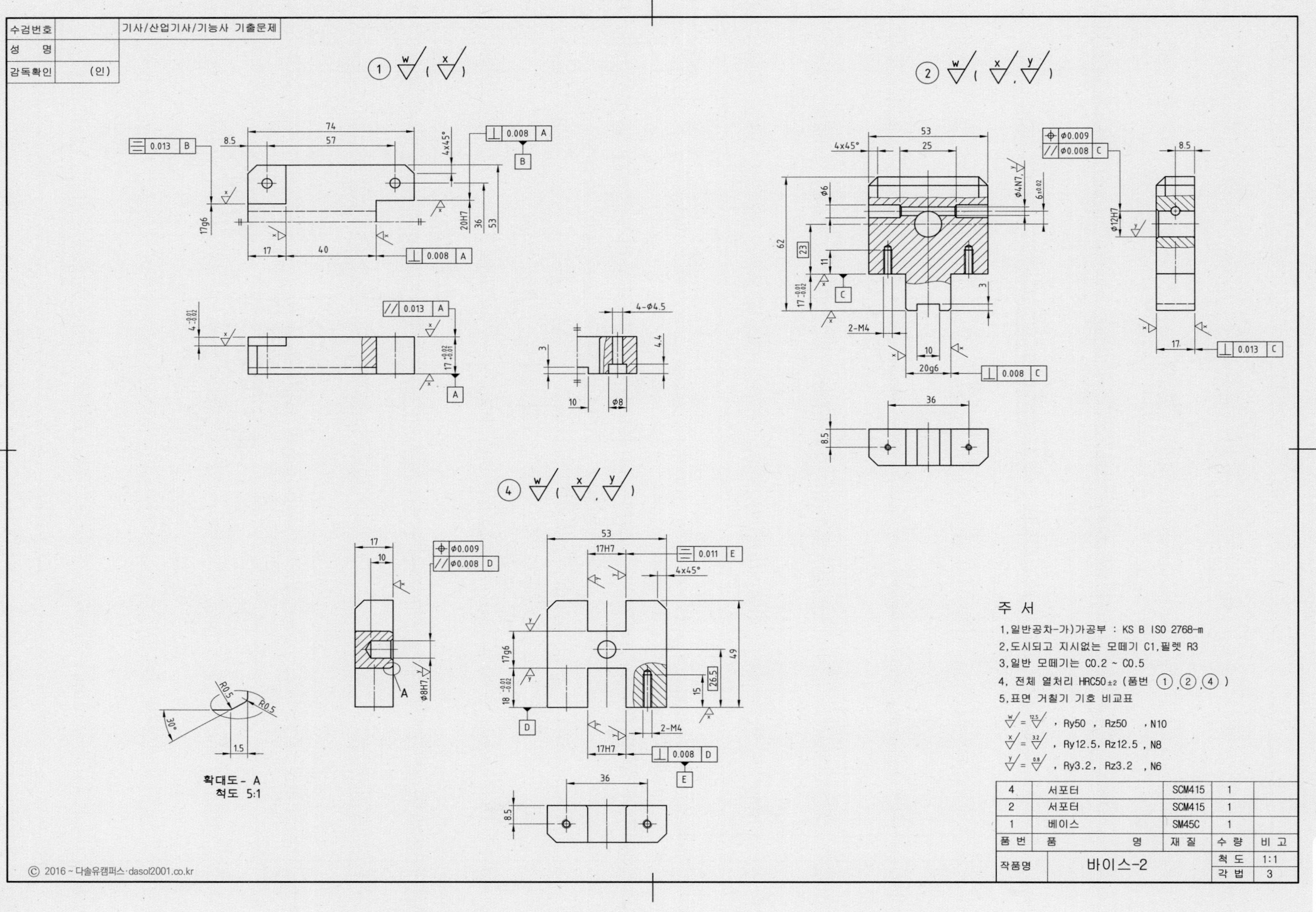

수검번호
성 명
감독확인 (인)
기사/산업기사/기능사 기출문제
확대도 - A
척도 5:1
주 서
1.일반공차-가)가공부 : KS B ISO 2768-m
2.도시되고 지시없는 모떼기 C1,필렛 R3
3.일반 모떼기는 C0.2 ~ C0.5
4, 전체 열처리 HRC50±2 (품번 ①,②,④)
5.표면 거칠기 기호 비교표
, Ry50 , Rz50 , N10
, Ry12.5, Rz12.5 , N8
, Ry3.2, Rz3.2 , N6
4 서포터 SCM415 1
2 서포터 SCM415 1
1 베이스 SM45C 1
품번 품 명 재 질 수 량 비 고
작품명 바이스-2 척 도 1:1 각 법 3
© 2016 ~ 다솔유캠퍼스·dasol2001.co.kr

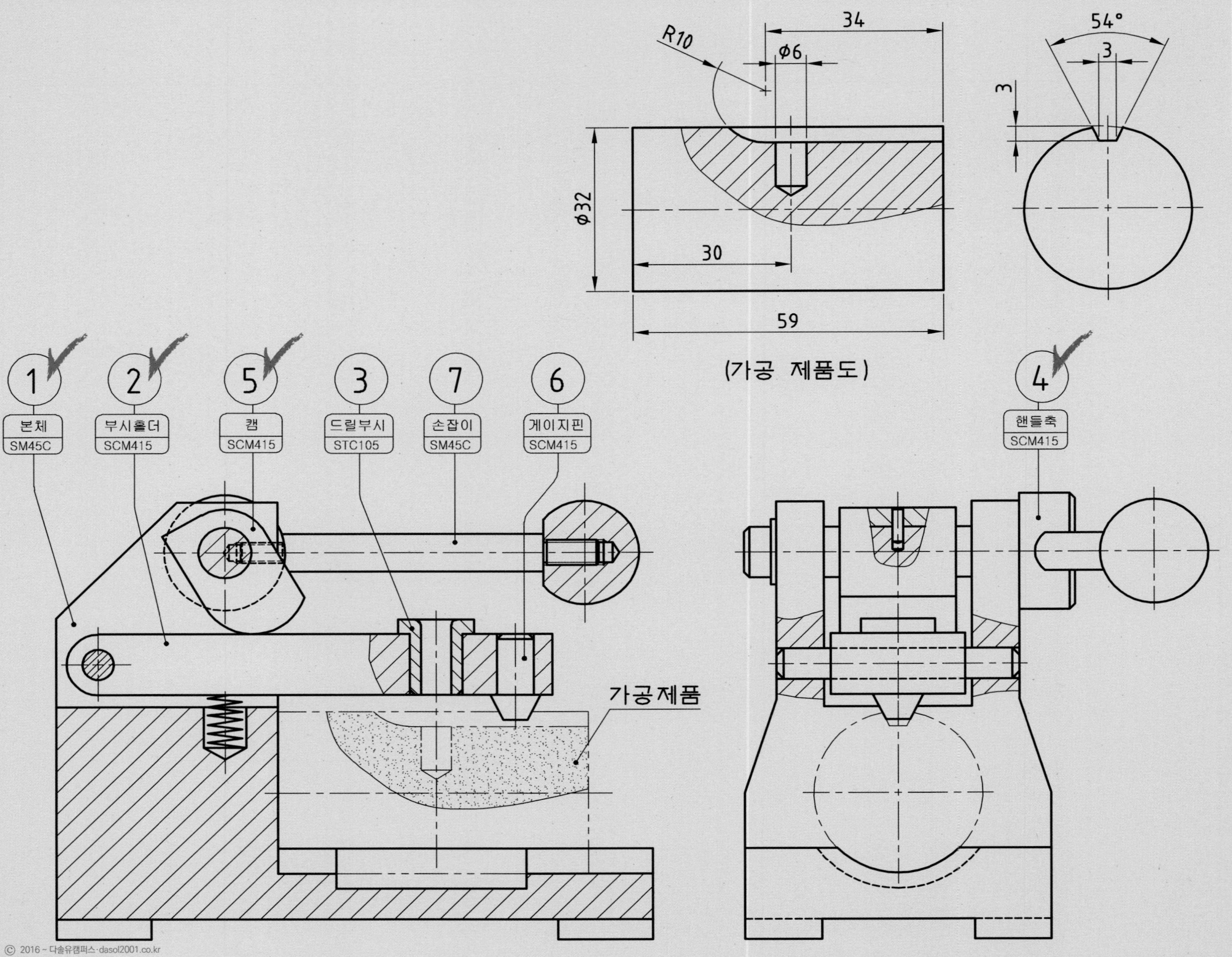

R10
φ6
34
54°
3
3
φ32
30
59
(가공 제품도)
1
본체
SM45C
2
부시홀더
SCM415
5
캠
SCM415
3
드릴부시
STC105
7
손잡이
SM45C
6
게이지핀
SCM415
4
핸들축
SCM415
가공제품

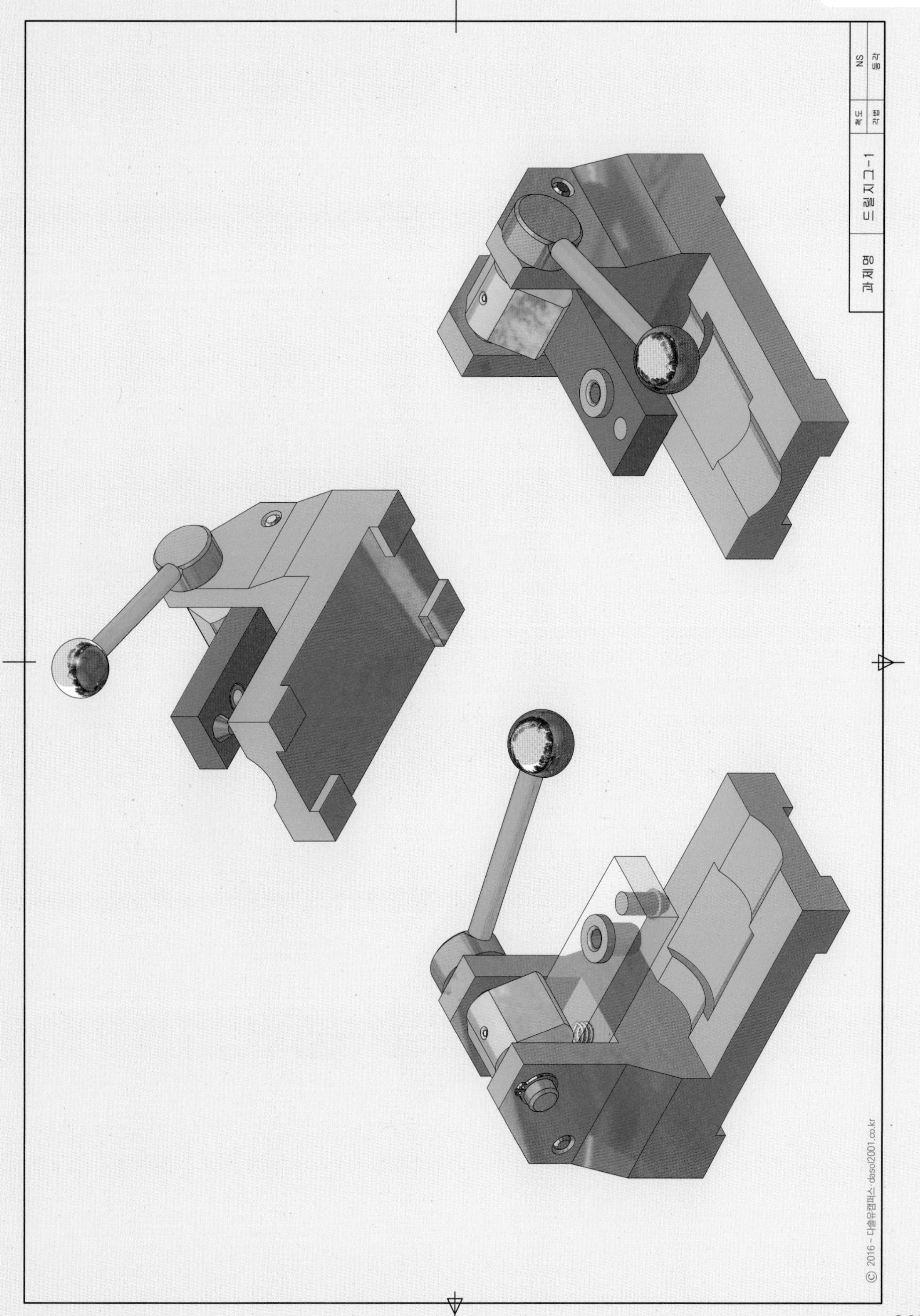
과제명
드릴지그-1
척도
NS
각법
등각
© 2016 ~ 다솔유캠퍼스: dasol2001.co.kr

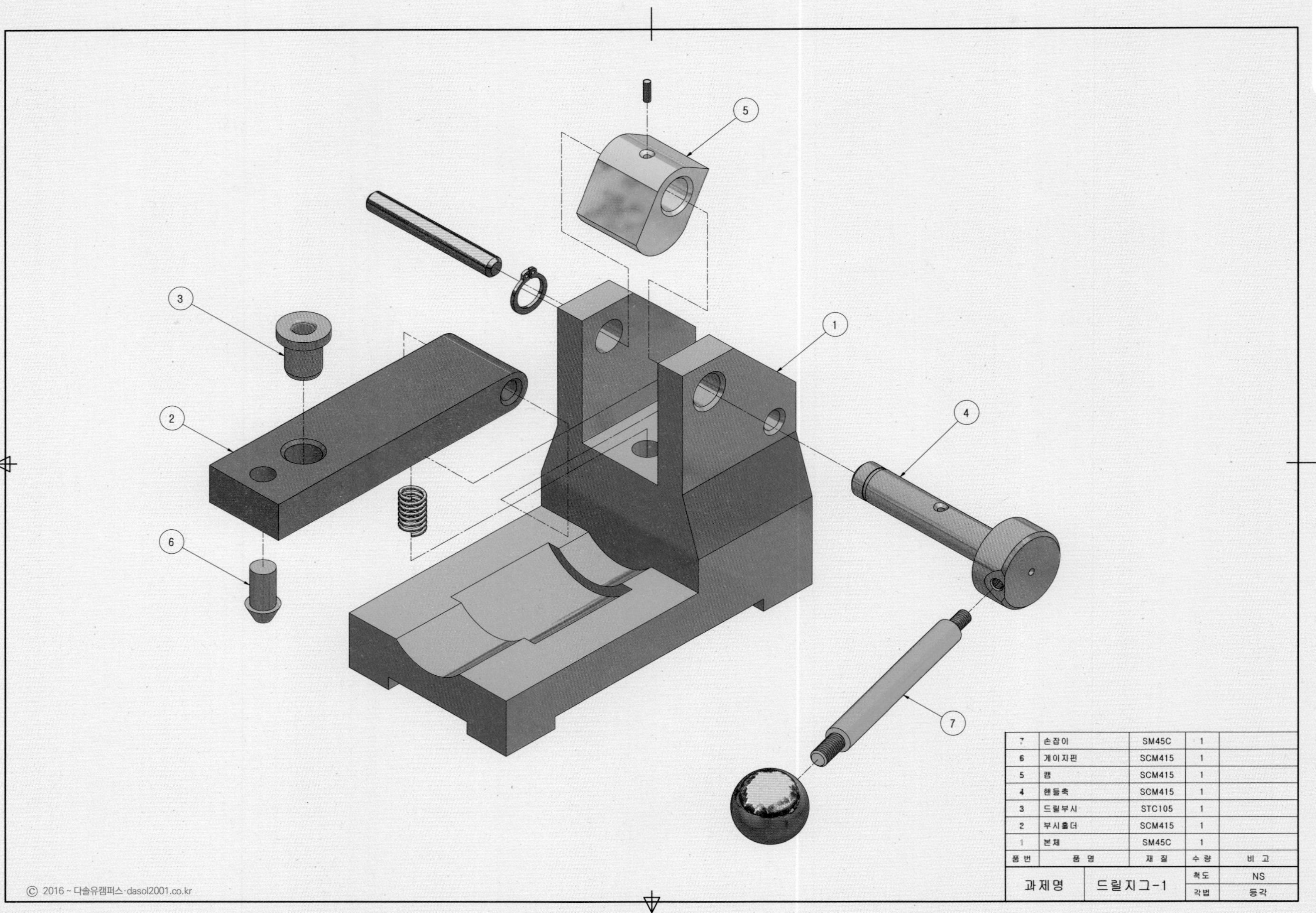

1
2
3
4
5
6
7
7 손잡이 SM45C 1
6 게이지핀 SCM415 1
5 캠 SCM415 1
4 핸들축 SCM415 1
3 드릴부시 STC105 1
2 부시홀더 SCM415 1
1 본체 SM45C 1
품번 품명 재질 수량 비고
과제명 드릴지그-1 척도 NS
각법 등각
© 2016 ~ 다솔유캠퍼스 · dasol2001.co.kr

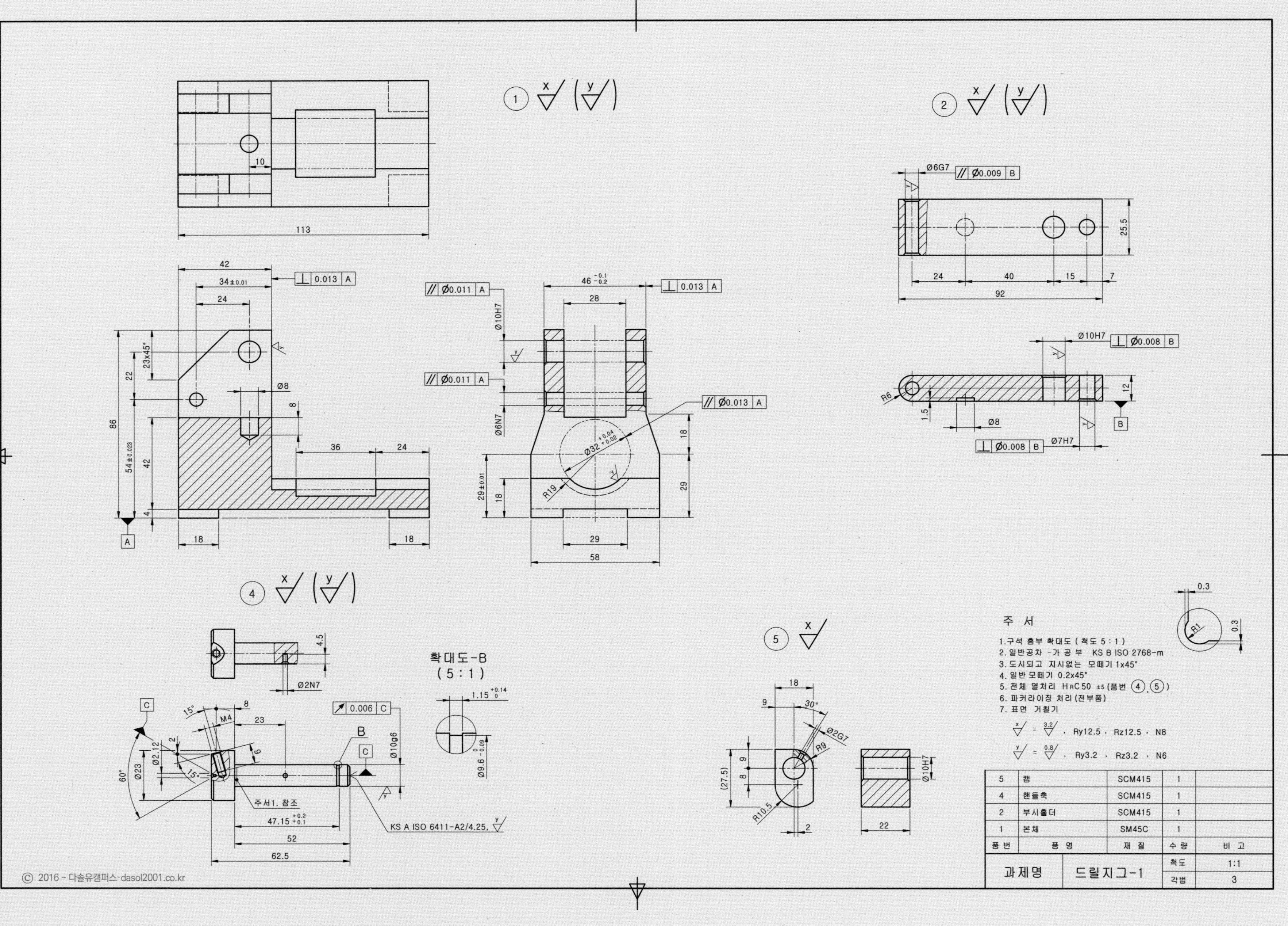

주 서
1.구석 홈부 확대도 (척도 5 : 1)
2. 일반공차 -가 공 부 KS B ISO 2768-m
3. 도시되고 지시없는 모떼기 1x45°
4. 일반 모떼기 0.2x45°
5. 전체 열처리 HRC50 ±5 (품번 ④,⑤)
6. 파커라이징 처리(전부품)
7. 표면 거칠기
확대도-B (5 : 1)
주서1. 참조
KS A ISO 6411-A2/4.25,
5 캠 SCM415 1
4 핸들축 SCM415 1
2 부시홀더 SCM415 1
1 본체 SM45C 1
품번 품명 재질 수량 비고
과제명 드릴지그-1 척도 1:1 각법 3

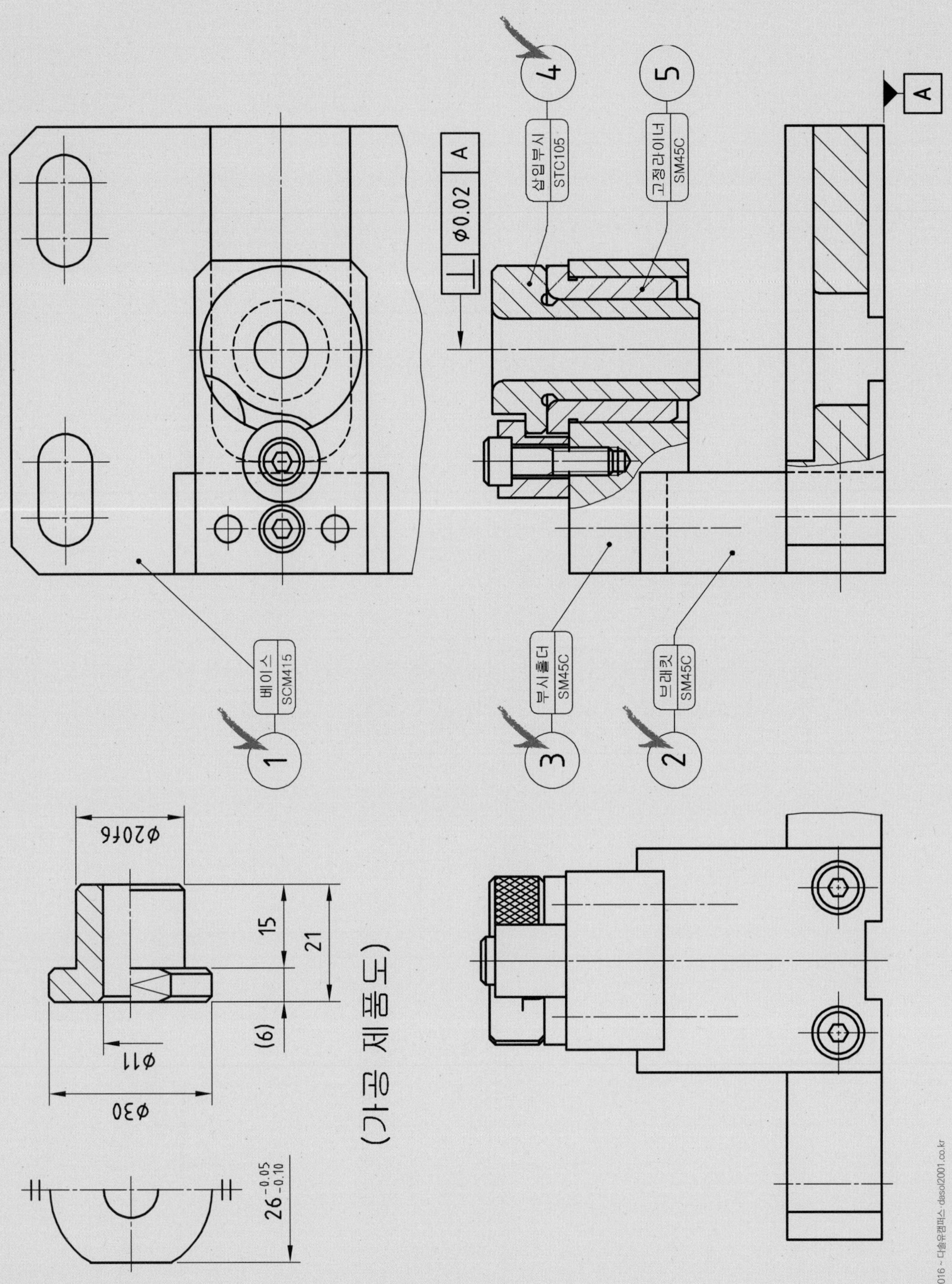

1 베이스 SCM415

3 부시홀더 SM45C

2 브래킷 SM45C

4 삽입부시 STC105

5 고정라이너 SM45C

⊥ | ϕ0.02 | A

A

(가공 제품도)

ϕ20f6

15

21

(6)

ϕ11

ϕ30

$26^{-0.05}_{-0.10}$

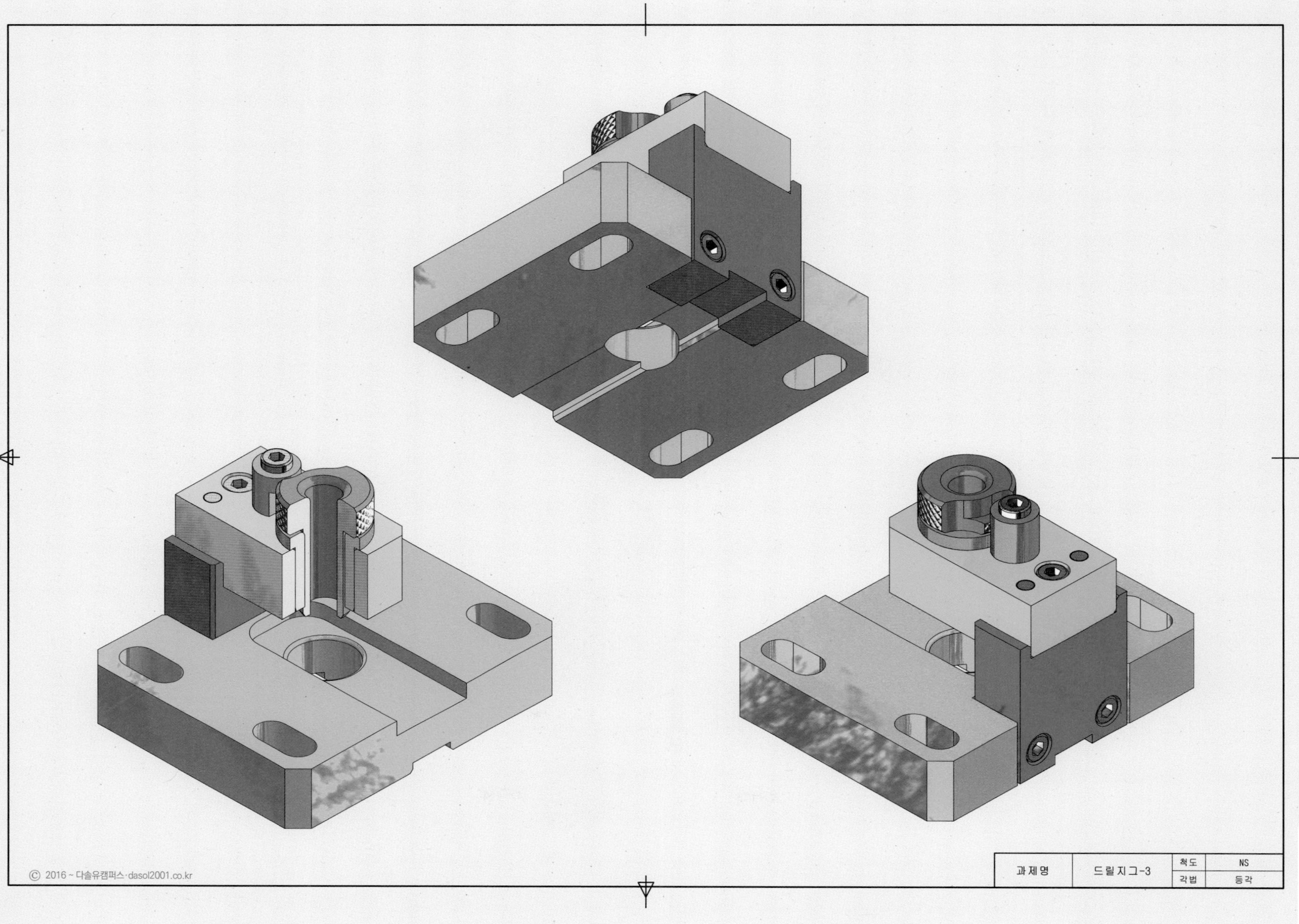
과제명
드릴지그-3
척도
NS
각법
등각
© 2016 ~ 다솔유캠퍼스·dasol2001.co.kr

5	고정라이너	STC105	1	
4	삽입부시	STC105	1	
3	부시홀더	SM45C	1	
2	브래킷	SM45C	1	
1	베이스	SCM415	1	
품번	품 명	재 질	수 량	비 고

과제명	드릴지그-3	척도	NS
		각법	등각

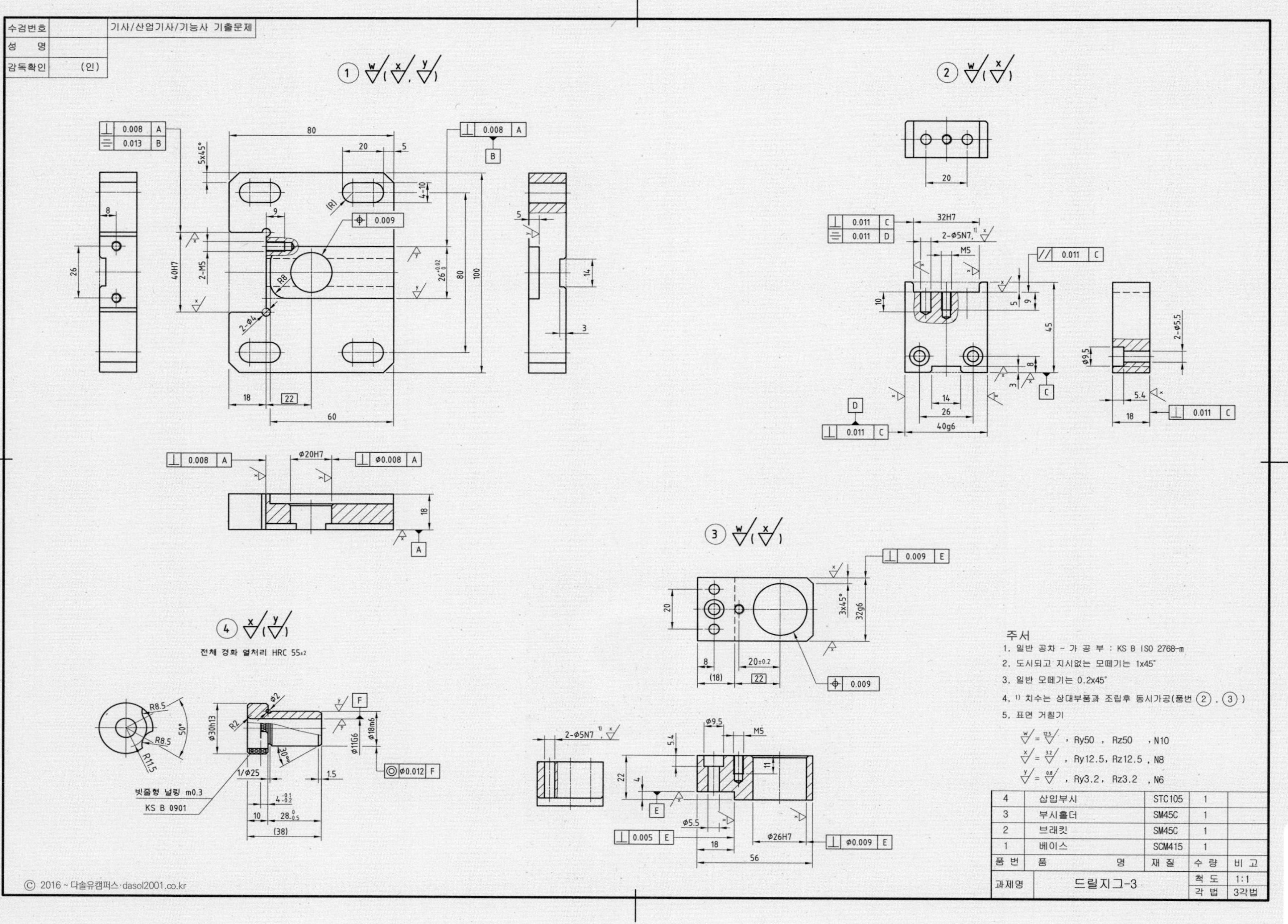

수검번호
성 명
감독확인 (인)
기사/산업기사/기능사 기출문제
전체 경화 열처리 HRC 55±2
빗줄형 널링 m0.3
KS B 0901
주서
1. 일반 공차 - 가 공 부 : KS B ISO 2768-m
2. 도시되고 지시없는 모떼기는 1x45°
3. 일반 모떼기는 0.2x45°
4. 1) 치수는 상대부품과 조립후 동시가공(품번 ②, ③)
5. 표면 거칠기
, Ry50 , Rz50 , N10
, Ry12.5, Rz12.5 , N8
, Ry3.2 , Rz3.2 , N6
4 삽입부시 STC105 1
3 부시홀더 SM45C 1
2 브래킷 SM45C 1
1 베이스 SCM415 1
품번 품 명 재 질 수 량 비 고
과제명 드릴지그-3 척 도 1:1 각 법 3각법
© 2016 ~ 다솔유캠퍼스·dasol2001.co.kr

CHAPTER 05

홍윤희마스터의 CATIA V5-3D 실기

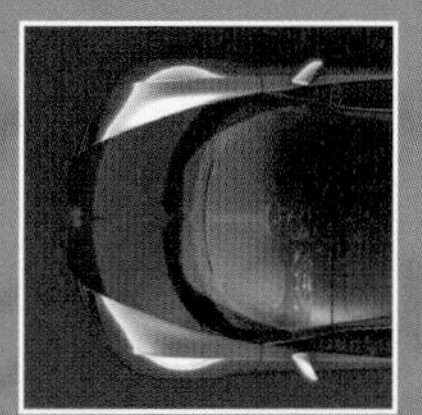

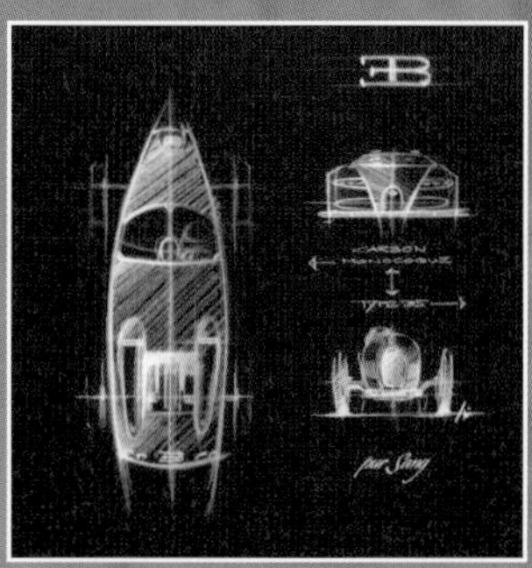

KS기계제도규격 (시험용)

1. 평행 키

단위 : mm

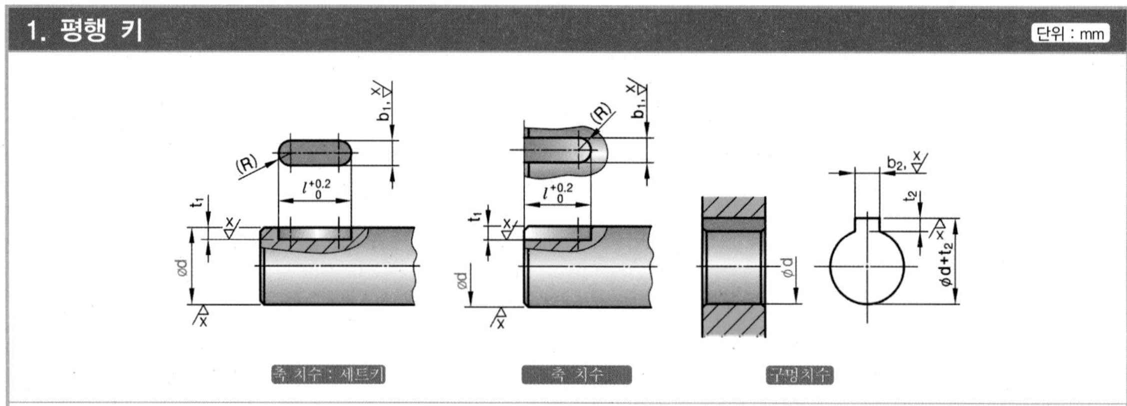

참고 적용하는 축지름 d (초과~이하)	키의 호칭 치수 $b \times h$	b_1, b_2 기준 치수	키홈 치수 활동형 b_1(축) 허용차 (H9)	활동형 b_2(구멍) 허용차 (D10)	보통형 b_1(축) 허용차 (N9)	보통형 b_2(구멍) 허용차 (Js9)	조립(임)형 b_1, b_2 허용차 (P9)	t_1(축) 기준 치수	t_2(구멍) 기준 치수	t_1, t_2 허용차
6~ 8	2×2	2	+0.025 0	+0.060 +0.020	−0.004 −0.029	±0.0125	−0.006 −0.031	1.2	1.0	+0.1 0
8~10	3×3	3						1.8	1.4	
10~12	4×4	4	+0.030 0	+0.078 +0.030	0 −0.030	±0.0150	−0.012 −0.042	2.5	1.8	
12~17	5×5	5						3.0	2.3	
17~22	6×6	6						3.5	2.8	
20~25	(7×7)	7	+0.036 0	+0.098 +0.040	0 −0.036	±0.0180	−0.015 −0.051	4.0	3.3	+0.2 0
22~30	8×7	8						4.0	3.3	
30~38	10×8	10						5.0	3.3	
38~44	12×8	12	+0.043 0	+0.120 +0.050	0 −0.043	±0.0215	−0.018 −0.061	5.0	3.3	
44~50	14×9	14						5.5	3.8	
50~55	(15×10)	15						5.0	5.3	
50~58	16×10	16						6.0	4.3	
58~65	18×11	18						7.0	4.4	
65~75	20×12	20	+0.052 0	+0.149 +0.065	0 −0.052	±0.0260	−0.022 −0.074	7.5	4.9	
75~85	22×14	22						9.0	5.4	
80~90	(24×16)	24						8.0	8.4	
85~95	25×14	25						9.0	5.4	
95~110	28×16	28						10.0	6.4	

비고

1. ( )를 붙인 호칭 치수의 것은 대응 국제 규격에는 규정되어 있지 않으므로 새로운 설계에는 사용하지 않는다.
2. 단품 평행 키의 길이 : 6, 8, 10, 12, 14, 16, 18, 20, 22, 25, 28, 32, 36, 40, 45, 50, 56, 63, 70, 80, 90,100, 110 등
3. 조립되는 축의 치수를 재서 참고 축 지름(d)에 해당하는 데이터를 적용한다. 이때 축의 치수가 두 칸에 걸친 경우(예 : ∅30mm)는 작은 쪽, 즉 22~30mm를 적용시킨다.
4. 치수기입의 편의를 위해 b_1, b_2의 허용차는 치수공차 대신 IT공차를 사용한다.

2. 반달 키

단위 : mm

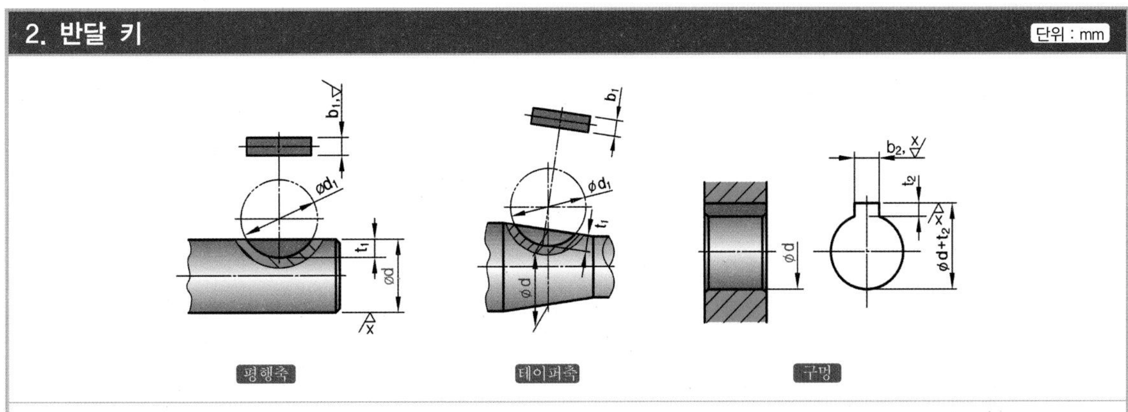

적용하는 d (초과~이하)	키의 호칭 치수 $b \times d_0$	b_1 및 b_2의 기준 치수	키홈 치수								
			보통형		조립(임)형	t_1(축)		t_2(구멍)		d_1(키홈지름)	
			b_1(축) 허용차 (N9)	b_2(구멍) 허용차 (Js9)	b_1 및 b_2 허용차 (P9)	기준 치수	허용차	기준 치수	허용차	기준 치수	허용차
7~12	2.5×10	2.5	$^{-0.004}_{-0.029}$	±0.012	$^{-0.006}_{-0.031}$	2.7	$^{+0.1}_{0}$	1.2	$^{+0.1}_{0}$	10	$^{+0.2}_{0}$
8~14	(3×10)	3				2.5		1.4		10	
9~16	3×13					3.8	$^{+0.2}_{0}$			13	
11~18	3×16					5.3				16	
11~18	(4×13)	4	$^{0}_{-0.030}$	±0.015	$^{-0.012}_{-0.042}$	3.5	$^{+0.1}_{0}$	1.7		13	
12~20	4×16					5.0	$^{+0.2}_{0}$	1.8		16	
14~22	4×19					6.0				19	$^{+0.3}_{0}$
14~22	5×16	5				4.5		2.3		16	$^{+0.2}_{0}$
15~24	5×19					5.5				19	$^{+0.3}_{0}$
17~26	5×22					7.0	$^{+0.3}_{0}$			22	
19~28	6×22	6				6.5		2.8		22	
20~30	6×25					7.5			$^{+0.2}_{0}$	25	
22~32	(6×28)					8.6	$^{+0.1}_{0}$	2.6	$^{+0.1}_{0}$	28	
24~34	(6×32)					10.6				32	
20~29	(7×22)	7	$^{0}_{-0.036}$	±0.018	$^{-0.015}_{-0.051}$	6.4		2.8		22	
22~32	(7×25)					7.4				25	
24~34	(7×28)					8.4				28	
26~37	(7×32)					10.4				32	
29~41	(7×38)					12.4				38	
31~45	(7×45)					13.4				45	
24~34	(8×25)	8				7.2		3.0		25	
26~37	8×28					8.0	$^{+0.3}_{0}$	3.3	$^{+0.2}_{0}$	28	
28~40	(8×32)					10.2	$^{+0.1}_{0}$	3.0	$^{+0.1}_{0}$	32	
30~44	(8×38)					12.2				38	
31~46	10×32	10				10.0	$^{+0.3}_{0}$	3.3	$^{+0.2}_{0}$	32	
38~54	(10×45)					12.8	$^{+0.1}_{0}$	3.4	$^{+0.1}_{0}$	45	
42~60	(10×55)					13.8				55	

비고
(　)를 붙인 호칭 치수의 것은 대응 국제 규격에는 규정되어 있지 않으므로 새로운 설계에는 사용하지 않는다.

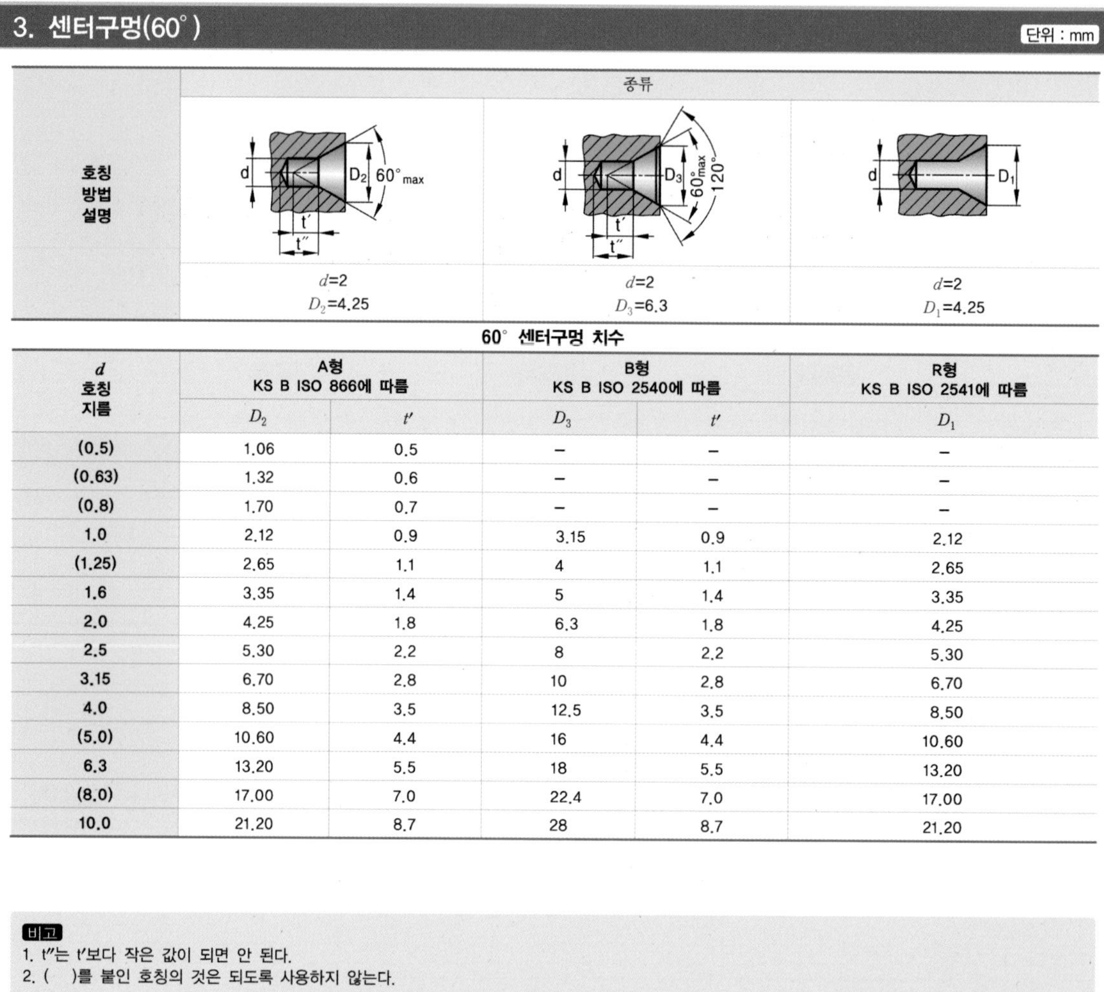

3. 센터구멍(60°)

단위 : mm

호칭 방법 설명	종류		
	d=2 D_2=4.25	d=2 D_3=6.3	d=2 D_1=4.25

60° 센터구멍 치수

d 호칭 지름	A형 KS B ISO 866에 따름		B형 KS B ISO 2540에 따름		R형 KS B ISO 2541에 따름
	D_2	t'	D_3	t'	D_1
(0.5)	1.06	0.5	–	–	–
(0.63)	1.32	0.6	–	–	–
(0.8)	1.70	0.7	–	–	–
1.0	2.12	0.9	3.15	0.9	2.12
(1.25)	2.65	1.1	4	1.1	2.65
1.6	3.35	1.4	5	1.4	3.35
2.0	4.25	1.8	6.3	1.8	4.25
2.5	5.30	2.2	8	2.2	5.30
3.15	6.70	2.8	10	2.8	6.70
4.0	8.50	3.5	12.5	3.5	8.50
(5.0)	10.60	4.4	16	4.4	10.60
6.3	13.20	5.5	18	5.5	13.20
(8.0)	17.00	7.0	22.4	7.0	17.00
10.0	21.20	8.7	28	8.7	21.20

비고

1. t''는 t'보다 작은 값이 되면 안 된다.
2. ( )를 붙인 호칭의 것은 되도록 사용하지 않는다.

4. 센터구멍 도시방법

단위 : mm

센터구멍 필요여부	기호	도시방법(예)	기호크기
필요	<	KS A ISO 6411-A 2/4.25	5, 60°
필요하나 기본적으로 요구하지 않음	없음	KS A ISO 6411-A 2/4.25	
불필요	K	KS A ISO 6411-A 2/4.25	•외형선 굵기 : 0.5mm일 때 •기호의 선 두께 : 0.35mm •지시선 두께 : 0.25mm
센터구멍 호칭방법(예)		KS A ISO 6411 = 규격번호 A = 센터구멍 종류(R, 또는 or B) 2/4.25 = 호칭지름(d)/카운터싱크 지름(D)	

5. 공구의 생크 4조각

단위 : mm

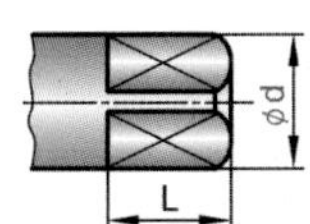

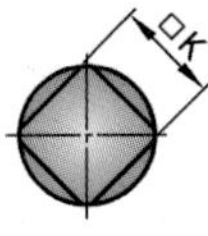

생크 지름 d(h9)			4각부의 나비 K		4각부 길이 L	생크 지름 d(h9)			4각부의 나비 K		4각부 길이 L
장려 치수	초과	이하	기준치수	허용차 h12	기준 치수	장려 치수	초과	이하	기준치수	허용차 h12	기준 치수
1.12	1.06	1.18	0.9	$^{0}_{-0.10}$	4	7.1	6.7	7.5	5.6	$^{0}_{-0.12}$	8
1.25	1.18	1.32	1			8	7.5	8.5	6.3	$^{0}_{-0.15}$	9
1.4	1.32	1.5	1.12			9	8.5	9.5	7.1		10
1.6	1.5	1.7	1.25			10	9.5	10.6	8		11
1.8	1.7	1.9	1.4			11.2	10.6	11.8	9		12
2	1.9	2.12	1.6			12.5	11.8	13.2	10		13
2.24	2.12	2.36	1.8			14	13.2	15	11.2	$^{0}_{-0.18}$	14
2.5	2.36	2.65	2			16	15	17	12.5		16
2.8	2.65	3	2.24		5	18	17	19	14		18
3.15	3	3.35	2.5			20	19	21.2	16		20
3.55	3.35	3.75	2.8			22.4	21.2	23.6	18		22
4	3.75	4.25	3.15	$^{0}_{-0.12}$	6	25	23.6	26.5	20	$^{0}_{-0.21}$	24
4.5	4.25	4.75	3.55			28	26.5	30	22.4		26
5	4.75	5.3	4		7	31.5	30	33.5	25		28
5.6	5.3	6	4.5			35.5	33.5	37.5	28		31
6.3	6	6.7	5		8	40	37.5	42.5	31.5	$^{0}_{-0.25}$	34

6. 수나사 부품 나사틈새

단위 : mm

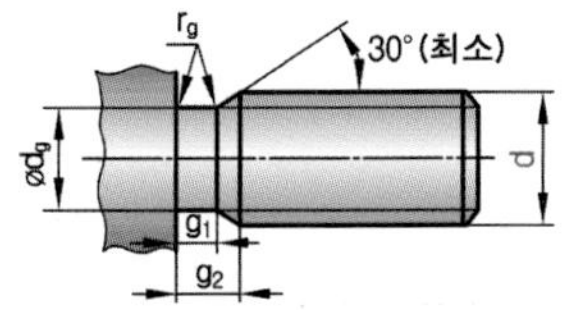

나사의 피치 P	d_g		g_1	g_2	r_g
	기준치수	허용차	최소	최대	약
0.25	d−0.4	•3mm 이하~(h12)	0.4	0.75	0.12
0.3	d−0.5		0.5	0.9	1.06
0.35	d−0.6	•3mm 이상~(h13)	0.6	1.05	0.16
0.4	d−0.7		0.6	1.2	0.2
0.45	d−0.7		0.7	1.35	0.2
0.5	d−0.8		0.8	1.5	0.2
0.6	d−1		0.9	1.8	0.4
0.7	d−1.1		1.1	2.1	0.4
0.75	d−1.2		1.2	2.25	0.4
0.8	d−1.3		1.3	2.4	0.4
1	d−1.6		1.6	3	0.6
1.25	d−2		2	3.75	0.6
1.5	d−2.3		2.5	4.5	0.8
1.75	d−2.6		3	5.25	1
2	d−3		3.4	6	1
2.5	d−3.6		4.4	7.5	1.2
3	d−4.4		5.2	9	1.6

비고

1. d_g의 기준 치수는 나사 피치에 대응하는 나사의 호칭지름(d)에서 이 난에 규정하는 수치를 뺀 것으로 한다.
   (보기 : P=1, d=20에 대한 d_g의 기준 치수는 d−1.6=20−1.6=18.4mm)
2. 호칭치수 d는 KS B 0201(미터보통나사) 또는 KS B 0204(미터가는나사)의 호칭지름이다.

7. 그리스 니플

단위 : mm

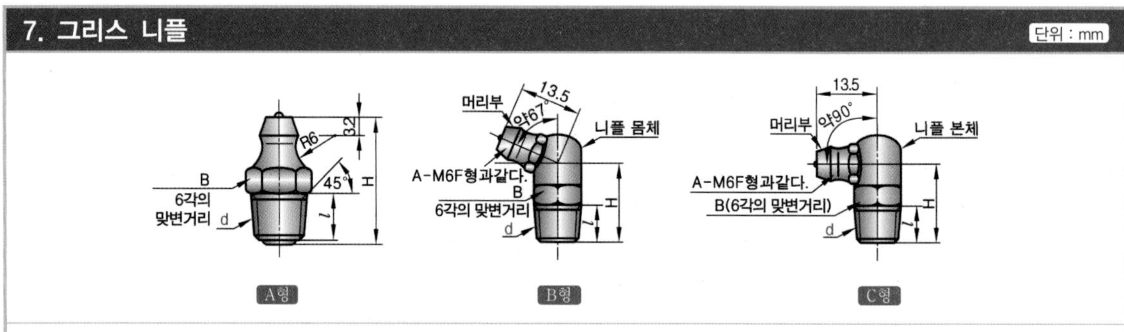

A형 치수		B형 치수		C형 치수	
형 식	나사의 호칭지름 *d*	형 식	나사 호칭지름 *d*	형 식	나사 호칭지름 *d*
A-M6 F	M6×0.75	–	–	–	–
A-MT6×0.75	MT6×0.75	B-MT6×0.75	MT6×0.75	C-MT6×0.75	MT6×0.75
A-PT 1/8	PT 1/8	B-PT 1/8	PT 1/8	C-PT 1/8	PT 1/8
A-PT 1/4	PT 1/4	–	–	–	–

비고

1. A-M6 F형 나사는 KS B0204(미터 가는 나사)에 따르며, 정밀도는 KS B0214(미터 가는 나사의 허용한계 치수 및 공차)의 2급으로 한다.
2. PT 1/8 및 PT 1/4 형 나사는 KS B0222(관용 테이퍼 나사)에 따른다.
3. B형, C형의 머리부와 니플 몸체의 나사는 사정에 따라 변경할 수가 있다.
4. 치수의 허용차를 특히 규정하지 않는 것은 KS B ISO 2768-1(절삭가공 치수의 보통 허용차)의 중간급에 따른다.

8. 절삭 가공품 라운드 및 모떼기

단위 : mm

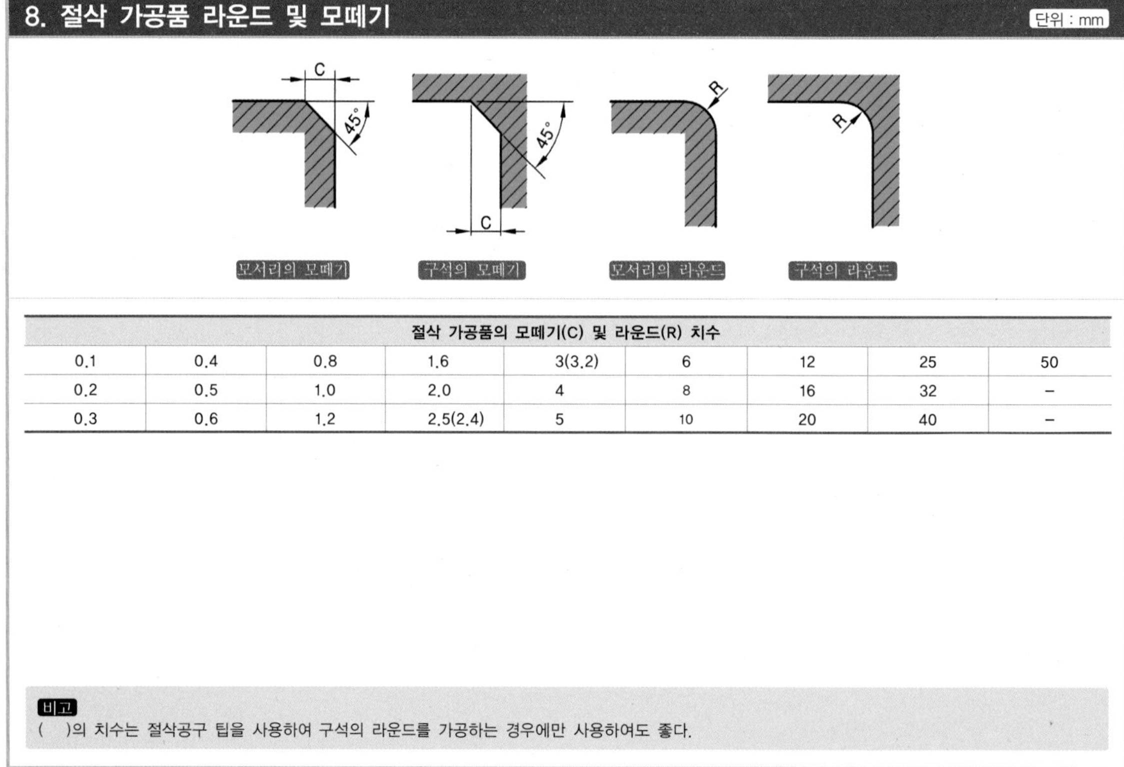

절삭 가공품의 모떼기(C) 및 라운드(R) 치수								
0.1	0.4	0.8	1.6	3(3.2)	6	12	25	50
0.2	0.5	1.0	2.0	4	8	16	32	–
0.3	0.6	1.2	2.5(2.4)	5	10	20	40	–

비고

( )의 치수는 절삭공구 팁을 사용하여 구석의 라운드를 가공하는 경우에만 사용하여도 좋다.

9. 중심거리의 허용차

단위 : ㎛

중심거리의 구분(mm) \ 등급		0급(참고)	1급	2급	3급	4급 (mm)
초과	이하					
–	3	±2	±3	±7	±20	±0.05
3	6	±3	±4	±9	±24	±0.06
6	10	±3	±5	±11	±29	±0.08
10	18	±4	±6	±14	±35	±0.09
18	30	±5	±7	±17	±42	±0.11
30	50	±6	±8	±20	±50	±0.13
50	80	±7	±10	±23	±60	±0.15
80	120	±8	±11	±27	±70	±0.18
120	180	±9	±13	±32	±80	±0.20
180	250	±10	±15	±36	±93	±0.23
250	315	±12	±16	±41	±105	±0.26
315	400	±13	±18	±45	±115	±0.29
400	500	±14	±20	±49	±125	±0.32
500	630	–	±22	±55	±140	±0.35
630	800	–	±25	±63	±160	±0.40
800	1,000	–	±28	±70	±180	±0.45
1,000	1,250	–	±33	±83	±210	±0.53
1,250	1,600	–	±29	±98	±250	±0.63
1,600	2,000	–	±46	±120	±300	±0.75
2,000	2,500	–	±55	±140	±350	±0.88
2,500	3,150	–	±68	±170	±430	±1.05

10. 널링

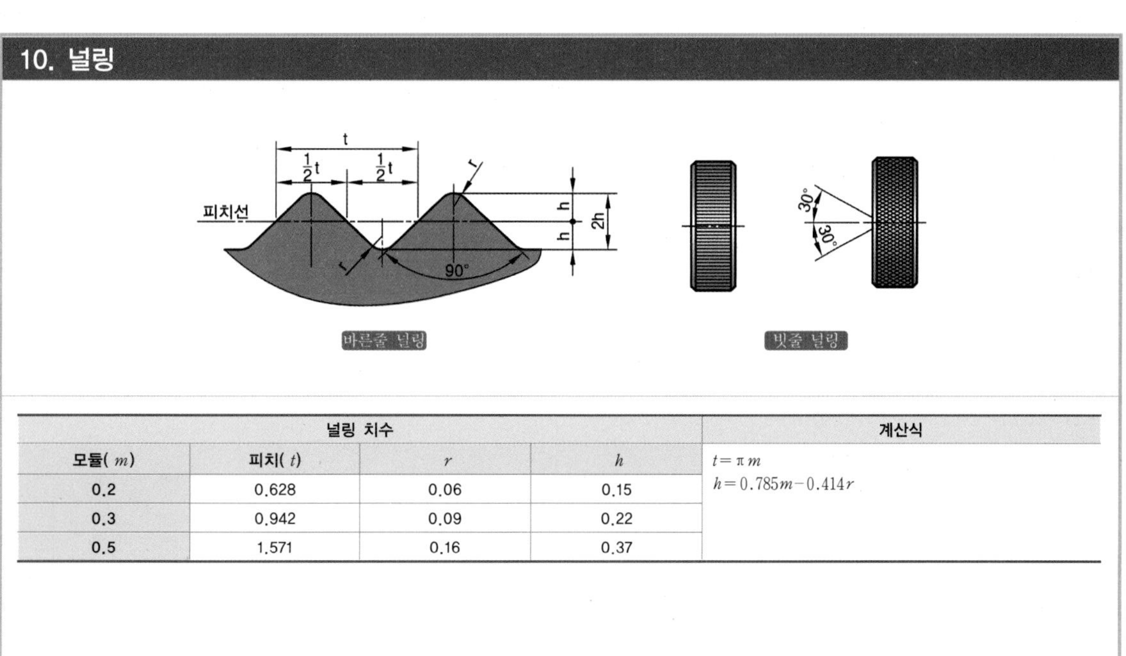

바른줄 널링　　빗줄 널링

널링 치수				계산식
모듈(m)	피치(t)	r	h	$t=\pi m$ $h=0.785m-0.414r$
0.2	0.628	0.06	0.15	
0.3	0.942	0.09	0.22	
0.5	1.571	0.16	0.37	

11. 주철제 V벨트 풀리(홈)

단위 : mm

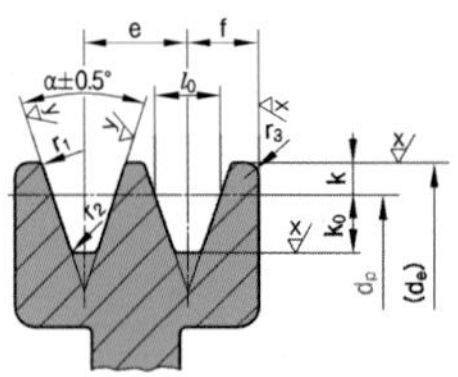

▸ d_p : 홈의 나비가 l_0 곳의 지름이다.

V벨트 형별	호칭지름 (d_p)	α (±0.5°)	l_0	k	k_0	e	f	r_1	r_2	r_3	(참고) V벨트의 두께
M	50 이상 71 이하 71 초과 90 이하 90 초과	34° 36° 38°	8.0	$2.7^{+0.2}_{0}$	6.3	–	9.5 ±1	0.2~0.5	0.5~1.0	1~2	5.5
A	71 이상 100 이하 100 초과 125 이하 125 초과	34° 36° 38°	9.2	$4.5^{+0.2}_{0}$	8.0	15.0 ±0.4	10.0 ±1	0.2~0.5	0.5~1.0	1~2	9
B	125 이상 165 이하 165 초과 200 이하 200 초과	34° 36° 38°	12.5	$5.5^{+0.2}_{0}$	9.5	19.0 ±0.4	12.5 ±1	0.2~0.5	0.5~1.0	1~2	11
C	200 이상 250 이하 250 초과 315 이하 315 초과	34° 36° 38°	16.9	$7.0^{+0.3}_{0}$	12.0	25.5 ±0.5	17.0 ±1	0.2~0.5	1.0~1.6	2~3	14
D	355 이상 450 이하 450 초과	36° 38°	24.6	$9.5^{+0.4}_{0}$	15.5	37.0 ±0.5	24.0^{+2}_{-1}	0.2~0.5	1.6~2.0	3~4	19
E	500 이상 630 이하 630 초과	36° 38°	28.7	$12.7^{+0.5}_{0}$	19.3	44.5 ±0.5	29.0^{+3}_{-1}	0.2~0.5	1.6~2.0	4~5	25.5

바깥지름 d_e의 허용차 및 흔들림 허용차

호칭지름	바깥지름 d_e 허용차	바깥둘레 흔들림 허용값	림 측면 흔들림 허용값
75 이상 118 이하	±0.6	0.3	0.3
125 이상 300 이하	±0.8	0.4	0.4
315 이상 630 이하	±1.2	0.6	0.6
710 이상 900 이하	±1.6	0.8	0.8

비고

1. 풀리의 재질은 보통 회주철(GC200) 또는 이와 동등 이상의 품질인 것으로 사용한다.
2. M형은 원칙적으로 한 줄만 걸친다.
3. M형, D형, E형은 홈부분의 모양 및 수만 규정한다.

12. 볼트 구멍지름

단위 : mm

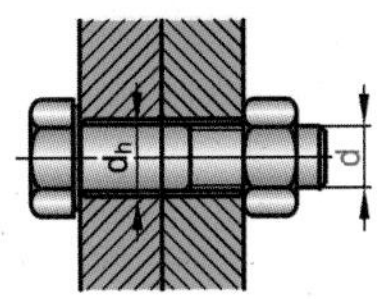

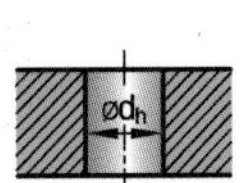

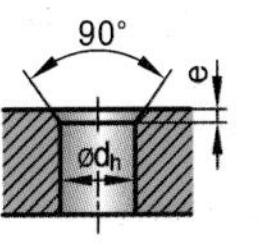

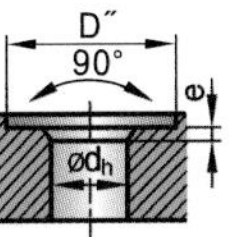

나사의 호칭 (d)	볼트 구멍지름(d_h)			모떼기 (e)	카운터 보어 지름 (D'')	나사의 호칭 (d)	볼트 구멍지름(d_h)			모떼기 (e)	카운터 보어 지름 (D'')
	1급	2급	3급				1급	2급	3급		
3	3.2	3.4	3.6	0.3	9	20	21	22	24	1.2	43
3.5	3.7	3.9	4.2	0.3	10	22	23	24	26	1.2	46
4	4.3	4.5	4.8	0.4	11	24	25	26	28	1.2	50
4.5	4.8	5	5.3	0.4	13	27	28	30	32	1.7	55
5	5.3	5.5	5.8	0.4	13	30	31	33	35	1.7	62
6	6.4	6.6	7	0.4	15	33	34	36	38	1.7	66
7	7.4	7.6	8	0.4	18	36	37	39	42	1.7	72
8	8.4	9	10	0.6	20	39	40	42	45	1.7	76
10	10.5	11	12	0.6	24	42	43	45	48	1.8	82
12	13	13.5	14.5	1.1	28	45	46	48	52	1.8	87
14	15	15.5	16.5	1.1	32	48	50	52	56	2.3	93
16	17	17.5	18.5	1.1	35	52	54	56	62	2.3	100
18	19	20	21	1.1	39	56	58	62	66	3.5	110

13. 볼트 자리파기

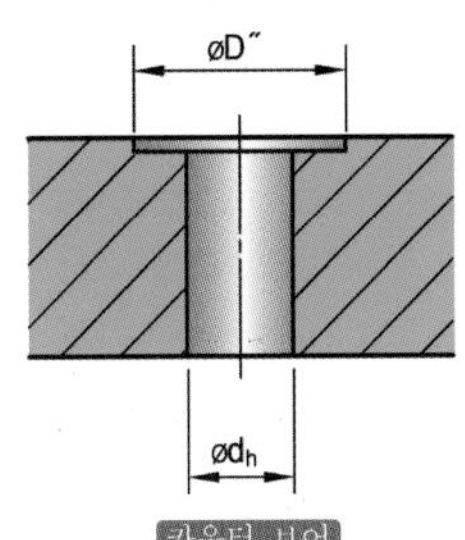

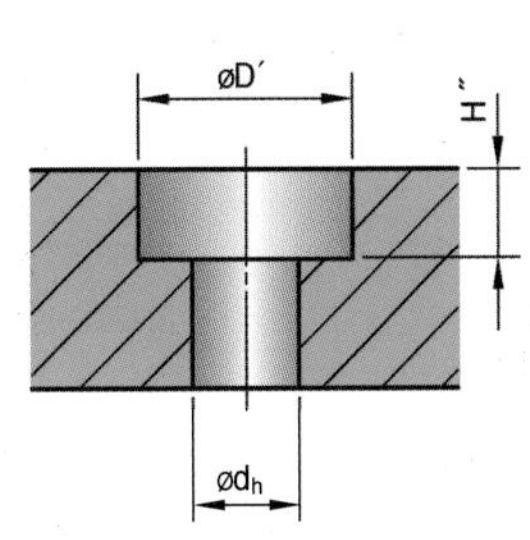

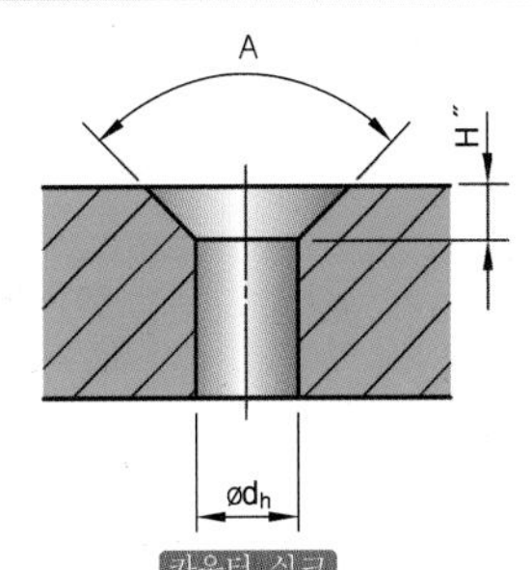

나사의 호칭 (d)	볼트 구멍 지름 (d_h)	카운터 보어 ($\phi D''$)	깊은 자리파기		카운터싱크	
			깊은 자리파기 ($\phi D'$)	깊이(머리묻힘) (H'')	깊이 (H'')	각도 (A)
M3	3.4	9	6	3.3	1.75	$90°\ ^{+2''}_{0}$
M4	4.5	11	8	4.4	2.3	
M5	5.5	13	9.5	5.4	2.8	
M6	6.6	15	11	6.5	3.4	
M8	9	20	14	8.6	4.4	$90°\ ^{+2''}_{0}$
M10	11	24	17.5	10.8	5.5	
M12	14	28	20	13	6.5	
(M14)	16	32	23	15.2	7	
M16	18	35	26	17.5	7.5	
M18	20	39	–	–	8	
M20	22	43	32	21.5	8.5	

비고

1. 카운터 보어 : 주로 6각볼트(KS B 1002) 및 너트(KS B 1012) 체결시 적용되는 가공법이고, 보어깊이는 규격에 따로 규정되어 있지 않고 일반적으로 흑피가 없어질 정도로 한다.
2. 깊은 자리파기 : 주로 6각 구멍붙이 볼트(KS B 1003) 체결시 적용되는 가공법이다.

14. 멈춤나사

단위 : mm

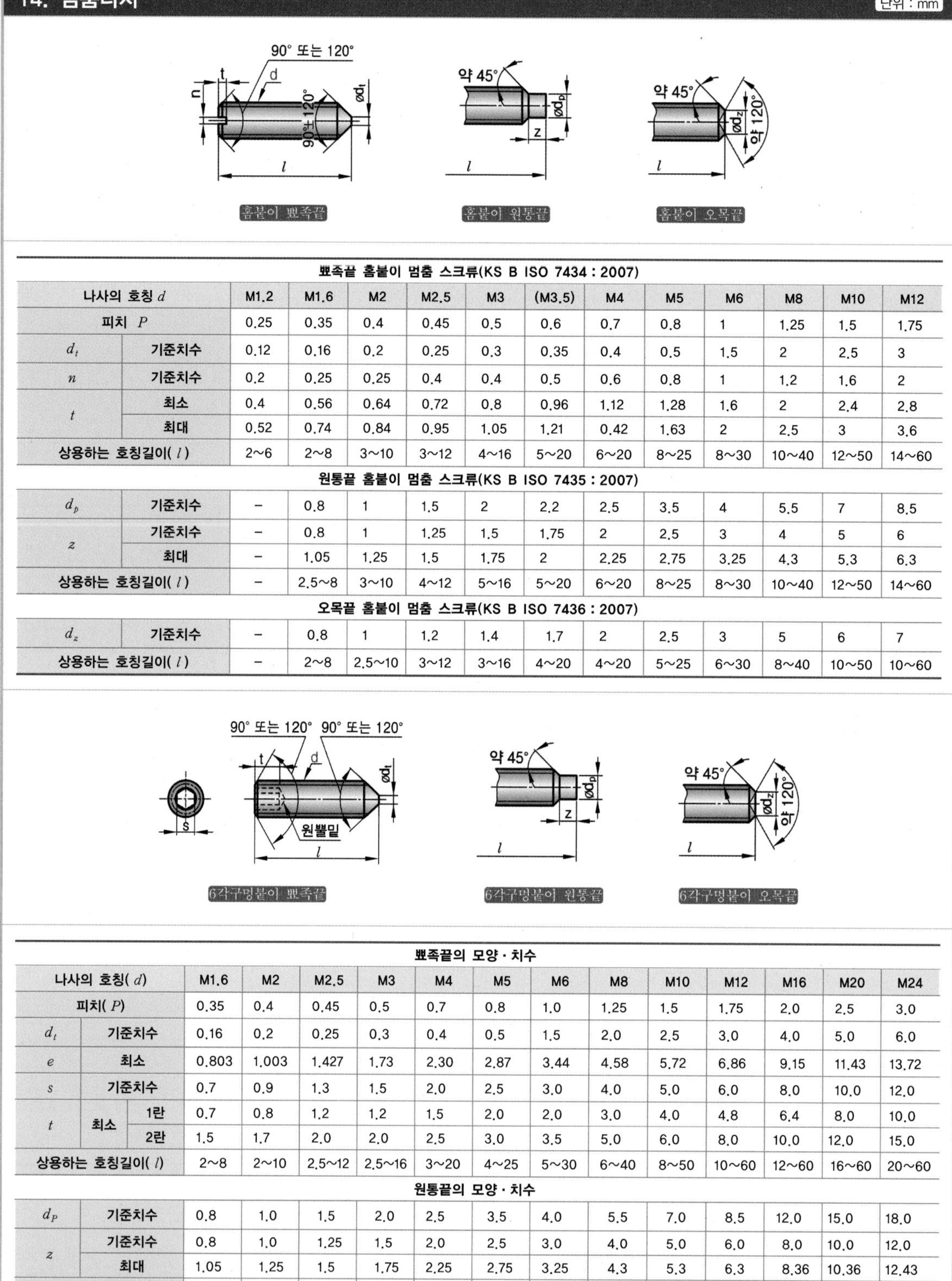

뾰족끝 홈붙이 멈춤 스크류(KS B ISO 7434 : 2007)

나사의 호칭 d		M1.2	M1.6	M2	M2.5	M3	(M3.5)	M4	M5	M6	M8	M10	M12
피치 P		0.25	0.35	0.4	0.45	0.5	0.6	0.7	0.8	1	1.25	1.5	1.75
d_t	기준치수	0.12	0.16	0.2	0.25	0.3	0.35	0.4	0.5	1.5	2	2.5	3
n	기준치수	0.2	0.25	0.25	0.4	0.4	0.5	0.6	0.8	1	1.2	1.6	2
t	최소	0.4	0.56	0.64	0.72	0.8	0.96	1.12	1.28	1.6	2	2.4	2.8
	최대	0.52	0.74	0.84	0.95	1.05	1.21	0.42	1.63	2	2.5	3	3.6
상용하는 호칭길이(l)		2~6	2~8	3~10	3~12	4~16	5~20	6~20	8~25	8~30	10~40	12~50	14~60
원통끝 홈붙이 멈춤 스크류(KS B ISO 7435 : 2007)													
d_p	기준치수	–	0.8	1	1.5	2	2.2	2.5	3.5	4	5.5	7	8.5
z	기준치수	–	0.8	1	1.25	1.5	1.75	2	2.5	3	4	5	6
	최대	–	1.05	1.25	1.5	1.75	2	2.25	2.75	3.25	4.3	5.3	6.3
상용하는 호칭길이(l)		–	2.5~8	3~10	4~12	5~16	5~20	6~20	8~25	8~30	10~40	12~50	14~60
오목끝 홈붙이 멈춤 스크류(KS B ISO 7436 : 2007)													
d_z	기준치수	–	0.8	1	1.2	1.4	1.7	2	2.5	3	5	6	7
상용하는 호칭길이(l)		–	2~8	2.5~10	3~12	3~16	4~20	4~20	5~25	6~30	8~40	10~50	10~60

뾰족끝의 모양 · 치수

나사의 호칭(d)			M1.6	M2	M2.5	M3	M4	M5	M6	M8	M10	M12	M16	M20	M24
피치(P)			0.35	0.4	0.45	0.5	0.7	0.8	1.0	1.25	1.5	1.75	2.0	2.5	3.0
d_t	기준치수		0.16	0.2	0.25	0.3	0.4	0.5	1.5	2.0	2.5	3.0	4.0	5.0	6.0
e	최소		0.803	1.003	1.427	1.73	2.30	2.87	3.44	4.58	5.72	6.86	9.15	11.43	13.72
s	기준치수		0.7	0.9	1.3	1.5	2.0	2.5	3.0	4.0	5.0	6.0	8.0	10.0	12.0
t	최소	1란	0.7	0.8	1.2	1.2	1.5	2.0	2.0	3.0	4.0	4.8	6.4	8.0	10.0
		2란	1.5	1.7	2.0	2.0	2.5	3.0	3.5	5.0	6.0	8.0	10.0	12.0	15.0
상용하는 호칭길이(l)			2~8	2~10	2.5~12	2.5~16	3~20	4~25	5~30	6~40	8~50	10~60	12~60	16~60	20~60
원통끝의 모양 · 치수															
d_P	기준치수		0.8	1.0	1.5	2.0	2.5	3.5	4.0	5.5	7.0	8.5	12.0	15.0	18.0
z	기준치수		0.8	1.0	1.25	1.5	2.0	2.5	3.0	4.0	5.0	6.0	8.0	10.0	12.0
	최대		1.05	1.25	1.5	1.75	2.25	2.75	3.25	4.3	5.3	6.3	8.36	10.36	12.43
상용하는 호칭길이(l)			2~8	2.5~10	3~12	4~16	5~20	6~25	8~30	8~40	10~50	12~60	16~60	20~60	25~60
오목끝의 모양 · 치수															
dz	기준치수		0.8	1.0	1.2	1.4	2.0	2.5	3.0	5.0	6.0	8.0	10.0	14.0	16.0
상용하는 호칭길이(l)			2~8	2~10	2~12	2.5~16	3~20	4~25	5~30	6~40	8~50	10~60	12~60	16~60	20~60

15. T홈

단위 : mm

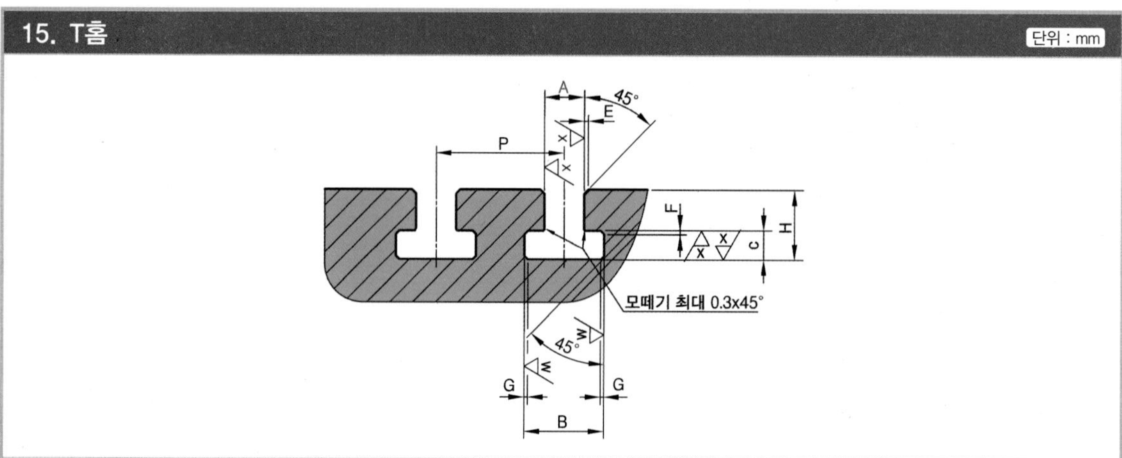

T홈 볼트 d (호칭)	T홈										
	A (기준)	B		C		H		E	F	G	P (T홈 간격)
		최소	최대	최소	최대	최소	최대	최대	최대	최대	
M4	5	10	11	3.5	4.5	8	10	1	0.6	1	20-25-32
M5	6	11	12.5	5	6	11	13	1	0.6	1	25-32-40
M6	8	14.5	16	7	8	15	18	1	0.6	1	32-40-50
M8	10	16	18	7	8	17	21	1	0.6	1	40-50-63
M10	12	19	21	8	9	20	25	1	0.6	1	(40)-50-63-80
M12	14	23	25	9	11	23	28	1.6	0.6	1.6	(50)-50-63-80
M16	18	30	32	12	14	30	36	1.6	1	1.6	(63)-80-100-125
M20	22	37	40	16	18	38	45	1.6	1	2.5	(80)-100-125-160
M24	28	46	50	20	22	48	56	1.6	1	2.5	100-125-160-200
M30	36	56	60	25	28	61	71	2.5	1	2.5	125-160-200-250
M36	42	68	72	32	35	74	85	2.5	1.6	4	160-200-250-320
M42	48	80	85	36	40	84	95	2.5	2	6	200-250-320-400
M48	54	90	95	40	44	94	106	2.5	2	6	250-320-400-500

비고

1. 홈 : A에 대한 공차 : 고정 홈에 대해서는 H12, 기준 홈에 대해서는 H8, P의 괄호 안의 치수는 가능 한 피해야 한다.
2. 모든 T홈의 간격에 대한 공차는 누적되지 않는다.

16. 평행 핀

단위 : mm

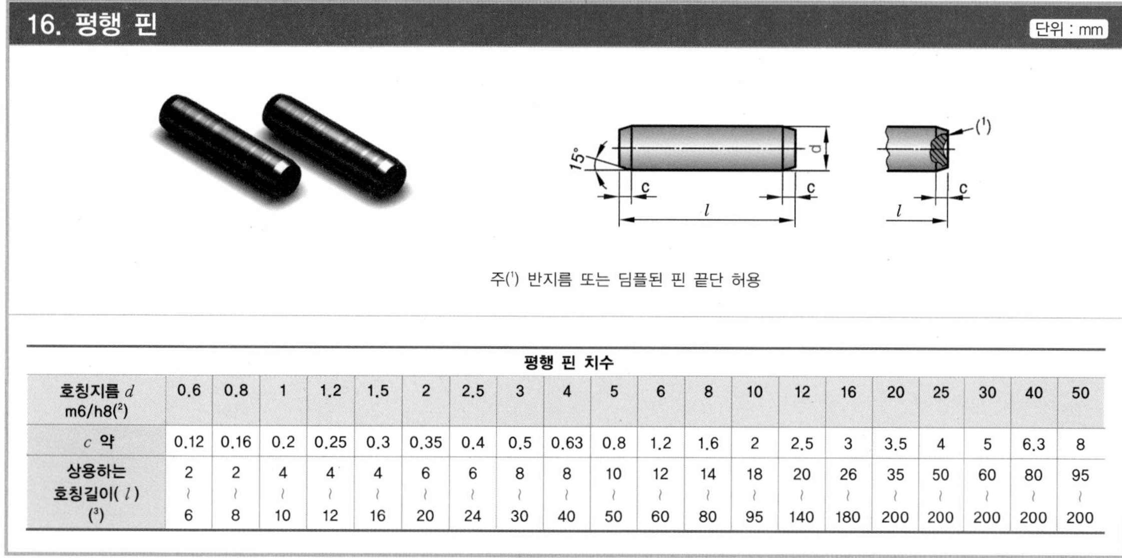

주(1) 반지름 또는 딤플된 핀 끝단 허용

평행 핀 치수

호칭지름 d m6/h8(2)	0.6	0.8	1	1.2	1.5	2	2.5	3	4	5	6	8	10	12	16	20	25	30	40	50
c 약	0.12	0.16	0.2	0.25	0.3	0.35	0.4	0.5	0.63	0.8	1.2	1.6	2	2.5	3	3.5	4	5	6.3	8
상용하는 호칭길이(l) (3)	2 ~ 6	2 ~ 8	4 ~ 10	4 ~ 12	4 ~ 16	6 ~ 20	6 ~ 24	8 ~ 30	8 ~ 40	10 ~ 50	12 ~ 60	14 ~ 80	18 ~ 95	20 ~ 140	26 ~ 180	35 ~ 200	50 ~ 200	60 ~ 200	80 ~ 200	95 ~ 200

17. 분할 핀

단위 : mm

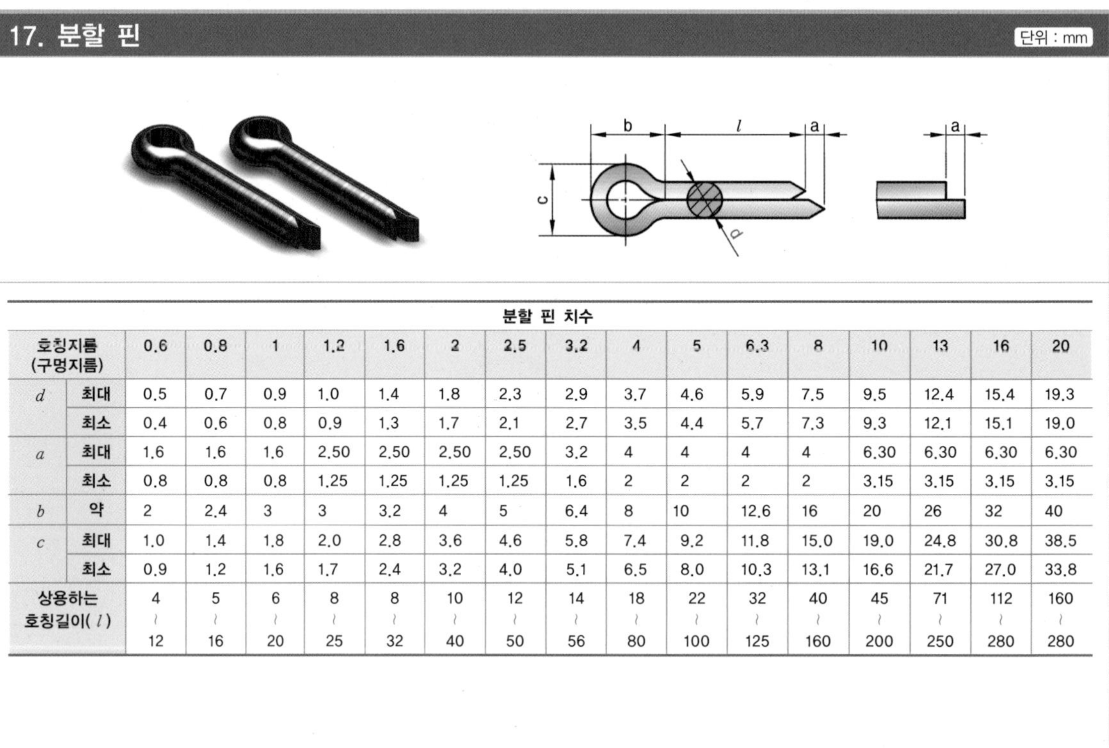

분할 핀 치수

호칭지름 (구멍지름)		0.6	0.8	1	1.2	1.6	2	2.5	3.2	4	5	6.3	8	10	13	16	20
d	최대	0.5	0.7	0.9	1.0	1.4	1.8	2.3	2.9	3.7	4.6	5.9	7.5	9.5	12.4	15.4	19.3
	최소	0.4	0.6	0.8	0.9	1.3	1.7	2.1	2.7	3.5	4.4	5.7	7.3	9.3	12.1	15.1	19.0
a	최대	1.6	1.6	1.6	2.50	2.50	2.50	2.50	3.2	4	4	4	4	6.30	6.30	6.30	6.30
	최소	0.8	0.8	0.8	1.25	1.25	1.25	1.25	1.6	2	2	2	2	3.15	3.15	3.15	3.15
b	약	2	2.4	3	3	3.2	4	5	6.4	8	10	12.6	16	20	26	32	40
c	최대	1.0	1.4	1.8	2.0	2.8	3.6	4.6	5.8	7.4	9.2	11.8	15.0	19.0	24.8	30.8	38.5
	최소	0.9	1.2	1.6	1.7	2.4	3.2	4.0	5.1	6.5	8.0	10.3	13.1	16.6	21.7	27.0	33.8
상용하는 호칭길이(*l*)		4 ~ 12	5 ~ 16	6 ~ 20	8 ~ 25	8 ~ 32	10 ~ 40	12 ~ 50	14 ~ 56	18 ~ 80	22 ~ 100	32 ~ 125	40 ~ 160	45 ~ 200	71 ~ 250	112 ~ 280	160 ~ 280

18. 스플릿 테이퍼 핀

단위 : mm

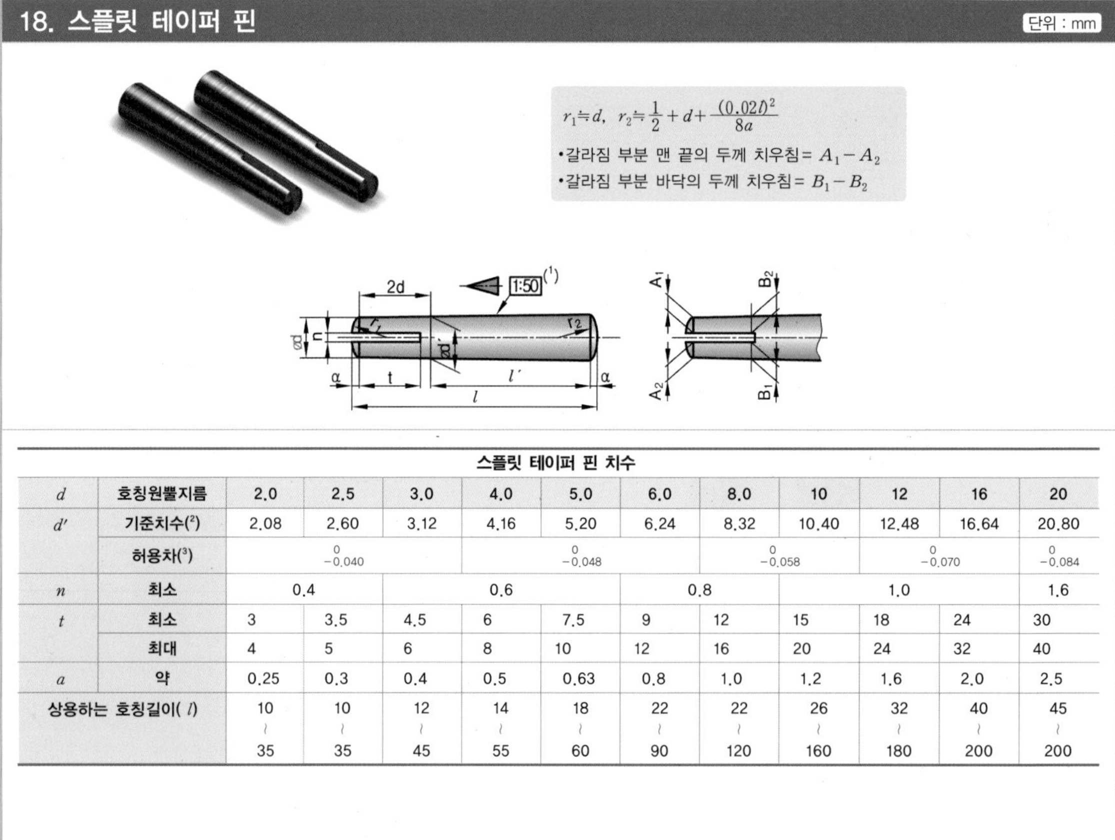

스플릿 테이퍼 핀 치수

d	호칭원뿔지름	2.0	2.5	3.0	4.0	5.0	6.0	8.0	10	12	16	20
d'	기준치수[2]	2.08	2.60	3.12	4.16	5.20	6.24	8.32	10.40	12.48	16.64	20.80
	허용차[3]	0 / −0.040			0 / −0.048			0 / −0.058		0 / −0.070		0 / −0.084
n	최소	0.4		0.6			0.8		1.0			1.6
t	최소	3	3.5	4.5	6	7.5	9	12	15	18	24	30
	최대	4	5	6	8	10	12	16	20	24	32	40
a	약	0.25	0.3	0.4	0.5	0.63	0.8	1.0	1.2	1.6	2.0	2.5
상용하는 호칭길이(*l*)		10 ~ 35	10 ~ 35	12 ~ 45	14 ~ 55	18 ~ 60	22 ~ 90	22 ~ 120	26 ~ 160	32 ~ 180	40 ~ 200	45 ~ 200

19. 스프링식 곧은 핀 – 홈형

단위 : mm

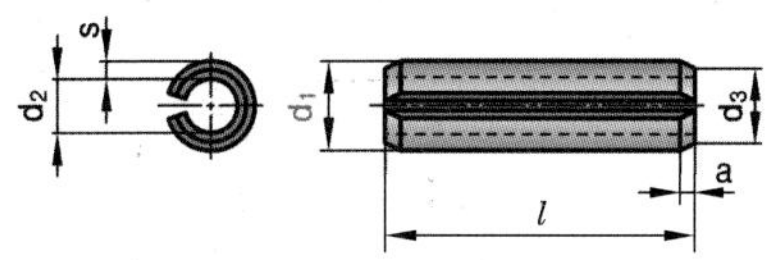

스프링식 곧은 핀–홈형(중하중용)

호칭지름			1	1.5	2	2.5	3	3.5	4	4.5	5	6	8	10	12	13
d_1	가공전	최대	1.3	1.8	2.4	2.9	3.5	4.0	4.6	5.1	5.6	6.7	8.8	10.8	12.8	13.8
		최소	1.2	1.7	2.3	2.8	3.3	3.8	4.4	4.9	5.4	6.4	8.5	10.5	12.5	13.5
s			0.2	0.3	0.4	0.5	0.6	0.75	0.8	1	1	1.2	1.5	2	2.5	2.5
이중전단강도 (kN)			0.7	1.58	2.82	4.38	6.32	9.06	11.24	15.36	17.54	26.04	42.76	70.16	104.1	115.1
상용하는 호칭길이(l)			4 ~ 20	4 ~ 20	4 ~ 30	4 ~ 30	4 ~ 40	4 ~ 40	4 ~ 50	5 ~ 50	5 ~ 80	10 ~ 100	10 ~ 120	10 ~ 160	10 ~ 180	10 ~ 180

스프링식 곧은 핀–홈형(중하중용 계속)

호칭지름			14	16	18	20	21	25	28	30	32	35	38	40	45	50
d_1	가공전	최대	14.8	16.8	18.9	20.9	21.9	25.9	28.9	30.9	32.9	35.9	38.9	40.9	45.9	50.9
		최소	14.5	16.5	18.5	20.5	21.5	25.5	28.5	30.5	32.5	35.5	38.5	40.5	45.5	50.5
s			3	3	3.5	4	4	5	5.5	6	6	7	7.5	7.5	8.5	9.5
이중전단강도 (kN)			114.7	171	222.5	280.6	298.2	438.5	542.6	631.4	684	859	1003	1068	1360	1685
상용하는 호칭길이(l)			10 ~ 200	10 ~ 200	10 ~ 200	10 ~ 200	14 ~ 200	14 ~ 200	14 ~ 200	14 ~ 200	20 ~ 200	20 ~ 200	20 ~ 200	20 ~ 200	20 ~ 200	20 ~ 200

스프링식 곧은 핀–홈형(경하중용)

호칭지름			2	2.5	3	3.5	4	4.5	5	6	8	10	12	13
d_1	가공전	최대	2.4	2.9	3.5	4.0	4.6	5.1	5.6	6.7	8.8	10.8	12.8	13.8
		최소	2.3	2.8	3.3	3.8	4.4	4.9	5.4	6.4	8.5	10.5	12.5	13.5
s			0.2	0.25	0.3	0.35	0.5	0.5	0.5	0.75	0.75	1	1	1.2
이중전단강도(kN)			1.5	2.4	3.5	4.6	8	8.8	10.4	18	24	40	48	66
상용하는 호칭길이(l)			4 ~ 30	4 ~ 30	4 ~ 40	4 ~ 40	4 ~ 50	6 ~ 50	6 ~ 80	10 ~ 100	10 ~ 120	10 ~ 160	10 ~ 180	10 ~ 180

스프링식 곧은 핀–홈형(경하중용 계속)

호칭지름			14	16	18	20	21	25	28	30	35	40	45	50
d_1	가공전	최대	14.8	16.8	18.9	20.9	21.9	25.9	28.9	30.9	35.9	40.9	45.9	50.9
		최소	14.5	16.5	18.5	20.5	21.5	25.5	28.5	30.5	25.5	40.5	45.5	50.5
s			1.5	1.5	1.7	2	2	2	2.5	2.5	3.5	4	4	5
이중전단강도(kN)			84	98	126	156	168	202	280	302	490	634	720	1000
상용하는 호칭길이(l)			9 ~ 200	9 ~ 200	9 ~ 200	9 ~ 200	14 ~ 200	14 ~ 200	14 ~ 200	14 ~ 200	20 ~ 200	20 ~ 200	20 ~ 200	20 ~ 200

20. 지그용 고정부시

단위 : mm

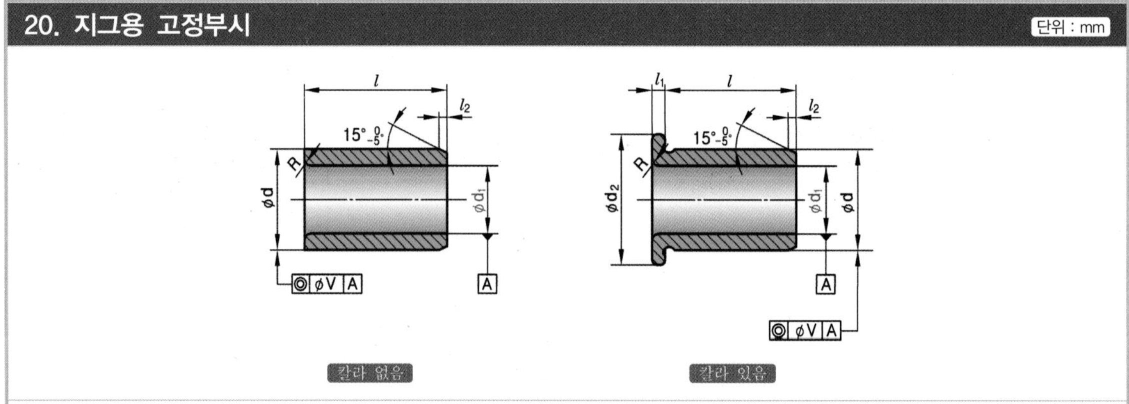

지그용 고정부시 치수

d_1		d		d_2		$l\left(^{\ 0}_{-0.5}\right)$	l_1	l_2	R
드릴용 구멍(G6) 리머용 구멍(F7)	동축도	기준치수	허용차 (P6)	기준 치수	허용차 (h13)				
1 이하	0.012	3	+0.012 +0.006	7	0 −0.220	6, 8	2	1.5	0.5
1 초과 1.5 이하		4	+0.020 +0.012	8					
1.5초과 2 이하		5		9		6, 8, 10, 12			0.8
2 초과 3 이하		7	+0.024 +0.015	11	0 −0.270	8, 10, 12, 16	2.5		
3 초과 4 이하		8		12					1.0
4 초과 6 이하		10		14		10, 12, 16, 20	3		
6 초과 8 이하		12	+0.029 +0.018	16					2.0
8 초과 10 이하		15		19	0 −0.330	12, 16, 20, 25			
10 초과 12 이하		18		22			4		
12 초과 15 이하		22	+0.035 +0.022	26		16, 20, (25), 28, 36			
15 초과 18 이하		26		30		20, 25, (30), 36, 45			
18 초과 22 이하	0.020	30		35	0 −0.390		5		3.0
22 초과 26 이하		35	+0.042 +0.026	40					
26 초과 30 이하		42		47		25, (30), 36, 45, 56			
30 초과 35 이하		48		53	0 −0.460		6		4.0
35 초과 42 이하		55	+0.051 +0.032	60		30, 35, 45, 56			
42 초과 48 이하		62		67					
48 초과 55 이하		70		75					
55 초과 63 이하	0.025	78		83	0 −0.540	35, 45, 56, 67			

비고

1. d, d_1 및 d_2의 허용차는 KS B 0401(KS B ISO 1829)의 규정에 따른다.
2. l_1, l_2 및 R의 허용차는 KS B ISO 2768−1에 규정하는 보통급으로 한다.
3. l 치수에서 ( )를 붙인 것은 되도록 사용하지 않는다.

21. 지그용 삽입부시(둥근형)

단위 : mm

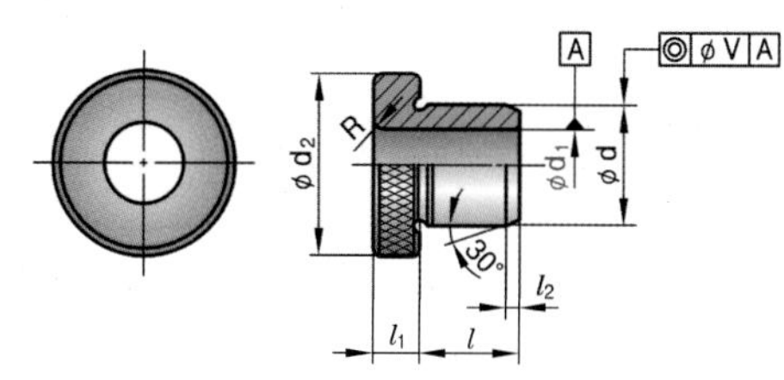

지그용 삽입부시 치수(둥근형)

d_1		d		d_2		$l(^{0}_{-0.5})$	l_1	l_2	R
드릴용 구멍(G6) 리머용 구멍(F7)	동축도	기준치수	허용차 (m5)	기준 치수	허용차 (h13)				
4 이하	0.012	12	+0.012 +0.006	16	0 −0.270	10, 12, 16	8	1.5	2
4 초과 6 이하		15		19	0 −0.330	12, 16, 20, 25			
6 초과 8 이하		18		22			10		
8 초과 10 이하		22	+0.015 +0.007	26		16, 20, (25), 28, 36			
10 초과 12 이하		26		30					
12 초과 15 이하		30		35	0 −0.390	20, 25, (30), 36, 45	12		3
15 초과 18 이하		35	+0.017 +0.008	40					
18 초과 22 이하	0.020	42		47		25, (30), 36, 45, 56			
22 초과 26 이하		48		53	0 −0.460		16		4
26 초과 30 이하		55	+0.020 +0.009	60		30, 35, 45, 56			
30 초과 35 이하		62		67					
35 초과 42 이하		70		75					
42 초과 48 이하		78		83	0 −0.540	35, 45, 56, 67			
48 초과 55 이하		85	+0.024 +0.011	90					
55 초과 63 이하	0.025	95		100		40, 56, 67, 78			
63 초과 70 이하		105		110					
70 초과 78 이하		115		120		45, 50, 67, 89			
78 초과 85 이하		125	+0.028 +0.013	130	0 −0.630				

비고

1. d, d_1 및 d_2의 허용차는 KS B 0401(KS B ISO 1829)의 규정에 따른다.
2. l_1, l_2 및 R의 허용차는 KS B ISO 2768-1에 규정하는 보통급으로 한다.
3. l 치수에서 ( )를 붙인 것은 되도록 사용하지 않는다.

22. 지그용 삽입부시(노치형)

단위 : mm

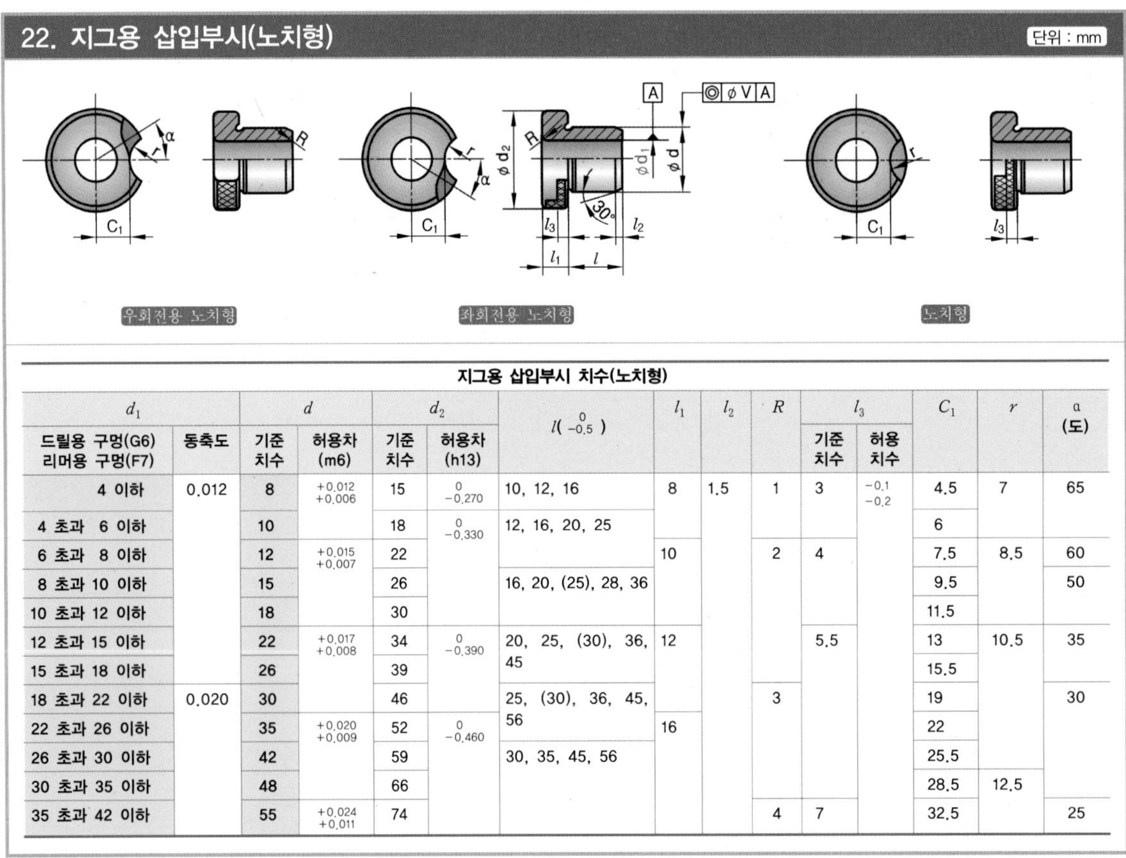

지그용 삽입부시 치수(노치형)

d_1		d		d_2		$l(^{0}_{-0.5})$	l_1	l_2	R	l_3		C_1	r	α (도)
드릴용 구멍(G6) 리머용 구멍(F7)	동축도	기준 치수	허용차 (m6)	기준 치수	허용차 (h13)					기준 치수	허용 치수			
4 이하	0.012	8	+0.012 +0.006	15	0 −0.270	10, 12, 16	8	1.5	1	3	−0.1 −0.2	4.5	7	65
4 초과 6 이하		10		18	0 −0.330	12, 16, 20, 25						6		
6 초과 8 이하		12	+0.015 +0.007	22			10		2	4		7.5	8.5	60
8 초과 10 이하		15		26		16, 20, (25), 28, 36						9.5		50
10 초과 12 이하		18		30								11.5		
12 초과 15 이하		22	+0.017 +0.008	34	0 −0.390	20, 25, (30), 36, 45	12			5.5		13	10.5	35
15 초과 18 이하		26		39								15.5		
18 초과 22 이하	0.020	30		46		25, (30), 36, 45, 56			3			19		30
22 초과 26 이하		35	+0.020 +0.009	52	0 −0.460		16					22		
26 초과 30 이하		42		59		30, 35, 45, 56						25.5		
30 초과 35 이하		48		66								28.5	12.5	
35 초과 42 이하		55	+0.024 +0.011	74					4	7		32.5		25

23. 지그용 삽입부시(고정 라이너)

단위 : mm

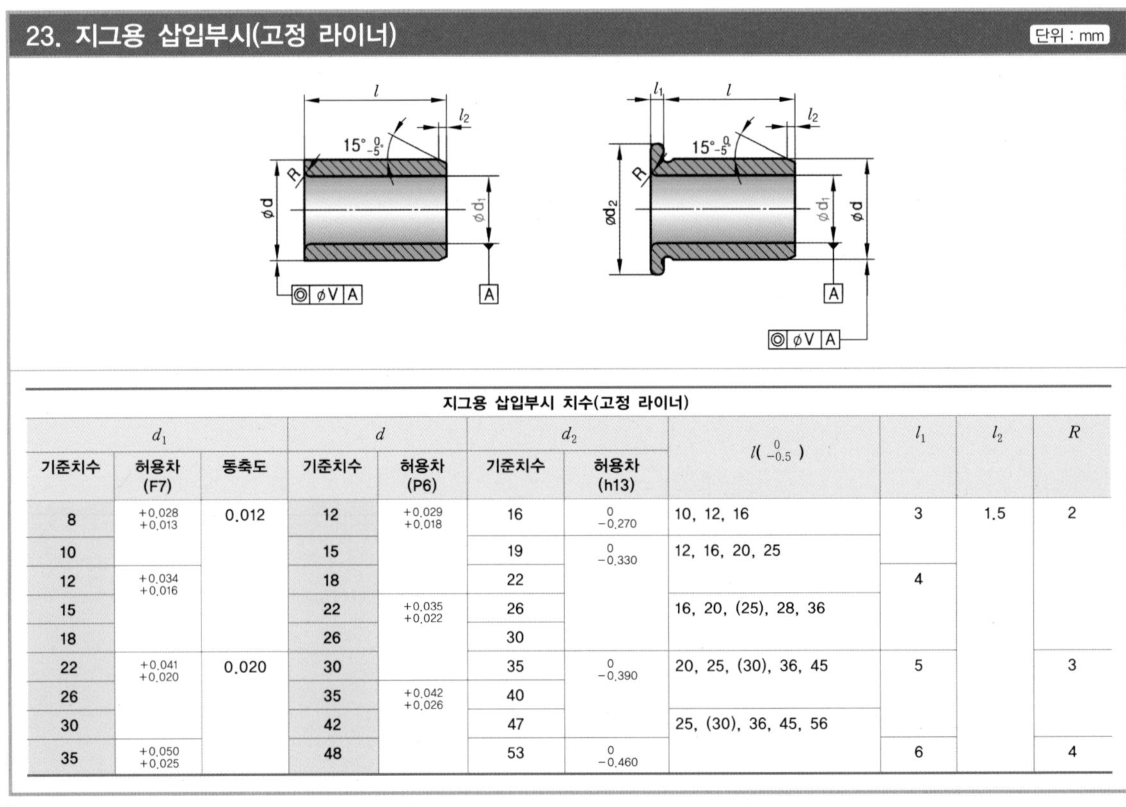

지그용 삽입부시 치수(고정 라이너)

d_1			d		d_2		$l(^{0}_{-0.5})$	l_1	l_2	R
기준치수	허용차 (F7)	동축도	기준치수	허용차 (P6)	기준치수	허용차 (h13)				
8	+0.028 +0.013	0.012	12	+0.029 +0.018	16	0 −0.270	10, 12, 16	3	1.5	2
10			15		19	0 −0.330	12, 16, 20, 25			
12	+0.034 +0.016		18		22			4		
15			22	+0.035 +0.022	26		16, 20, (25), 28, 36			
18			26		30					
22	+0.041 +0.020	0.020	30		35	0 −0.390	20, 25, (30), 36, 45	5		3
26			35	+0.042 +0.026	40					
30			42		47		25, (30), 36, 45, 56			
35	+0.050 +0.025		48		53	0 −0.460		6		4

24. 지그용 삽입부시(조립 치수)

단위 : mm

지그용 삽입부시와 멈춤쇠 및 멈춤나사 중심거리 치수

삽입부시의 구멍지름 d_1	d_2	d	c		D	t
			기준치수	허용차		
4 이하	15	M5	11.5	±0.2	5.2	11
4 초과 6 이하	18		13			
6 초과 8 이하	22		16			
8 초과 10 이하	26		18			
10 초과 12 이하	30		20			
12 초과 15 이하	34	M6	23.5		6.2	14
15 초과 18 이하	39		26			
18 초과 22 이하	46		29.5			
22 초과 26 이하	52	M8	32.5		8.5	16
26 초과 30 이하	59		36			
30 초과 35 이하	66		41			
35 초과 42 이하	74		45			
42 초과 48 이하	82	M10	49		10.2	20
48 초과 55 이하	90		53			
55 초과 63 이하	100		58			
63 초과 70 이하	110		63			

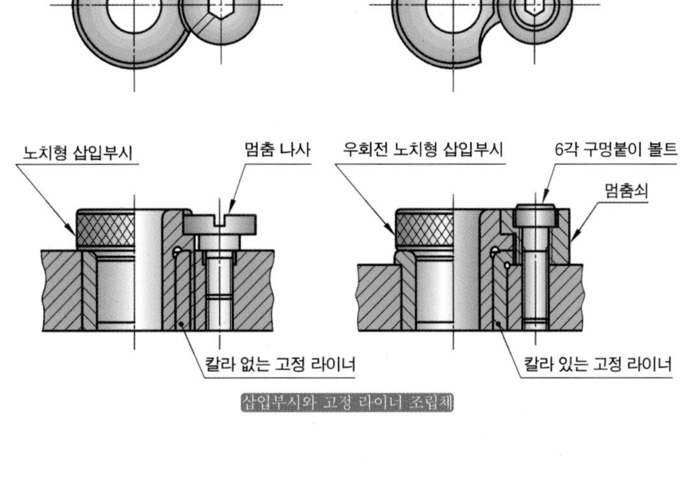

삽입부시와 고정 라이너 조립체

25. C형 멈춤링

단위 : mm

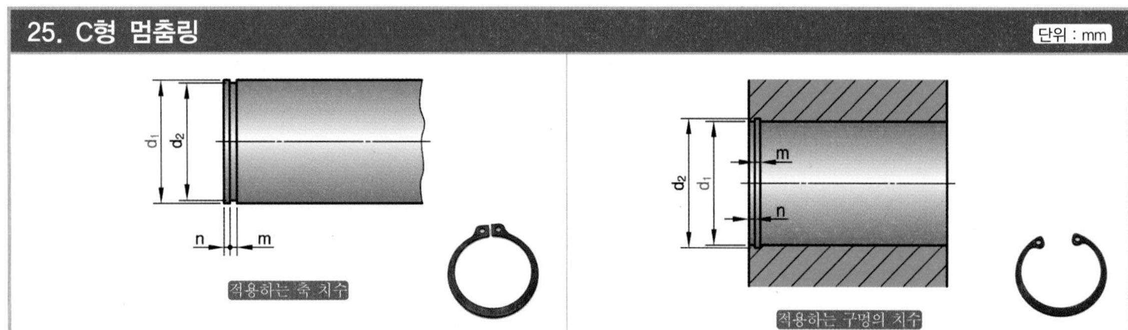

멈춤링 호칭 (1)	적용하는 축(참고)					
	호칭 축지름 d_1	d_2 기준치수	d_2 허용차	m 기준치수	m 허용차	n 최소
1란	10	9.6	$^{0}_{-0.09}$	1.15	$^{+0.14}_{0}$	1.5
2란	11	10.5	$^{0}_{-0.11}$			
1란	12	11.5				
3란	13	12.4				
1란	14	13.4				
	15	14.3				
	16	15.2				
	17	16.2				
	18	17		1.35		
2란	19	18				
1란	20	19	$^{0}_{-0.21}$			
3란	21	20				
1란	22	21				
2란	24	22.9				
1란	25	23.9				
2란	26	24.9				
1란	28	26.6		1.75		
3란	29	27.6				
1란	30	28.6				
	32	30.3	$^{0}_{-0.25}$			
3란	34	32.3				
1란	35	33				
2란	36	34		1.95		2
	38	36				
1란	40	38				
2란	42	39.5				
1란	45	42.5				
2란	48	45.5				
1란	50	47		2.2		
3란	52	49				
1란	55	52	$^{0}_{-0.3}$			
2란	56	53				
3란	58	55				
1란	60	57				
3란	62	59				
	63	60				
1란	65	62		2.7		2.5
3란	68	65				
1란	70	67				
3란	72	69				
1란	75	72				
3란	78	75				
1란	80	76.5				
3란	82	78.5				

멈춤링 호칭 (1)	적용하는 구멍(참고)					
	호칭 구멍지름 d_1	d_2 기준치수	d_2 허용차	m 기준치수	m 허용차	n 최소
1란	10	10.4	$^{+0.11}_{0}$	1.15	$^{+0.14}_{0}$	1.5
	11	11.4				
	12	12.5				
2란	13	13.6				
1란	14	14.6				
3란	15	15.7				
1란	16	16.8				
2란	17	17.8				
1란	18	19	$^{+0.21}_{0}$			
	19	20				
	20	21				
3란	21	22				
1란	22	23				
2란	24	25.2		1.35		
1란	25	26.2				
2란	26	27.2				
1란	28	29.4				
	30	31.4	$^{+0.25}_{0}$			
	32	33.7				
3란	34	35.7		1.75		2
1란	35	37				
2란	36	38				
1란	37	39				
2란	38	40				
1란	40	42.5	$^{+0.25}_{0}$	1.95		
	42	44.5				
	45	47.5				
	47	49.5		1.9		
2란	48	50.5	$^{+0.3}_{0}$	1.9		
1란	50	53		2.2		
	52	55				
	55	58				
2란	56	59				
3란	58	61				
1란	60	63				
	62	65				
2란	63	66				
	65	68		2.7		2.5
1란	68	71				
2란	70	73				
1란	72	75				
	75	78				
3란	78	81	$^{+0.35}_{0}$			
1란	80	83.5				

주

(1) 호칭은 1란의 것을 우선하며, 필요에 따라서 2란, 3란의 순으로 한다. 또한 3란은 앞으로 폐지할 예정이다.

비고

적용하는 축의 치수는 권장하는 치수를 참고로 표시한 것이다 .

26. E형 멈춤링

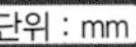
단위 : mm

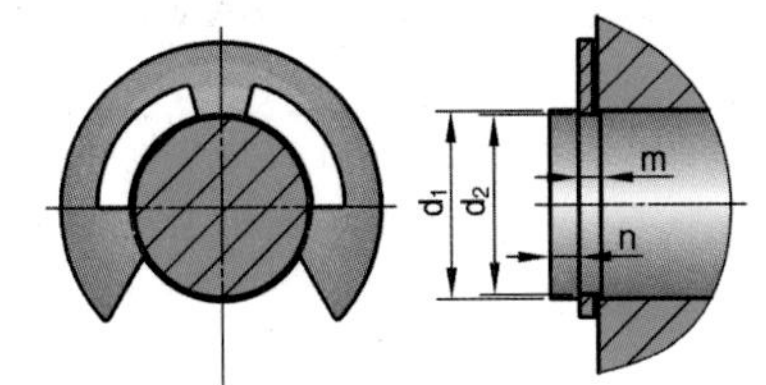

적용하는 축의 치수

멈춤링 호칭	적용하는 축(참고)						
	d_1의 구분 (호칭 축지름)		d_2		m		n
	초과	이하	기본치수	허용차	기본치수	허용차	최소
3	4	5	3	$^{+0.06}_{0}$	0.7	$^{+0.1}_{0}$	1
4	5	7	4	$^{+0.075}_{0}$			1.2
5	6	8	5				
6	7	9	6		0.9		
7	8	11	7	$^{+0.09}_{0}$			1.5
8	9	12	8				1.8
9	10	14	9				2
10	11	15	10		1.15	$^{+0.14}_{0}$	
12	13	18	12	$^{+0.11}_{0}$			2.5
15	16	24	15		1.75		3
19	20	31	19	$^{+0.13}_{0}$	(5)		3.5
24	25	38	24		2.2		4

비고
적용하는 축의 치수는 권장하는 치수를 참고로 표시한 것이다.

27. C형 동심형 멈춤링

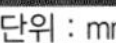
단위 : mm

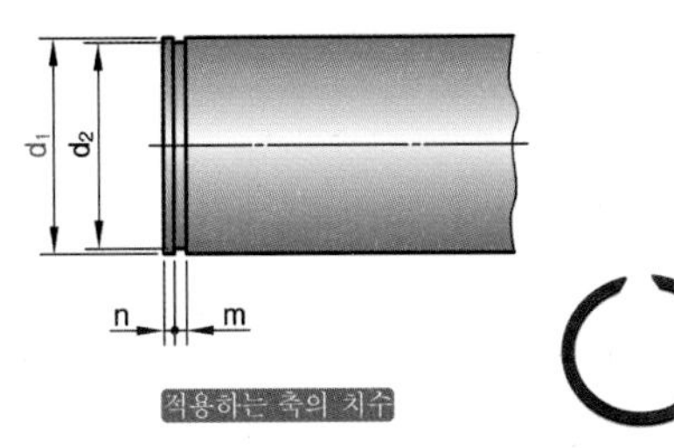

적용하는 축의 치수

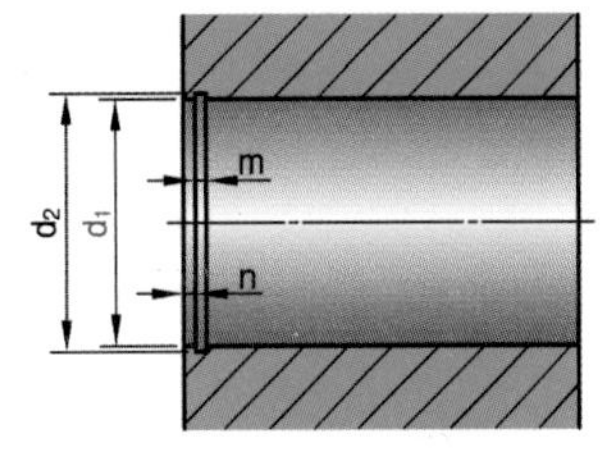

적용하는 구멍의 치수

멈춤링 호칭 (1)	적용하는 축(참고)					
	호칭 축지름 d_1	d_2		m		n
		기준 치수	허용차	기준 치수	허용차	최소
1란	20	19	$^{0}_{-0.21}$	1.35	$^{+0.14}_{0}$	1.5
	22	21				
3란	22.4	21.5				
1란	25	23.9				
	28	26.6		1.75		
	30	28.6				
3란	31.5	29.8	$^{0}_{-0.25}$			
1란	32	30.3				
	35	33				
3란	35.5	33.5				
1란	40	38		1.9		2
2란	42	39.5				
1란	45	42.5				
	50	47		2.2		
	55	52	$^{0}_{-0.3}$			
2란	56	53				

멈춤링 호칭 (1)	적용하는 구멍(참고)					
	호칭구멍지름 d_1	d_2		m		n
		기준 치수	허용차	기준 치수	허용차	최소
1란	20	21	$^{+0.21}_{0}$	1.15	$^{+0.14}_{0}$	1.5
	22	23				
3란	24	25.2		1.35		
1란	25	26.2				
3란	26	27.2				
1란	28	29.4				
	30	31.4				
2란	32	33.7	$^{+0.25}_{0}$			
1란	35	37		1.75		2
2란	37	39				
1란	40	42.5		1.9		
2란	42	44.5				
1란	45	47.5				
2란	47	49.5				
1란	50	53		2.2		
	52	55				

주 (1) 호칭은 1란의 것을 우선하며, 필요에 따라서 2란, 3란의 순으로 한다. 또한 3란은 앞으로 폐지할 예정이다.
비고 적용하는 축의 치수는 권장하는 치수를 참고로 표시한 것이다 .

28. 구름베어링용 로크너트 · 와셔

단위 : mm

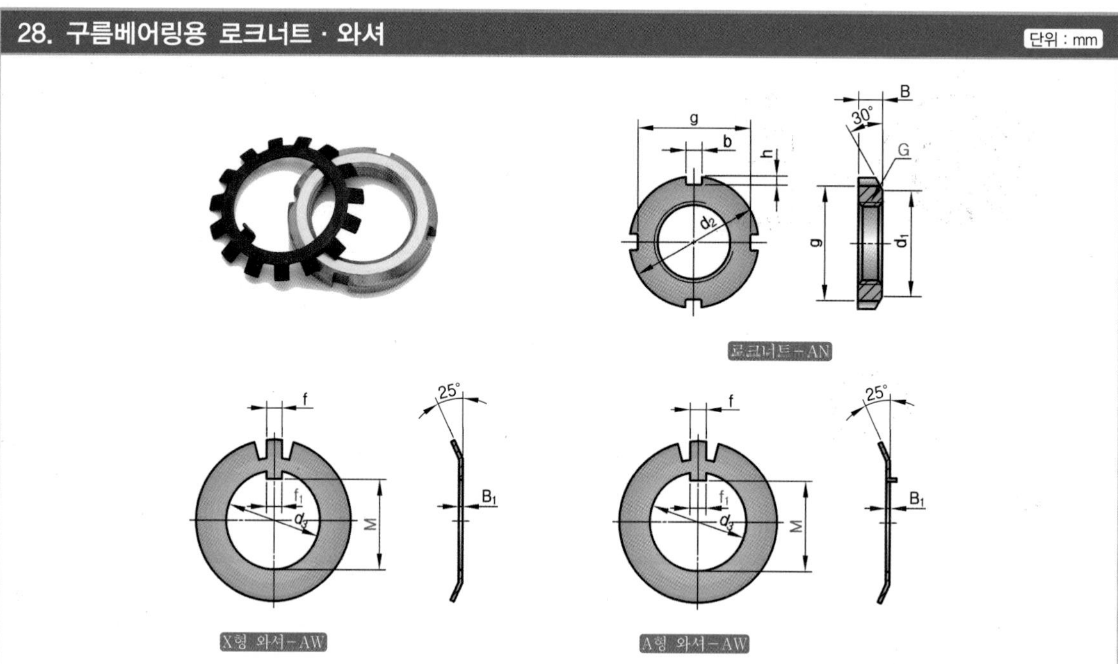

구름베어링용 로크너트 · 와셔 치수

호칭번호	나사호칭 (G)	로크너트 치수					호칭번호	조합하는 와셔 치수			
		d_1	d_2	B	b	h		d_3	f_1	M	f
AN00	M10×0.75	13.5	18	4	3	2	AW00	10	3	8.5	3
AN01	M12×1	17	22	4	3	2	AW01	12	3	10.5	3
AN02	M15×1	21	25	5	4	2	AW02	15	4	13.5	4
AN03	M17×1	24	28	5	4	2	AW03	17	4	15.5	4
AN04	M20×1	26	32	6	4	2	AW04	20	4	18.5	4
AN/22	M22×1	28	34	6	4	2	AW/22	22	4	20.5	4
AN05	M25×1.5	32	38	7	5	2	AW05	25	5	23	5
AN/28	M28×1.5	36	42	7	5	2	AW/28	28	5	26	5
AN06	M30×1.5	38	45	7	5	2	AW06	30	5	27.5	5
AN/32	M32×1.5	40	48	8	5	2	AW/32	32	5	29.5	5
AN07	M35×1.5	44	52	8	5	2	AW07	35	6	32.5	5
AN08	M40×1.5	50	58	9	6	2.5	AW08	40	6	37.5	6
AN09	M45×1.5	56	65	10	6	2.5	AW09	45	6	42.5	6
AN10	M50×1.5	61	70	11	6	2.5	AW10	50	6	47.5	6
AN11	M55×2	67	75	11	7	3	AW11	55	8	52.5	7
AN12	M60×2	73	80	11	7	3	AW12	60	8	57.5	7
AN13	M65×2	79	85	12	7	3	AW13	65	8	62.5	7
AN14	M70×2	85	92	12	8	3.5	AW14	70	8	66.5	8
AN15	M75×2	90	98	13	8	3.5	AW15	75	8	71.5	8
AN16	M80×2	95	105	15	8	3.5	AW16	80	10	76.5	8
AN17	M85×2	102	110	16	8	3.5	AW17	85	10	81.5	8
AN18	M90×2	108	120	16	10	4	AW18	90	10	86.5	10
AN19	M95×2	113	125	17	10	4	AW19	95	10	91.5	10
AN20	M100×2	120	130	18	10	4	AW20	100	12	96.5	10
AN21	M105×2	126	140	18	12	5	AW21	105	12	100.5	12
AN22	M110×2	133	145	19	12	5	AW22	110	12	105.5	12
AN23	M115×2	137	150	19	12	5	AW23	115	12	110.5	12
AN24	M120×2	138	155	20	12	5	AW24	120	14	115	12
AN25	M125×2	148	160	21	12	5	AW25	125	14	120	12

비고

1. 호칭번호 AN00~AN25의 로크너트에는 X형의 와셔를 사용한다.
2. 호칭번호 AN26~AN40의 로크너트에는 A형 또는 X형의 와셔를 사용한다.
3. 호칭번호 AN44~AN52의 로크너트에는 X형의 와셔 또는 멈춤쇠를 사용한다.
4. 호칭번호 AN00~AN40의 로크너트에 대한 나사 기준치수는 KS B 0204(미터 가는나사)에 따른다.
5. 호칭번호 AN44~AN100의 로크너트에 대한 나사 기준치수는 KS B 0229(미터 사다리꼴나사)에 따른다.

29. 미터 보통 나사

단위 : mm

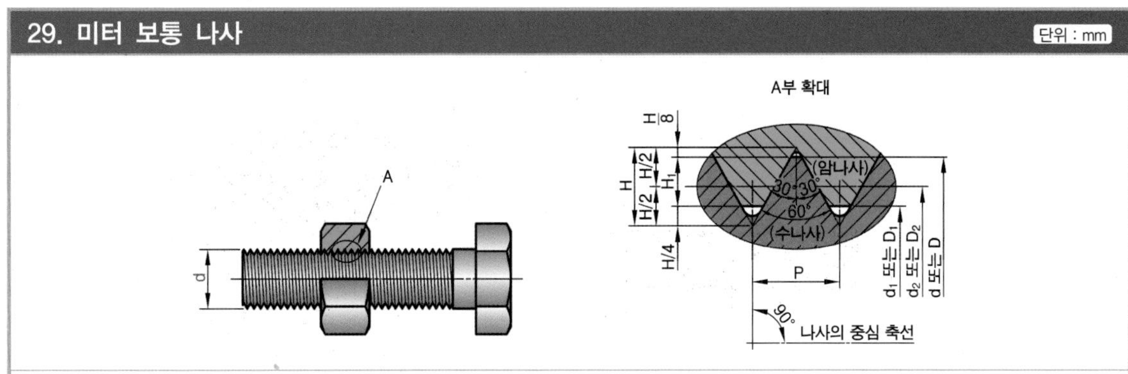

미터 보통 나사의 기본 치수

나사의 호칭 d 1란	2란	3란	피치 P	접촉 높이 H_1	암나사 골지름 D / 수나사 바깥지름 d	암나사 유효지름 D_2 / 수나사 유효지름 d_2	암나사 안지름 D_1 / 수나사 골지름 d_1
M 1			0.25	0.135	1.000	0.838	0.729
	M 1.1		0.25	0.135	1.100	0.938	0.829
M 1.2			0.25	0.135	1.200	1.038	0.929
	M 1.4		0.3	0.162	1.400	1.205	1.075
M 1.6			0.35	0.189	1.600	1.373	1.221
	M 1.8		0.35	0.189	1.800	1.573	1.421
M 2			0.4	0.217	2.000	1.740	1.567
	M 2.2		0.45	0.244	2.200	1.908	1.713
M 2.5			0.45	0.244	2.500	2.208	2.013
M 3			0.5	0.271	3.000	2.675	2.459
	M 3.5		0.6	0.325	3.500	3.110	2.850
M 4			0.7	0.379	4.000	3.545	3.242
	M 4.5		0.75	0.406	4.500	4.013	3.688
M 5			0.8	0.433	5.000	4.480	4.134
M 6			1	0.541	6.000	5.350	4.917
		M 7	1	0.541	7.000	6.350	5.917
M 8			1.25	0.677	8.000	7.188	6.647
		M 9	1.25	0.677	9.000	8.188	7.647
M 10			1.5	0.812	10.000	9.026	8.376
		M 11	1.5	0.812	11.000	10.026	9.376
M 12			1.75	0.947	12.000	10.863	10.106

나사의 호칭 d 1란	2란	피치 P	접촉 높이 H_1	암나사 골지름 D / 수나사 바깥지름 d	암나사 유효지름 D_2 / 수나사 유효지름 d_2	암나사 안지름 D_1 / 수나사 골지름 d_1
	M 14	2	1.083	14.000	12.701	11.835
M 16		2	1.083	16.000	14.701	13.835
	M 18	2.5	0.353	18.000	16.376	15.294
M 20		2.5	1.353	20.000	18.376	17.294
	M 22	2.5	1.353	22.000	20.376	19.294
M 24		3	1.624	24.000	22.051	20.752
	M 27	3	1.624	27.000	25.051	23.752
M 30		3.5	1.894	30.000	27.727	26.211
	M 33	3.5	1.894	33.000	30.727	29.211
M 36		4	2.165	36.000	33.402	31.670
	M 39	4	2.165	39.000	36.402	34.670
M 42		4.5	2.436	42.000	39.077	37.129
	M 45	4.5	2.436	45.000	42.077	40.129
M 48		5	2.706	48.000	44.752	42.587
	M 52	5	2.706	52.000	48.752	46.587
M 56		5.5	2.977	56.000	52.428	50.046
	M 60	5.5	2.977	60.000	56.428	54.046
M 64		6	3.248	64.000	60.103	57.505
	M 68	6	3.248	68.000	64.103	61.505
–	–	–	–	–	–	–

비고

1. d, d_1 및 d_2의 허용차는 KS B 0401(KS B ISO 1829)의 규정에 따른다.
2. l_1, l_2 및 R의 허용차는 KS B ISO 2768-1에 규정하는 보통급으로 한다.

30. 미터 가는 나사

단위 : mm

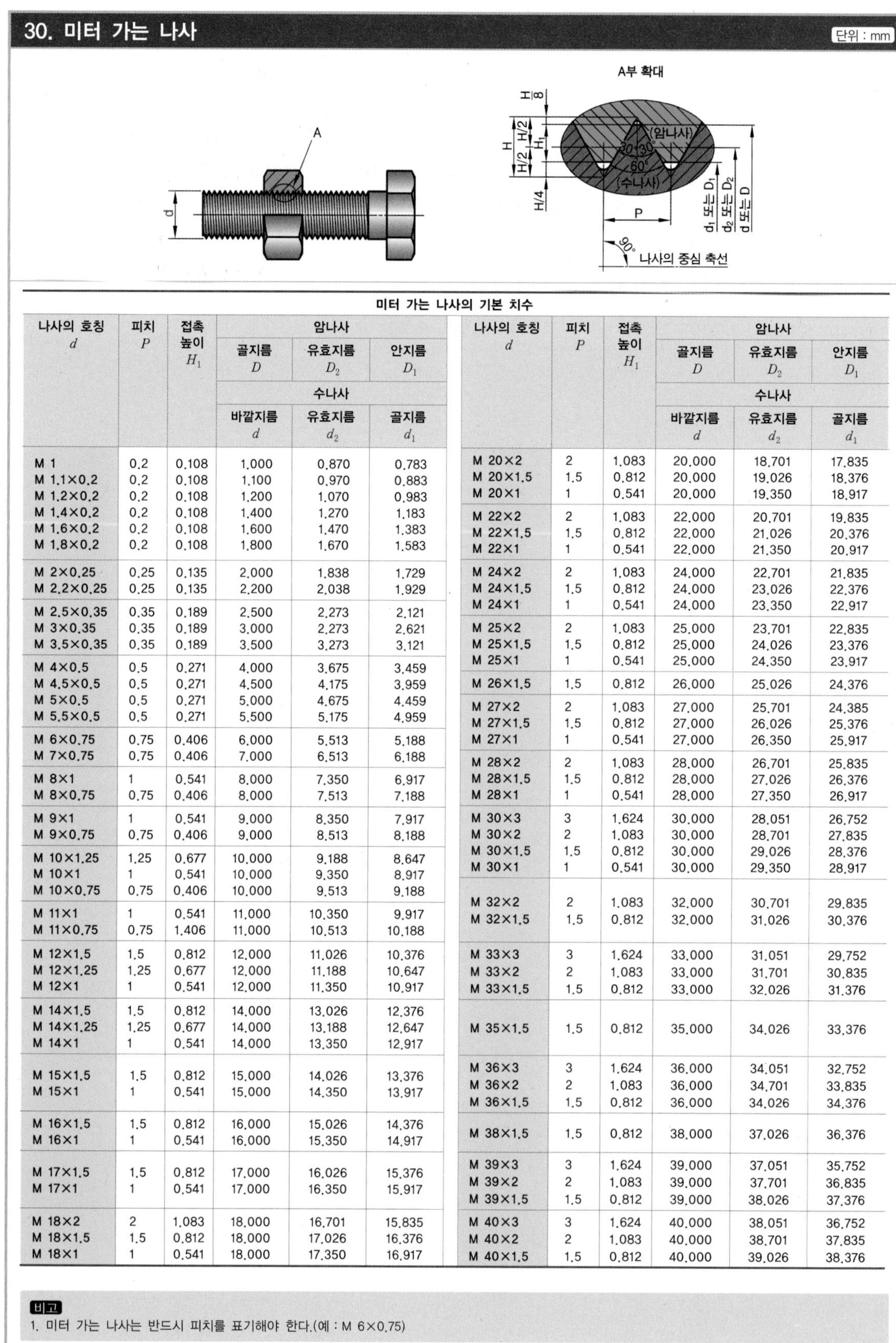

미터 가는 나사의 기본 치수

나사의 호칭 d	피치 P	접촉 높이 H_1	암나사 골지름 D / 수나사 바깥지름 d	암나사 유효지름 D_2 / 수나사 유효지름 d_2	암나사 안지름 D_1 / 수나사 골지름 d_1
M 1	0.2	0.108	1.000	0.870	0.783
M 1.1×0.2	0.2	0.108	1.100	0.970	0.883
M 1.2×0.2	0.2	0.108	1.200	1.070	0.983
M 1.4×0.2	0.2	0.108	1.400	1.270	1.183
M 1.6×0.2	0.2	0.108	1.600	1.470	1.383
M 1.8×0.2	0.2	0.108	1.800	1.670	1.583
M 2×0.25	0.25	0.135	2.000	1.838	1.729
M 2.2×0.25	0.25	0.135	2.200	2.038	1.929
M 2.5×0.35	0.35	0.189	2.500	2.273	2.121
M 3×0.35	0.35	0.189	3.000	2.273	2.621
M 3.5×0.35	0.35	0.189	3.500	3.273	3.121
M 4×0.5	0.5	0.271	4.000	3.675	3.459
M 4.5×0.5	0.5	0.271	4.500	4.175	3.959
M 5×0.5	0.5	0.271	5.000	4.675	4.459
M 5.5×0.5	0.5	0.271	5.500	5.175	4.959
M 6×0.75	0.75	0.406	6.000	5.513	5.188
M 7×0.75	0.75	0.406	7.000	6.513	6.188
M 8×1	1	0.541	8.000	7.350	6.917
M 8×0.75	0.75	0.406	8.000	7.513	7.188
M 9×1	1	0.541	9.000	8.350	7.917
M 9×0.75	0.75	0.406	9.000	8.513	8.188
M 10×1.25	1.25	0.677	10.000	9.188	8.647
M 10×1	1	0.541	10.000	9.350	8.917
M 10×0.75	0.75	0.406	10.000	9.513	9.188
M 11×1	1	0.541	11.000	10.350	9.917
M 11×0.75	0.75	1.406	11.000	10.513	10.188
M 12×1.5	1.5	0.812	12.000	11.026	10.376
M 12×1.25	1.25	0.677	12.000	11.188	10.647
M 12×1	1	0.541	12.000	11.350	10.917
M 14×1.5	1.5	0.812	14.000	13.026	12.376
M 14×1.25	1.25	0.677	14.000	13.188	12.647
M 14×1	1	0.541	14.000	13.350	12.917
M 15×1.5	1.5	0.812	15.000	14.026	13.376
M 15×1	1	0.541	15.000	14.350	13.917
M 16×1.5	1.5	0.812	16.000	15.026	14.376
M 16×1	1	0.541	16.000	15.350	14.917
M 17×1.5	1.5	0.812	17.000	16.026	15.376
M 17×1	1	0.541	17.000	16.350	15.917
M 18×2	2	1.083	18.000	16.701	15.835
M 18×1.5	1.5	0.812	18.000	17.026	16.376
M 18×1	1	0.541	18.000	17.350	16.917

나사의 호칭 d	피치 P	접촉 높이 H_1	암나사 골지름 D / 수나사 바깥지름 d	암나사 유효지름 D_2 / 수나사 유효지름 d_2	암나사 안지름 D_1 / 수나사 골지름 d_1
M 20×2	2	1.083	20.000	18.701	17.835
M 20×1.5	1.5	0.812	20.000	19.026	18.376
M 20×1	1	0.541	20.000	19.350	18.917
M 22×2	2	1.083	22.000	20.701	19.835
M 22×1.5	1.5	0.812	22.000	21.026	20.376
M 22×1	1	0.541	22.000	21.350	20.917
M 24×2	2	1.083	24.000	22.701	21.835
M 24×1.5	1.5	0.812	24.000	23.026	22.376
M 24×1	1	0.541	24.000	23.350	22.917
M 25×2	2	1.083	25.000	23.701	22.835
M 25×1.5	1.5	0.812	25.000	24.026	23.376
M 25×1	1	0.541	25.000	24.350	23.917
M 26×1.5	1.5	0.812	26.000	25.026	24.376
M 27×2	2	1.083	27.000	25.701	24.385
M 27×1.5	1.5	0.812	27.000	26.026	25.376
M 27×1	1	0.541	27.000	26.350	25.917
M 28×2	2	1.083	28.000	26.701	25.835
M 28×1.5	1.5	0.812	28.000	27.026	26.376
M 28×1	1	0.541	28.000	27.350	26.917
M 30×3	3	1.624	30.000	28.051	26.752
M 30×2	2	1.083	30.000	28.701	27.835
M 30×1.5	1.5	0.812	30.000	29.026	28.376
M 30×1	1	0.541	30.000	29.350	28.917
M 32×2	2	1.083	32.000	30.701	29.835
M 32×1.5	1.5	0.812	32.000	31.026	30.376
M 33×3	3	1.624	33.000	31.051	29.752
M 33×2	2	1.083	33.000	31.701	30.835
M 33×1.5	1.5	0.812	33.000	32.026	31.376
M 35×1.5	1.5	0.812	35.000	34.026	33.376
M 36×3	3	1.624	36.000	34.051	32.752
M 36×2	2	1.083	36.000	34.701	33.835
M 36×1.5	1.5	0.812	36.000	34.026	34.376
M 38×1.5	1.5	0.812	38.000	37.026	36.376
M 39×3	3	1.624	39.000	37.051	35.752
M 39×2	2	1.083	39.000	37.701	36.835
M 39×1.5	1.5	0.812	39.000	38.026	37.376
M 40×3	3	1.624	40.000	38.051	36.752
M 40×2	2	1.083	40.000	38.701	37.835
M 40×1.5	1.5	0.812	40.000	39.026	38.376

비고

1. 미터 가는 나사는 반드시 피치를 표기해야 한다.(예 : M 6×0.75)

미터 가는 나사의 기본 치수(계속)

나사의 호칭 d	피치 P	접촉 높이 H_1	암나사		
			골지름 D	유효지름 D_2	안지름 D_1
			수나사		
			바깥지름 d	유효지름 d_2	골지름 d_1
M 42×4	4	2.165	42.000	39.402	37.670
M 42×3	3	1.624	42.000	40.051	38.752
M 42×2	2	1.083	42.000	40.701	39.835
M 42×1.5	1.5	0.812	42.000	41.026	40.376
M 45×4	4	2.165	45.000	42.402	40.670
M 45×3	3	1.624	45.000	43.051	41.752
M 45×2	2	1.083	45.000	43.701	42.835
M 45×1.5	1.5	0.812	45.000	44.026	43.376
M 48×4	4	2.165	48.000	45.402	43.670
M 48×3	3	1.624	48.000	46.051	44.752
M 48×2	2	1.083	48.000	46.701	45.835
M 48×1.5	1.5	0.812	48.000	47.026	46.376
M 50×3	3	1.624	50.000	48.051	46.752
M 50×2	2	1.083	50.000	48.701	47.835
M 50×1.5	1.5	0.812	50.000	49.026	48.376
M 52×4	4	2.165	52.000	49.402	47.670
M 52×3	3	1.624	52.000	50.051	48.752
M 52×2	2	1.083	52.000	50.701	49.835
M 52×1.5	1.5	0.812	52.000	51.026	50.376
M 55×4	4	2.165	55.000	52.402	50.670
M 55×3	3	1.624	55.000	53.051	51.752
M 55×2	2	1.083	55.000	53.701	52.835
M 55×1.5	1.5	0.812	55.000	54.026	53.376
M 56×4	4	2.165	56.000	53.402	51.670
M 56×3	3	1.624	56.000	54.051	52.752
M 56×2	2	1.083	56.000	54.701	53.835
M 56×1.5	1.5	0.812	56.000	55.026	54.376
M 58×4	4	2.165	58.000	55.402	53.670
M 58×3	3	1.624	58.000	56.051	54.752
M 58×2	2	1.083	58.000	56.701	55.835
M 58×1.5	1.5	0.812	58.000	57.026	56.376
M 60×4	4	2.165	60.000	57.402	55.670
M 60×3	3	1.624	60.000	58.051	56.752
M 60×2	2	1.083	60.000	58.701	57.835
M 60×1.5	1.5	0.812	60.000	59.026	58.376
M 62×4	4	2.165	62.000	59.402	57.670
M 62×3	3	1.624	62.000	60.051	58.752
M 62×2	2	1.083	62.000	60.701	59.835
M 62×1.5	1.5	0.812	62.000	61.026	60.376
M 64×4	4	2.165	64.000	61.402	59.670
M 64×3	3	1.624	64.000	62.051	60.752
M 64×2	2	1.083	64.000	62.701	61.835
M 64×1.5	1.5	0.812	64.000	63.026	62.376
M 65×4	4	2.165	65.000	62.402	60.670
M 65×3	3	1.624	65.000	63.051	61.752
M 65×2	2	1.083	65.000	63.701	62.835
M 65×1.5	1.5	0.812	65.000	64.026	63.376
–	–	–	–	–	–
M 68×4	4	2.165	68.000	65.402	63.670
M 68×3	3	1.624	68.000	66.051	64.752
M 68×2	2	1.083	68.000	66.701	65.835
M 68×1.5	1.5	0.812	68.000	67.026	66.376

나사의 호칭 d	피치 P	접촉 높이 H_1	암나사		
			골지름 D	유효지름 D_2	안지름 D_1
			수나사		
			바깥지름 d	유효지름 d_2	골지름 d_1
M 70×6	6	3.248	70.000	66.103	63.505
M 70×4	4	2.165	70.000	67.402	65.670
M 70×3	3	1.624	70.000	68.051	66.752
M 70×2	2	1.083	70.000	68.701	67.835
M 70×1.5	1.5	0.812	70.000	69.026	68.376
M 72×6	6	3.248	72.000	68.103	65.505
M 72×4	4	2.165	72.000	69.402	67.670
M 72×3	3	1.624	72.000	70.051	68.752
M 72×2	2	1.083	72.000	70.701	69.835
M 72×1.5	1.5	0.812	72.000	71.026	70.376
M 76×6	6	3.248	76.000	72.103	69.505
M 76×4	4	2.165	76.000	73.402	71.670
M 76×3	3	1.624	76.000	74.051	72.752
M 76×2	2	1.083	76.000	74.701	73.835
M 76×1.5	1.5	0.812	76.000	75.026	74.376
M 80×6	6	3.248	80.000	76.103	73.505
M 80×4	4	2.165	80.000	77.402	75.670
M 80×3	3	1.624	80.000	78.051	76.752
M 80×2	2	1.083	80.000	78.701	77.835
M 80×1.5	1.5	0.812	80.000	79.026	78.376
M 85×6	6	3.248	85.000	81.103	78.505
M 85×4	4	2.165	85.000	82.402	80.670
M 85×3	3	1.624	85.000	83.051	81.752
M 85×2	2	1.083	85.000	83.701	82.835
M 90×6	6	3.248	90.000	86.103	83.505
M 90×4	4	2.165	90.000	87.402	85.670
M 90×3	3	1.624	90.000	88.051	86.752
M 90×2	2	1.083	90.000	88.701	87.835
M 95×6	6	3.248	95.000	91.103	88.505
M 95×4	4	2.165	95.000	92.402	90.670
M 95×3	3	1.624	95.000	93.051	91.752
M 95×2	2	1.083	95.000	93.701	92.835
M 100×6	6	3.248	100.000	96.103	93.505
M 100×4	4	2.165	100.000	97.402	95.670
M 100×3	3	1.624	100.000	98.051	96.752
M 100×2	2	1.083	100.000	98.701	97.835
M 105×6	6	3.248	105.000	101.103	98.505
M 105×4	4	2.165	105.000	102.402	100.670
M 105×3	3	1.624	105.000	103.051	101.752
M 105×2	2	1.083	105.000	103.701	102.835
M 110×6	6	3.248	110.000	106.103	103.505
M 110×4	4	2.165	110.000	107.402	105.670
M 110×3	3	1.624	110.000	108.501	106.752
M 110×2	2	1.083	110.000	108.701	107.835
M 115×6	6	3.248	115.000	111.103	108.505
M 115×4	4	2.165	115.000	112.402	110.670
M 115×3	3	1.624	115.000	113.051	111.752
M 115×2	2	1.083	115.000	113.701	112.835
M 120×6	6	3.248	120.000	116.103	113.505
M 120×4	4	2.165	120.000	117.402	115.670
M 120×3	3	1.624	120.000	118.051	116.752
M 120×2	2	1.083	120.000	118.701	117.835
M 125×6	6	3.248	125.000	121.103	118.505
M 125×4	4	2.165	125.000	122.402	120.670
M 125×3	3	1.624	125.000	123.051	121.752
M 125×2	2	1.083	125.000	123.701	122.835
–	–	–	–	–	–

비고

1. 미터 가는 나사는 반드시 피치를 표기해야 한다.(예 : M 6×0.75)

31. 관용 평행 나사

단위 : mm

나사 호칭 d	나사산 수 25.4mm 에 대하여 n	피치 P (참고)	수나사		
			바깥지름 d	유효지름 d_2	골지름 d_1
			암나사		
			골지름 D	유효지름 D_2	안지름 D_1
G 1/16	28	0.9071	7.723	7.142	6.561
G 1/8	28	0.9071	9.728	9.147	8.566
G 1/4	19	1.3368	13.157	12.301	11.445
G 3/8	19	1.3368	16.662	15.803	14.950
G 1/2	14	1.8143	20.955	19.793	18.631
G 5/8	14	1.8143	22.911	21.749	20.587
G 3/4	14	1.8143	26.441	25.279	24.117
G 7/8	14	1.8143	30.201	29.039	27.877
G 1	11	2.3091	33.249	31.770	30.291
G 1 1/8	11	2.3091	37.897	36.418	34.939
G 1 1/4	11	2.3091	41.910	40.431	38.952
G 1 1/2	11	2.3091	47.803	46.324	44.845
G 1 3/4	11	2.3091	53.746	52.267	50.788
G 2	11	2.3091	59.614	58.135	56.656
G 2 1/4	11	2.3091	65.710	64.231	62.752
G 2 1/2	11	2.3091	75.184	73.705	72.226
G 2 3/4	11	2.3091	81.534	80.055	78.576

A부 확대

비고
표 중의 관용 평행 나사를 표시하는 기호 G는 필요에 따라 생략하여도 좋다.

32. 관용 테이퍼 나사

단위 : mm

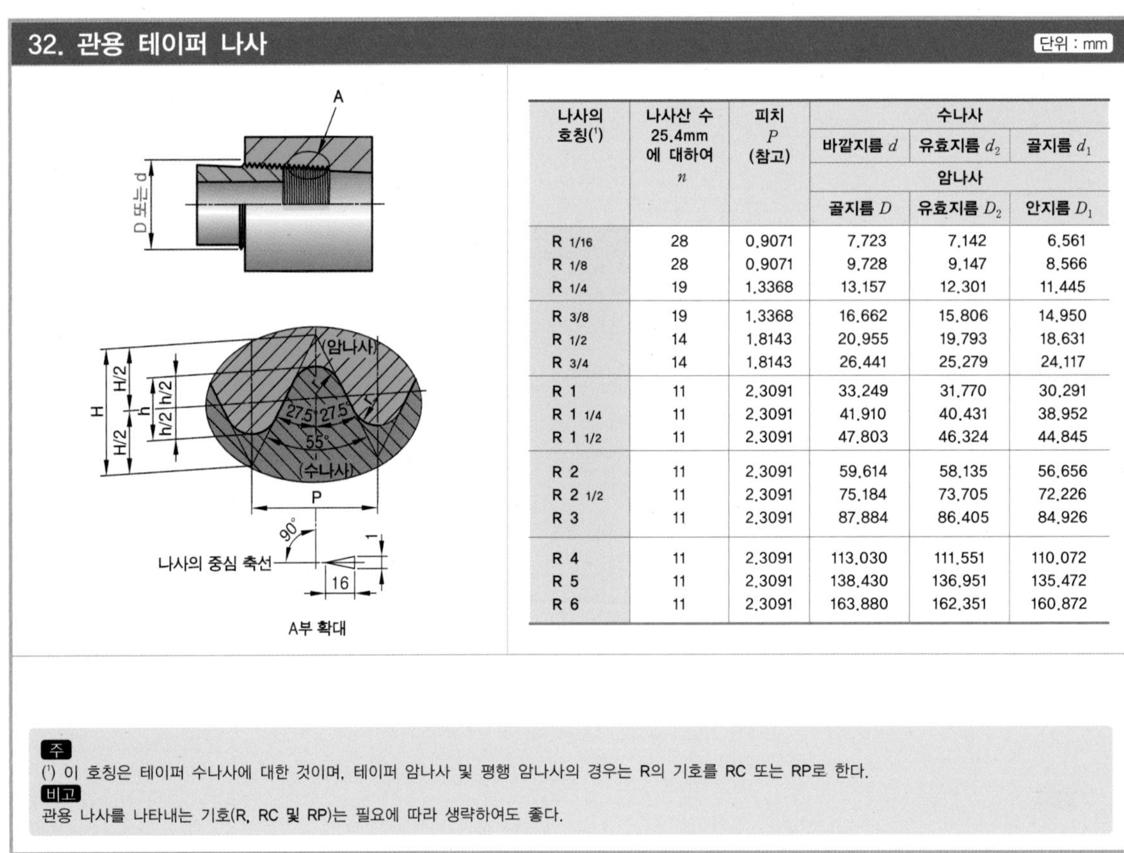

나사의 호칭(1)	나사산 수 25.4mm 에 대하여 n	피치 P (참고)	수나사		
			바깥지름 d	유효지름 d_2	골지름 d_1
			암나사		
			골지름 D	유효지름 D_2	안지름 D_1
R 1/16	28	0.9071	7.723	7.142	6.561
R 1/8	28	0.9071	9.728	9.147	8.566
R 1/4	19	1.3368	13.157	12.301	11.445
R 3/8	19	1.3368	16.662	15.806	14.950
R 1/2	14	1.8143	20.955	19.793	18.631
R 3/4	14	1.8143	26.441	25.279	24.117
R 1	11	2.3091	33.249	31.770	30.291
R 1 1/4	11	2.3091	41.910	40.431	38.952
R 1 1/2	11	2.3091	47.803	46.324	44.845
R 2	11	2.3091	59.614	58.135	56.656
R 2 1/2	11	2.3091	75.184	73.705	72.226
R 3	11	2.3091	87.884	86.405	84.926
R 4	11	2.3091	113.030	111.551	110.072
R 5	11	2.3091	138.430	136.951	135.472
R 6	11	2.3091	163.880	162.351	160.872

주
(1) 이 호칭은 테이퍼 수나사에 대한 것이며, 테이퍼 암나사 및 평행 암나사의 경우는 R의 기호를 RC 또는 RP로 한다.

비고
관용 나사를 나타내는 기호(R, RC 및 RP)는 필요에 따라 생략하여도 좋다.

33. 미터 사다리꼴 나사

단위 : mm

미터 사다리꼴 나사 기준치수 산출공식

$H = 1.866P$ $d_2 = d - 0.5P$ $D = d$

$H_1 = 0.5P$ $d_1 = d - P$ $D_2 = d_2$

$D_1 = d_1$

나사의 호칭 d	피치 P	접촉 높이 H_1	암나사		
			골지름 D	유효지름 D_2	안지름 D_1
			수나사		
			바깥지름 d	유효지름 d_2	골지름 d_1
Tr 8×1.5	1.5	0.75	8.000	7.250	6.500
Tr 9×2	2	1	9.000	8.000	7.000
Tr 9×1.5	1.5	0.75	9.000	8.250	7.500
Tr 10×2	2	1	10.000	9.000	8.000
Tr 10×1.5	1.5	0.75	10.000	9.250	8.500
Tr 11×3	3	1.5	11.000	9.500	8.000
Tr 11×2	2	1	11.000	10.000	9.000
Tr 12×3	3	1.5	12.000	10.500	9.000
Tr 12×2	2	1	12.000	11.000	10.000
Tr 14×3	3	1.5	14.000	12.500	11.000
Tr 14×2	2	1	14.000	13.000	12.000
Tr 16×4	4	2	16.000	14.000	12.000
Tr 16×2	2	1	16.000	15.000	14.000
Tr 18×4	4	2	18.000	16.000	14.000
Tr 18×2	2	1	18.000	17.000	16.000
Tr 20×4	4	2	20.000	18.000	16.000
Tr 20×2	2	1	20.000	19.000	18.000
Tr 22×8	8	4	22.000	18.000	14.000
Tr 22×5	5	2.5	22.000	19.000	17.000
Tr 22×3	3	1.5	22.000	20.500	19.000

34. 레이디얼 베어링 끼워맞춤부 축과 하우징 R 및 어깨높이

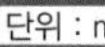
단위 : mm

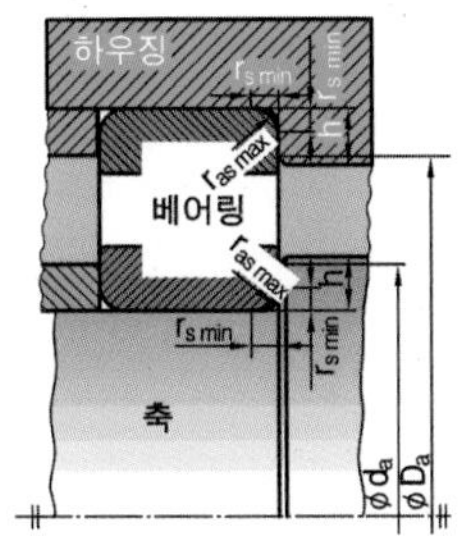

호칭 치수	축과 하우징		
r_{smin} (베어링 모떼기 치수)	r_{asmax} (적용할 구멍/축 최대 모떼기치수)	어깨 높이 h(최소)	
		일반의 경우(1)	특별한 경우(2)
0.1	0.1	0.4	
0.15	0.15	0.6	
0.2	0.2	0.8	
0.3	0.3	1.25	1
0.6	0.6	2.25	2
1	1	2.75	2.5
1.1	1	3.5	3.25
1.5	1.5	4.25	4
2	2	5	4.5
2.1	2	6	5.5
2.5	2	6	5.5
3	2.5	7	6.5
4	3	9	8
5	4	11	10
6	5	14	12
4.5	6	18	16
9.5	8	22	20

35. 레이디얼 베어링 및 스러스트 베어링 조립부 공차

단위 : mm

레이디얼 베어링(0급, 6X급, 6급)에 대하여 일반적으로 사용하는 축의 공차 범위 등급

조건		축 지름(mm)						축 공차	적용 보기
		볼 베어링		원통롤러베어링 원뿔롤러베어링		자동 조심 롤러베어링			
		초과	이하	초과	이하	초과	이하		
내륜회전하중	경하중 또는 변동하중(0,1,2)	–	18	–	–	–	–	h5	정밀도를 필요로 하는 경우 js6, k6, m6 대신에 js5, k5, m5를 사용한다.
		18	100	–	40	–	–	js6(j6)	
		100	200	40	140	–	–	k6	
		–	–	140	200	–	–	m6	
	보통 하중(3)	–	18	–	–	–	–	js5(j5)	단열 앵귤러 볼 베어링 및 원뿔 롤러 베어링인 경우 끼워맞춤으로 인한 내부틈새의 변화를 생각할 필요가 없으므로 k5, m5 대신에 k6, m6을 사용할 수 있다.
		18	100	–	40	–	40	k5	
		100	140	40	100	40	65	m5	
		140	200	100	140	65	100	m6	
		200	280	140	200	100	140	n6	
		–	–	200	400	140	280	p6	
		–	–	–	–	280	500	r6	
	중하중 또는 충격하중(4)	–	–	50	140	50	100	n6	보통 틈새의 베어링보다 큰 내부 틈새의 베어링이 필요하다.
		–	–	140	200	100	140	p6	
		–	–	200	–	140	200	r6	
외륜회전하중 / 내륜정지하중	내륜이 축 위를 쉽게 움직일 필요가 있다.	전체 축 지름						g6	정밀도를 필요로 하는 경우 g5를 사용한다. 큰 베어링에서는 쉽게 움직일 수 있도록 f6을 사용해도 된다.
	내륜이 축 위를 쉽게 움직일 필요가 없다.	전체 축 지름						h6	정밀도를 필요로 하는 경우 h5를 사용한다.
중심 축 하중		전체 축 지름						js6(j6)	–

레이디얼 베어링(0급, 6X급, 6급)에 대하여 일반적으로 사용하는 하우징 구멍의 공차 범위 등급

조건				하우징 구멍 공차	적용보기
하우징	하중의 종류 등		외륜의 축 방향의 이동		
일체 또는 분할 하우징	내륜회전하중	모든 종류의 하중	쉽게 이동할 수 있다.	H7	대형 베어링 또는 외륜과 하우징의 온도차가 큰 경우 G7을 사용해도 된다.
		경하중 또는 보통하중(0,1,2,3)	쉽게 이동할 수 있다.	H8	–
		축과 내륜이 고온으로 된다.	쉽게 이동할 수 있다.	G7	대형 베어링 또는 외륜과 하우징의 온도차가 큰 경우 F7을 사용해도 된다.
일체 하우징		경하중 또는 보통하중에서 정밀 회전을 요한다.	원칙적으로 이동할 수 없다.	K6	주로 롤러 베어링에 적용한다.
			이동할 수 있다.	JS6	주로 볼 베어링에 적용한다.
		조용한 운전을 요한다.	쉽게 이동할 수 있다.	H6	–
	외륜회전하중	경하중 또는 변동하중(0,1,2)	이동할 수 없다.	M7	–
		보통하중 또는 중하중(3,4)	이동할 수 없다.	N7	주로 볼 베어링에 적용한다.
		얇은 하우징에서 중하중 또는 큰 충격하중	이동할 수 없다.	P7	주로 롤러 베어링에 적용한다.
	방향부정하중	경하중 또는 보통하중	통상, 이동할 수 있다.	JS7	정밀을 요하는 경우 JS7, K7 대신에 JS6, K6을 사용한다.
		보통하중 또는 중하중(1)	원칙적으로 이동할 수 없다.	K7	
		큰 충격하중	이동할 수 없다.	M7	–

스러스트 베어링(0급, 6급)에 대하여 일반적으로 사용하는 축의 공차 범위 등급

조건		축 지름(mm)		축 공차	적용 범위
		초과	이하		
중심 축 하중 (스러스트 베어링 전반)		전체 축 지름		js6	h6도 사용할 수 있다.
합성 하중 (스러스트 자동 조심롤러베어링)	내륜정지 하중	전체 축 지름		js6	–
	내륜회전 하중 또는 방향 부정하중	–	200	k6	k6, m6, n6 대신에 각각 js6, k6, m6도 사용할 수 있다.
		200	400	m6	
		400	–	n6	

스러스트 베어링(0급, 6급)에 대하여 일반적으로 사용하는 하우징 구멍의 공차 범위 등급

조건		하우징 구멍 공차	적용 범위
중심 축 하중 (스러스트 베어링 전반)		–	외륜에 레이디얼 방향의 틈새를 주도록 적절한 공차범위 등급을 선정한다.
		H8	스러스트 볼 베어링에서 정밀을 요하는 경우
합성 하중 (스러스트 자동 조심롤러베어링)	외륜정지 하중	H7	–
	외륜회전 하중 또는 방향 부정하중	K7	보통 사용 조건인 경우
		M7	비교적 레이디얼 하중이 큰 경우

36. 미끄럼 베어링용 부시

단위 : mm

(1) C형

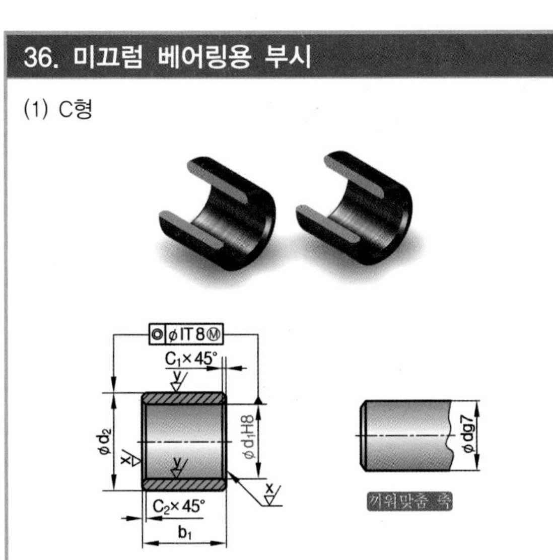

d_1	d_2			b_1			모떼기 45° C_1, C_2 최대	모떼기 15° C_2 최대
6	8	10	12	6	10	–	0.3	1
8	10	12	14	6	10	–	0.3	1
10	12	14	16	6	10	–	0.3	1
12	14	16	18	10	10	20	0.5	2
14	16	18	20	10	15	20	0.5	2
15	17	19	21	10	15	20	0.5	2
16	18	20	22	12	15	20	0.5	2
18	20	22	24	12	15	30	0.5	2
20	23	24	26	15	20	30	0.5	2
22	25	26	28	15	20	30	0.5	2
(24)	27	28	30	15	20	30	0.5	2
25	28	30	32	20	20	40	0.5	2
(27)	30	32	34	20	30	40	0.5	2
28	32	34	36	20	30	40	0.5	2
30	34	36	38	20	30	40	0.5	2
32	36	38	40	20	30	40	0.8	3
(33)	37	40	42	20	30	40	0.8	3
35	39	41	45	30	40	50	0.8	3

재질
KS D 6024 동 합금주물(CAC304, CAC401, CAC402, CAC403, CAC403)

(2) F형

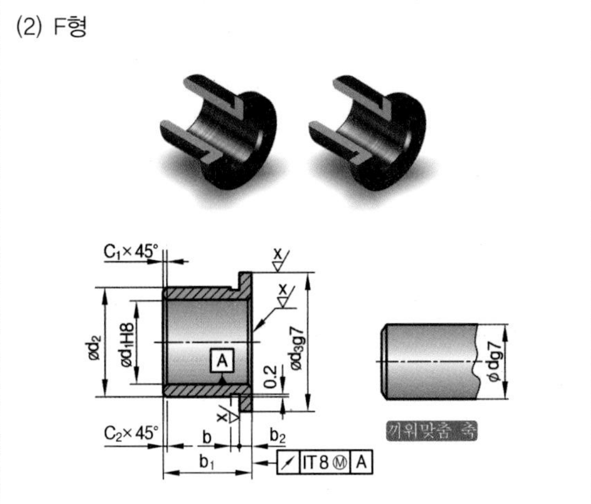

d_1	d_2	d_3	b_2	d_2	d_3	b_2	b_1			모떼기 45° C_1, C_2 최대	모떼기 15° C_2 최대	b
	시리즈 1			시리즈 2								
6	8	10	1	12	14	3	–	10	–	0.3	1	1
8	10	12	1	14	18	3	–	10	–	0.3	1	1
10	12	14	1	16	20	3	–	10	–	0.3	1	1
12	14	16	1	18	22	3	10	15	20	0.5	2	1
14	16	18	1	20	25	3	10	15	20	0.5	2	1
15	17	19	1	21	27	3	10	15	20	0.5	2	1
16	18	20	1	22	28	3	12	15	20	0.5	2	1.5
18	20	22	1	24	30	3	12	20	30	0.5	2	1.5
20	23	26	1.5	26	32	3	15	20	30	0.5	2	1.5
22	25	28	1.5	28	34	3	15	20	30	0.5	2	1.5
(24)	27	30	1.5	30	36	3	15	20	30	0.5	2	1.5
25	28	31	1.5	32	38	4	20	30	40	0.5	2	1.5
(27)	30	33	1.5	34	40	4	20	30	40	0.5	2	1.5
28	32	36	2	36	42	4	20	30	40	0.5	2	1.5
30	34	38	2	38	44	4	20	30	40	0.5	2	2
32	36	40	2	40	46	4	20	30	40	0.8	3	2
(33)	37	41	2	42	48	5	20	30	40	0.8	3	2
35	39	43	2	45	50	5	30	40	50	0.8	3	2

재질
KS D 6024 동 합금주물(CAC304, CAC401, CAC402, CAC403, CAC403)

37. 깊은 홈 볼 베어링

단위 : mm

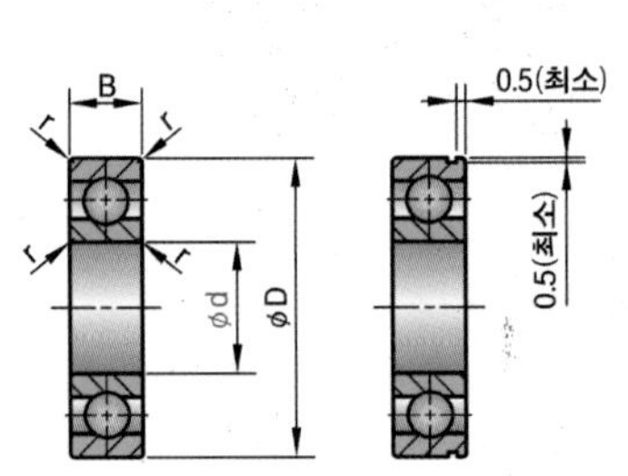

호칭 번호	베어링 계열 60 치수			
	d (안지름)	D (바깥지름)	B (폭)	r_{smin}
6000	10	26	8	0.3
6001	12	28	8	0.3
6002	15	32	9	0.3
6003	17	35	10	0.3
6004	20	42	12	0.6
60/22	22	44	12	0.6
6005	25	47	12	0.6
60/28	28	52	12	0.6
6006	30	55	13	1
60/32	32	58	13	1
6007	35	62	14	1
6008	40	68	15	1
6009	45	75	16	1
6010	50	80	16	1
6011	55	90	18	1.1
6012	60	95	18	1.1
6013	65	100	18	1.1

호칭 번호	베어링 계열 62 치수			
	d (안지름)	D (바깥지름)	B (폭)	r_{smin}
6200	10	30	9	0.6
6201	12	32	10	0.6
6202	15	35	11	0.6
6203	17	40	12	0.6
6204	20	47	14	1
62/22	22	50	14	1
6205	25	52	15	1
62/28	28	58	16	1
6206	30	62	16	1
62/32	32	65	17	1
6207	35	72	17	1.1
6208	40	80	18	1.1
6209	45	85	19	1.1
6210	50	90	20	1.1
6211	55	100	21	1.5
6212	60	110	22	1.5
6213	65	120	23	1.5

호칭 번호	베어링 계열 63 치수			
	d (안지름)	D (바깥지름)	B (폭)	r_{smin}
6300	10	35	11	0.6
6301	12	37	12	1
6302	15	42	13	1
6303	17	47	14	1
6304	20	52	15	1.1
63/22	22	56	16	1.1
6305	25	62	17	1.1
63/28	28	68	18	1.1
6306	30	72	19	1.1
63/32	32	75	20	1.1
6307	35	80	21	1.5
6308	40	90	23	1.5
6309	45	100	25	1.5
6310	50	110	27	2
6311	55	120	29	2
6312	60	130	31	2.1
6313	65	140	33	2.1

호칭 번호	베어링 계열 64 치수			
	d (안지름)	D (바깥지름)	B (폭)	r_{smin}
6400	10	37	12	0.6
6401	12	42	13	1
6402	15	52	15	1.1
6403	17	62	17	1.1
6404	20	72	19	1.1
6405	25	80	21	1.5
6406	30	90	23	1.5
6407	35	100	25	1.5
6408	40	110	27	2
6409	45	120	29	2
6410	50	130	31	2.1
6411	55	140	33	2.1
6412	60	150	35	2.1
6413	65	160	37	2.1
6414	70	180	42	3
6415	75	190	45	3
6416	80	200	48	3

호칭 번호	베어링 계열 67 치수			
	d (안지름)	D (바깥지름)	B (폭)	r_{smin}
6700	10	15	3	0.1
6701	12	18	4	0.2
6702	15	21	4	0.2
6703	17	23	4	0.2
6704	20	27	4	0.2
67/22	22	30	4	0.2
6705	25	32	4	0.2
67/28	28	35	4	0.2
6706	30	37	4	0.2
67/32	32	40	4	0.2
6707	35	44	5	0.3
6708	40	50	6	0.3
6709	45	55	6	0.3
6710	50	62	6	0.3
6711	55	68	7	0.3
6712	60	75	7	0.3
6713	65	80	7	0.3

호칭 번호	베어링 계열 68 치수			
	d (안지름)	D (바깥지름)	B (폭)	r_{smin}
6800	10	19	5	0.3
6801	12	21	5	0.3
6802	15	24	5	0.3
6803	17	26	5	0.3
6804	20	32	7	0.3
68/22	22	34	7	0.3
6805	25	37	7	0.3
68/28	28	40	7	0.3
6806	30	42	7	0.3
68/32	32	44	7	0.3
6807	35	47	7	0.3
6808	40	52	7	0.3
6809	45	58	7	0.3
6810	50	65	7	0.3
6811	55	72	9	0.3
6812	60	78	10	0.3
6813	65	85	10	0.6
6814	70	90	10	0.6
6815	75	95	10	0.6
6816	80	100	10	0.6
6817	85	110	13	1
6818	90	115	13	1
6819	95	120	13	1

호칭 번호	베어링 계열 69 치수			
	d (안지름)	D (바깥지름)	B (폭)	r_{smin}
6900	10	22	6	0.3
6901	12	24	6	0.3
6902	15	28	7	0.3
6903	17	30	7	0.3
6904	20	37	9	0.3
69/22	22	39	9	0.3
6905	25	42	9	0.3
69/28	28	45	9	0.3
6906	30	47	9	0.3
69/32	32	52	10	0.6
6907	35	55	10	0.6
6908	40	62	12	0.6
6909	45	68	12	0.6
6910	50	72	12	0.6
6911	55	80	13	1
6912	60	85	13	1
6913	65	90	13	1
6914	70	100	16	1
6915	75	105	16	1
6916	80	110	16	1
6917	85	120	18	1.1
6918	90	125	18	1.1

시방	보조기호
실 · 실드	양쪽 실붙이 : UU 한쪽 실붙이 : U 양쪽 실드 붙이 : ZZ 한쪽 실드 붙이 : Z

38. 앵귤러 볼 베어링

단위 : mm

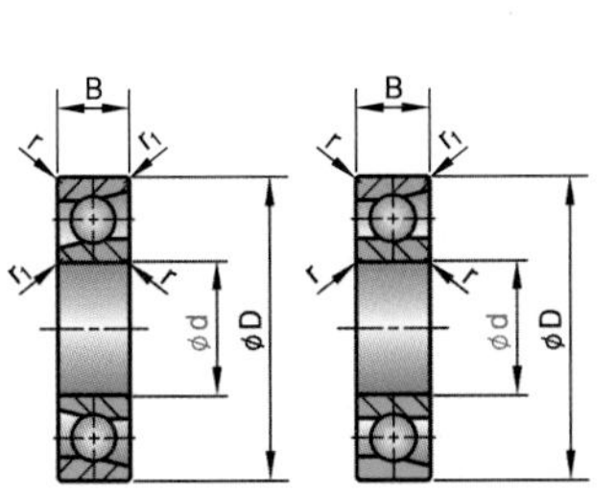

주
(1) 접촉각 기호 (A)는 생략할 수 있다.
(2) 내륜 및 외륜의 최소 허용 모떼기 치수이다.

호칭번호 (1)	베어링 계열 70 치수				
	d	D	B	r_{min} (2)	참고 r_{1smin} (2)
7000 A	10	26	8	0.3	0.15
7001 A	12	28	8	0.3	0.15
7002 A	15	32	9	0.3	0.15
7003 A	17	35	10	0.3	0.15
7004 A	20	42	12	0.6	0.3
7005 A	25	47	12	0.6	0.3
7006 A	30	55	13	1	0.6
7007 A	35	62	14	1	0.6
7008 A	40	68	15	1	0.6
7009 A	45	75	16	1	0.6
7010 A	50	80	16	1	0.6
7011 A	55	90	18	1.1	0.6
7012 A	60	95	18	1.1	0.6
7013 A	65	100	18	1.1	0.6
7014 A	70	110	20	1.1	0.6

호칭번호 (1)	베어링 계열 72 치수				
	d	D	B	r_{min} (2)	참고 r_{1smin} (2)
7200 A	10	30	9	0.6	0.3
7201 A	12	32	10	0.6	0.3
7202 A	15	35	11	0.6	0.3
7203 A	17	40	12	0.6	0.3
7204 A	20	47	14	1	0.6
7205 A	25	52	15	1	0.6
7206 A	30	62	16	1	0.6
7207 A	35	72	17	1.1	0.6
7208 A	40	80	18	1.1	0.6
7209 A	45	85	19	1.1	0.6
7210 A	50	90	20	1	0.6
7211 A	55	100	21	1.5	1
7212 A	60	110	22	1.5	1
7213 A	65	120	23	1.5	1
7214 A	70	125	24	1.5	1

호칭번호 (1)	베어링 계열 73 치수				
	d	D	B	r_{min} (2)	참고 r_{1smin} (2)
7300 A	10	35	11	0.6	0.3
7301 A	12	37	12	1	0.6
7302 A	15	42	13	1	0.6
7303 A	17	47	14	1	0.6
7304 A	20	52	15	1.1	0.6
7305 A	25	62	17	1.1	0.6
7306 A	30	72	19	1.1	0.6
7307 A	35	80	21	1.5	1
7308 A	40	90	23	1.5	1
7309 A	45	100	25	1.5	1
7310 A	50	110	27	2	1
7311 A	55	120	29	2	1
7312 A	60	130	31	2.1	1.1
7313 A	65	140	33	2.1	1.1
7314 A	70	150	35	2.1	1.1

호칭번호 (1)	베어링 계열 74 치수				
	d	D	B	r_{min} (2)	참고 r_{1smin} (2)
7404 A	20	72	19	1.1	0.6
7405 A	25	80	21	1.5	1
7406 A	30	90	23	1.5	1
7407 A	35	100	25	1.5	1
7408 A	40	110	27	2	1
7409 A	45	120	29	2	1
7410 A	50	130	31	2.1	1.1
7411 A	55	140	33	2.1	1.1
7412 A	60	150	35	2.1	1.1
7413 A	65	160	37	2.1	1.1
7414 A	70	180	42	3	1.1
7415 A	75	190	45	3	1.1
7416 A	80	200	48	3	1.1
7417 A	85	210	52	4	1.5
7418 A	90	225	54	4	1.5

비고
접촉각 : A : 22~32°
B : 32~45°
C : 10~22°

39. 자동 조심 볼 베어링

단위 : mm

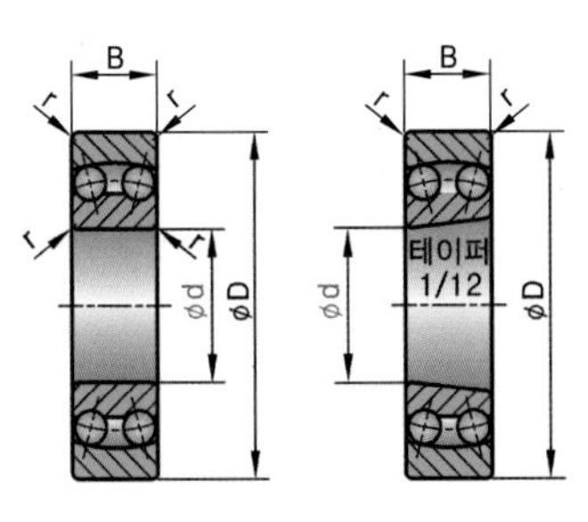

호칭번호		베어링 계열 12 치수			
원통 구멍	테이퍼 구멍	d	D	B	r_{smin}(1)
1200	–	10	30	9	0.6
1201	–	12	32	10	0.6
1202	–	15	35	11	0.6
1203	–	17	40	12	0.6
1204	1204 K	20	47	14	1
1205	1205 K	25	52	15	1
1206	1206 K	30	62	16	1
1207	1207 K	35	72	17	1.1
1208	1208 K	40	80	18	1.1
1209	1209 K	45	85	19	1.1
1210	1210 K	50	90	20	1.1
1211	1211 K	55	100	21	1.5

호칭번호		베어링 계열 13 치수			
원통 구멍	테이퍼 구멍	d	D	B	r_{smin}(1)
1300	–	10	35	11	0.6
1301	–	12	37	12	1
1302	–	15	42	13	1
1303	–	17	47	14	1
1304	1304 K	20	52	15	1.1
1305	1305 K	25	92	17	1.1
1306	1306 K	30	72	19	1.1
1307	1307 K	35	80	21	1.5
1308	1308 K	40	90	23	1.5
1309	1309 K	45	100	25	1.5
1310	1310 K	50	110	27	2
1311	1311 K	55	120	29	2

호칭번호		베어링 계열 22 치수			
원통 구멍	테이퍼 구멍	d	D	B	r_{smin}(1)
2200	–	10	30	14	0.6
2201	–	12	32	14	0.6
2202	–	15	35	14	0.6
2203	–	17	40	16	0.6
2204	2204 K	20	47	18	1
2205	2205 K	25	52	18	1
2206	2206 K	30	62	20	1
2207	2207 K	35	72	23	1.1
2208	2208 K	40	80	23	1.1
2209	2209 K	45	85	23	1.1
2210	2210 K	50	90	23	1.1
2211	2211 K	55	100	25	1.5

호칭번호		베어링 계열 23 치수			
원통 구멍	테이퍼 구멍	d	D	B	r_{smin}(1)
2300	–	10	35	17	0.6
2301	–	12	37	17	1
2302	–	15	42	17	1
2303	–	17	47	19	1
2304	2304 K	20	52	21	1.1
2305	2305 K	25	92	24	1.1
2306	2306 K	30	72	27	1.1
2307	2307 K	35	80	31	1.5
2308	2308 K	40	90	33	1.5
2309	2309 K	45	100	36	1.5
2310	2310 K	50	110	40	2
2311	2311 K	55	120	43	2

주
(1) 내륜 및 외륜의 최소 허용 모떼기 치수이다.

비고
호칭 번호 1318, 1319, 1320, 1321, 1318 K, 1319 K, 1320 K 및 1322 K의 베어링에서는 강구가 베어링의 측면보다 돌출된 것이 있다.

40. 원통 롤러 베어링

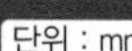

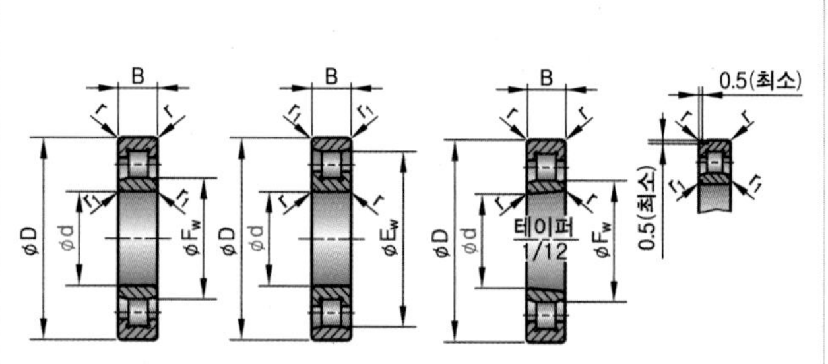

호칭번호	베어링 계열 NU 4, NJ 4, NUP 4, N 4, NF 4 치수			
	d	D	B	r_{min} (1)
NU 406	30	90	23	1.5
NU 407	35	100	25	1.5
NU 408	40	110	27	2
NU 409	45	120	29	2
NU 410	50	130	31	2.1
NU 411	55	140	33	2.1
NU 412	60	150	35	2.1
NU 413	65	160	37	2.1
NU 414	70	180	42	3
NU 415	75	190	45	3
NU 416	80	200	48	3
NU 417	85	210	52	4

호칭번호		베어링 계열 NU 2, NJ 2, NUP 2, N 2, NF 2 치수				
원통 구멍	테이퍼 구 멍	d	D	B	r_{min} (1)	참고 r_{1smin} (1)
N 203	−	17	40	12	0.6	0.3
N 204	NU 204 K	20	47	14	1	0.6
N 205	NU 205 K	25	52	15	1	0.6
N 206	NU 206 K	30	62	16	1	0.6
N 207	NU 207 K	35	72	17	1.1	0.6
N 208	NU 208 K	40	80	18	1.1	1.1
N 209	NU 209 K	45	85	19	1.1	1.1
N 210	NU 210 K	50	90	20	1.1	1.1
N 211	NU 211 K	55	100	21	1.5	1.1
N 212	NU 212 K	60	110	22	1.5	1.5
N 213	NU 213 K	65	120	23	1.5	1.5
N 214	NU 214 K	70	125	24	1.5	1.5
N 215	NU 215 K	75	130	25	1.5	1.5
N 216	NU 216 K	80	140	26	2	2
N 217	NU 217 K	85	150	28	2	2
N 218	NU 218 K	90	160	30	2	2

호칭번호	베어링 계열 NU 10 치수				
	d	D	B	r_{min} (1)	참고 r_{1smin} (1)
NU 1005	25	47	12	0.6	0.3
NU 1006	30	55	13	1	0.6
NU 1007	35	62	14	1	0.6
NU 1008	40	68	15	1	0.6
NU 1009	45	75	16	1	0.6
NU 1010	50	80	16	1	0.6
NU 1011	55	90	18	1.1	1
NU 1012	60	95	18	1.1	1
NU 1013	65	100	18	1.1	1
NU 1014	70	110	20	1.1	1
NU 1015	75	115	20	1.1	1
NU 1016	80	125	22	1.1	1
NU 1017	85	130	22	1.1	1
NU 1018	90	140	24	1.5	1.1
NU 1019	95	145	24	1.5	1.1
NU 1020	100	150	24	1.5	1.1
NU 1021	105	160	26	2	1.1

호칭번호		베어링 계열 NU 23, NJ 23, NUP 23 치수			
원통 구멍	테이퍼 구멍	d	D	B	r_{min} (1) r_{1smin} (1)
NU 2305	NU 2305 K	25	62	24	1.1
NU 2306	NU 2306 K	30	72	27	1.1
NU 2307	NU 2307 K	35	80	31	1.5
NU 2308	NU 2308 K	40	90	33	1.5
NU 2309	NU 2309 K	45	100	36	1.5
NU 2310	NU 2310 K	50	110	40	2
NU 2311	NU 2311 K	55	120	43	2
NU 2312	NU 2312 K	60	130	46	2.1
NU 2313	NU 2313 K	65	140	48	2.1
NU 2314	NU 2314 K	70	150	51	2.1
NU 2315	NU 2315 K	75	160	55	2.1
NU 2316	NU 2316 K	80	170	58	2.1

호칭번호		베어링 계열 NU 22, NJ 22, NUP 22 치수				
원통 구멍	테이퍼 구 멍	d	D	B	r_{min} (1)	참고 r_{1smin} (1)
NU 2204	NU 2204 K	20	47	18	1	0.6
NU 2205	NU 2205 K	25	52	18	1	0.6
NU 2206	NU 2206 K	30	62	20	1	0.6
NU 2207	NU 2207 K	35	72	23	1.1	0.6
NU 2208	NU 2208 K	40	80	23	1.1	1.1
NU 2209	NU 2209 K	45	85	23	1.1	1.1
NU 2210	NU 2210 K	50	90	23	1.1	1.1
NU 2211	NU 2211 K	55	100	25	1.5	1.1
NU 2212	NU 2212 K	60	110	28	1.5	1.5
NU 2213	NU 2213 K	65	120	31	1.5	1.5
NU 2214	NU 2214 K	70	125	31	1.5	1.5
NU 2215	NU 2215 K	75	130	31	1.5	1.5

호칭번호		베어링 계열 NN 30 치수			
원통 구멍	테이퍼 구멍	d	D	B	r_{min} (1) r_{1smin} (1)
NN 3005	NN 3005 K	25	47	16	0.6
NN 3006	NN 3006 K	30	55	19	1
NN 3007	NN 3007 K	35	62	20	1
NN 3008	NN 3008 K	40	68	21	1
NN 3009	NN 3009 K	45	75	23	1
NN 3010	NN 3010 K	50	80	23	1
NN 3011	NN 3011 K	55	90	26	1.1
NN 3012	NN 3012 K	60	95	26	1.1
NN 3013	NN 3013 K	65	100	26	1.1
NN 3014	NN 3014 K	70	110	30	1.1
NN 3015	NN 3015 K	75	115	30	1.1
NN 3016	NN 3016 K	80	125	34	1.1
NN 3017	NN 3017 K	85	130	34	1.1

호칭번호			베어링 계열 NU3, NJ3, NUP3, N3, NF3 치수			
원통 구멍	테이퍼 구멍	스냅링 홈붙이	d	D	B	r_{min} (1) r_{1smin} (1)
N 304	NU 304 K	NU 304 N	20	52	15	1.1
N 305	NU 305 K	NU 305 N	25	62	17	1.1
N 306	NU 306 K	NU 306 N	30	72	19	1.1
N 307	NU 307 K	NU 307 N	35	80	21	1.5
N 308	NU 308 K	NU 308 N	40	90	23	1.5
N 309	NU 309 K	NU 309 N	45	100	25	1.5
N 310	NU 310 K	NU 310 N	50	110	27	2
N 311	NU 311 K	NU 311 N	55	120	29	2
N 312	NU 312 K	NU 312 N	60	130	31	2.1
N 313	NU 313 K	NU 313 N	65	140	33	2.1
N 314	NU 314 K	NU 314 N	70	150	35	2.1
N 315	NU 315 K	NU 315 N	75	160	37	2.1

41. 니들 롤러 베어링

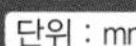
단위 : mm

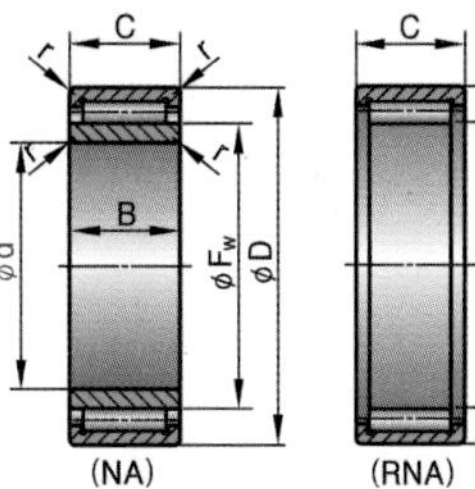

호칭번호	내륜붙이 베어링 NA 49 치수			
	d	D	B 및 C	r_{smin}
–	–	–	–	–
–	–	–	–	–
NA 495	5	13	10	0.15
NA 496	6	15	10	0.15
NA 497	7	17	10	0.15
NA 498	8	19	11	0.2
NA 499	9	20	11	0.3
NA 4900	10	22	13	0.3
NA 4901	12	24	13	0.3
–	–	–	–	–
NA 4902	15	28	13	0.3
NA 4903	17	30	13	0.3
NA 4904	20	37	17	0.3
NA 49/22	22	39	17	0.3
NA 4905	25	42	17	0.3
NA 49/28	28	45	17	0.3
NA 4906	30	47	17	0.3
NA 49/32	32	52	20	0.6
NA 4907	35	55	20	0.6
–	–	–	–	–
NA 4908	40	62	22	0.6

호칭번호	내륜이 없는 베어링 RNA 49 치수			
	F_w	D	C	r_{smin}
RNA 493	5	11	10	0.15
RNA 494	6	12	10	0.15
RNA 495	7	13	10	0.15
RNA 496	8	15	10	0.15
RNA 497	9	17	10	0.15
RNA 498	10	19	11	0.2
RNA 499	12	20	11	0.3
RNA 4900	14	22	13	0.3
RNA 4901	16	24	13	0.3
RNA 49/14	18	26	13	0.3
RNA 4902	20	28	13	0.3
RNA 4903	22	30	13	0.3
RNA 4904	25	37	17	0.3
RNA 49/22	28	39	17	0.3
RNA 4905	30	42	17	0.3
RNA 49/28	32	45	17	0.3
RNA 4906	35	47	17	0.3
RNA 49/32	40	52	20	0.6
RNA 4907	42	55	20	0.6
RNA 49/38	45	58	20	0.6
RNA 4908	48	62	22	0.6

42. 스러스트 볼 베어링(단식)

단위 : mm

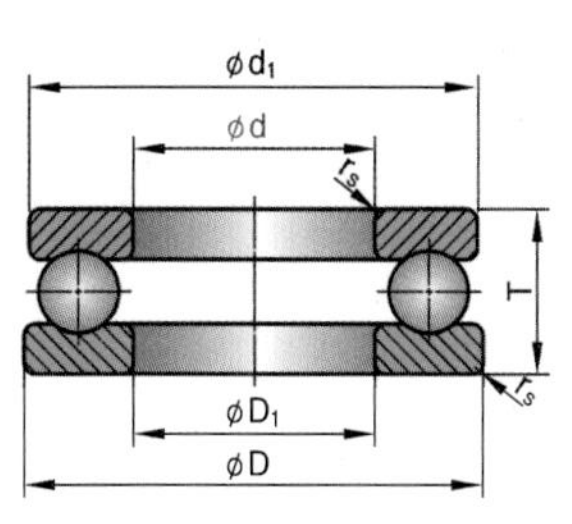

호칭번호	베어링 계열 511 치수					
	d	D	T	r_{smin}	d_{1smax}	D_{1smin}
51100	10	24	9	0.3	24	11
51101	12	26	9	0.3	26	13
51102	15	28	9	0.3	28	16
51103	17	30	9	0.3	30	18
51104	20	35	10	0.3	35	21
51105	25	42	11	0.6	42	26
51106	30	47	11	0.6	47	32
51107	35	52	12	0.6	52	37
51108	40	60	13	0.6	60	42
51109	45	65	14	0.6	65	47
51110	50	70	14	0.6	70	52
51111	55	78	16	0.6	78	57

호칭번호	베어링 계열 512 치수					
	d	D	T	r_{smin}	d_{1smax}	D_{1smin}
5124	4	16	8	16	4	0.3
5126	6	20	9	20	6	0.3
5128	8	22	9	22	8	0.3
51200	10	26	11	26	12	0.6
51201	12	28	11	28	14	0.6
51202	15	32	12	32	17	0.6
51203	17	35	12	35	19	0.6
51204	20	40	14	40	22	0.6
51205	25	47	15	47	27	0.6
51206	30	52	16	52	32	0.6
51207	35	62	18	62	37	1
51208	40	68	19	68	42	1

호칭번호	베어링 계열 513 치수					
	d	D	T	r_{smin}	d_{1smax}	D_{1smin}
5134	4	20	11	20	4	0.6
5136	6	24	12	24	6	0.6
5138	8	26	12	26	8	0.6
51300	10	30	14	30	10	0.6
51301	12	32	14	32	12	0.6
51302	15	37	15	37	15	0.6
51303	17	40	16	40	19	0.6
51304	20	47	18	47	22	1
51305	25	52	18	52	27	1
51306	30	60	21	60	32	1
51307	35	68	24	68	37	1
51308	40	78	26	78	42	1

호칭번호	베어링 계열 514 치수					
	d	D	T	r_{smin}	d_{1smax}	D_{1smin}
51405	25	60	24	60	27	1
51406	30	70	28	70	32	1
51407	35	80	32	80	37	1.1
51408	40	90	36	90	42	1.1
51409	45	100	39	100	47	1.1
51410	50	110	43	110	52	1.5
51411	55	120	48	120	57	1.5
51412	60	130	51	130	62	1.5
51413	65	140	56	140	68	2
51414	70	150	60	150	73	2
51415	75	160	65	160	78	2
51416	80	170	68	170	83	2.1

비고

d_{1smax} : 내륜의 최대 허용 바깥지름

D_{1smin} : 외륜의 최소 허용 안지름

43. 스러스트 볼 베어링(복식)

단위 : mm

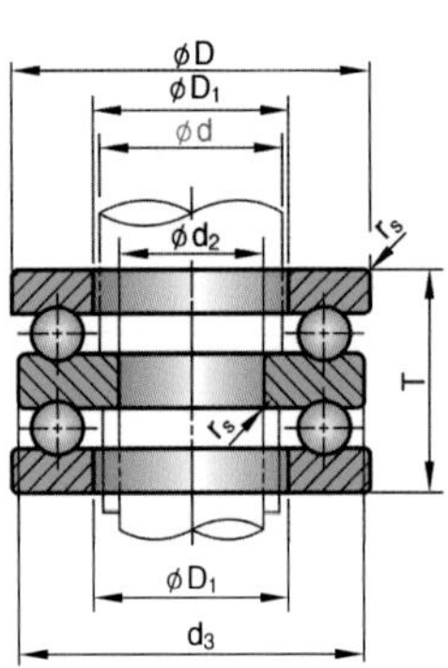

호칭 번호	베어링 계열 522 치수								
	d (축경)	d_2	S	T_1	B	d_{3smax}	D_{1smin}	r_{smin} 내륜	r_{smin} 외륜
52202	15	10	32	22	5	32	17	0.3	0.6
52204	20	15	40	26	6	40	22	0.3	0.6
52205	25	20	47	28	7	47	27	0.3	0.6
52206	30	25	52	29	7	52	32	0.3	0.6
52207	35	30	62	34	8	62	37	0.3	1
52208	40	30	68	36	9	68	42	0.6	1
52209	45	35	73	37	9	73	47	0.6	1
52210	50	40	78	39	9	78	52	0.6	1
52211	55	45	90	45	10	90	57	0.6	1
52212	60	50	95	46	10	95	62	0.6	1
52213	65	55	100	47	10	100	67	0.6	1
52214	70	55	105	47	10	105	72	1	1

호칭 번호	베어링 계열 523 치수								
	d (축경)	d_2	S	T_1	B	d_{3smax}	D_{1smin}	r_{smin} 내륜	r_{smin} 외륜
52305	25	20	52	34	8	52	27	0.3	1
52306	30	25	60	38	9	60	32	0.3	1
52307	35	30	68	44	10	68	37	0.3	1
52308	40	30	78	49	12	78	42	0.6	1
52309	45	35	85	52	12	85	47	0.6	1
52310	50	40	95	58	14	95	52	0.6	1.1
52311	55	45	105	64	15	105	57	0.6	1.1
52312	60	50	110	64	15	110	62	0.6	1.1
52313	65	55	115	65	15	115	67	0.6	1.1
52314	70	55	125	72	16	125	72	1	1.1
52315	75	60	135	79	18	135	77	1	1.5
52316	80	65	140	79	18	140	82	1	1.5

호칭 번호	베어링 계열 524 치수								
	d (축경)	d_2	S	T_1	B	d_{3smax}	D_{1smin}	r_{smin} 내륜	r_{smin} 외륜
52405	25	15	60	45	11	60	22	0.6	1
52406	30	20	70	52	12	70	32	0.6	1
52407	35	25	80	59	14	80	37	0.6	1.1
52408	40	30	90	65	15	90	42	0.6	1.1
52409	45	35	100	72	17	100	47	0.6	1.1
52410	50	40	110	78	18	110	52	0.6	1.5
52411	55	45	120	87	20	120	57	0.6	1.5
52412	60	50	130	93	21	130	62	0.6	1.5
52413	65	50	140	101	23	140	68	1	2
52414	70	55	150	107	24	150	73	1	2
52415	75	60	160	115	26	160	78	1	2
52416	80	65	170	120	27	170	83	1	2.1

비고

d_{3smax} : 중앙 내륜의 최대 허용 바깥지름

D_{1smin} : 외륜의 최소 허용 안지름

44. O링 홈 모따기 치수

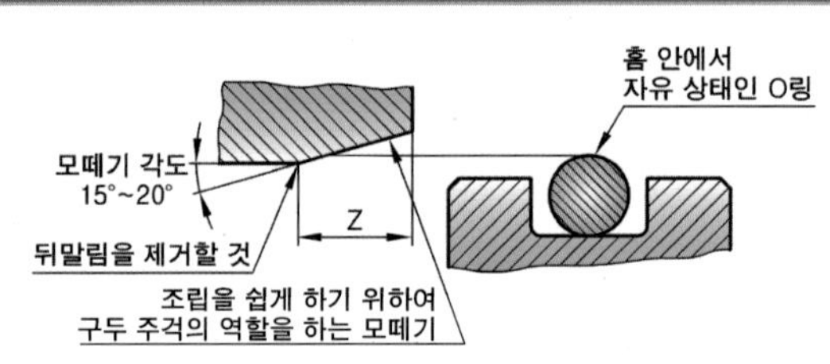

O링 부착부 모따기치수					
O링 호칭번호	O링 굵기	Z(최소)	O링 호칭번호	O링 굵기	Z(최소)
P3 ~ P10	1.9±0.08	1.2	P150A ~ P400	8.4±0.15	4.3
P10A ~ P22	2.4±0.09	1.4	G25 ~ G145	3.1±0.10	1.7
P22A ~ P50	3.5±0.10	1.8	G150 ~ G300	5.7±0.13	3.0
P48A ~ P150	5.7±0.13	3.0	–	–	–

45. 운동 및 고정용(원통면) O링 홈 치수(P계열)

단위 : mm

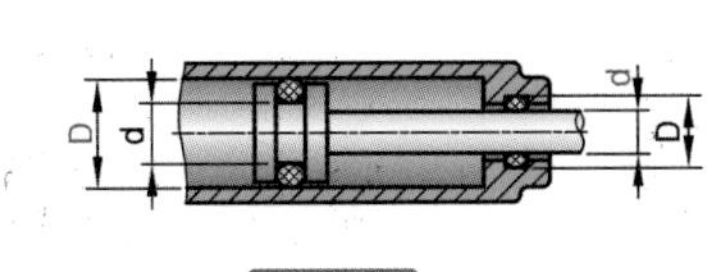

운동용

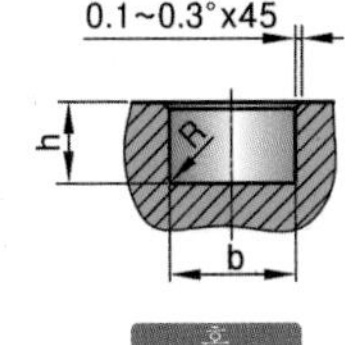

홈

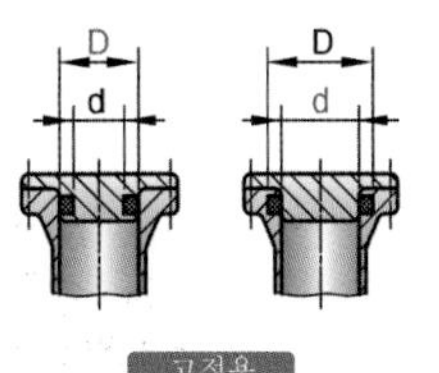

고정용

- E=k의 최대값-k의 최소값(즉, 동축도의 2배)

O링 호칭 번호	P계열 홈부 치수 (운동 및 고정용-원통면)								
	d		D		$b\left(^{+0.25}_{0}\right)$ 백업링			R (최대)	E (최대)
					없음	1개	2개		
P3	3	0 −0.05	6	+0.05 0	2.5	3.9	5.4	0.4	0.05
P4	4		7						
P5	5	(h9)	8	(H9)					
P6	6		9						
P7	7		10						
P8	8		11						
P9	9		12						
P10	10		13						
P10A	10	0 −0.06	14	+0.06 0	3.2	4.4	6.0	0.4	0.05
P11	11		15						
P11.2	11.2	(h9)	15.2	(H9)					
P12	12		16						
P12.5	12.5		16.5						
P14	14		18						
P15	15		19						
P16	16		20						
P18	18		22						
P20	20		24						
P21	21		25						
P22	22		26						
P22A	22	0 −0.08	28	+0.08 0	4.7	6	7.8	0.8	0.08
P22.4	22.4		28.4						
P24	24	(h9)	30	(H9)					
P25	25		31						
P25.5	25.5		31.5						
P26	26		32						
P28	28		34						
P29	29		35						
P29.5	29.5		35.5						
P30	30		36						
P31	31		37						
P31.5	31.5		37.5						
P32	32		38						
P34	34		40						
P35	35		41						
P35.5	35.5		41.5						
P36	36		42						
P38	38		44						
P39	39		45						
P40	40		46						
P41	41		47						
P42	42		42						
P44	44		44						
P45	45		45						
P46	46		46						
P48	48		48						
P49	49		49						
P50	50		50						

O링 호칭 번호	P계열 홈부 치수 (운동 및 고정용-원통면)								
	d		D		$b\left(^{+0.25}_{0}\right)$ 백업링			R (최대)	E (최대)
					없음	1개	2개		
P48A	48	0 −0.10	58	+0.10 0	7.5	9	11.5	0.8	0.1
P50A	50		60						
P52	52	(h9)	62	(H9)					
P53	53		63						
P55	55		65						
P56	56		66						
P58	58		68						
P60	60		70						
P62	62		72						
P63	63		73						
P65	65		75						
P67	67		77						
P70	70		80						
P71	71		81						
P75	75		85						
P80	80		90						
P62	62		72						
P63	63		73						
P65	65		75						
P67	67		77						
P70	70		80						
P71	71		81						
P75	75		85						
P80	80		90						
P85	85		95						
P90	90		100						
P95	95		105						
P100	100		110						
P102	102		112						
P105	105		115						
P110	110		120						
P112	112		122						
P115	115		125						
P120	120		130						
P125	125		135						
P130	130		140						
P132	132		142						
P135	135		145						
P140	140		150						
P145	145		155						
P150	150		160						
P150A	150	0 −0.10	165	+0.10 0	11	13	17	1.2	0.12
P155	155		170						
P160	160	(h9)	175	(H9)					
P165	165		180						
P170	170		185	+0.10 0					
P175	175		195						
P180	180		205	(H8)					

비고

1) P3~P400은 운동용, 고정용에 사용한다.
2) H8, H9/h9 는 D/d의 끼워맞춤 치수이다.

45. 운동 및 고정용(원통면) O링 홈 치수(G계열)

단위 : mm

0.1~0.3°x45

운동용 홈 고정용

- E=k의 최대값−k의 최소값(즉, 동축도의 2배)

O링 호칭 번호	P계열 홈부 치수 (운동 및 고정용−원통면)								
	d		D		$b\left(^{+0.25}_{0}\right)$ 백업링			R (최대)	E (최대)
					없음	1개	2개		
G25	25	$^{0}_{-0.10}$ (h9)	30	$^{+0.10}_{0}$ (H10)	4.1	5.6	7.3	0.7	0.08
G30	30		35						
G35	35		40						
G40	40		45						
G45	45		50						
G50	50		55	$^{+0.10}_{0}$ (H9)					
G55	55		60						
G60	60		65						
G65	65		70						
G70	70		75						
G75	75		80						
G80	80		85						
G85	85		90						
G90	90		95						
G95	95		100						
G100	100		105						
G105	105		110						
G110	110		115						
G115	115		120						
G120	120		125						
G125	125		130						
G130	130		135						
G135	135		140						
G140	140		145						
G145	145		150						

O링 호칭 번호	P계열 홈부 치수 (운동 및 고정용−원통면)								
	d		D		$b\left(^{+0.25}_{0}\right)$ 백업링			R (최대)	E (최대)
					없음	1개	2개		
G150	150	$^{0}_{-0.10}$ (h9)	160	$^{+0.10}_{0}$ (H9)	7.5	9	11.5	0.8	0.1
G155	155		165						
G160	160		170						
G165	165		175						
G170	170		180						
G175	175		185	$^{+0.10}_{0}$ (H8)					
G180	180		190						
G185	185	$^{0}_{-0.10}$ (h8)	195						
G190	190		200						
G195	195		205						
G200	200		210						
G210	210		220						
G220	220		230						
G230	230		240						
G240	240		250						
G250	250		260						
G260	260		270						
G270	270		280						
G280	280		290						
G290	290		300						
G300	300		310						
−	−		−						
−	−		−						
−	−		−						
−	−		−						

비고

1) G25~G300은 고정용에만 사용하고, 운동용에는 사용하지 않는다.
2) H9, H10/h8, h9 는 D/d의 끼워맞춤 치수이다.

46. 고정용(평면) O링 홈 치수(P계열)

단위 : mm

외압용 / 내압용 / 내압용 / 홈

0.1~0.3°x45

O링 호칭 번호	P계열 홈부 치수(고정용-평면)				
	d (외압용)	D (내압용)	b $^{+0.25}_{0}$	h ±0.05	R (최대)
P3	3	6.2	2.5	1.4	0.4
P4	4	7.2			
P5	5	8.2			
P6	6	9.2			
P7	7	10.2			
P8	8	11.2			
P9	9	12.2			
P10	10	13.2			
P10A	10	14	3.2	1.8	0.4
P11	11	15			
P11.2	11.2	15.2			
P12	12	16			
P12.5	12.5	16.5			
P14	14	18			
P15	15	19			
P16	16	20			
P18	18	22			
P20	20	24			
P21	21	25			
P22	22	26			
P22A	22	28	4.7	2.7	0.8
P22.4	22.4	28.4			
P24	24	30			
P25	25	31			
P25.5	25.5	31.5			
P26	26	32			
P28	28	34			
P29	29	35			
P29.5	29.5	35.5			
P30	30	36			
P31	31	37			
P31.5	31.5	37.5			
P32	32	38			
P34	34	40			
P35	35	41			
P35.5	35.5	41.5			
P36	36	42			
P38	38	44			
P39	39	45			
P40	40	46			
P41	41	47			
P42	42	48			
P44	44	50			
P45	45	51			
P46	46	52			
P48	48	54			
P49	49	55			
P50	50	56			

O링 호칭 번호	P계열 홈부 치수(고정용-평면)				
	d (외압용)	D (내압용)	b $^{+0.25}_{0}$	h ±0.05	R (최대)
P48A	48	58	7.5	4.6	0.8
P50A	50	60			
P52	52	62			
P53	53	63			
P55	55	65			
P56	56	66			
P58	58	68			
P60	60	70			
P62	62	72			
P63	63	73			
P65	65	75			
P67	67	77			
P70	70	80			
P71	71	81			
P75	75	85			
P80	80	90			
P85	85	95			
P90	90	100			
P95	95	105			
P100	100	110			
P102	102	112			
P105	105	115			
P110	110	120			
P112	112	122			
P115	115	125			
P120	120	130			
P125	125	135			
P130	130	140			
P132	132	142			
P135	135	145			
P140	140	150			
P145	145	155			
P150	150	160			
P150A	150	165	11	6.9	1.2
P155	155	170			
P160	160	175			
P165	165	180			
P170	170	185			
P175	175	190			
P180	180	195			
P185	185	200			
P190	190	205			
P195	195	210			
P200	200	215			
P205	205	220			
P209	209	224			
P210	210	225			
P215	215	230			

비고

1. 고정용(평면)에서는 내압이 걸리는 경우는 O링의 바깥둘레가 홈의 외벽에 밀착하도록 설계하고, 외압이 걸리는 경우는 반대로 O링의 안 둘레가 홈의 내벽에 밀착하도록 설계한다.
2. d 및 D는 기준치수를 나타내며, 허용차에 대해서는 특별히 규정하지 않는다.

46. 고정용(평면) O링 홈 치수(G계열)

단위 : mm

외압용 내압용 내압용 홈

O링 호칭 번호	G계열 홈부 치수(고정용-평면)				
	d (외압용)	D (내압용)	b $^{+0.25}_{0}$	h ±0.05	R (최대)
G25	25	30	4.1	2.4	0.7
G30	30	35			
G35	35	40			
G40	40	45			
G45	45	50			
G50	50	55			
G55	55	60			
G60	60	65			
G65	65	70			
G70	70	75			
G75	75	80			
G80	80	85			
G85	85	90			
G90	90	95			
G95	95	100			
G100	100	105			
G105	105	110			
G110	110	115			
G115	115	120			
G120	120	125			
G125	125	130			
G130	130	135			
G135	135	140			
G140	140	145			
G145	145	150			

O링 호칭 번호	G계열 홈부 치수(고정용-평면)				
	d (외압용)	D (내압용)	b $^{+0.25}_{0}$	h ±0.05	R (최대)
G150	150	160	7.5	4.6	0.8
G155	155	165			
G160	160	170			
G165	165	175			
G170	170	180			
G175	175	185			
G180	180	190			
G185	185	195			
G190	190	200			
G195	195	205			
G200	200	210			
G210	210	220			
G220	220	230			
G230	230	240			
G240	240	250			
G250	250	260			
G260	260	270			
G270	270	280			
G280	280	290			
G290	290	300			
G300	300	310			
–	–	–			
–	–	–			
–	–	–			
–	–	–			

비고

1. 고정용(평면)에서는 내압이 걸리는 경우는 O링의 바깥둘레가 홈의 외벽에 밀착하도록 설계하고, 외압이 걸리는 경우는 반대로 O링의 안 둘레가 홈의 내벽에 밀착하도록 설계한다.
2. d 및 D는 기준치수를 나타내며, 허용차에 대해서는 특별히 규정하지 않는다.

47. 오일실 조립관계 치수(축, 하우징)

단위 : mm

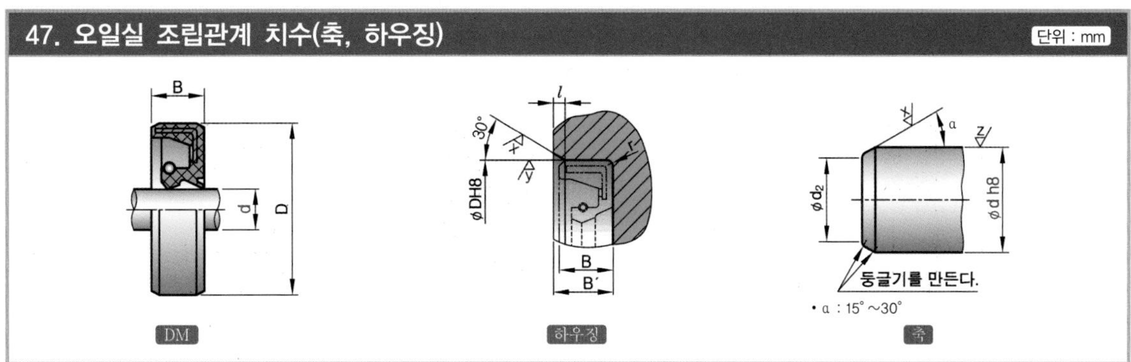

S, SM, SA, D, DM, DA 계열 치수													
호칭 d (h8)	d_2 (최대)	외경 D (H8)	나비 B	구멍폭 B'	l (최소/최대) $0.1B\sim0.15B$	r (최소) $r\geq0.5$	호칭 d (h8)	d_2 (최대)	외경 D (H8)	나비 B	구멍폭 B'	l (최소/최대) $0.1B\sim0.15B$	r (최소) $r\geq0.5$
7	5.7	18	7	7.3	0.7/1.05	0.5	25	22.5	38	8	8.3	0.8/1.2	0.5
		20							40				
8	6.6	18	7	7.3	0.7/1.05	0.5	*26	23.4	38	8	8.3	0.8/1.2	0.5
		22							42				
9	7.5	20	7	7.3	0.7/1.05	0.5	28	25.3	40	8	8.3	0.8/1.2	0.5
		22							45				
10	8.4	20	7	7.3	0.7/1.05	0.5	30	27.3	42	8	8.3	0.8/1.2	0.5
		25							45				
11	9.3	22	7	7.3	0.7/1.05	0.5	32	29.2	52	11	11.4	1.1/1.65	0.5
		25					35	32	55	11	11.4	1.1/1.65	0.5
12	10.2	22	7	7.3	0.7/1.05	0.5	38	34.9	58	11	11.4	1.1/1.65	0.5
		25					40	36.8	62	11	11.4	1.1/1.65	0.5
*13	11.2	25	7	7.3	0.7/1.05	0.5	42	38.7	65	12	12.4	1.2/1.8	0.5
		28					45	41.6	68	12	12.4	1.2/1.8	0.5
14	12.1	25	7	7.3	0.7/1.05	0.5	48	44.5	70	12	12.4	1.2/1.8	0.5
		28					50	46.4	72	12	12.4	1.2/1.8	0.5
15	13.1	25	7	7.3	0.7/1.05	0.5	*52	48.3	75	12	12.4	1.2/1.8	0.5
		30					55	51.3	78	12	12.4	1.2/1.8	0.5
16	14	28	7	7.3	0.7/1.05	0.5	56	52.3	78	12	12.4	1.2/1.8	0.5
		30					*58	54.2	80	12	12.4	1.2/1.8	0.5
17	14.9	30	8	8.3	0.8/1.2	0.5	60	56.1	82	12	12.4	1.2/1.8	0.5
		32					*62	58.1	85	12	12.4	1.2/1.8	0.5
18	15.8	30	8	8.3	0.8/1.2	0.5	63	59.1	85	12	12.4	1.2/1.8	0.5
		35					65	61	90	13	13.4	1.3/1.95	0.5
20	17.7	32	8	8.3	0.8/1.2	0.5	*68	63.9	95	13	13.4	1.3/1.95	0.5
		35					70	65.8	95	13	13.4	1.3/1.95	0.5
22	19.6	35	8	8.3	0.8/1.2	0.5	(71)	(66.8)	(95)	(13)	(13.4)	1.3/1.95	0.5
		38					75	70.7	100	13	13.4	1.3/1.95	0.5
24	21.5	38	8	8.3	0.8/1.2	0.5	80	75.5	105	13	13.4	1.3/1.95	0.5
		40					85	80.4	110	13	13.4	1.3/1.95	0.5

기호	종류	기호	종류
S	스프링들이 바깥 둘레 고무	D	스프링들이 바깥 둘레 고무 먼지 막이 붙이
SM	스프링들이 바깥 둘레 금속	DM	스프링들이 바깥 둘레 금속 먼지 막이 붙이
SA	스프링들이 조립	DA	스프링들이 조립 먼지 막이 붙이

비고

1. *을 붙인 것은 KS B 0406(축 지름)에 없는 것이고, ( ) 안의 것은 되도록 사용하지 않는다.
2. B'는 KS규격 치수가 아닌 실무 데이터이다.

47. 오일실 조립관계 치수(축, 하우징)

단위 : mm

DM

하우징

• α : 15° ~30°

축

G, GM, GA 계열 치수													
호칭 d (h8)	d_2 (최대)	외경 D (H8)	나비 B	구멍폭 B'	l (최소/최대) $0.1B$~$0.15B$	r (최소) $r≧0.5$	호칭 d (h8)	d_2 (최대)	외경 D (H8)	나비 B	구멍폭 B'	l (최소/최대) $0.1B$~$0.15B$	r (최소) $r≧0.5$
7	5.7	18	4	4.2	0.4/0.6	0.5	24	21.5	38	5	5.2	0.5/0.75	0.5
		20	7	7.3	0.7/1.05	0.5			40	8	8.3	0.8/1.2	0.5
8	6.6	18	4	4.2	0.4/0.6	0.5	25	22.5	38	5	5.2	0.5/0.75	0.5
		22	7	7.3	0.7/1.05	0.5			40	8	8.3	0.8/1.2	0.5
9	7.5	20	4	4.2	0.4/0.6	0.5	*26	23.4	38	5	5.2	0.5/0.75	0.5
		22	7	7.3	0.7/1.05	0.5			42	8	8.3	0.8/1.2	0.5
10	8.4	20	4	4.2	0.4/0.6	0.5	28	25.3	40	5	5.3	0.5/0.75	0.5
		25	7	7.3	0.7/1.05	0.5			45	8	8.5	0.8/1.2	0.5
11	9.3	22	4	4.2	0.4/0.6	0.5	30	27.3	42	5	5.2	0.5/0.75	0.5
		25	7	7.3	0.7/1.05	0.5			45	8	8.3	0.8/1.2	0.5
12	10.2	22	4	4.2	0.4/0.6	0.5	32	29.2	45	5	5.2	0.5/0.75	0.5
		25	7	7.3	0.7/1.05	0.5			52	8	8.3	0.8/1.2	0.5
*13	11.2	25	4	4.2	0.4/0.6	0.5	35	32	48	5	5.2	0.5/0.75	0.5
		28	7	7.3	0.7/1.05	0.5			55	11	11.4	1.1/1.65	0.5
14	12.1	25	4	4.2	0.4/0.6	0.5	38	34.9	50	5	5.2	0.5/0.75	0.5
		28	7	7.3	0.7/1.05	0.5			58	11	11.4	1.1/1.65	0.5
15	13.1	25	4	4.2	0.4/0.6	0.5	40	36.8	52	5	5.2	0.5/0.75	0.5
		30	7	7.3	0.7/1.05	0.5			62	11	11.4	1.1/1.65	0.5
16	14	28	4	4.2	0.4/0.6	0.5	42	38.7	55	6	6.2	0.6/0.9	0.5
		30	7	7.3	0.7/1.05	0.5			65	12	12.4	1.2/1.8	0.5
17	14.9	30	5	5.2	0.5/0.75	0.5	45	41.6	60	6	6.2	0.6/0.9	0.5
		32	8	8.3	0.8/1.2	0.5			68	12	12.4	1.2/1.8	0.5
18	15.8	30	5	5.2	0.5/0.75	0.5	48	44.5	62	6	6.2	0.6/0.9	0.5
		35	8	8.3	0.8/1.2	0.5			70	12	12.4	1.2/1.8	0.5
20	17.7	32	5	5.2	0.5/0.75	0.5	50	46.4	65	6	6.2	0.6/0.9	0.5
		35	8	8.3	0.8/1.2	0.5			72	12	12.4	1.2/1.8	0.5
22	19.6	35	5	5.2	0.5/0.75	0.5	*52	48.3	65	6	6.2	0.6/0.9	0.5
		38	8	8.3	0.8/1.2	0.5			75	12	12.4	1.2/1.8	0.5

기호	종류
G	스프링 없는 바깥 둘레 고무
GM	스프링 없는 바깥 둘레 금속
GA	스프링 없는 조립

비고 GA는 되도록 사용하지 않는다.

비고

1. *을 붙인 것은 KS B 0406(축 지름)에 없는 것이고, (   ) 안의 것은 되도록 사용하지 않는다.
2. B'는 KS규격 치수가 아닌 실무 데이터이다.

48. 롤러체인 스프로킷 치형 및 치수

단위 : mm

스프로킷 치수

가로 치형 상세도

가로 치형

호칭 번호	가로 치형								가로 피치 P_t	적용 롤러 체인(참고)		
	모떼기 나 비 g (약)	모떼기 깊 이 h (약)	모떼기 반 경 R_c (최소)	둥글기 r_f (최대)	치폭 t(최대) 단열	치폭 t(최대) 2열 3열	치폭 t(최대) 4열 이상	t, M 허용차		원주피치 P	롤러외경 D_r (최대)	안쪽 링크 안쪽 나비 b_1 (최소)
25	0.8	3.2	6.8	0.3	2.8	2.7	2.4	$^{0}_{-0.20}$	6.4	6.35	3.30(1)	3.10
35	1.2	4.8	10.1	0.4	4.3	4.1	3.8		10.1	9.525	5.08(1)	4.68
41(2)	1.6	6.4	13.5	0.5	5.8	–	–		–	12.70	7.77	6.25
40	1.6	6.4	13.5	0.5	7.2	7.0	6.5	$^{0}_{-0.25}$	14.4	12.70	7.95	7.85
50	2.0	7.9	16.9	0.6	8.7	8.4	7.9		18.1	15.875	10.16	9.40
60	2.4	9.5	20.3	0.8	11.7	11.3	10.6	$^{0}_{-0.30}$	22.8	19.05	11.91	12.57
80	3.2	12.7	27.0	1.0	14.6	14.1	13.3		29.3	25.40	15.88	15.75
100	4.0	15.9	33.8	1.3	17.6	17.0	16.1	$^{0}_{-0.35}$	35.8	31.75	19.05	18.90
120	4.8	19.0	40.5	1.5	23.5	22.7	21.5	$^{0}_{-0.40}$	45.4	38.10	22.23	25.22
140	5.6	22.2	47.3	1.8	23.5	22.7	21.5		48.9	44.45	25.40	25.22
160	6.4	25.4	54.0	2.0	29.4	28.4	27.0	$^{0}_{-0.45}$	58.5	50.80	28.58	31.55
200	7.9	31.8	67.5	2.5	35.3	34.1	32.5	$^{0}_{-0.55}$	71.6	63.50	39.68	37.85
240	9.5	38.1	81.0	3.0	44.1	42.7	40.7	$^{0}_{-0.65}$	87.8	76.20	47.63	47.35

주

(1) 이 경우 D_r은 부시 바깥지름을 표시한다.

(2) 41은 홑줄만으로 한다.

48. 스프로킷 기준치수

단위 : mm

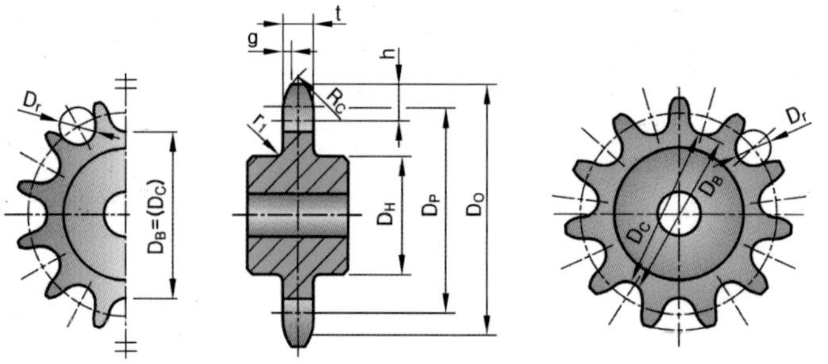

짝수 이

홀수 이

체인 호칭번호 25용 스프로킷 기준치수

잇수 N	피치원 지름 D_p	바깥 지름 D_o	이뿌리 원지름 D_B	이뿌리 거리 D_c	최대보스 지름 D_H	잇수 N	피치원 지름 D_p	바깥 지름 D_o	이뿌리 원지름 D_B	이뿌리 거리 D_c	최대보스 지름 D_H	잇수 N	피치원 지름 D_p	바깥 지름 D_o	이뿌리 원지름 D_B	이뿌리 거리 D_c	최대보스 지름 D_H
11	22.54	25	19.24	19.01	15	26	52.68	56	49.38	49.38	45	41	82.95	87	79.65	79.59	76
12	24.53	28	21.23	21.23	17	27	54.70	58	51.40	51.30	47	42	84.97	89	81.67	81.67	78
13	26.53	30	23.23	23.04	19	28	56.71	60	53.41	53.41	49	43	86.99	91	83.69	83.63	80
14	28.54	32	25.24	25.24	21	29	58.73	62	55.43	55.35	51	44	89.01	93	85.71	85.71	82
15	30.54	34	27.24	27.07	23	30	60.75	64	57.45	57.45	53	45	91.03	95	87.73	87.68	84
16	32.55	36	29.25	29.25	25	31	62.77	66	59.47	59.39	55	46	93.05	97	89.75	89.75	86
17	34.56	38	31.26	31.11	27	32	64.78	68	61.48	61.48	57	47	95.07	99	91.77	91.72	88
18	36.57	40	33.27	33.27	29	33	66.80	70	63.50	63.43	59	48	97.09	101	93.79	93.79	90
19	38.58	42	35.28	35.15	31	34	68.82	72	65.52	65.52	61	49	99.11	103	95.81	95.76	92
20	40.59	44	37.29	37.29	33	35	70.84	74	67.54	67.47	63	50	101.13	105	97.83	97.83	94
21	42.61	46	39.31	39.19	35	36	72.86	76	69.56	69.56	65	51	103.15	107	99.85	99.80	96
22	44.62	48	41.32	41.32	37	37	74.88	78	71.58	71.51	67	52	105.17	109	101.87	101.87	98
23	46.63	50	43.33	43.23	39	38	76.90	80	73.60	73.60	70	53	107.19	111	103.89	103.84	100
24	48.65	52	45.35	45.35	41	39	78.91	82	75.61	75.55	72	54	109.21	113	105.91	105.91	102
25	50.66	54	47.36	47.27	43	40	80.93	84	77.63	77.63	74	55	111.23	115	107.93	107.88	104

체인 호칭번호 35용 스프로킷 기준치수

잇수 N	피치원 지름 D_p	바깥 지름 D_o	이뿌리 원지름 D_B	이뿌리 거리 D_c	최대보스 지름 D_H	잇수 N	피치원 지름 D_p	바깥 지름 D_o	이뿌리 원지름 D_B	이뿌리 거리 D_c	최대보스 지름 D_H	잇수 N	피치원 지름 D_p	바깥 지름 D_o	이뿌리 원지름 D_B	이뿌리 거리 D_c	최대보스 지름 D_H
11	33.81	38	28.73	28.38	22	26	79.02	84	73.94	73.94	68	41	124.43	130	119.35	119.26	114
12	36.80	41	31.72	31.72	25	27	82.05	87	76.97	76.83	71	42	127.46	133	122.38	122.38	117
13	39.80	44	34.72	34.43	28	28	85.07	90	79.99	79.99	74	43	130.49	136	125.41	125.32	120
14	42.81	47	37.73	37.73	31	29	88.10	93	83.02	82.89	77	44	133.52	139	128.44	128.44	123
15	45.81	51	40.73	40.48	35	30	91.12	96	86.04	86.04	80	45	136.55	142	131.47	131.38	126
16	48.82	54	43.74	43.74	38	31	94.15	99	89.07	88.95	83	46	139.58	145	134.50	134.50	129
17	51.84	57	46.76	46.54	41	32	97.18	102	92.10	92.10	86	47	142.61	148	137.53	137.45	132
18	54.85	60	49.77	49.77	44	33	100.20	105	95.12	95.01	89	48	145.64	151	140.56	140.56	135
19	57.87	63	52.79	52.59	47	34	103.23	109	98.15	98.15	93	49	148.67	154	143.59	143.51	138
20	60.89	66	55.81	55.81	50	35	106.26	112	101.18	101.07	96	50	151.70	157	146.62	146.62	141
21	63.91	69	58.83	58.65	53	36	109.29	115	104.21	104.21	99	51	154.73	160	149.65	149.57	144
22	66.93	72	61.85	61.85	56	37	112.31	118	107.23	107.13	102	52	157.75	163	152.67	152.67	147
23	69.95	75	64.87	64.71	59	38	115.34	121	110.26	110.26	105	53	160.78	166	155.70	155.63	150
24	72.97	78	67.89	67.89	62	39	118.37	124	113.29	113.20	108	54	163.81	169	158.73	158.73	153
25	76.00	81	70.92	70.77	65	40	121.40	127	116.32	116.32	111	55	166.85	172	161.77	161.70	156

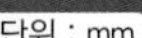

48. 스프로킷 기준치수

단위 : mm

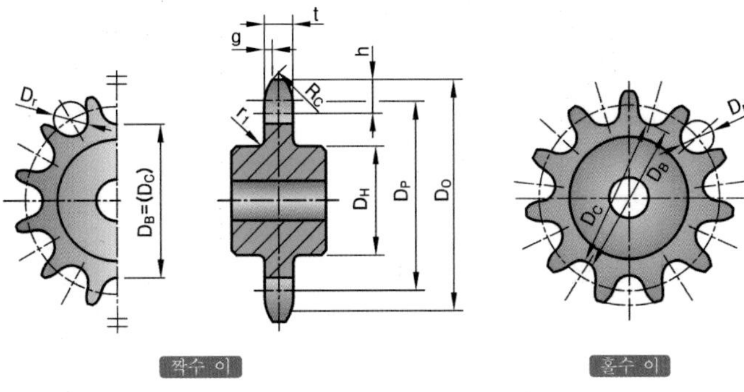

짝수 이　　　홀수 이

체인 호칭번호 40용 스프로킷 기준치수

잇수 N	피치원 지름 D_p	바깥 지름 D_o	이뿌리 원지름 D_B	이뿌리 거리 D_c	최대보스 지름 D_H	잇수 N	피치원 지름 D_p	바깥 지름 D_o	이뿌리 원지름 D_B	이뿌리 거리 D_c	최대보스 지름 D_H	잇수 N	피치원 지름 D_p	바깥 지름 D_o	이뿌리 원지름 D_B	이뿌리 거리 D_c	최대보스 지름 D_H
11	45.08	51	37.13	36.67	30	26	105.36	112	97.41	97.41	91	41	165.91	173	157.96	157.83	152
12	49.07	55	41.12	41.12	34	27	109.40	116	101.45	101.26	95	42	169.95	177	162.00	162.00	156
13	53.07	59	45.12	44.73	38	28	113.43	120	105.48	105.48	99	43	173.98	181	166.03	165.92	160
14	57.07	63	49.12	49.12	42	29	117.46	124	109.51	109.34	103	44	178.02	185	170.07	170.07	164
15	61.08	67	53.13	52.80	46	30	121.50	128	113.55	113.55	107	45	182.06	189	174.11	174.00	168
16	65.10	71	57.15	57.15	50	31	125.53	133	117.58	117.42	111	46	186.10	193	178.15	178.15	172
17	69.12	76	61.17	60.87	54	32	129.57	137	121.62	121.62	115	47	190.14	197	182.19	182.09	176
18	73.14	80	65.19	65.19	59	33	133.61	141	125.66	125.50	120	48	194.18	201	186.23	186.23	180
19	77.16	84	69.21	68.95	63	34	137.64	145	129.69	129.69	124	49	198.22	205	190.27	190.17	184
20	81.18	88	73.23	73.23	67	35	141.68	149	133.73	133.59	128	50	202.26	209	194.31	194.31	188
21	85.21	92	77.26	77.02	71	36	145.72	153	137.77	137.77	132	51	206.30	214	198.35	198.25	192
22	89.24	96	81.29	81.29	75	37	149.75	157	141.80	141.67	136	52	210.34	218	202.39	202.39	196
23	93.27	100	85.32	85.10	79	38	153.79	161	145.84	145.84	140	53	214.38	222	206.43	206.34	201
24	97.30	104	89.35	89.35	83	39	157.83	165	149.88	149.75	144	54	218.42	226	210.47	210.47	205
25	101.33	108	93.38	93.18	87	40	161.87	169	153.92	153.92	148	55	222.46	230	214.51	214.42	209

체인 호칭번호 41용 스프로킷 기준치수

잇수 N	피치원 지름 D_p	바깥 지름 D_o	이뿌리 원지름 D_B	이뿌리 거리 D_c	최대보스 지름 D_H	잇수 N	피치원 지름 D_p	바깥 지름 D_o	이뿌리 원지름 D_B	이뿌리 거리 D_c	최대보스 지름 D_H	잇수 N	피치원 지름 D_p	바깥 지름 D_o	이뿌리 원지름 D_B	이뿌리 거리 D_c	최대보스 지름 D_H
11	45.08	51	37.31	36.85	30	26	105.36	112	97.59	97.59	91	41	165.91	173	158.14	158.01	152
12	49.07	55	41.30	41.30	34	27	109.40	116	101.63	101.44	95	42	169.95	177	162.18	162.18	156
13	53.07	59	45.30	44.91	38	28	113.43	120	105.66	105.66	99	43	173.98	181	166.21	166.10	160
14	57.07	63	49.30	49.30	42	29	117.46	124	109.69	109.52	103	44	178.02	185	170.25	170.25	164
15	61.08	67	53.31	52.98	46	30	121.50	128	113.73	113.73	107	45	182.06	189	174.29	174.18	168
16	65.10	71	57.33	57.33	50	31	125.53	133	117.76	117.60	111	46	186.10	193	178.33	178.33	172
17	69.12	76	61.35	61.05	54	32	129.57	137	121.80	121.80	115	47	190.14	197	182.37	182.27	176
18	73.14	80	65.37	65.37	59	33	133.61	141	125.84	125.68	120	48	194.18	201	186.41	186.41	180
19	77.16	84	69.39	69.13	63	34	137.64	145	129.87	129.87	124	49	198.22	205	190.45	190.35	184
20	81.18	88	73.41	73.41	67	35	141.68	149	133.91	133.77	128	50	202.26	209	194.49	194.49	188
21	85.21	92	77.44	77.20	71	36	145.72	153	137.95	137.95	132	51	206.30	214	198.53	198.43	192
22	89.24	96	81.47	81.47	75	37	149.75	157	141.98	141.85	136	52	210.34	218	202.57	202.57	196
23	93.27	100	85.50	85.28	79	38	153.79	161	146.02	146.02	140	53	214.38	222	206.61	206.52	201
24	97.30	104	89.53	89.53	83	39	157.83	165	150.06	149.93	144	54	218.42	226	210.65	210.65	205
25	101.33	108	93.56	93.36	87	40	161.87	169	154.10	154.10	148	55	222.46	230	214.69	214.60	209

49. 스퍼기어 계산식

단위 : mm

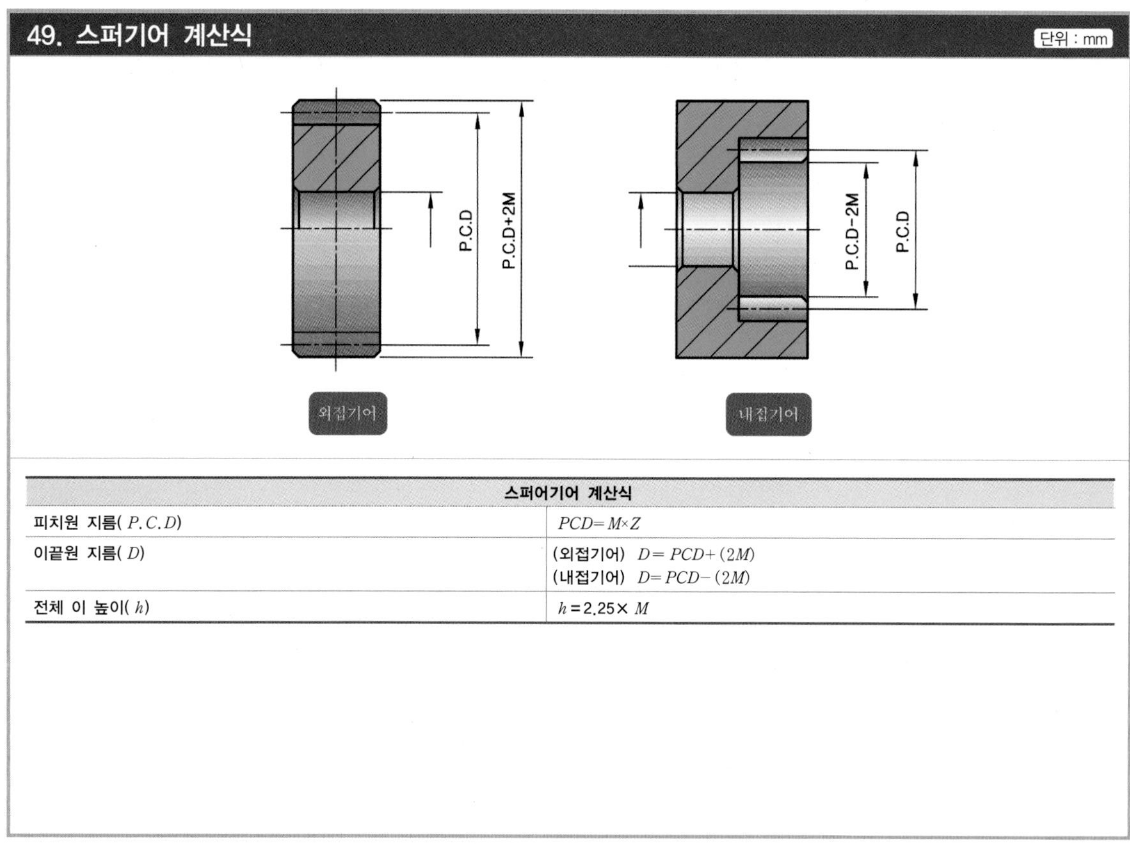

스퍼어기어 계산식	
피치원 지름($P.C.D$)	$PCD = M \times Z$
이끝원 지름(D)	(외접기어) $D = PCD + (2M)$ (내접기어) $D = PCD - (2M)$
전체 이 높이(h)	$h = 2.25 \times M$

50. 래크 및 피니언 계산식

단위 : mm

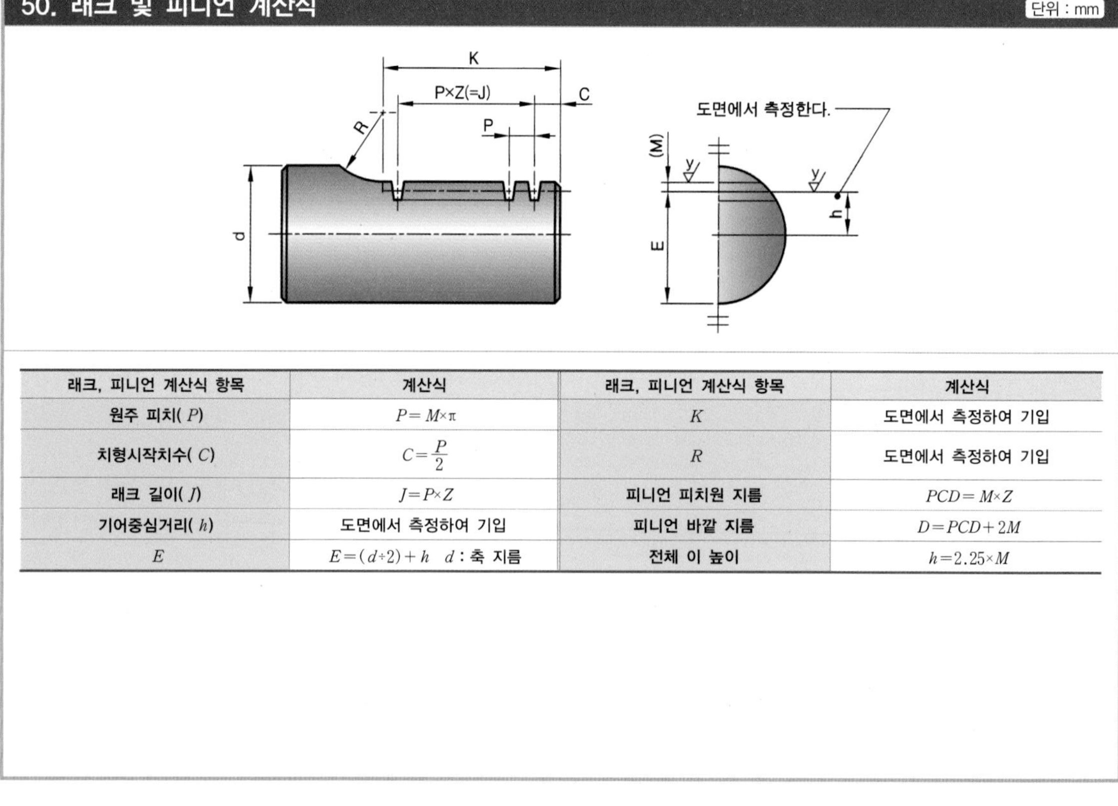

래크, 피니언 계산식 항목	계산식	래크, 피니언 계산식 항목	계산식
원주 피치(P)	$P = M \times \pi$	K	도면에서 측정하여 기입
치형시작치수(C)	$C = \frac{P}{2}$	R	도면에서 측정하여 기입
래크 길이(J)	$J = P \times Z$	피니언 피치원 지름	$PCD = M \times Z$
기어중심거리(h)	도면에서 측정하여 기입	피니언 바깥 지름	$D = PCD + 2M$
E	$E = (d \div 2) + h$ d : 축 지름	전체 이 높이	$h = 2.25 \times M$

51. 헬리컬기어 계산식

단위 : mm

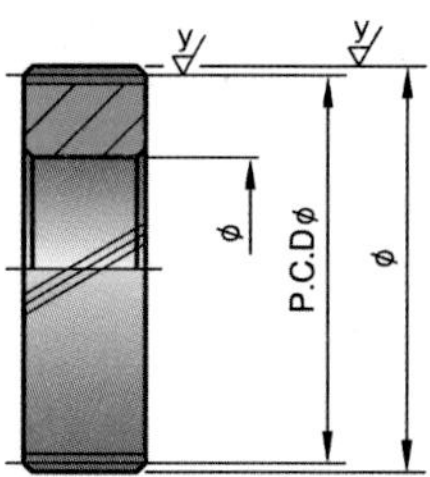

헬리컬기어 계산식

① 모듈(M) : 치직각 모듈(M_t), 축직각 모듈(M_s)

$M_t = M_s \times \cos\beta$, $M_S = \dfrac{M_t}{\cos\beta}$

② 잇수(Z)

$Z = \dfrac{PCD}{M_s} = \dfrac{PCD \times \cos\beta}{M_t}$

③ 피치원 지름(PCD) $= Z \times M_s = \dfrac{Z \times M_t}{\cos\beta}$

④ 비틀림각(β) $= \tan^{-1}\dfrac{3.14 \times PCD}{L}$

⑤ 리드(L) $= \dfrac{3.14 \times PCD}{\tan\beta}$

⑥ 전체 이 높이 $= 2.25M_t = 2.25 \times M_s \times \cos\beta$

52. 베벨기어 계산식

단위 : mm

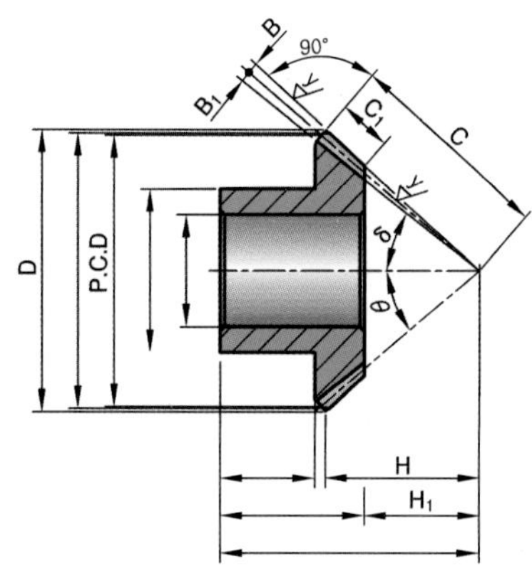

베벨기어 계산식

1. 이뿌리 높이 $A = M \times 1.25$(M : 모듈)
2. 피치원 지름($P.C.D$)
   $PCD = M \times Z$(잇수)
3. 바깥끝 원뿔거리(C)
   ① $C = \sqrt{(P.C.D_1{}^2 + PCD_2{}^2)}/2$
   (PCD : 큰 기어, PCD_2 : 작은 기어)
   ② $C = \dfrac{PCD}{2\sin\theta}$
   (기어가 1개인 경우 θ는 피치원추각)
4. 이의 나비(C_1)
   $C_1 \leq \dfrac{C}{3}$
5. 이끝각(B)
   $B = \tan^{-1}\dfrac{M}{C}$
6. 이뿌리각(B_1)
   $B_1 = \tan^{-1}\dfrac{A}{C}$
7. 피치원추각(θ)
   ① $\theta = \sin^{-1}\left(\dfrac{PCD}{2C}\right)$ (기어가 1개인 경우)
   ② $\theta_1 = \tan^{-1}\left(\dfrac{Z_1}{Z_2}\right)$
   $\theta_2 = 90° - \theta_1$
   (기어가 2개인 경우 Z_1 : 작은 기어 잇수,
   Z_Z : 큰 기어 잇수, θ_1 : 작은 기어, θ_2 : 큰 기어)
8. 바깥 지름(D)
   $D = PCD + (2M\cos\theta)$
9. 이끝원추각(δ)
   $\delta = \theta + B =$ 피치원추각+이끝각
10. 대단치 끝높이(H)
    $H = (C \times \cos\delta)$
    소단치 끝높이(H_1)
    $H_1 = (C - C_1) \times \cos\delta$

53. 웜과 웜휠 계산식

단위 : mm

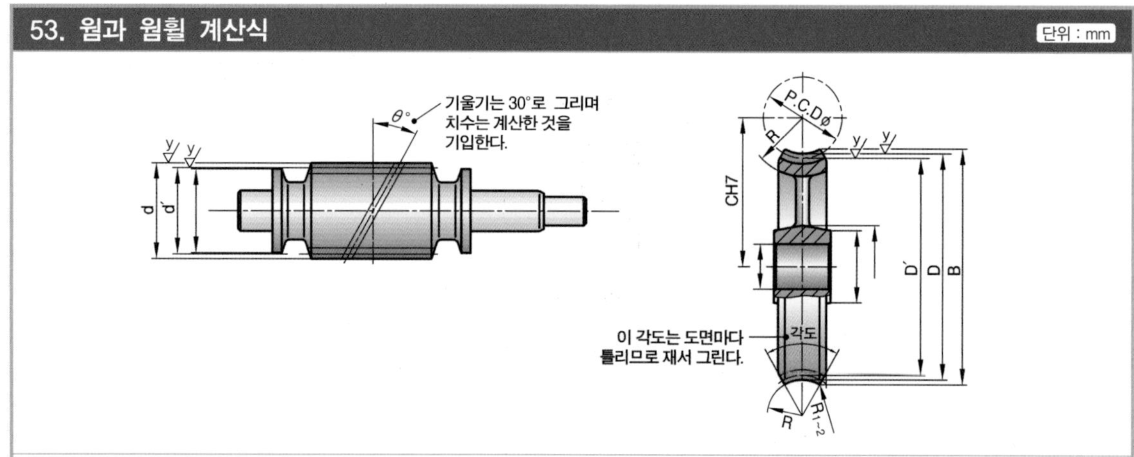

웜과 웜휠 계산식

1. 원주 피치 $P=\pi M=3.14\times M$
2. 리드(L) : 1줄인 경우 $L=P$, 2줄인 경우 $L=2P$, 3줄인 경우 $L3P$
3. 피치원 지름(PCD)

   웜축(d') $=\dfrac{L}{\pi\tan\Theta}$, 바깥 지름($d$) $d'+2M$

   웜휠(D'), $=M\times Z$ 모듈×잇수 $D=D'+2M$
4. 진행각 $\Theta=\dfrac{L}{\pi d'}$
5. 중심거리 $C=\dfrac{D'+d'}{2}$
6. 웜휠의 최대 지름(B) $B=D+(d'-2M)\left(1-\cos\dfrac{\lambda}{2}\right)$

54. 래칫 휠 계산식

단위 : mm

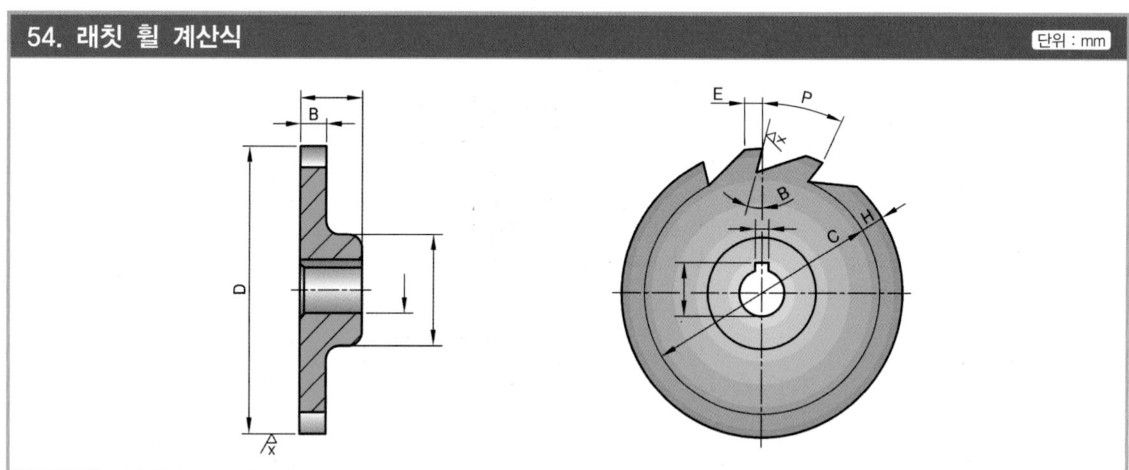

래칫 휠 계산식

① 모듈(M)

$M=\dfrac{D}{Z}$ (D : 바깥지름, Z : 잇수)

※ 도면에 잇수와 모듈이 주어지지 않았을 경우 도면에 있는 외경(D)을 측정하고 피치각(P)을 측정하여 잇수(Z)를 구한 후 모듈(M)을 계산한다.

② 잇수(Z) $Z=\dfrac{360}{\text{피치각}(P)}$

③ 이 높이(H) : 도면에서 측정, 측정할 수 없을 때는

$H=0.35P$

④ 이 뿌리 지름(C)

$C=D-2H$

⑤ 이 나비(E) : 도면에서 측정, 측정할 수 없을 때는 $E=0.5P$(주철), $E=0.3\sim0.5P$(주강)

⑥ 톱니각(B) : 15~20°

55. 요목표

스퍼기어 요목표

구분 \ 품번		○	○
기어치형		표준	
공구	치형	보통 이	
	모듈	□	
	압력각	20°	
잇수		□	□
피치원 지름		□	□
전체 이 높이		□	
다듬질방법		호브 절삭	
정밀도		KS B ISO 1328-1, 4급	

웜과 웜휠 요목표

품번	○웜	○웜휠
치형기준단면	축직각	
원주 피치	–	□
리드	□	–
줄수와 방향	줄, 좌 또는 우	
모듈	□	
압력각	20°	
잇수	–	□
피치원 지름	□	□
진행각	□	
다듬질 방법	호브 절삭	연삭

헬리컬기어 요목표

구분 \ 품번		○
기어치형		표준
기준 래크	치형	보통 이
	모듈	M_t(이직각)
	압력각	20°
잇수		□
치형 기준면		치직각
비틀림각		□
리드		□
방향		좌 또는 우
피치원 지름		P.C.DØ
전체 이 높이		2.25× M_t
다듬질 방법		호브 절삭
정밀도		KS B ISO 1328-1, 4급

래크, 피니언 요목표

구분 \ 품번		○래크	○피니언
기어치형		표준	
기준	치형	보통 이	
래크	모듈	□	
	압력각	20°	
잇수		□	□
피치원 지름		–	□
전체 이 높이		□	
다듬질방법		호브 절삭	
정밀도		KS B ISO 1328-1, 4급	

체인과 스프로킷 요목표

종류	구분 \ 품번	□
롤러체인	호칭	□
	원주 피치(P)	□
	롤러 외경(D_r)	□
스프로킷	잇수(N)	□
	피치원 지름(D_P)	□
	이뿌리원지름(D_B)	□
	이뿌리 거리(D_C)	□

베벨기어 요목표

치형	그리손식
축각	90°
모듈	□
압력각	20°
피치원추각	□
잇수	□
피치원 지름	□
다듬질 방법	절삭
정밀도	KS B 1412, 5급

래칫 휠

구분 \ 품번	
잇수	
원주 피치	
이 높이	

56. 표면거칠기 구분치

단위 : μm

표면거칠기기호	산술(중심선) 평균거칠기 (Ra)값	최대높이 (Ry)값	10점 평균거칠기 (Rz)값	비교표준 게이지 번호
$\overset{\sim}{\nabla}$	특별히 규정하지 않는다.			
$\overset{w}{\nabla}$	Ra25 Ra12.5	Ry100 Ry50	Rz100 Rz50	N11 N10
$\overset{x}{\nabla}$	Ra6.3 Ra3.2	Ry25 Ry12.5	Rz25 Rz12.5	N9 N8
$\overset{y}{\nabla}$	Ra1.6 Ra0.8	Ry6.3 Ry3.2	Rz6.3 Rz3.2	N7 N6
$\overset{z}{\nabla}$	Ra0.4 Ra0.2 Ra0.1 Ra0.05 Ra0.025	Ry1.6 Ry0.8 Ry0.4 Ry0.2 Ry0.1	Rz1.6 Rz0.8 Rz0.4 Rz0.2 Rz0.1	N5 N4 N3 N2 N1

57. 상용하는 끼워맞춤(축/구멍)

기준축	구멍의의 공차역 클래스												
	헐거운 끼워맞춤							중간 끼워맞춤			억지 끼워맞춤		
h5							H6	JS6	K6	M6	N6[1)]	P6	
h6					F6	G6	H6	JS6	K6	M6	N6	P6[1)]	
					F7	G7	H6	JS7	K7	M7	N7	P7[1)]	R7
h7					F7		H7						
					F8		H8						
h8			D8	E8	F8		H8						
			D9	E9			H9						
h9		C9	D9	E8			H8						
		C10	D10	E9			H9						

주

(1) 이들의 끼워맞춤은 치수의 구분에 따라 예외가 생긴다.

기준구멍	축의 공차역 클래스												
	헐거운 끼워맞춤							중간 끼워맞춤			억지 끼워맞춤		
H6						g5	h5	js5	k5	m5			
					f6	g6	h6	js6	k6	m6	n6(1)	p6(1)	
H7					f6	g6	h6	js6	k6	m6	n6(1)	p6(1)	r6(1)
				e7	f7		h7	js7					
H8					f7		h7						
				e8	f8		h8						
			d9	e9									
H9			d8	e8			h8						
		c9	d9	e9			h9						

주

(1) 이들의 끼워맞춤은 치수의 구분에 따라 예외가 생긴다.

58. IT공차

단위 : μm

치수 초과	치수 이하	IT4 4급	IT5 5급	IT6 6급	IT7 7급
–	3	3	4	6	10
3	6	4	5	8	12
6	10	4	6	9	15
10	18	5	8	11	18
18	30	6	9	13	21
30	50	7	11	16	25
50	80	8	13	19	30
80	120	10	15	22	35
120	180	12	18	25	40
180	250	14	20	29	46
250	315	16	23	32	52
315	400	18	25	36	57
400	500	20	27	40	63

59. 주서 작성예시

1. 일반공차
   가) 가공부 : KS B ISO 2768-m
   나) 주강부 : KS B 0418-B급
   다) 주조부 : KS B 0250-CT11
   라) 프레스 가공부 : KS B 0413 보통급
   마) 전단 가공부 : KS B 0416 보통급
   바) 금속 소결부 : KS B 0417 보통급
   사) 중심거리 : KS B 0420 보통급
   아) 알루미늄 합금부 : KS B 0424 보통급
   자) 알루미늄 합금 다이캐스팅부 : KS B 0415 보통급
   차) 주조품 치수공차 및 절삭여유방식 : KS B 0415 보통급
   카) 단조부 : KS B 0426 보통급(해머, 프레스)
   타) 단조부 : KS B 0427 보통급(업셋팅)
   파) 가스 절단부 : KS B 0408 보통급
2. 도시되고 지시 없는 모떼기는 C1, 필렛 R3
3. 일반 모떼기는 C0.2~0.5
4. 주조부 외면 명회색 도장
5. 내면 광명단 도장
6. 기어 치부 열처리 HRC50±2
7. ---- 표면 열처리 HRC50±2
8. 전체 열처리 HRC50±2
9. 전체 열처리 HRC50±2(니들 롤러베어링, 재료 STB3)
10. 알루마이트 처리(알루미늄 재질 사용시)
11. 파커라이징 처리
12. 표면거칠기

∀ = ∀
W/∀ = 12.5/∀ , Ry50 , Rz50 , N10
X/∀ = 3.2/∀ , Ry12.5, Rz12.5 , N8
Y/∀ = 0.8/∀ , Ry3.2, Rz3.2 , N6
Z/∀ = 0.2/∀ , Ry0.8, Rz0.8 , N4

비고
다음의 주서는 일반적으로 많이 기입하는 것을 나열한 것으로 부품의 재질 및 가공방법 등을 고려하여 선택적으로 기입하면 된다.

60. 기계재료 기호 예시(KS D)

명칭	기호	명칭	기호	명칭	기호
회 주철품	GC100, GC150 GC200, GC250	스프링강	SVP9M	탄소 공구강	SK3
탄소 주강품	SC360, SC410 SC450, SC480	피아노선	PW1	화이트메탈	WM3, WM4
인청동 주물	CAC502A CAC502B	알루미늄 합금주물	ASDC6, ASDC7	니켈 크롬 몰리브덴강	SNCM415 SNCM431
침탄용 기계구조용 탄소강재	SM9CK, SM15CK SM20CK	인청동 봉	C5102B	스프링강재	SPS6, SPS10
탄소공구강 강재	STC85, STC90 STC105, STC120	탄소 단강품	SF390A, SF440A SF490A	스프링용 냉간압연강재	S55C-CSP
합금공구강	STS3, STD4	청동 주물	CAC402	일반 구조용 압연강재	SS330, SS440 SS490
크롬 몰리브덴강	SCM415, SCM430 SCM435	알루미늄 합금주물	AC4C, AC5A	용접 구조용 주강품	SCW410, SCW450
니켈 크롬강	SNC415, SNC631	기계구조용 탄소강재	SM25C, SM30C SM35C, SM40C SM45C	인청동 선	C5102W

비고
본 예시 이외에 해당 부품에 적절한 재료라 판단되면, 다른 재료기호를 사용해도 무방함

홍윤희 마스터의 CATIA V5 - 3D 실기

발행일 | 2020년 1월 20일 초판
저　자 | 홍 윤 희
발행인 | 정 용 수
발행처 | 예문사
주　소 | 경기도 파주시 직지길 460(출판도시) 도서출판 예문사
T E L | 031) 955-0550
F A X | 031) 955-0660
등록번호 | 11-76호

정가 : 24,000원

http://www.yeamoonsa.com

ISBN 978-89-274-3316-3 13550

이 도서의 국립중앙도서관 출판예정도서목록(CIP)은 서지정보유통지원시스템 홈페이지(http://seoji.nl.go.kr)와 국가자료종합목록 구축시스템(http://kolis-net.nl.go.kr)에서 이용하실 수 있습니다.(CIP제어번호 : CIP2019037487)